职业教育新技术丛书・移动应用

移动网页设计（基于jQuery Mobile）

◎ 赵增敏　主　编

電子工業出版社
Publishing House of Electronics Industry
北京・BEIJING

内 容 简 介

jQuery Mobile 是一套移动应用界面开发框架，它通过网页形式来呈现类似于移动应用的用户界面，旨在创建使智能手机、平板电脑和台式机设备都能访问的响应式移动网站和应用程序。为了满足社会和企业对人才的需求，在网页设计课程中适时引入 jQuery Mobile 移动网页设计已是势在必行。本书通过大量实例系统地讲述了 jQuery Mobile 移动网页设计的方法和技巧。本书共 9 章，主要内容包括：移动网站开发基础，页面与对话框，按钮与弹出窗口，工具栏与导航栏，网格、表格和列表视图，面板、可折叠块和筛选器，jQuery Mobile 表单，jQuery Mobile 事件，综合设计实例等。

本书坚持“以就业为导向、以能力为本位”的原则，突出实用性、适用性和先进性，结构合理，论述准确，内容翔实，注意知识的层次性和技能培养的渐进性；遵循难点分散的原则，合理安排各章的内容，降低学生的学习难度；通过丰富的实例来引导读者学习，旨在培养他们的实践动手能力和创新精神。每章后面均配习题和上机操作。

本书可作为职业院校计算机类专业的教材，也可作为网页设计人员、网站开发和维护人员的参考书。

图书在版编目（CIP）数据

移动网页设计：基于 jQuery Mobile / 赵增敏主编. —北京：电子工业出版社，2017.12

ISBN 978-7-121-32821-3

Ⅰ. ①移… Ⅱ. ①赵… Ⅲ. ①JAVA 语言—程序设计 Ⅳ. ①TP312.8

中国版本图书馆 CIP 数据核字（2017）第 244035 号

策划编辑：关雅莉
责任编辑：杨　波
印　　刷：三河市鑫金马印装有限公司
装　　订：三河市鑫金马印装有限公司
出版发行：电子工业出版社
　　　　　北京市海淀区万寿路 173 信箱　邮编　100036
开　　本：787×1 092　1/16　印张：20　字数：512 千字
版　　次：2017 年 12 月第 1 版
印　　次：2017 年 12 月第 1 次印刷
定　　价：39.80 元

凡所购买电子工业出版社图书有缺损问题，请向购买书店调换。若书店售缺，请与本社发行部联系，联系及邮购电话：（010）88254888，88258888。

质量投诉请发邮件至 zlts@phei.com.cn，盗版侵权举报请发邮件至 dbqq@phei.com.cn。

本书咨询联系方式：（010）88254617，luomn@phei.com.cn。

近年来，随着移动互联网的迅速发展，智能手机和平板电脑等移动设备的应用日益普及，网页设计和网站开发正在向移动端迁移，在传统的网页设计课程中适时地引入移动网页设计已是势在必行。由于移动设备屏幕面积小，而且以触摸操作为主，因此移动版网页与PC桌面版网页有明显的区别，直接使用HTML5、CSS3和JavaScript进行移动网站开发存在一定的难度，通常需要引入合适的开发框架作为移动网页设计的基础。

jQuery Mobile是一套基于jQuery的移动应用界面开发框架，该框架为移动设备在网络传输、页面呈现、用户行为交互等方面都进行了一些特别的优化，可以通过网页形式呈现类似于移动应用的用户界面，旨在创建使智能手机、平板电脑和台式机设备都能访问的响应式移动网站和应用程序；基于jQuery Mobile开发的移动网站还可以发行为本地移动App，直接运行于Android或iOS平台之上。

本书以jQuery Mobile 1.4.5为蓝本，系统地讲述了jQuery Mobile移动网页设计的方法和技巧。全书共9章。第1章介绍移动网站开发所需要的基础知识，内容包括创建HTML5网页，使用jQuery简化编程及使用jQuery Mobile支持移动开发；第2章介绍页面与对话框，内容包括移动网页结构、页面链接、页面预加载和缓存、对话框页面、页面之间传递参数以及页面加载信息；第3章讲述按钮与弹出窗口的应用，先讨论如何创建和设置按钮，然后讨论如何创建和应用弹出窗口；第4章介绍工具栏与导航栏的应用，先讨论如何创建和设置工具栏，然后讨论如何创建和应用导航栏；第5章讲述网格、表格和列表视图的应用，首先介绍如何创建网格布局，然后讨论如何创建响应式表格，最后详细讲解如何创建和应用列表视图；第6章讲述面板、可折叠块和筛选器的应用，首先介绍如何创建和应用面板，然后讨论如何创建和应用可折叠块，最后讲解如何创建和应用筛选器；第7章介绍jQuery Mobile表单的应用，内容包括表单基础知识，创建文本输入框，单选按钮与复选框，选择菜单以及滑块、范围滑块和翻转开关；第8章讨论各种类型的jQuery Mobile事件及其应用，内容包括页面事件、触摸事件、用户操作事件以及虚拟鼠标事件，作为前面各章所讲知识的综合应用；第9章给出一个综合设计实例，内容包括系统功能设计，系统功能实现以及本地安装包制作。

本书实例中用到的一些人名、电话号码、QQ号码以及电子邮件地址均属虚构，如有雷同，实属巧合。

本书由赵增敏担任主编。参加本书编写的还有朱粹丹、赵朱曦、余霞、吴洁、姜红梅、卢捷、王庆建、胡婷婷、连静、刘颖、李娴、王亮、段丽霞、彭辉、王永锋、王静、郭宏等。

由于水平所限，书中疏漏和错误之处在所难免，恳请广大读者提出宝贵意见。

为了方便教师教学，本书还配有教学指南、电子教案和习题答案（电子版）。请有此需要的教师登录华信教育网（http://www.hxedu.com.cn）免费注册后进行下载。

编　者

目
录

移动网站开发基础

移动版网站与传统 PC 版网站的区别主要表现在前端显示上。为了保证移动网站在智能手机、平板电脑等移动设备上能够获得良好的用户体验，通常需要针对这些移动设备专门编写一套 HTML、CSS 以及相关 JavaScript 脚本代码。本章将介绍移动网站开发所需要的一些基础知识和基本技能，主要内容包括创建 HTML5 网页、使用 jQuery 简化编程以及使用 jQuery Mobile 支持移动开发等。

1.1 创建 HTML5 网页

HTML5 是超文本标记语言 HTML 的最新版本，可以用来构建跨设备运行的移动网站。使用 HTML5 创建网页通常需要完成以下三个方面的任务：使用 HTML 语言创建网页的框架结构并在网页中添加各种各样的内容，使用 CSS 样式对网页元素的样式和外观进行设置，并通过编写 JavaScript 脚本实现网页的实用功能。

1.1.1 用 HTML 语言创建内容

无论是移动网站还是传统网站，都是由存储在服务器上的一些 HTML 文档和相关资源组成的。HTML 文档通常称为 Web 页或网页。在网页中可以添加各种各样的内容，如段落、列表、表格、表单、图片、视频以及动画等，这些内容都是使用 HTML 语言来创建的。

1. HTML 元素

网页的内容是由各种各样的 HTML 元素构成的，这些 HTML 元素可以使用标签来定义。多数 HTML 标签的语法格式如下：

```
<标签 属性="值" 属性="值" . . . >内容</标签>
```

其中，标签是用一对尖括号“<”（小于号）和“>”（大于号）括起来的单词或单词缩写，如 <html>...</html>、<head>...</head>、<div>...</div>、<table>...</table>等。<标签>表示开始标签，</标签>表示结束标签。在开始标签与结束标签之间可以放置文本或其他 HTML 元素，这就是 HTML 元素的内容。开始标签、结束标签连同两者之间的内容构成了 HTML 元素。

例如，要在网页中显示一个一级标题，可用 h1 元素来实现，代码如下。

```
<h1>jQuery Mobile 移动网站开发</h1>
```

要在网页中添加一个段落，则要用 p 元素来实现，代码如下：

```
<p>欢迎您加入移动开发！</p>
```

元素的开始标签与结束标签之间一不定要有内容。没有内容的元素称为**空元素**。对于空元素，可以只用一个标签表示，即把开始标签与结束标签合二为一，并将斜线符号（/）放到开始标签的末尾。例如，code 元素用于表示计算机代码文本，如果在 code 元素的开始标签与结束标签之间没有内容，则可以写成<code/>，称为自闭合标签，它等价于<code></code>。

有一些 HTML 元素只能使用一个标签表示，在其中放置任何内容都不符合 HTML 规范。这种没有内容的元素也称为**虚元素**。例如，hr 就是虚元素，它表示主题内容的变化，在网页中显示一条水平分隔线。虚元素也可以用空元素结构表示，例如<hr>标签可以写成<hr />。

2. HTML 属性

使用 HTML 标签定义一个元素时，通过在元素中添加属性可以设置附加信息。元素的属性只能用在开始标签或单个标签上，而不能用于结束标签。属性通常以名称/值对的形式出现，例如 name="username"。属性值应该放在引号内。既可以使用双引号，也可以使用单引号。如果属性值本身就含有双引号，则必须使用单引号，例如 value='Click the "OK" button'。多个属性之间用空格分隔，并且不分先后顺序。

例如，用 a 元素在网页中创建一个超链接，并通过设置 href 属性指定该链接指向的目标网址，代码如下：

```
<a href="http://www.baidu.com">百度一下</a>
```

元素的属性分为全局属性（标准属性）和局部属性（专有属性）。全局属性可用于所有 HTML 元素，局部属性则为个别元素提供其特有的配置信息。

下面对一些常用的全局属性加以说明。

- id：用来给元素分配一个唯一的标识符。使用该标识符可以将 CSS 样式应用到元素上，或者在 JavaScript 程序中选择特定的元素。
- class：用来对元素进行归类。使用该属性可以对文档中某一类元素应用一个或多个 CSS 样式，或者在 JavaScript 程序中选择某一类元素。
- style：用来直接在元素上定义 CSS 样式，由此定义的样式称为元素内嵌样式。
- title：规定元素的额外信息，此信息可在工具提示中显示。

有一些 HTML 属性属于布尔属性，对于这种属性不需要设定一个值，只需要将属性名添加到元素的开始标签中即可。例如：

```
<button type="submit" disabled>提交</button>
```

在这个例中，使用 button 元素创建了一个按钮，type 属性指定按钮的类型，submit 表示提交按钮。disabled 属性是一个布尔属性，设置时添加属性名 disabled 即可。设置 disabled 属性将禁用按钮，从而阻止用户提供表单数据。

对于布尔属性，也可以指定一个空字符串（""）、单词“true”或属性名称作为其值。

在 HTML5 中，还可以对元素应用自定义属性，这类属性的名称必须以“data-”作为前缀。自定义属性 data-*是 HTML5 的新增功能之一。

例如，要使用 a 元素来创建按钮，则需要设置自定义属性 data-role，代码如下：

```
<a href="#next" data-role="button">转到下一页</a>
```

之所以在这类属性名称之前添加前缀 data-，是为了避免与 HTML 的未来版本中可能增加的属性名称发生冲突。自定义属性与 CSS 和 JavaScript 结合起来很有用。在使用 jQuery Mobile 框架制作移动网站时，这一类自定义属性得到了广泛应用。

3. HTML 注释

为了增加代码的可读性，可以使用注释标签在 HTML 文档中添加注释，语法格式如下：

```
<!-- 在此输入注释文字 -->
```

注释文字内容会被浏览器忽略，在浏览器中查看网页时是看不到这些内容的。使用注释可以对源代码进行解释，这样做有助于在后期对代码进行编辑和维护。

4. 网页基本结构

HTML 文档具有特定的结构，通常包含一些关键性元素。HTML5 网页的基本结构如下：

```
 1: <!doctype html>
 2: <html>
 3: <head>
 4: <meta charset="utf-8">
 5: <title>网页标题</title>
 6: </head>
 7:
 8: <body>
 9:     在此处添加网页内容...
10: </body>
11: </html>
```

源代码分析

第 1 行：添加了文档类型声明<!doctype>。这是 HTML 文档中的第一个成分。文档类型声明并不是 HTML 标签而是一条指令，它告诉浏览器编写网页所使用的 HTML 规范是什么版本。<!doctype html>指令告诉浏览器编写网页所使用的 HTML 规范是 HTML5。如果希望在 HTML 网页中使用 HTML5 文档类型，就必须在网页的第一行添加这条指令，只有这样浏览器才能了解所预期的文档类型。

第 2 行：添加了 html 元素的开始标签<html>，相应的结束标签是位于第 11 行的</html>。开始标签<html>、结束标签</html>连同两者之间的所有内容构成了 html 元素，该元素是网页的根元素，用于定义整个 HTML 文档，它告诉浏览器这是一个 HTML 文档。HTML 文档是由嵌套的 HTML 元素构成的，根元素 html 的内容是 head 元素和 body 元素。

第 3 行：添加了 head 元素的开始标签<head>，该元素的结束标签</head>位于第 6 行。head 元素用于向浏览器提供有关 HTML 文档的信息，通常称为头部信息。浏览器不会向用户显示这些头部信息。每个 HTML 文档都应该有一个 head 元素。在网页基本结构中，head 元素的内容是另外两个元素，即 meta 元素和 title 元素。除此之外，在文档头部还经常使用 link 元素来引用外部 CSS 样式文件，使用 script 元素来添加 JavaScript 脚本或引用外部 JavaScript 文件，使用 style 元素创建文档内嵌 CSS 样式。

第 4 行：添加了一个 meta 元素，它只有一个标签，采用虚元素形式。meta 元素描述网页的一些元数据，它通过 charset 属性指定文档的默认编码。utf-8 用 1～4 个字节编码 Unicode 字符，可以用于在网页上显示简体中文、繁体中文及其他语言。meta 标签除了用来设置文档编码，还有许多其他用途。

第 5 行：添加了 title 元素，它由开始标签<title>、结束标签</title>和标题文字组成，用于指定网页的标题。当在浏览器中加载网页时，网页标题就显示在当前文档所在选项卡的标题栏中；将当前网页添加到收藏夹时网页标题将显示在收藏夹中；在搜索引擎结果页面中网页标题作为搜索结果的标题出现。

第 8 行：添加了 body 元素的开始标签<body>，该元素的结束标签是位于第 10 行的</body>。body 元素用于定义 HTML 文档的主体。在 HTML5 中，删除了 body 元素的所有局部属性，这些属性即使在 HTML 4.01 中也是不赞成使用的。

第 9 行：由此开始可以使用各种 HTML 标签来添加 body 元素包含的内容，也就是 HTML 文档包含的内容，如文本、超链接、图形、图像、列表、表格、音频、视频以及动画等。

例 1.1　在网页中创建登录表单，并将各个表单控件放置在表格中。源文件为 01-01.html，源代码如下。

```
 1: <!doctype html>
 2: <html>
 3: <head>
 4: <meta charset="utf-8">
 5: <title>网站登录</title>
 6: </head>
 7:
 8: <body>
 9: <h1>网站登录</h1>
10: <form method="post" action="">
11:     <table>
12:         <tr>
13:             <td><label for="username">用户名：</label></td>
14:             <td><input type="text" id="username" required placeholder="输入用户名"></td>
15:         </tr>
16:         <tr>
17:             <td><lable for="password">密码：</lable></td>
18:             <td><input type="password" id="password" required placeholder="输入密码"></td>
19:         </tr>
20:         <tr>
21:             <td> </td>
22:             <td><input type="submit" value="登录"> 
23:             <input type="reset" value="重置"></td>
24:         </tr>
25:     </table>
26: </form>
27: </body>
28: </html>
```

源代码分析

第 9 行：添加了 h1 元素，用于定义一个 HTML 标题。在网页中可用<h1>～<h6>标签来定义 HTML 标题。<h1>用于定义重要等级最高的标题。<h6>则用于定义重要等级最低的标题。

第 10 行：添加了 form 元素的开始标签<form>，该元素的结束标签</form>位于第 27 行。form 元素用于创建供用户输入的 HTML 表单。在开始标签<form>中设置了表单元素的两个属性，method 属性指定用于发送表单数据的 HTTP 方法（例中为 post），action 属性指定当提交表单时向何处发送表单数据（例中为空字符串）。表单只是定义了一个区域，在该区域中可以包含各种表单控件。表单本身提供没有输入数据的手段，要让用户通过表单输入数据，还必须在表单中添加各种表单控件，例如文本框、按钮等。

第 11 行：添加了 table 元素的开始标签<table>，该元素的结束标签</table>位于第 26 行。table 元素用于定义表 HTML 格。每个表格有一些行（用 tr 元素定义），每一行被分割为若干个单元格（用 td 元素定义）。td 用于定义数据单元格，在数据单元格可以包含文本、图片、列表、段落、表单按钮、表格等。例中的表格包含三行两列。

第 13 行、第 17 行：分别在单元格中添加了一个 label 元素，用于为 input 元素定义标注，提示文本框的用途。通过设置 for 属性规定 label 与哪个表单控件绑定。<label>标签的 for 属性应当与相关元素的 id 属性相同。该标签为鼠标用户改进了可用性。当用户单击该标签时，浏览器就会自动将焦点转到和标签相关的表单控件上。

第 14 行：在单元格中添加一个 input 元素并将 type 属性设置为 text，以创建单行文本框。通过设置 required 属性规定在提交表单之前必须在该文本框中填写内容，如果不填写内容，则阻止提交表单；通过设置 placeholder 属性指定输入字段预期值的简短提示信息。

第 17 行：在单元格中添加了一个 input 元素并将 type 属性设置为 password，以创建密码输入框，当用户在此框中输入密码字段时，所输入的字符会被遮蔽。

第 22 行、第 23 行：在单元格中添加两个 input 元素，并将其中一个的 type 属性设置为 submit 以创建提交按钮，将另一个的 type 属性设置为 reset 以创建重置按钮，还通过设置 value 属性指定在这些按钮上显示的标题文字。当单击提交按钮时，表单数据将被发送到 form 元素的 action 属性指定的位置进行处理；当单击重置按钮时，各个表单控件将恢复为初始状态。

网页显示结果如图 1.1 所示。

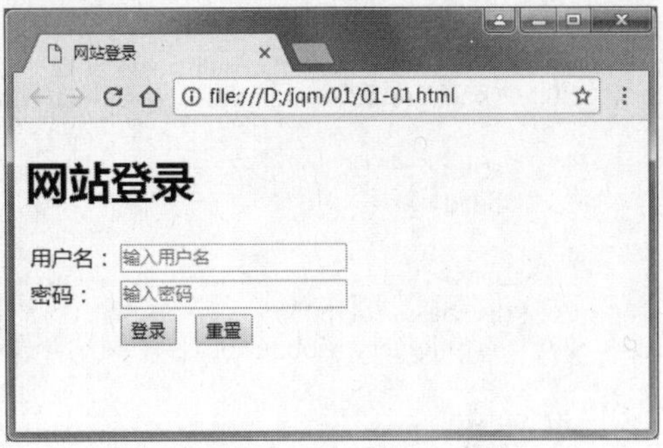

图 1.1　登录页面

1.1.2 用 CSS 设置样式

使用 HTML 标签定义网页内容后，还必须使用 CSS 来设置 HTML 元素的样式，例如网页文本所用的字体、字号和颜色，以及段落的缩进量、对齐方式和行间距等。使用 CSS 样式可以精确地为 HTML 元素设置格式，并且能够将其应用到网站的任何页面中。如果希望对网站进行全局更新，只需要修改 CSS 样式表，就能够使网站中的所有页面自动地更新。

CSS 样式表由一组 CSS 规则组成，每个 CSS 规则由选择器和属性声明两个部分组成，其中选择器用于标识和选择一个或多个 HTML 元素，属性声明用于设置所选元素的样式。CSS 属性声明包含属性名和属性值两个部分，属性名与属性值与冒号分隔，不同属性声明之间用分号分隔。CSS 样式按所在位置不同可分为元素内嵌样式、文档内嵌样式和外部样式。

1. 元素内嵌样式

元素内嵌样式是指通过元素的全局属性 style 来设置 CSS 属性，使用这种样式时不需要使用选择器，它只能应用于所在元素。例如，下面用 style 属性对 div 元素的样式进行了设置：

```
<div style="height: 120px; width: 300px; background-color: grey;"></div>
```

在上述代码中，通过 style 属性设置了 div 元素的高度（height）、宽度（width）以及背景颜色（background-color）。

2. 文档内嵌样式

文档内嵌样式是指放在文档内部的 CSS 样式，这种样式通常放在网页头部，它只能应用于当前页面。创建文档内嵌样式时，应使用 style 元素定义一个样式表，并在该样式表设置一组 CSS 样式规则，每个规则中的所有属性声明需要用一对花括号括起来。

例 1.2　在网页头部创建 CSS 样式表。源文件为 01-02.html，源代码如下。

```
1: <!doctype html>
2: <html>
3: <head>
4: <meta charset="utf-8">
5: <title>渐变背景、圆角边框与阴影</title>
```

```
 6: <style>
 7: .demo {
 8:     width: 300px;                                   /* 设置元素的宽度 */
 9:     height: 180px;                                  /* 设置元素的高度 */
10:     margin: 0 auto;                                 /* 设置元素的外边距（使其水平居中） */
11:     padding: 0.5em;                                 /* 设置元素的内边距 */
12:     line-height: 60px;                              /* 设置元素的行高 */
13:     font-size: 32px;                                /* 设置字号大小 */
14:     font-weight: bold;                              /* 设置字体粗细 */
15:     text-align: center;                             /* 设置文本对齐方式 */
16:     text-shadow: 6px 6px 12px grey;                 /* 设置文本阴影效果 */
17:     border: 3px solid orange;                       /* 设置元素边框的宽度、线型和颜色 */
18:     border-radius: 16px;                            /* 设置边框圆角半径 */
19:     box-shadow: 12px 12px 12px gray;                /* 设置边框阴影 */
20:     background-image: linear-gradient(white, red);  /* 设置元素背景为线性渐变 */
21: }
22: </style>
23: </head>
24:
25: <body>
26: <div class="demo">
27:     <p>jQuery Mobile<br>移动网站开发</p>
29: </div>
30: </body>
31: </html>
```

源代码分析

第 6～第 20 行：使用 style 元素创建了一个 CSS 样式表。

第 7～第 19 行：创建了一个 CSS 规则，以“.demo”作为选择器，对网页中 class 属性值为“.demo”的元素的多种 CSS 属性进行了设置。每个属性用途通过 CSS 注释标出。

第 25～第 28 行：添加了一个 div 元素，并将其 class 属性设置为“demo”。该元素应用了 CSS 样式表中的那个 CSS 规则。

网页显示效果如图 1.2 所示。

图 1.2　创建文档内嵌样式

3. 外部样式表

元素内嵌样式只能应用于所在元素，文档内嵌样式只能应用于当前页面中的元素。为了将 CSS 样式应用于同一网站的多个页面中，必须将 CSS 样式存储在单独的文件中，这就是 CSS 样式文件，其文件扩展名为.css。在 CSS 样式文件中，不再需要添加<style>标签，可以直接定义 CSS 规则。

例如，可以创建一个 CSS 样式文件并命名为 mystyle.css，其内容如下。

```
div {
  height: 120px;                  /* 设置高度 */
  width: 200px;                   /* 设置宽度 */
  border: thin solid green;       /* 设置边框的宽度、线型和颜色 */
  background-color: #7ebdeb;      /* 设置背景颜色 */
}
```

这个 CSS 样式文件可以应用于同一网站中的所有页面。如果要在某个网页中引用这个 CSS 样式文件，则应在网页头部添加以下<link>标签：

```
<link rel="stylesheet" href="mystyle.css">
```

其中，rel 属性规定了当前文档与被链接文档之间的关系，只有 "stylesheet" 值得到了所有浏览器的支持，该属性不能省略；href 属性规定被引用文档的 URL 位置，可以是相对路径，也可以是绝对路径。

在实际应用中，也可以使用 link 元素从内容分发网络 CDN（Content Delivery Network）上加载所需要的 CSS 样式文件。例如：

```
http://code.jquery.com/mobile/1.4.5/jquery.mobile-1.4.5.min.css>
```

内容分发网络 CDN 的基本思路是尽可能避开互联网上有可能影响数据传输速度和稳定性的瓶颈和环节，使内容传输的更快、更稳定。

1.1.3 用 JavaScript 实现功能

用 HTML 语言创建网页内容后，除了通过 CSS 设置网页的样式和布局，通常还需要借助 JavaScript 脚本对发生在网页中的各种事件的进行处理，以完成许多常见任务，例如在网页中绘制图形、控制媒体播放、存储和查询数据，对表单数据的有效性进行验证，并根据具体情况适时改变网页的内容和样式，以生成更流畅、更美观的动态效果，最终实现所需要的实用功能。

JavaScript 是一种轻量级的编程语言，是一种解释性脚本语言，其代码不需要进行预编译，插入 HTML 页面后，即可由所有的现代浏览器执行。JavaScript 脚本解释器是浏览器的组成部分，无需专门下载和安装。

1．在网页中直接添加 JavaScript 脚本

在网页中可以使用 script 元素来直接添加 JavaScript 客户端脚本。script 元素既可以放在网页 head 部分，也可以放在网页的 body 部分，还可以同时放在 head 和 body 部分。在网页中不限制添加 script 元素的数量。

添加 script 元素时，可以将 type 属性设置为“text/javascript”，以规定脚本的 MIME 类型。不过，也可以不设置这个属性，因为在现代浏览器中 JavaScript 就是 HTML5 的默认脚本语言。

例 1.3　在网页中添加 JavaScript 脚本。源文件为 01-03.html，源代码如下。

```
 1: <!doctype html>
 2: <html>
 3: <head>
 4: <meta charset="utf-8">
 5: <title>控制灯泡的开与关</title>
 6: <style>
 7: .container {
 8:     margin: 0 auto;
 9:     padding: 20px;
10:     text-align: center;
11: }
12: #status {
13:     display: inline-block;
14:     margin-left: 3px;
15:     padding: 3px 6px 3px 6px;
16:     background-color: grey;
17:     color: white;
18:     font-style: italic;
19: }
20: </style>
21: <script>
22:     window.onload=function() {                          //设置 window 对象的 load 事件处理程序
23:         var bulbo, status;
24:         bulbo=document.getElementById("bulbo");     //获取 image 对象
25:         status=document.getElementById("status");    //获取 span 对象
```

```
26:        bulbo.onclick=function() {                    //设置图像的 click 事件处理程序
27:            if ( bulbo.src.match("off") ) {           //若灯泡当前处于关闭状态
28:                bulbo.src="../images/bulbon.gif";     //更换为点亮灯泡的图像
29:                bulbo.title="单击关闭灯泡";             //修改图像的提示文字
30:                status.style.backgroundColor="red";   //改变状态信息的背景颜色为红色
31:                status.style.color="yellow";          //改变状态信息的文字颜色为黄色
32:                status.innerHTML="点亮了";             //改变状态信息的文字内容
33:            } else {                                  //若灯泡当前处于点亮状态
34:                bulbo.src="../images/bulboff.gif";    //更换为关闭灯泡的图像
35:                bulbo.title="单击点亮灯泡";             //修改图像的提示文字
36:                status.style.backgroundColor="grey";  //改变状态信息的背景颜色为灰色
37:                status.style.color="white";           //改变状态信息的文字颜色为白色
38:                status.innerHTML="熄灭了";             //改变状态信息的文字内容
39:            }
40:        }
41:    }
42: </script>
43: </head>
44:
45: <body>
46: <figure class="container">
47:     <img id="bulbo" src="../images/bulboff.gif" width="100" height="180" title="单击点亮灯泡">
48:     <figcaption>灯泡<span id="status">熄灭了</span></figcaption>
49: </figure>
50: </body>
51: </html>
```

源代码分析

第 46～第 48 行：添加了一个 figure 元素，用于生成一幅灯泡插图，并通过 figcaption 元素为该插图设置标题。在 figcaption 元素中包含一个 span 元素，用于指示灯泡的状态。

第 6～第 20 行：定义了一个 CSS 样式表，其中包含两条 CSS 规则。第一条规则以“.container”作为选择器，用于匹配网页中 class 属性值为“container”的 figure 元素，对该元素的样式属性进行了设置。第二条规则以“#status”为选择器，用于选择网页中 id 属性值为“status”的 span 元素，并对其样式属性进行了设置

第 21～第 42 行：通过添加 script 元素定义了一段 JavaScript 客户端脚本。

第 22 行：对 window 对象的 onload 事件属性进行了设置，load 事件会在文档加载完成后立即发生。在这里设置 onload 事件属性值指向一个匿名函数，通过函数执行的代码包含在一对花括号内（右花括号位于第 41 行），当文档加载就绪时会执行这些代码。

第 24 行、第 25 行：通过调用 document 对象的 getElementById()方法获取网页中 image 元素和 span 元素对应的 DOM 对象。

第 26 行：对 image 元素对象的 onclick 事件属性进行了设置，当在网页中单击灯泡图像时会发生 click 事件。在这里，设置 onclick 事件属性指向一个匿名函数，在该函数中将根据当前所加载的图像不同而执行不同的操作，包括修改图像的来源文件和提示信息、更改 span 元素的背景颜色、前景颜色和文字内容等。

第 27 行：通过调用字符串对象的 match()方法在字符串内检索指定的值。如果找到匹配的文本，该方法将返回一个数组，其中存放了与所找到的匹配文本有关的信息，否则它将返回一个 null 值。

在浏览器打开该网页时，显示的是灯泡关闭图像，单击该图像即变成灯泡点亮图像，同时状态信息也发生变化，结果如图 1.3 和图 1.4 所示。

2. 引用外部脚本文件

也可以把 JavaScript 脚本保存到外部脚本文件中，这种文件通常包含被多个网页使用的代码，例如各种公用的 JavaScript 函数定义等。外部 JavaScript 文件的文件扩展名是.js，在该文件不能包

含<script>标签。如果需要在网页中使用外部文件，可以在<script>标签设置src属性并将该属性值指定为该文件的URL路径，此时不要在开始标签<script>与结束标签</script>之间添加任何脚本内容。

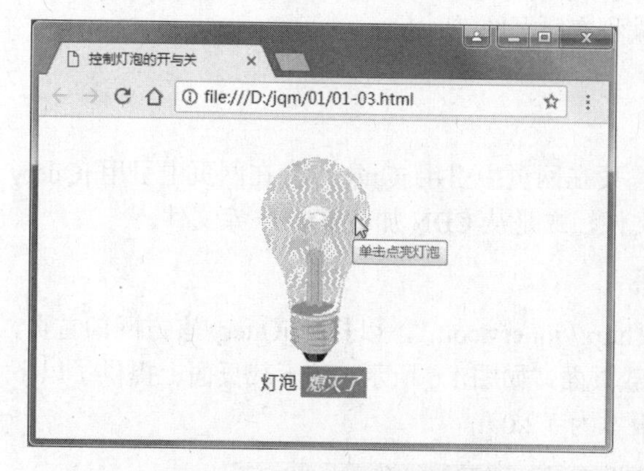

图1.3 灯泡处于关闭状态

图1.4 灯泡处于点亮状态

例如，可以创建一个脚本文件myscript.js并在其中编写一条语句，源代码如下。

```
document.writeln("Hello, World!");
```

如果希望在网页中加载这个脚本文件，只需要将script元素的src属性设置为该文件的URL路径即可。源代码如下：

```
 1: <!doctype html>
 2: <html>
 3: <head>
 4: <meta charset="utf-8">
 5: <title>外用外部JavaScript文件</title>
 6: </head>
 7: <body>
 8: <script src="js/myscript.js"></script>
 9: </body>
10: </html>
```

也可以从内容分发网络CDN上加载JavaScript脚本文件。例如：

```
<script src="http://code.jquery.com/jquery-1.11.1.min.js"></script>
```

加载外部脚本文件时，还可以对script标签设置以下两个属性。

（1）async属性：规定异步执行脚本。async属性是一个布尔属性。如果设置async属性，则脚本相对于页面的其余部分异步地执行，即当页面继续进行解析时脚本将被执行。

（2）defer属性：规定当页面已完成解析后执行脚本。defer属性也是一个布尔属性，它规定当页面完成加载后才会执行脚本。

以上两个属性仅适用于外部脚本，即只有在设置src属性时才能使用。如果既不使用async属性也不使用defer属性，则在浏览器继续解析页面之前立即读取并执行脚本。

1.2 使用jQuery简化编程

jQuery是一款轻量级的JavaScript框架，其核心理念是“少写、多做”。它提供了简单易用的API，使得诸如HTML文档遍历、DOM操作、事件处理、动画效果和Ajax交互等功能可以在众多浏览器中使用。jQuery 功能强大、可扩展性好，极大地简化了编写 JavaScript 的方式。本书主要讨论如何使用 jQuery Mobile 框架开发移动网站，而 jQuery Mobile 则是基于 jQuery 构建起来的。因此，首先需要对如何使用 jQuery 框架简化 JavaScript 编程有所了解。

1.2.1 在网页中引用 jQuery

要使用 jQuery 来简化 JavaScript 编程，首先需要在网页中引用 jQuery 库。在网页中引用 jQuery 库有两种方式：一是下载后引用本地 jQuery 库文件，二是从 CDN 加载 jQuery 库文件。

1. 下载 jQuery 框架

要下载 jQuery，可以在浏览器中输入网址“http://jquery.com”，以打开 jQuery 官方网门首页，如图 1.5 所示；单击“Download”链接，进入下载页面，如图 1.6 所示。该下载页面上提供了以下两个下载链接（笔者写作本书时 jQuery 的最新版本为 3.2.0）：

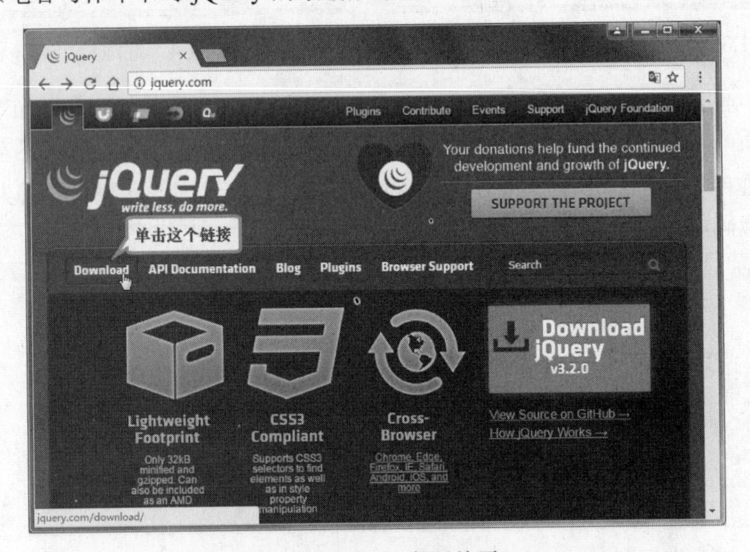

图 1.5　jQuery 官网首页

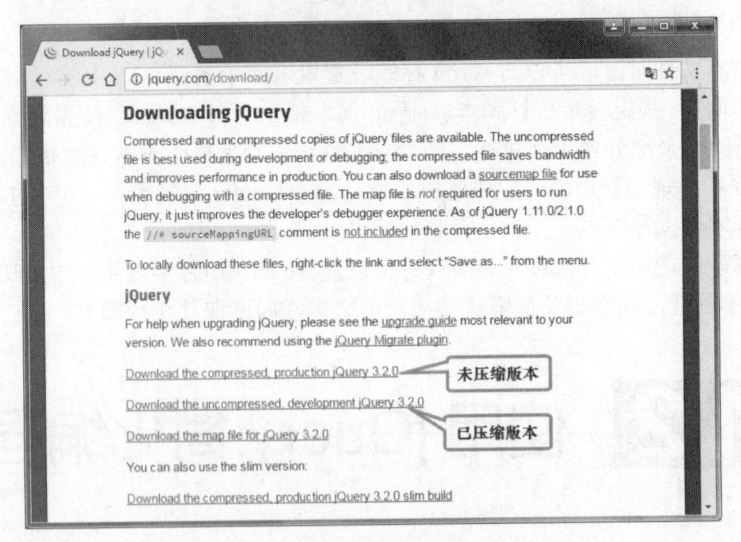

图 1.6　jQuery 下载页面

- Download the uncompressed, development jQuery 3.2.0：用于下载未压缩的版本，其文件为

jquery-3.2.0.js，文件大小为261KB，该版本可用于网站开发和测试。

- Download the compressed, production jQuery 3.2.0：用于下载压缩的版本，其文件名为jquery-3.2.0.min.js，文件大小为84.5KB，该版本可用于实际的网站部署。

将下载的文件放在网站中的某个文件夹中，就可以使用 jQuery 了。由于 jQuery 库是一个JavaScript 脚本文件，可以在网页头部添加 HTML <script>标签来引用本地 jQuery 库。例如：

```
<script src="/js/jquery-3.2.0.js"></script>
```

2．通过 CDN 引用 jQuery

也可以通过 CDN（内容分发网络）引用 jQuery 库。例如，在网页中可以添加<script>标签并引用 jQuery 官网提供的 jQuery 库链接。

引用 jQuery 库的未压缩版本：

```
<script src="http:/code.jquery.com/jquery-3.2.0.min.js"></script>
```

引用 jQuery 库的已压缩版本：

```
<script src="http:/code.jquery.com/jquery-3.2.0.js"></script>
```

访问 http://code.jquery.com/jquery/，可以查看 jQuery 所有版本的 CDN 地址。

目前 jQuery 的最新版本为 3.2.0，jQuery Mobile 的最新稳定版本为 1.4.5（1.5.0-alpha.1 已发布），两者并不兼容。要使用 jQuery Mobile 1.4.5，应使用 jQuery 1.8～1.11/2.1。例如，如果要使用 jQuery 2.1.3 压缩版，可以在网页头部添加以下<script>标签：

```
<script src="http://code.jquery.com/jquery-2.1.3.min.js"></script>
```

1.2.2 jQuery 构造函数

jQuery 的核心功能是通过 jQuery()构造函数实现的，该函数通常简写为$()。该函数根据传递的参数返回在 DOM 中找到的匹配元素的集合，或者返回通过传递的 HTML 字符串所创建元素的集合。

jQuery()函数的返回值是一个集合，也称为**jQuery 对象**。jQuery 对象本身的行为很像一个数组；它具有 length 属性，还可以通过数字索引[0]到[length-1]来访问对象中的各个元素。不过，jQuery 对象实际上并不是一个 JavaScript Array 对象，因此它没有提供 Array 对象的所有方法，如 join()等。

根据传递的参数不同，jQuery()构造函数主要分为以下几种形式。

1．jQuery(selector [, context])

根据传递的参数返回在 DOM 中找到的匹配元素的集合。其中参数 selector 为包含 CSS 选择器的字符串；参数 context 为 DOM 元素或 jQuery 对象，指定用作上下文的 DOM 元素、文档或 jQuery 对象。

例如，下面的脚本从文档找出 id 为 myparagraph 的段落并将文字颜色设置为红色：

```
$("p#myparagraph").css("color","red");
```

2．jQuery(html)

根据传递的参数创建新的 HTML 元素并返回包含新建元素的 jQuery 对象。其中参数 html 为字符串，用于定义要创建的 HTML 元素。

例如，下面的脚本在网页的末尾添加一个指向 jQuery 官网的超链接：

```
$("<a href='http://jquery.com'>访问 jQuery 官网</a>").appendTo("body");
```

3．jQuery(elements)

根据传递的参数将一个 DOM 元素或元素集合包装在 jQuery 对象中并返回该 jQuery 对象。其中参数 elements 指定要包装的 DOM 元素或元素集合。

例如，下面的脚本从文档中选取所有段落，然后将段落包含成 jQuery 对象并对其首行缩进量进行设置：

```
var paragraph=document.getElementsByTagName("p");
$(paragraph).css("text-indent", "2em");
```

4．jQuery(callback)

jQuery(callback)用于绑定 DOM 完成加载后要执行的函数。其中参数 callback 为回调函数，指定当 DOM 准备就绪时要执行的函数。所谓回调函数就是传递给某个函数作为参数使用的 JavaScript 函数。

例如，下面的 JavaScript 脚本设置当网页加载就绪时执行一个匿名函数，其功能是弹出一个消息框：

```
$( function() {
   alert("文档加载就绪！");
});
```

这种形式的 jQuery()在功能上等同于$(document).ready()，即为 document 对象的 ready 事件绑定一个处理函数，当文档加载就绪时立即执行该函数。例如：

```
$(document).ready( function(){
   alert("文档加载就绪！");
});
```

例 1.4　在网页中引用 jQuery 库并动态添加一些标题、段落和链接等内容。源文件为 01-04.html，源代码如下。

```
 1: <!doctype html>
 2: <html>
 3: <head>
 4: <meta charset="utf-8">
 5: <title>jQuery 框架测试</title>
 6: <script src="http://code.jquery.com/jquery-2.1.3.min.js"></script>
 7: <script>
 8: $( function() {
 9:     $("<p>这里是 jQuery 框架测试文档</p>")
10:         .appendTo("body")
11:         .css({"font-size": "22px", "background-color": "grey",
12:              color: "white", width: "280px", padding: "6px"});
13:     $("body").append("<p><a href='http://jquery.com'>访问 jQuery 官网</a></p>")
14:     .prepend("<h1>jQuery 框架测试</h1>");
15: });
16: </script>
17: </head>
18:
19: <body>
20: </body>
21: </html>
```

源代码分析

第 6 行：添加<script>标签，从 CDN 加载 jQuery 库文件。

第 7～第 16 行：添加<script>标签，在 JavaScript 脚本中调用 jQuery 库函数。

第 8～第 15 行：调用 jQuery()构造函数并传递一个匿名函数作为参数，设置网页加载完成时执行的操作。

第 9～12 行：这是一长语句。第 9 行将 HTML 字符串 "<p>这里是 jQuery 框架测试文档</p>" 包装成一个 jQuery 对象，该对象包含一个新建段落；第 10 行通过对该对象调用 appendTo()方法将其添加到 body 元素内容末尾。appendTo()方法的返回值仍然是该 jQuery 对象本身，在第 11 行和第 12 行对其调用 css()方法并传递一个对象作为参数，对段落的一些 CSS 属性进行了设置。像这样连续对同一个 jQuery 对象调用不同方法的语法形式称为**链接语法**，这是 jQuery 的显著特点之一。

第 13～第 14 行：这是另一个长语句。第 13 行将 CSS 选择器“body”包装成一个 jQuery 对象，对该对象调用 append()方法并传入一个 HTML 字符串作为参数，在网页内容末尾添加了一个段落，该段落中包含一个指向 jQuery 官网的超链接；对包含 body 元素的 jQuery 对象调用 append()方法之后，仍将返回该 jQuery 对象本身。第 14 行对该 jQuery 对象调用 prepend()方法，在网页内容开头处插入一个 h1 标题。

网页运行结果如图 1.7 所示。

图 1.7 jQuery 框架测试

1.2.3 jQuery 选择器

为了在文档中匹配和选取 HTML 元素的集合，jQuery 借鉴了 CSS 并在这个基础上添加了一些特有的选择器，从而形成一组功能强大的 jQuery 选择器。在实际应用中，首先将选择器作为参数传入 jQuery 构造函数，以获取包含所有匹配元素的 jQuery 对象，然后通过对该对象调用各种各样的 jQuery 方法，便可以高效地对这些匹配元素进行操作处理，例如添加和删除元素、更改元素的样式以及处理各种事件等。

jQuery 选择器可以分为基本选择器、层级选择器、筛选选择器以及表单选择器等类别，下面分别加以介绍。

1．基本选择器

基本选择器包括通配选择器、元素选择器、ID 选择器、类选择器以及并集选择器。

（1）通配选择器：在整个文档或指定范围内选择所有元素。用法如下：

```
$("*")
```

如果单独使用通配选择器，则可以在整个文档中查找所有元素，包括 head、body、link、style 以及 script 等元素在内。与其他选择器配合使用，通配选择器也可以用来选取特定范围内的所有元素。

（2）元素选择器：根据给定 HTML 标签选择所有元素。用法如下：

```
$("element")
```

其中 element 表示要搜索的 HTML 元素的标签名称，例如 h1、p、div 等。

（3）ID 选择器：选择具有给定 id 属性的单个元素。用法如下：

```
$("#id")
```

其中 id 为要查找的 HTML 元素的 id 属性。每个 id 值在一个文件中只能使用一次。

（4）类选择器：选择具有给定类名的所有元素。用法如下：

```
$(".class")
```

其中 class 表示用来查找的类名。一个元素可以有多个类，其中只有一个必须匹配。

（5）并集选择器：将每个选择器匹配的元素合并后一起返回。用法如下：

```
$("selector1, selector2, selectorN")
```

其中 selector1、selector2、selectorN 是任何有效的选择器。根据需要，可以指定任何数量的选择器组合成一个单一结果。

例 1.5　基本选择器应用。源文件为 01-05.html，源代码如下。

```
 1: <!doctype html>
 2: <html>
 3: <head>
 4: <meta charset="utf-8">
 5: <title>基本选择器应用</title>
 6: <style>
 7: div {
 8:     width: 80px;
 9:     height: 80px;
10:     line-height: 80px;
11:     margin-left: 12px;
12:     font-size: 36px;
13:     color: white;
14:     text-align: center;
15:     float: left;
16: }
17: p {
18:     clear: both;
19:     line-height: 36px;
20:     text-indent: 8em;
21: }
22: </style>
23: <script src="http://code.jquery.com/jquery-2.1.3.min.js"></script>
24: <script>
25: $( function() {
26:     $("div").css("border", "3px outset grey");
27:     $("#div1").css("background-color", "red");
28:     $("#div2").css("background-color", "green");
29:     $("#div1,#div2").css("font-style", "italic");
30:     $(".demo").css("background-color", "blue");
31:     $("p").html("网页中一共包含"+$("*").length+"个元素。")
32: });
33: </script>
34: </head>
35:
36: <body>
37: <div id="div1">1</div>
38: <div id="div2">2</div>
39: <div class="demo">3</div>
40: <div class="demo">4</div>
41: <p></p>
42: </body>
43: </html>
```

源代码分析

第 37～第 41 行：网页中包含四个 div 元素，前两个的 id 属性分别为 div1 和 div2，后两个的 class 属性均为 demo，在这些 div 元素后面还有一个 p 元素。

第 6～第 22 行：创建一个 CSS 样式表，对 div 元素和 p 元素的样式进行了设置。

第 25～第 31 行：调用 jQuery()构造函数并传递一个匿名函数作为参数，设置网页加载完成时执行的操作。

第 26 行：使用元素选择器对所有 div 元素的边框样式进行了设置。

第 27～第 28 行：使用 ID 选择器将 id 属性为 div1 和 div2 的 div 元素的背景颜色分别设置为红色和绿色。

第 29 行：使用并集选择器将 id 属性为 div1 和 div2 的 div 元素包含的文字设置斜体。

第 30 行：使用类选择器将 class 属性为 demo 的两个 div 元素的背景颜色设置为蓝色。

第 31 行：使用元素选择器对段落包含的 HTML 内容进行了设置，并通过通配选择器获取当前网页中包含的所有元素的数目。

网页运行结果如图 1.8 所示。

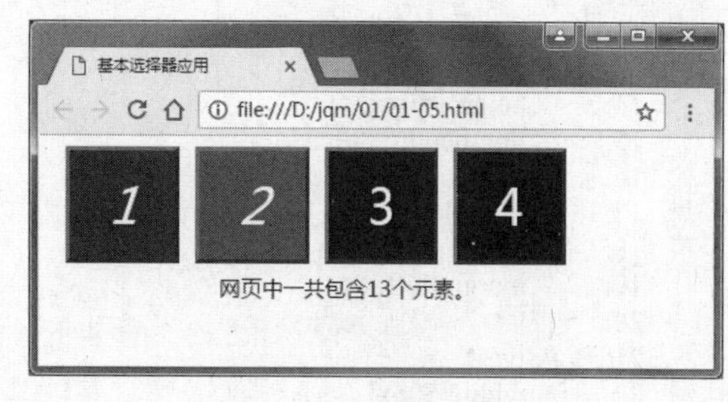

图 1.8　基本选择器应用

2. 层级选择器

层级选择器包括后代选择器、子代选择器、相邻兄弟选择器以及一般兄弟选择器。

（1）后代选择器：选择给定的祖先元素的所有后代元素。用法如下：

```
$("ancestor descendant")
```

其中，ancestor 是任何有效的选择器，用来指定祖先元素；descendant 是用来筛选后代元素的选择器。一个元素的后代可能是该元素的孩子、孙子、曾孙、玄孙等。

（2）子代选择器：选择给定父元素中的所有直接子元素。用法如下：

```
$("parent>child")
```

其中，parent 是任何有效的选择器，用来指定父元素；child 是用来筛选子元素的选择器。

注意

子代选择器（E > F）是后代选择器（E F）的一个更具体的形式，子代选择器只会选择直接后代，后代选择器则会选择所有后代。

（3）一般兄弟选择器：匹配指定元素之后的所有兄弟元素。用法如下：

```
$("prev～siblings")
```

其中，prev 是任何有效的选择器；siblings 是用来过滤 prev 选择器后的所有兄弟元素的选择器。

（4）相邻兄弟选择器：选择紧跟在指定元素后的所有兄弟元素。用法如下：

```
$("prev+next")
```

其中，prev 是任何有效的选择器；next 是用来筛选紧跟在 prev 元素后的元素的选择器。

注意

相邻兄弟选择器（prev+next）与一般兄弟选择器（prev ~ siblings）的共同点是，所选择到的元素都必须是同一个父元素下的子元素。它们的不同点是，相邻兄弟选择器只达到紧随的同级元素，一般兄弟选择器则扩展到跟随其的所有同级元素。

例 1.6　层级选择器应用。源文件为 01-06.html，源代码如下。

```
 1: <!doctype html>
 2: <html>
 3: <head>
 4: <meta charset="utf-8">
 5: <title>层级选择器应用</title>
 6: <style>
 7:     #div0 {
 8:         width: 400px;
 9:         height: 100px;
10:         margin: 32px auto 0 auto;
```

```
11:     }
12:     #div1,#div2,#div3,#div4 {
13:         width: 80px;
14:         height: 80px;
15:         line-height: 80px;
16:         text-align: center;
17:         float: left;
18:         margin-top: 6px;
19:         margin-left: 8px;
20:     }
21:     #div5 {
22:         width: 50px;
23:         height: 50px;
24:         margin: 10px auto 0 auto;
25:         background-color: grey;
26:     }
27: </style>
28: <script src="http://code.jquery.com/jquery-2.1.3.min.js"></script>
29: <script>
30:     $( function() {
31:         $("div").css("border", "thick solid grey");
32:         $("#div0 div").css("border-color", "red");
33:         $("#div0>div").css("border-radius", "12px");
34:         $("#div1～div").css("background-color", "yellow");
35:         $("#div1+div").html("相邻兄弟");
36:     });
37: </script>
38: </head>
39:
40: <body>
41: <div id="div0">
42:     <div id="div1"></div>
43:     <div id="div2"></div>
44:     <div id="div3"></div>
45:     <div id="div4">
46:         <div id="div5"></div>
47:     </div>
48: </div>
49: </body>
50: </html>
```

源代码分析

第 41～第 48 行：网页中包含六个 div 元素，id 属性为 div0～div5，其中 div0 为最外层容器，中间层是 div1～div4，最内层 div5 包含在 div4 中。

第 31 行：使用元素选择器“div”来选择网页中的所有 div 元素，通过调用 jQuery 对象的 css()方法将这些 div 元素的边框属性设置为灰色粗实线。

第 32 行：使用后代选择器“#div0 div”来选择 div0（祖先元素）的所有后代元素（div1～div5），通过调用 jQuery 对象的 css()方法将这些后代的边框颜色设置为红色。

第 33 行：使用子代选择器“#div0>div”来选择 div0（父元素）的所有直接子元素（div1～div4，不包括 div5），通过对 jQuery 对象调用 css()方法来设置这些子元素的边框半径，以生成圆角边框效果。

第 34 行：使用一般兄弟选择器“#div1～div”来选择#div1 元素的所有同辈兄弟（div2～div4），并将这些兄弟元素的背景颜色设置为黄色。

第 35 行：使用相邻兄弟选择器“#div1～div”来选择紧跟在 div1 元素后面的那个兄弟元素（div2），通过调用 jQuery 对象的 html()方法将其内容设置为“相邻兄弟”。

网页运行结果如图 1.9 所示。

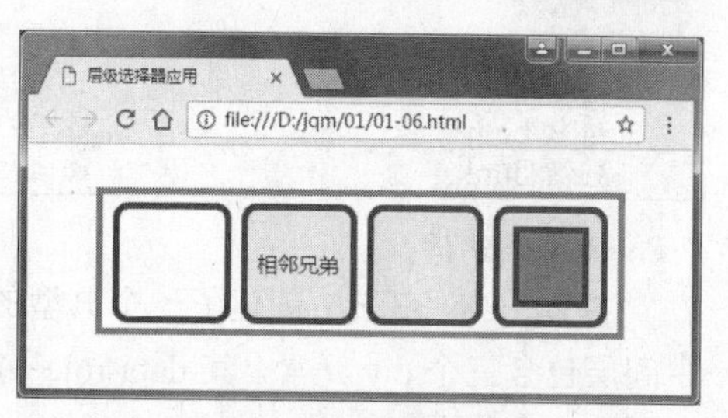

图 1.9 层级选择器应用

3. 元素属性选择器

元素属性选择器根据元素是否具有给定属性或属性的取值情况来选择元素。使用元素属性选择器时应将其放在方括号内，具体用法在表 1.1 中列出。

表 1.1 元素属性选择器

选 择 器	说 明
[attr]	选择包含给定属性的元素
[attr=value]	选择给定属性等于某值的元素
[attr!=value]	选择不包含给定属性或属性值不等于某值的元素
[attr|=value]	选择给定属性值等于某一字符串或以该字符串开头后跟连字符（-）的元素
[attr*=value]	选择给定属性值包含某个字符串的元素
[attr~=value]	选择给定属性值包含某个给定的词并用空格作界定的元素
[attr^=value]	选择给定元素属性值以某个字符串开头的元素
[attr$=value]	选择给定属性值以某个字符串结束的元素（区分大小写）
[attr=value][attr2=value2]	选择匹配所有属性筛选器的元素

例 1.7 元素属性选择器应用。源文件为 01-07.html，源代码如下。

```
1: <!doctype html>
2: <html>
3: <head>
4: <meta charset="utf-8">
5: <title>属性选择器应用</title>
6: <style>
7:     body {
8:        margin: 0;
9:     }
10: </style>
11: <script src="http://code.jquery.com/jquery-2.1.3.min.js"></script>
12: <script>
13:     $( function() {
14:        $("div[data-role^=he]>h1").css({"margin":"0","padding":"8px","font-size":"18px","text-align":"
center", "background-color":"#cccccc","color":"black"});
15:        $("div[data-role*=ten]>p").css({"border":"thin solid grey","margin":"12px","padding":"6px"});
16:        $("div[data-role$=er]>h4").css({"margin":"0","padding":"8px","font-size":"18px","text-align":
"center","background-color":"black","color":"white"});
17:     });
18: </script>
19: </head>
20:
21: <body>
22: <div data-role="page">
23:     <div data-role="header">
24:        <h1>页面标题</h1>
25:     </div>
26:     <div role="main" data-role="content">
27:        <p>属性选择器应用</p>
28:        <p>这里是页面内容。</p>
29:     </div>
30:     <div data-role="footer">
31:        <h4>页脚区域</h4>
```

```
32:     </div>
33: </div>
34: </body>
35: </html>
```

源代码分析

第 22～第 33 行：创建了一个典型的移动网页布局，最外层 div 元素的 data-role 属性为 page；中间层包含三个 div 元素，其 data-role 属性分别为 header、content 和 footer，它们分别作为页面的标题、内容和页脚使用。

第 14 行：使用子代选择器“div[data-role^=he] > h1”选择 div 父元素中的直接子元素 h1，对该子元素的属性进行了设置。选择父元素时使用了属性选择器[data-role^=he]，即该父元素的 data-role 属性值必须以字符串“he”开头，该选择器称为元素属性值前端匹配选择器。

第 15 行：使用子代选择器“div[data-role*=ten] > p”选择 div 父元素中的直接子元素 p，对该子元素的属性进行了设置。选择父元素时使用了属性选择器[data-role*=ten，即该父元素的 data-role 属性值必须包含字符串“ten”，该选择器称为元素属性值包含选择器。

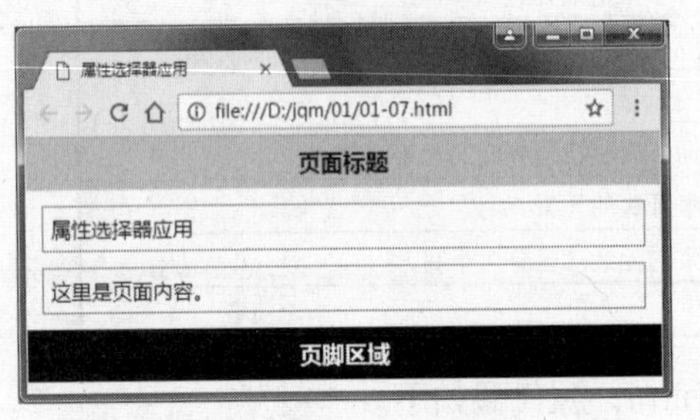

图 1.10　属性选择器应用

第 16 行：使用子代选择器“div[data-role$=er] > h4”选择 div 父元素中的直接子元素 h4，对该子元素的属性进行了设置。选择父元素时使用了属性选择器[data-role$=er，即该父元素的 data-role 属性值必须以字符串“er”结束，该选择器称为元素属性值末端匹配选择器。

网页运行结果如图 1.10 所示。

4．筛选选择器

筛选选择器以冒号“:”前缀开始，通常与另一个选择器一起使用，对后者匹配的元素进行进一步的筛选。筛选选择器可以分为基本筛选选择器、子元素筛选选择器、内容筛选选择器，以及可见性筛选选择器几种类型。

（1）基本筛选选择器：这类选择器主要是根据元素所处的位置对元素进行筛选，其具体用法在表 1.2 中列出。

表 1.2　基本筛选选择器

选　择　器	说　　明
:first	选择第一个匹配的元素。例如，$("tr:first")用于匹配表格的第一行
:last	选择最后一个匹配的元素。例如，$("tr:last")用于匹配表格的最后一行
:even	选择所有索引值为偶数的元素，从 0 开始计数。例如，$("tr:even")用于匹配表格的偶数行
:odd	选择所有索引值为奇数的元素，从 0 开始计数。例如，$("tr:odd")用于匹配表格的奇数行
:eq(n)	在匹配的集合内选择索引为 n 的那个元素。例如，$("tr:eq(1)")用于匹配表格的第二行
:lt(n)	在匹配的集合内选择索引号小于 n 的所有元素。例如，$("tr:lt(3)")用于匹配表格中的前 3 行
:gt(n)	选择匹配的集合内所有索引号大于 n 的元素。例如，$("tr:gr(2)")用于匹配表格第 3 行以后的行
:not(sel)	选择不匹配给定选择器的所有元素。例如，$("input:not(:checked)")用于匹配所有未选择的 input 元素
:header	选择所有的 header 元素，如 h1、h2、h3 等
:animated	选择所有的正在动画进行中的元素
:root	选择 document 的根节点元素

（2）子元素筛选选择器：这类选择器与另一个选择器一起使用，以筛选后者的子元素，其用法在表 1.3 中列出。

表 1.3 子元素筛选选择器

选择器	说明
:first-child	选择指定元素中的第一个子元素。例如$("tr td:first-child")
:last-child	选择指定元素中的最后一个子元素。例如$("tr td:last-child")
:nth-child(n)	选择指定元素的第 n 个子元素，从 1 开始计数。例如$("tr td:nth-child(2)")
:nth-last-child(n)	选择指定元素的倒数第 n 个子元素，从 1 开始计数。例如$("tr td:nth-last-child(2)")
:only-child	选择指定元素的唯一子元素。例如$("div button:only-child").
:first-of-type	选择同类型的同辈元素中的第一个元素。例如$("span:first-of-type")
:last-of-type	选择同类型的同辈元素中的最后一个元素。例如$("span:last-of-type").
:nth-of-type(n)	选择同类型的同辈元素中的第 n 个子元素。例如$("td:nth-of-type(3)")
:nth-last-of-type(n)	选择同类型的同辈元素中的倒数第 n 个子元素。例如$("td:nth-last-of-type(2)")
:only-of-type	选择没有同类型的同辈元素的元素。例如$("button:only-of-type")

（3）内容筛选选择器：这类选择器与另一个选择器一起使用，根据元素的内容是包含指定文本、是否为空、是否包含指定元素、是否包含子节点（包括元素或文本）等对后者进行筛选，其具体用法在表 1.4 中列出。

（4）可见性筛选选择器：这类筛选选择器根据元素是否可见来选择元素，有以下两个。

:hidden 选择器：用于选择所有隐藏元素。

:visible 选择器：用于选择所有可见元素。

表 1.4 内容筛选选择器

选择器	说明
:contains('text')	选择所有的包含指定的文本的元素。例如$("div:contains('John')")
:empty	选择所有的没有子元素的元素（子元素包括文本节点）。例如$("td:empty")
:has(selector)	选择至少包含一个匹配指定选择器的元素。例如$("div:has(p)")
:parent	选择至少包含一个子节点的所有元素（子节点包括元素或者文本）。例如$("td:parent")

5. 表单选择器

表单选择器专门用于选择各种表单控件，这类选择器的用法在表 1.5 中列出。

表 1.5 表单选择器

选择器	说明
:button	选择所有的 button 元素和 type="button"的 input 元素
:checkbox	选择所有的 type="checkbox"的 input 元素（复选框）
:checked	选择所有勾选的元素，适用于复选框、单选框以及 select 元素的 option 元素
:disabled	选择所有已经被禁用的元素
:enabled	选择所有的可用元素
:file	选择所有的 type="file"的 input 元素
:focus	选择当前正获得焦点的那个元素
:image	选择所有的 type="image"的 input 元素
:input	选择所有的 input、textarea、select 以及 button 元素
:password	选择所有的 type="password"的 input 元素（密码框）
:radio	选择所有的 type="radio"的 input 元素（单选按钮）
:reset	选择所有的 type="reset"的 input 元素和 button 元素（重置按钮）
:selected	选择 select 元素中所有的被选中的 option 元素
:submit	选择所有的 type="submit"的 input 元素和 button 元素（提交按钮）
:text	选择所有的 type="text"的 input 元素（文本框）

例 1.8　表单选择器应用。源文件为 01-08.html，源代码如下。

```
 1: <!doctype html>
 2: <html>
 3: <head>
 4: <meta charset="utf-8">
 5: <title>表单选择器应用</title>
 6: <script src="http://code.jquery.com/jquery-2.1.3.min.js"></script>
 7: <script>
 8:     $( function() {
 9:         $("#sel-all").click(function() {
10:             $("p label input:checkbox").prop("checked", this.checked);
11:             var n=$("p label input:checkbox:checked").length;
12:             $("input:text").val("当前选择了"+n+"项");
13:         });
14:         $("p label input:checkbox").click( function() {
15:             var n1=$("p label input:checkbox").length;
16:             var n2=$("p label input:checkbox:checked").length;
17:             $("#sel-all").prop("checked",n1==n2);
18:             $("input:text").val("当前选择了"+n2+"项");
19:         });
20:     });
21: </script>
22: </head>
23:
24: <body>
25: <p>
26:     <input id="sel-all" type="checkbox">
27:     <label for="sel-all">全选</label>
28: </p>
29: <p>
30:     <label><input type="checkbox">1</label>
31:     <label><input type="checkbox">2</label>
32:     <label><input type="checkbox">3</label>
33:     <label><input type="checkbox">4</label>
34:     <label><input type="checkbox">5</label>
35: </p>
36: <p>
37:     <input type="text">
38: </p>
39: </body>
40: </html>
```

源代码分析

第 25～第 38 行：在网页中添加了三个段落，第一个段落中包含一个复选框（其 id 为 sel-all），第二个段落中包含五个复选框（包裹在标签中），第三个段落中包含一个文本框。

第 8～第 20 行：将一个匿名函数作为参数传递给 jQuery 构造函数，设置当网页加载就绪时执行的操作。

第 9～第 13 行：将“全选”复选框的 click 事件处理程序设置为一个匿名函数，其功能是通过“全选”复选框的 checked 属性值来设置第二行中所有复选框是否被勾选；计算第二个段落中所选中的复选框的数目并将计算结果显示在文本框中。

第 14～第 19 行：设置第二个段落中每个复选框的 click 事件处理程序，计算第二个段落中包含的复选框数目和在第二个段落中已选中的复选框数目，如果两者相等，则使“全选”复选框处于勾选状态，否则清除勾选状态，并将在第二个段落中已选中的复选框数目显示在文本框中。

网页运行时，如果勾选了“全选”复选框，则第二行所有复选框被勾选，如图 1.11 所示；第二行的复选框只要一个未选中，则会清除“全选”复选框，如图 1.12 所示。

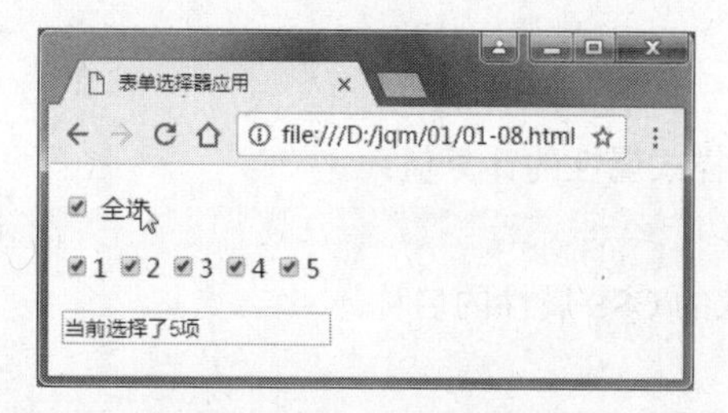

图 1.11　所有复选框被勾选

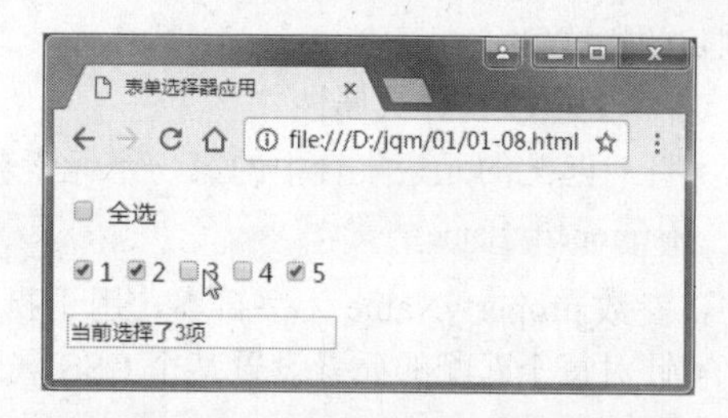

图 1.12　部分复选框被勾选

1.2.4 DOM 操作

从网页中选择元素并包装成 jQuery 对象后，可以通过调用各种 jQuery 方法来实现 DOM 操作，包括设置元素属性、复制元素、插入元素、删除元素以及替换元素等。

1. 设置元素属性

元素的属性可分为一般属性、类属性和样式属性。

（1）设置一般元素属性。

- 取得匹配的元素集合中第一个元素的某个属性的值：

```
.prop(propertyName)
```

其中，参数 propertyName 为字符串，用于指定要获得的属性的名称。

- 针对每个匹配的元素设置一个属性的值：

```
.prop(propertyName, value)
```

其中，参数 propertyName 为字符串，用于指定要设置的属性名；参数 value 为字符串或数字类型，用于指定要设置的属性值。

- 针对每个匹配的元素设置一个或多个属性：

```
.prop(properties)
```

其中，参数 properties 是一个象，其中包含要设置的属性名值对。

- 针对匹配的元素集合删除一个属性。

```
.removeProp(propertyName)
```

其中，参数 propertyName 为字符串，用于指定要删除的属性名。

（2）设置 class 类属性。

- 将指定的样式类添加到匹配的元素集合中的每个元素上：

```
.addClass(className)
```

其中，参数 className 为字符串，表示一个或更多用空隔分隔的类名，将要添加到每个匹配元素的样式类属性上。

- 确定匹配元素中是否有一些元素带有指定样式类：

```
.hasClass(className)
```

其中，参数 className 为字符串，指定要搜索的类名。如果该样式类被分配到一个元素，则 hasClass() 方法将返回 true，即使别的样式类也存在。

- 从匹配的元素集合的每个元素上删除一个样式类、多个样式类或者所有样式类。

```
.removeClass([className])
```

其中，参数 className 为字符串，表示一个或多个用空格隔开的样式类，指定要从每个匹配元素上删除的样式类。

（3）设置 CSS 样式属性。

- 针对匹配的元素集合中的第一个元素获得一个样式属性的计算值：

```
.css(propertyName)
```

其中，参数 propertyName 为字符串，用于指定要获取的 CSS 属性的名称。

- 针对每个匹配的元素设置某个 CSS 属性的值：

```
.css(propertyName,value)
```

其中，参数 propertyName 为字符串，指定要设置的 CSS 属性的名称；参数 value 为字符串或数字，指定要置属性的值。

- 针对每个匹配的元素设置一个或多个 CSS 属性的值：

```
.css(properties)
```

其中，参数 properties 为对象，其中包含要设置的属性-值对。

2. 插入元素

在 DOM 中插入元素可分为以下几种情况。

（1）在元素周围包裹 HTML 结构。

- 在匹配的元素集合中的每个元素周围包裹一个 HTML 结构：

```
.wrap(wrappingElement)
```

其中，参数 wrappingElement 可以是一个 HTML 片段、选择器表达式、jQuery 对象或 DOM 元素，用来指定要在匹配的元素周围包裹的结构。如果传递了一个 jQuery 集合，其中包含不止一个元素，或者传递了一个选择器，它匹配了不止一个元素，则只会使用第一个元素。

- 在匹配的元素集合的所有元素周围包裹一个 HTML 结构：

```
.wrapAll(wrappingElement)
```

其中，参数 wrappingElement 可以是一个 HTML 片段、选择器表达式、jQuery 对象或 DOM 元素，用来指定要在匹配的元素周围包裹的结构。

- 在匹配的元素集合的每个元素内部包裹一个 HTML 结构：

```
.wrapInner(wrappingElement)
```

其中，参数 wrappingElement 可以是一个 HTML 片段、选择器表达式、jQuery 对象或 DOM 元素，用来指定要在匹配的元素的内容周围包裹的结构。

- 从 DOM 中删除匹配的元素集合的父元素并将匹配的元素留在原来位置：

```
.unwrap()
```

该方法不接受任何参数。

（2）在元素内部插入内容。

- 在匹配的元素集合中每个元素的末尾插入用参数指定的内容：

```
.append(content[,content])
```

其中，参数 content 指定用来插入到匹配的元素集合中每个元素末尾的 DOM 元素、元素的数组、HTML 字符串或 jQuery 对象。

- 在匹配的元素集合中每个元素的开头插入用参数指定的内容：

```
.prepend(content[,content])
```

其中，参数 content 指定要插入匹配的元素集合中每个元素前面的 DOM 元素、元素的数组、HTML 字符串或 jQuery 对象。

- 获得匹配的元素集合中第一个元素的 HTML 内容：

```
.html()
```

该方法不接受任何参数。

- 针对每个匹配的元素设置 HTML 内容：

```
.html(htmlString)
```

其中，参数 htmlString 为字符串，指定要为每个匹配元素设置的 HTML 内容。

- 获得匹配的元素集合中每个元素的文本内容的串联结果（包括后代元素中的文本）：

```
.text()
```

该方法不接受任何参数

- 将匹配的元素集合中每个元素的内容设置为指定的文本：

```
.text(text)
```

其中，参数 text 是一段文本，它会被设置作为每个匹配的元素的内容。

（3）在元素外部插入内容。

- 在匹配的元素集合的每个元素后面插入用参数指定的内容：

```
.after(content [, content])
```

其中，参数 content 指定要插入匹配的元素集合的每个元素后面的 HTML 字符串、DOM 元素、元素的数组或 jQuery 对象。

- 在匹配的元素集合的每个元素的前面插入用参数指定的内容：

```
.before(content [, content])
```

其中，参数 content 指定用来插入到匹配的元素集合中每个元素前面的 HTML 字符串、DOM 元素、元素的数组或 jQuery 对象。

3. 删除元素

要从 DOM 中删除元素，可以使用以下方法。

（1）从 DOM 中删除匹配元素集合中的所有子元素节点：

```
.empty()
```

该方法不接受任何参数。该方法不仅删除子元素以及其他后代元素，而且还会将匹配的元素集合中的任何文本删除。

（2）从 DOM 中删除匹配的元素集合：

```
.remove( [selector] )
```

其中，参数 selector 是一个选择器表达式，用来筛选要匹配的元素集合，以删除它们。此方法不仅删除元素本身，还会将相关的 jQuery 数据和绑定事件也被删除了。

4. 替换元素

要想使用匹配的元素集合来替代每一个目标元素，可以使用 replaceAll()方法。用法如下：

```
.replaceAll(target)
```

其中，参数 target 是一个选择器字符串、jQuery 对象、DOM 元素或元素数组，指定哪些元素要被替换掉。

使用 replaceAll()方法可以创建一个新元素并用它来替换目标元素，还可以选择一个现有的元素用作替换的内容，此时被选中的元素代替了目标元素，是把它从它的原有位置移过来，而不是克隆过来。

例 1.9　通过插入元素动态生成导航条和网页内容。源文件为 01-09.html，源代码如下。

```
 1: <!doctype html>
 2: <html>
 3: <head>
 4: <meta charset="utf-8">
 5: <title>DOM 操作</title>
 6: <style>
 7: body {
 8:     margin: 0;
 9: }
10: #nav {
11:     height: 30px;
12:     width: 100%;
13:     background-image: linear-gradient(#e8e8e8 0, #ccc 75%);      /* 设置线性渐变背景 */
14:     border-bottom: thin solid grey;
15: }
16: #nav ul {
17:     margin: 0 0 0 6px;
18:     padding: 0px;
19:     font-size: 14px;
20:     line-height: 30px;
21:     white-space: nowrap;          /*文本不换行*/
22: }
23: #nav li {
24:     list-style-type: none;
25:     display: inline;              /*显示为行内元素*/
26: }
27: #nav li a {
28:     text-decoration: none;
29:     margin-left: 3px;
30:     padding: 7px 10px;            /*设置内边距：上 7 右 10 下 7 左 10*/
31:     color:#000;
32: }
33: #nav li a:hover {
34:     color: #fff;
35:     background-color: #000;
36:     background-image: linear-gradient(#666,#333,#999);      /* 设置线性渐变背景 */
37: }
38:     h1,p {
39:         margin:12px;
40:     }
41: </style>
42: <script src="http://code.jquery.com/jquery-2.1.3.min.js"></script>
43: <script>
44:     $( function() {
45:         $("body").append("<div id='nav'></div>");
46:         $("#nav").append("<li>首页</li>","<li>注册</li>","<li>登录</li>","<li>注销</li>");
47:         $("li").wrapAll("<ul></ul>").wrapInner("<a href='#'></a>");
48:         $("#nav").after("<p>DOM 元素操作示例</p>")
49:         $("p").before("<h1>动态生成导航条</h1>");
50:         $("h1").css("font-size","18px")
51:     });
52: </script>
53: </head>
54:
55: <body>
56: </body>
57: </html>
```

源代码分析

第 44～第 51 行：设置文档加载就绪后执行的匿名函数。

第 45 行：通过调用 append()方法在网页中插入 div 元素并将其 id 设置为 nav。

第 46 行：通过将多个参数传入 append()方法在 id 为 nav 的 div 元素中插入一组 li 元素。

第 47 行：首先通过调用 wrapAll()方法在所有 li 元素的外部包裹无序列表结构，然后通过调用 wrapInner()方法在每个 li 元素内部包裹超链接结构。

第 48 行：通过调用 after()方法在导航条容器 div 后面插入一个文本段落。

第 49 行：通过调用 before()方法在段落前面插入一个一级标题。

第 50 行：通过调用 css()方法对一级标题的字号进行设置。

网页运行结果如图 1.13 所示。

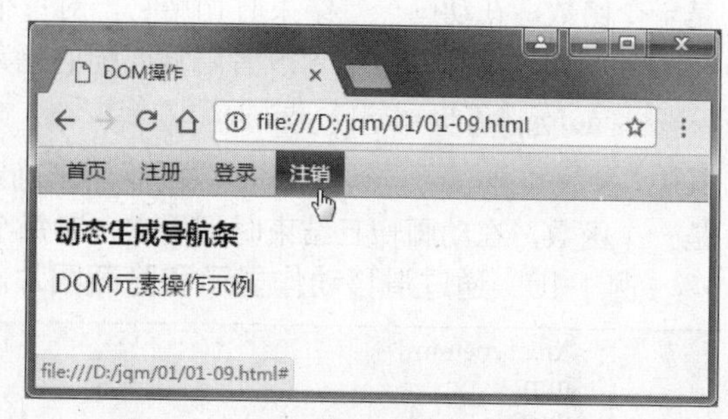

图 1.13　动态生成导航条和网页内容

1.2.5 动画效果

jQuery 库提供了一些方法，可以用来在网页上添加动画效果，包括显示/隐藏、设置定时器、淡入淡出以及滑移等基本动画。

（1）显示匹配的元素。用法如下：

```
.show([duration] [, complete])
```

其中，参数 duration 是一个字符串或数字，用来确定动画运行多长时间，默认值为 400；参数 complete 是一个函数，在动画一旦结束时调用它，对每个匹配的元素调用一次。

（2）隐藏匹配的元素。用法如下：

```
.hide([duration] [, complete])
```

其中，参数 duration 是一个字符串或数字，用来确定动画运行多长时间，默认值为 400；参数 complete 是一个函数，在动画一旦结束时调用它，对每个匹配的元素调用一次。

（3）设置一个定时器，以延迟执行队列中后续的项目。用法如下：

```
.delay(duration [, queueName])
```

其中，参数 duration 是一个整数，表示队列中下一个项目推迟执行的时间（以 ms 为单位）；参数 queueName 是一个字符串，它包含了队列的名称，默认为 fx，即标准效果队列。

（4）通过把匹配的元素渐显为不透明来显示匹配的元素。用法如下：

```
.fadeIn([duration] [, complete])
```

其中，参数 duration 是一个字符串或数字，用来确定动画运行多长时间，默认值为 400；参数 complete 是一个函数，在动画一旦结束时调用它，对每个匹配的元素调用一次。

（5）通过将匹配的元素渐褪色为不透明来隐藏匹配的元素。用法如下：

```
.fadeOut([duration] [, complete])
```

其中，参数 duration 是一个字符串或数字，用来确定动画运行多长时间，默认值为 400；参数 complete 是一个函数，在动画一旦结束时调用它，对每个匹配的元素调用一次。

（6）调整匹配的元素的不透明度。用法如下：

```
.fadeTo(duration, opacity [, complete])
```

其中，参数 duration 是一个字符串或数字，用来确定动画运行多长时间；参数 opacity 是一个 0 到 1 之间的数字，表示目标不透明度；参数 complete 是一个函数，在动画结束时调用它。

（7）通过滑移动作来显示匹配的元素。用法如下：

```
.slideDown([duration] [, complete])
```

其中，参数 duration 是一个字符串或数字，用来确定动画运行多长时间，默认值为 400；参数 complete 是一个函数，在动画一旦结束时调用它，对每个匹配的元素调用一次。

（8）通过滑移动作来隐藏匹配的元素。用法如下：

```
.slideUp([duration] [, complete])
```

其中，参数 duration 是一个字符串或数字，用来确定动画运行多长时间，默认值为 400；参数 complete 是一个函数，在动画一旦结束时调用它，对每个匹配的元素调用一次。

（9）通过滑移动作显示或者隐藏匹配的元素。用法如下：

```
.slideToggle([duration] [, complete])
```

其中，参数 duration 一个字符串或数字，用来确定动画运行多长时间，默认值为 400；参数 complete 是一个函数，在动画一旦结束时调用它，对每个匹配的元素调用一次。

例 1.10　通过滑移动作显示和隐藏图片。源文件为 01–10.html，源代码如下。

```
 1: <!doctype html>
 2: <html>
 3: <head>
 4: <meta charset="utf-8">
 5: <title>动画效果应用</title>
 6: <style>
 7: img {
 8:     width: 96px;
 9:     margin: 3px;
10: }
11: </style>
12: <script src="http://code.jquery.com/jquery-2.1.3.min.js"></script>
13: <script>
14:     $( function() {
15:         $btn1=$("button:first");
16:         $btn2=$("button:last");
17:         $btn1.prop("disabled", true)
18:         .click(function() {
19:             $("img").slideDown(3000, function() {
20:                 $btn1.prop("disabled", true);
21:                 $btn2.prop("disabled", false);
22:             });
23:         });
24:         $btn2.click(function() {
25:             $("img").slideUp(3000, function() {
26:                 $btn1.prop("disabled", false);
27:                 $btn2.prop("disabled", true);
28:             });
29:         });
30:     });
31: </script>
32: </head>
33: 
34: <body>
35: <p><button>向下滑动显示图片</button>  <button>向上滑动隐藏图片</button></p>
36: <p><img src="../images/image01.jpg"><img src="../images/image02.jpg"><img src="../images/
image03.jpg"></p>
37: </body>
38: </html>
```

源代码分析

第 35～第 36 行：在网页中添加两个段落，在第一个段落中添加两个按钮，在第二个段落中添加三张图片。

第 14～第 30 行：设置文档加载就绪后要执行的匿名函数。

第 15～第 16 行：通过筛选选择器“button:first”和“button:last”分别获取两个按钮并包装成 jQuery 对象。

第 17～第 23 行：禁用第一个按钮并将其绑定到一个匿名函数，单击该按钮时通过向下滑动显示图片，动画完成时禁用第一个按钮，启用第二个按钮。

第 24～第 29 行：将第二个按钮绑定到另一个匿名函数，单击该按钮时通过向上滑动隐藏图片，动画完成时启用第一个按钮，禁用第二个按钮。

网页运行效果如图 1.14 至图 1.16 所示。

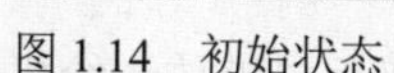
图 1.14　初始状态

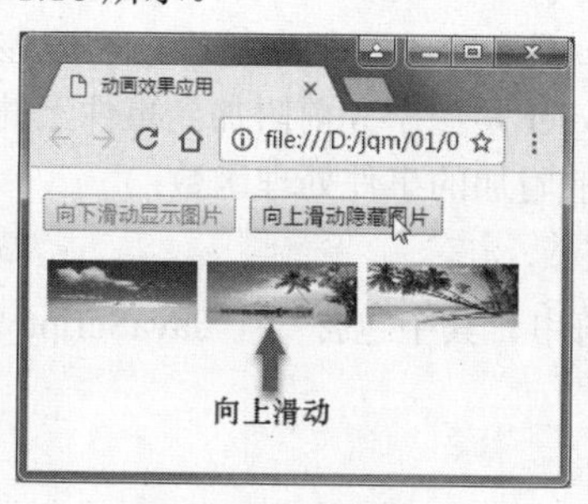

图 1.15　向上滑动

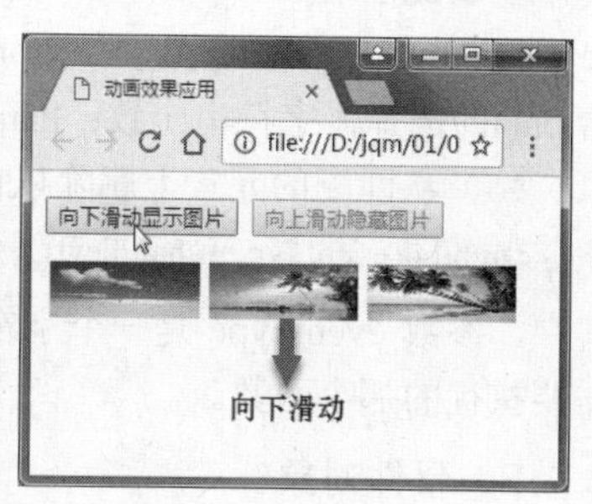

图 1.16　向下滑动

1.2.6 事件处理

网页对访问者的响应叫作事件，例如在元素上移动鼠标、单击元素或者选取单选按钮等。事件可以由用户操作或系统行为引发。事件处理程序指的是当网页中发生某些事件时所调用的函数。jQuery 提供了一些方法，可以用来注册事件处理程序，从而在用户与浏览器交互的时候产生所需要的效果。

1. 绑定事件处理程序

网页中的元素具有各种各样的事件。设计网页时，可以根据要实现的功能将不同的事件处理程序绑定到网页元素的不同事件上。

（1）将一个处理函数绑定到元素的某个事件：

```
.bind(eventType [, eventData], handler)
```

其中，参数 eventType 是一个字符串，指定要绑定的一个或多个 DOM 事件类型，例如 click、submit 或者自定义事件名称，如果要指定多个事件，则两个事件名名之间要用空格隔开；参数 eventData 是一个对象，其中包含要传递给事件处理函数的数据；handler 是一个函数，每次触发该事件时执行它，该函数的参数为 Event 对象。

（2）将一个事件处理函数绑定到所选元素的一个或多个事件上：

```
.on(events [, selector] [, data], handler)
```

其中，参数 events 是一个字符串，表示一个或多个事件类型以及可选的命名空间，如 click 或者 keydown.myPlugin；参数 selector 是一个选择器字符串，用来筛选触发事件的所选元素的后代元素，如果选择器是 null 或被省略，则事件总是会在它抵达所选元素时触发；参数 data 指定当事件被触发时在 event.data 中传递给处理函数的数据；参数 handler 是一个函数，在触发事件时执行它，还允许使用 false 值作为返回 false 的函数的简写。

（3）将一个处理函数绑定到元素的某个事件上，对于每个元素和每种事件类型而言，该处理函数最多只执行一次：

```
.one(events [, selector] [, data], handler)
```

其中，参数 events 是一个字符串，表示一个或多个事件类型以及可选的命名空间；参数 selector 是一个选择器字符串，用来筛选触发事件的所选元素的后代元素，如果选择器是 null 或被省略，则会在事件抵达所选元素时调用处理函数；参数 data 用于指定当事件被触发时在 event.data 中传递给处理函数的数据；参数 handler 是一个函数，在触发事件时执行它，还可以使用 false 值作为返回 false 的函数的简写。

（4）删除所有的事件处理函数：

```
.off(events [, selector] [, handler])
```

其中，events 是一个字符串，表示一个或多个事件类型以及可选的命名空间，例如 click 或 keydown.myPlugin；参数 selector 是一个选择器字符串，它应该与原来绑定事件处理程序时传递给.on()的选择器字符串一致；handler 是一个先前附加到事件上的处理函数或特殊值 false。

（5）从匹配的元素上删除以前附加的事件处理函数：

```
.unbind(eventType [, handler])
```

其中，参数 eventType 是一个字符串，其中包含一个 JavaScript 事件对象；参数 handler 指定不再需要执行的那个函数。

2. 事件对象

jQuery 的事件系统根据 W3C 标准规范化了事件对象。该事件对象确保能够传递给事件处理函数。很多来自原始事件的属性被复制过来，并规范化到新的事件对象中。事件对象的属性和方法在表 1.6 中列出。

表 1.6　事件对象的属性和方法

事件对象成员	说　明
currentTarget	处于事件冒泡阶段内的当前 DOM 元素
data	若当前正在执行的处理函数被绑定了，向一个事件方法传递一个可选的数据对象
delegateTarget	当前调用的 jQuery 事件处理函数所附加的元素
isDefaultPrevented()	此方法返回 preventDefault()是否已经在该事件对象上调用过了
isImmediatePropagationStopped()	此方法返回 stopImmediatePropagation()是否已经在该事件对象上调用过了
isPropagationStopped()	此方法返回 stopPropagation()是否已经在该事件对象上调用过了
event.metaKey	当事件被引发时，表示 META 键是否已经压进去了
namespace	当事件被触发时所指定的命名空间
pageX	相对于文档左边缘的鼠标位置
pageY	相对于文档上边缘的鼠标位置
preventDefault()	如果调用了该方法，就不会触发事件的默认行为
relatedTarget	涉及到该事件的其他 DOM 元素，如果有的话
result	由某个事件触发的事件处理函数返回的最后值，除非该值是 undefined
stopImmediatePropagation()	停止执行处理函数的剩余部分，防止事件沿着 DOM 树向上冒泡
stopPropagation()	防止事件沿着 DOM 树向上冒泡，防止任何父元素的处理函数被该事件通知到
target	初始化该事件的 DOM 元素
timeStamp	浏览器创建事件的时间，与 1970 年 1 月 1 日的时间差，以 ms 为单位
type	描述事件的性质
which	对于键盘或鼠标事件，该属性标明了指定的键或者按钮是否被按下了

3. 常用事件

常用事件可分为浏览器事件、表单事件、键盘事件以及鼠标事件。这些事件的绑定方法和触发事件在表 1.7 中列出。

表 1.7　常 用 事 件

类　别	事件绑定方法	事件触发时机
浏览器事件	.resize()	当浏览器的窗口的尺寸改变时，resize 事件会发送到 windows 元素上
	.scroll()	当用户在一个元素中滚动到别的地方时，scroll 事件被发送到该元素上。它不仅应用到 window 对象上，而且还应用到可滚动的框架上和一些元素上。这些元素必须带有 CSS 属性 overflow:scroll;（或者 overflow:auto;），与此同时元素显式定义的高度或宽度小于它的内容的高度或宽度

续表

类　　别	事件绑定方法	事件触发时机
表单事件	.blur()	当一个元素失去焦点时，会发送 blur 事件。最初，该事件只适用于表单元素，例如 input。但是在最近的浏览器中，该事件的域被扩展到包括所有的元素类型
	.change()	当某个元素的值改变的时候，change 事件被发送到这个元素。该事件被限制到 input 元素、textarea 文本区域和 select 元素上
	.focus()	当一个元素获得焦点时，focus 事件将被发送到该元素。该事件只适合于一些有限的元素集合，如表单控件（<input>、<select>等）以及链接（<a href>）
	.focusin()	当一个元素或者它里面的元素获得焦点时，focusin 事件将发送到这个元素。这个事件与 focus 事件的区别是，它支持在父元素上侦测焦点事件（支持事件冒泡）
表单事件	.focusout()	当一个元素或其内部的任何一个元素失去焦点时，focusout 事件发送到该元素上。这个事件与 blur 事件的区别是，它支持侦测在后代元素上失去焦点（支持冒泡）
	.select()	当用户在一个文本输入框中选中一段文本区，select 事件将被发送到该元素上。该事件只限于<input type="text">字段以及<textarea>框
	.submit()	当用户试图提交一个表单时，submit 事件会发送到该元素上。该事件只能附加到 form 元素上
键盘事件	.keydown()	当用户在键盘上按下一个键时，keydown 事件会发送到一个元素。该事件可以被附加到任何元素上，但是事件只能发送到带有焦点的元素上
	.keypress()	当浏览器捕获了一次键盘输入的时候，keypress 事件将被发送到一个元素上。这近似于 keydown 事件，除了修饰符和非打印键，例如 Shift、Esc 和 delete 只会触发 keydown 事件，但是不会触发 keypress 事件
	.keyup()	当用户在键盘上释放一个键时，keyup 事件将会发送到元素上。该事件可以被附加到任何元素上，但是事件只能发送到带有焦点的元素上
鼠标事件	.click()	当鼠标指针在一个元素上、鼠标键按下并释放时，click 事件将被发送到该元素。任何 HTML 元素都可以接收该事件
	.hover()	在鼠标指针进入或离开一个元素时，hover 事件将会发送到该元素上
	.mousedown()	当鼠标指针在一个元素上，而且鼠标按钮按下时，mousedown 事件会发送到这个元素。任何元素都可以接收这个事件
	.mouseenter()	当鼠标指针进入一个元素时，mouseenter 事件会被发送到该元素。任何元素都能接收该事件
	.mouseleave()	当鼠标指针离开一个元素时，mouseleave 事件会被发送到该元素。任何元素都能接收该事件
	.mousemove()	当鼠标指针在一个元素内部移动时，mousemove 事件被发送到该元素上。任何元素都能接收该事件
	.mouseout()	当鼠标指针离开一个元素时，mouseout 事件会发送到该元素上。任何元素都能接收这个事件
	.mouseover()	当鼠标指针进入一个元素时，mouseover 事件会发送到该元素上。任何元素都能接收该事件
	.mouseup()	当鼠标指针在一个元素上，而且松开鼠标键时，mouseup 事件会发送到这个元素。任何元素都能接受这个事件

上述绑定事件的方法都可以接受一个函数作为参数，每当相关事件被触发时执行这个函数（其参数为事件对象）。如果省略这个参数，则在某个元素上触发该事件。

例 1.11　表单事件应用。源文件为 01-11html，源代码如下。

```
 1: <!doctype html>
 2: <html>
 3: <head>
 4: <meta charset="utf-8">
 5: <title>注册新用户</title>
 6: <style>
 7: body {
 8:     margin: 0;
 9: }
10: h1 {
11:     font-size: 18px;
12:     text-indent: 6em;
13: }
```

```
14: form ul {
15:     margin: 0;
16: }
17: form ul li {
18:     list-style-type: none;
19:     line-height: 36px;
20:     margin-left: -2em;
21: }
22: li label {
23:     display: inline-block;
24:     width: 6em;
25:     text-align: right;
26: }
27: form ul li:last-child {
28:     text-indent: 6.5em;
29: }
30: input[type=text], input[type=password] {
31:     border-radius: 4px;
32: }
33: .requiredMsg, .confirmMsg {
34:     color: #D02E31;
35:     display: none;
36: }
37: </style>
38: <script src="http://code.jquery.com/jquery-2.1.3.min.js"></script>
39: <script>
40:     $( function() {
41:         $("form").submit( function() {
42:             var retvalue=true;
43:             if ($("#username").val()=="") {
44:                 $("#username+span").fadeIn().delay(2000).fadeOut();
45:                 retvalue=false;
46:             }
47:             if ($("#password").val()=="") {
48:                 $("#password+span").fadeIn().delay(2000).fadeOut();
49:                 retvalue=false;
50:             }
51:             if ($("#confirm").val()=="") {
52:                 $("#confirm+span").fadeIn().delay(2000).fadeOut();
53:                 retvalue=false;
54:             } else if ($("#password").val()!=$("#confirm").val()) {
55:                 $(".confirmMsg").fadeIn().delay(2000).fadeOut();
56:                 retvalue=false;
57:             }
58:             return retvalue;
59:         });
60:     });
61:     function handle() {
62:         $("<div>用户信息已提交！</div>").prependTo("body")
63:         .css({"width":"200px","margin-left":"4em","padding":"3px","background-color":"#000","color":
"#fff","text-align":"center"})
64:         .fadeIn().delay(2000).fadeOut();
65:     }
66: </script>
67: </head>
68: 
69: <body>
70: <h1>注册新用户</h1>
71: <form method="post" action="javascript:handle();">
72:     <ul>
73:         <li>
```

```
74:            <label for="username">用户名：</label>
75:            <input type="text" id="username" name="username">
76:            <span class="requiredMsg">请输入用户名！</span></li>
77:        <li>
78:            <label for="password">密码：</label>
79:            <input type="password" id="password" name="password">
80:            <span class="requiredMsg">请输入密码！</span> </li>
81:        <li>
82:            <label for="confirm">确认密码：</label>
83:            <input type="password" id="confirm">
84:            <span class="requiredMsg">请再次输入密码！</span>
85:            <span class="confirmMsg">两次输入的密码不一致！</span></li>
86:        <li>
87:            <input type="submit" value="注册">
88:              
89:            <input type="reset" value="重置">
90:        </li>
91:    </ul>
92: </form>
93: </body>
94: </html>
```

源代码分析

第 71～第 92 行：在网页中添加一个表单，将其 action 属性设置为“avascript:handle()”，即提交表单后将执行 JavaScript 函数 handle()；在表单中添加一个文本框、两个密码框、一个提交按钮和一个重置按钮，另外还添加一些表单验证信息（span 元素，仅在表单数据未通过验证时才会显示），这些表单控件和验证信息均放置在无序列表中。

第 40～第 60 行：设置文档加载就绪时执行的事件处理函数。

第 41～第 59 行：设置提交表单时执行的事件处理函数。在该函数中，对用户名和密码进行检查，如果未输入用户名、密码或未再次输入密码，则使相应的验证信息以动画方式显示出来（淡入出现，延迟 2 秒钟后淡出消失）；如果两次输入的密码不一致，也以同样方式进行处理。

第 61～第 65 行：定义提交表单后执行的函数 handle()。在该函数中通过调用 prependTo()方法将新建的 div 元素插入 body 元素的开头，并以动画方式在网页顶部显示一行信息。

网页执行结果如图 1.17 和图 1.18 所示。

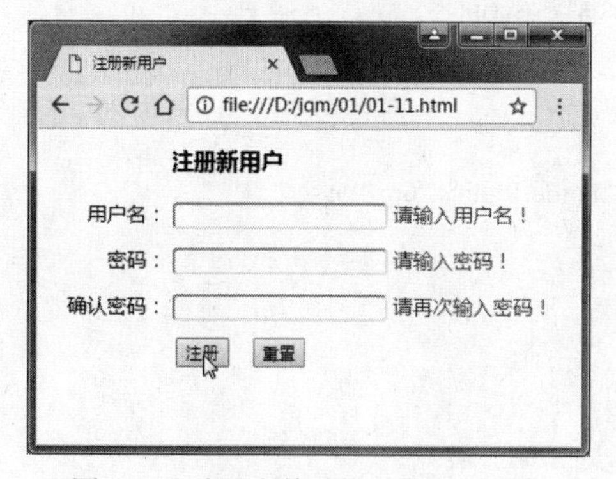

图 1.17　验证表单时显示的提示信息

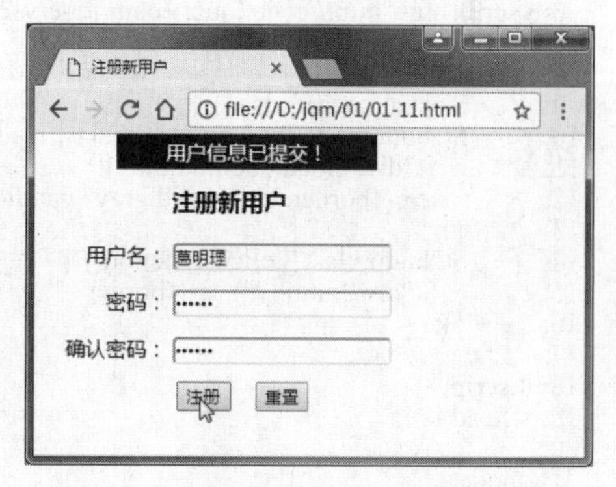

图 1.18　提交表单后显示的信息信息

1.2.7 Ajax 应用

Ajax 是英文 Asynchronous Javascript And XML 的缩写，意即异步的 JavaScript 和 XML，这是一种创建交互式网页应用的开发技术。使用 Ajax 技术，通过在后台与服务器进行少量数据交换，可以在不重新加载整个网页的情况下实现网页的某个部分的异步更新。传统的网页不使用 Ajax 技术，必须重载整个网页才能更新内容。jQuery 框架提供了完整的 Ajax 功能，利用这些功能可以从服务器载入数据而不需要浏览器刷新网页。

下面介绍 jQuery 提供的实现 Ajax 请求的几个方法。

（1）使用 HTTP GET 请求从服务器上载入数据。用法如下：

```
$.get(url [, data] [, success] [, dataType])
```

其中，参数 url 是一个字符串，指定发送请求的 URL；参数 data 是一个纯对象或字符串，指定与请求一起发送到服务器的数据；参数 success 是一个回调函数，在请求成功时执行它，如果提供了 dataType 参数，则 success 参数是必不可少的，但是也可以使用 null 或 jQuery.noop()作为占位符；参数 dataType 是一个字符串，指定来自服务器的数据类型（xml、json、script 或 html）。

$.get()方法的返回值是 jqXHR 对象，它是浏览器的原生 XMLHttpRequest 对象的一个超集。例如，它包含 responseText 和 responseXML 属性，以及 getResponseHeader()方法。

（2）使用 HTTP POST 请求从服务器上载入数据。用法如下：

```
$.post(url [, data] [, success] [,dataType])
```

其中，参数 url 是一个字符串，指定发送请求的 URL；参数 data 是一个纯对象或字符串，指定与请求一起发送到服务器的数据；参数 success 是一个回调函数，在请求成功时执行它，如果提供了 dataType，则该参数是必不可少的，但是可以使用 null；参数 dataType 是一个字符串，指定来自服务器的数据类型（xml、json、script 或 html）。

（3）从服务器上载入数据并将返回的 HTML 放置到匹配的元素内。用法如下：

```
.load(url [, data] [, complete])
```

其中，参数 url 是一个字符串，指定发送请求的 URL；参数 data 是一个纯对象或字符串，指定将与请求一起发送到服务器的数据；参数 complete 是一个回调函数，在请求成功时执行该函数。

例 1.12　通过 Ajax 请求加载数据。源文件为 01–12.html，源代码如下。

```
 1: <!doctype html>
 2: <html>
 3: <head>
 4: <meta charset="utf-8">
 5: <title>Ajax 请求</title>
 6: <script src="http://code.jquery.com/jquery-2.1.3.min.js"></script>
 7: <script>
 8:     $(function() {
 9:         $.ajax({cache:false});
10:         $("button:first").click(function() {
11:             $("div").load("demo.html")
12:             .css({border:"thin solid grey",padding:"6px",borderRadius:"6px"});
13:         });
14:         $("button:last").click(function() {
15:             $("div").html("").css("border","");
16:         });
17:     });
18: </script>
19: </head>
20:
21: <body>
22: <p>
23:     <button>加载 HTML</button>
24:       
25:     <button>清除内容</button>
26: </p>
27: <div></div>
28: </body>
29: </html>
```

源代码分析

第 22～第 27 行：在网页中添加一个段落并在其中放置两个按钮；在段落后面添加一个 div

元素。

第 8～17 行：设置文档加载就绪时执行的操作。

第 9 行：将一个包含键值对的对象传入$.ajax()方法，对 Ajax 请求进行配置，强制请求页不被浏览器缓存。

第 10～第 13 行：设置单击第一个按钮时执行的事件处理函数。在该函数中，通过调用 load()方法从网页 demo.html 中加载内容并放置到 div 元素内，然后对该元素的边框、内边距和边框半径等 CSS 属性进行设置。网页 demo.html 的内容如下：

```
The jQuery library has a full suite of Ajax capabilities. The functions and methods therein allow us to load data from the server without a browser page refresh.
```

第 14～第 16 行：设置单击第二个按钮时执行的事件处理函数。在该函数中，通过调用 html()方法清除了 div 元素的内容。

对于包含 Ajax 请求的网页，通常需要使用 HTTP 协议而不是 FILE 协议来浏览，使用 FILE 协议在某些浏览器中将无法得到预期的结果。在 Firefox 浏览器中运行网页的结果如图 1.19 和图 1.20 所示。

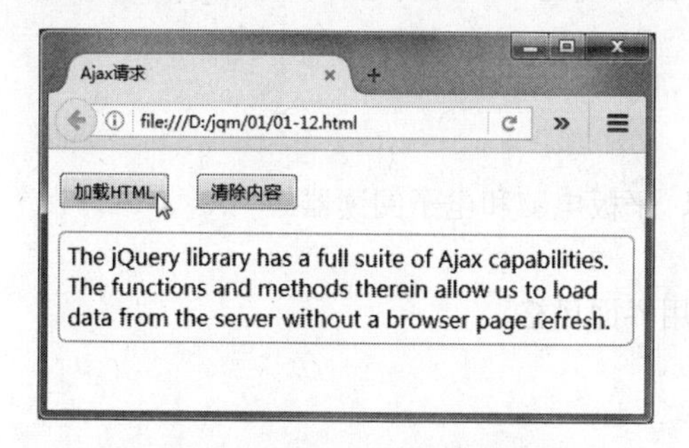

图 1.19　单击第一个按钮时加载内容

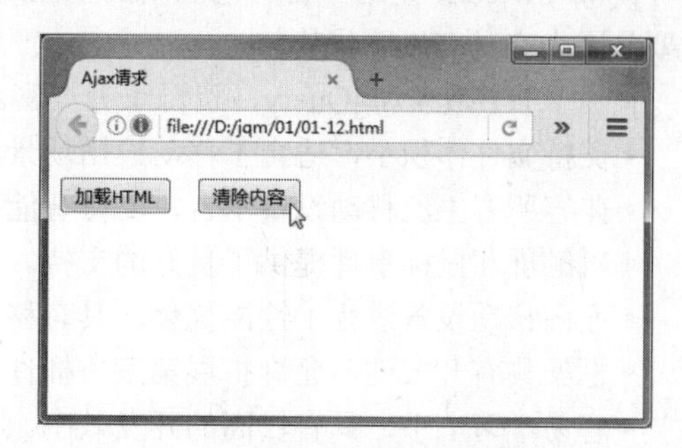

图 1.20　单击第二个按钮时清除内容

1.3 使用 jQuery Mobile 支持移动设备

jQuery 框架主要是为台式机上的浏览器而设计的。为了满足智能手机和平板电脑等移动设备上的浏览器更好地运行 Web 应用的需求，还需要在 jQuery 的基础上引入 jQuery Mobile 移动应用开发框架。

1.3.1 jQuery Mobile 功能特点

jQuery Mobile 是一套基于 jQuery 的移动应用界面开发框架，它将“少写、多做”的理念提升到一个新的水平，可以通过网页形式来呈现类似于移动应用的用户界面，旨在创建使智能手机、平板电脑和台式机设备都能访问的响应式网站和应用程序。用户在智能手机或平板电脑上可以使用浏览器访问基于 jQuery Mobile 开发的移动网站，并获得与本机应用接近的用户体验。

jQuery Mobile 框架用于开发移动设备上运行的 Web 应用，即 Web 移动应用。jQuery Mobile 为移动设备在网络传输、页面呈现、用户行为交互等方面都进行了一些特别的优化。使用 jQuery Mobile 开发移动应用时，移动应用环境下的用户界面可以通过 jQuery Mobile 页面来实现，业务逻辑也可以基于移动设备中的 jQuery Mobile 页面来实现，但通常主要是通过 Web 服务器程序（如 ASP、PHP、JSP 或 ASP.NET 等）来进行处理。

jQuery Mobile 框架具有以下特点。

- 以 jQuery 为基础。jQuery Mobile 框架建立在 jQuery 的基础上，并利用了 jQuery UI 的运行模式，了解 jQuery 语法之后就能够快速掌握 jQuery Mobile 框架。
- Ajax 导航功能。无论数据的加载还是页面的切换都是通过 Ajax 驱动的，不同页面之间的转换以十分优雅的动画方式实现。
- 强大的浏览器兼容性。使用 jQuery Mobile 开发的移动应用与所有主流移动浏览器保持兼容，开发者无须考虑不同浏览器的兼容性问题，可以专注于界面设计与功能开发。
- 轻量级的开发框架。目前 jQuery Mobile 的最新稳定版本为 1.4.5，JavaScript 库文件压缩后的大小为 196KB，配套的 CSS 样式文件压缩后的大小 203KB，这将有利于加快程序的运行速度。
- 支持触摸和其他鼠标事件。jQuery Mobile 提供了一些自定义事件，可以用来侦测用户的移动触摸操作，例如 tap（单击）、taphold（单击并按住）以及 swipe（滑动）等事件，为移动应用开发带来很大的便利。

jQuery Mobile 是跨平台移动应用的主流用户界面系统之一。人们之所以选择 jQuery Mobile，主要是因为它具有以下优势。

- 基于 HTML5 和 jQuery，资源十分丰富。
- 支持文件体积小，适合于移动应用场景。
- 兼容所有主流移动设备平台，支持智能手机、平板电脑和电子阅读器。
- 对触屏和鼠标事件提供了良好的支持。
- 面向移动设备进行了性能优化，具有移动应用界面风格。
- 框架具有开放性，允许扩展第三方插件。
- 容易学习上手，具有较高的开发效率。

1.3.2 jQuery Mobile 的平台兼容性

jQuery Mobile 1.4.5 支持绝大多数的台式机、笔记本电脑、智能手机、平板电脑和电子阅读器平台，对某些智能手机和旧版本的浏览器，则通过渐进增强的方式逐步实现完全支持。jQuery Mobile 1.4.5 对不同的浏览器支持程度可分为 A、B、C 三个级别，具体情况如下。

1. A 级支持

A 级支持是指用户可以获得全部增强体验，包括基于 Ajax 的页面动画切换效果。

- 苹果 iOS 4～8.1：iPad (4.3/5.0)、iPad 2 (7.2/8.1/6.1)、iPad 3 (5.1/6.0)、iPad Mini (7.1)、iPad Retina (7.0)、iPhone 3GS (4.3)、iPhone 4 (4.3/5.1)、iPhone 4S (5.1/6.0)、iPhone 5 (6.0)、iPhone 5S (7.0)以及 iPhone 6 (8.1)。
- 安卓 5.0 (Lollipop)：谷歌 Nexus 6。
- 安卓 4.4 (KitKat)：谷歌 Nexus 5。
- 安卓 4.1～4.3 (Jelly Bean)：三星 Nexus 和 Galaxy 7。
- 安卓 4.0 (ICS)：三星 Galaxy Nexus。
- 安卓 3.2 (Honeycomb)：三星 Galaxy Tab 10.1 和摩托罗拉 XOOM。
- 安卓 2.1～2.3：HTC Incredible (2.2)、最早的 Droid (2.2)、HTC Aria (2.1)、谷歌 Nexus S (2.3)、以及谷歌 G1 (1.5)。
- Windows Phone 7.5～8.1：HTC Surround (7.5)、HTC Trophy (7.5)、LG-E900 (7.5)、诺基亚 800 (7.8)、HTC Mazaa (7.8)、诺基亚 Lumia 520 (8)、诺基亚 Lumia 920 (8)、HTC 8x (8.1)。

- 黑莓 6～10：Torch 9800 (6)和 Style 9670 (6)，黑莓 Torch 9810 (7)和黑莓 Z10 (10)。
- 黑莓 Playbook：PlayBook 版本 1.0～2.0。
- Palm WebOS (1.4-3.0)：Palm Pixi (1.4)、Pre (1.4)、Pre 2 (2.0)和 HP 触摸板(3.0)。
- Firefox 移动浏览器 18：安卓 2.3 和 4.1。
- Chrome 浏览器安卓版 18：安卓 4.0 和 4.1。
- Skyfire 4.1：安卓 2.3。
- Opera 移动浏览器 11.5～12：安卓 2.3。
- Meego 1.2：诺基亚 950 and N9。
- Tizen (预发行版)：基于早期硬件测试。
- 三星 Bada 2.0：基于三星 Wave 3 手机 Dolphin 浏览器测试。
- UC 浏览器：安卓 2.3。
- Kindle 3 Fire 和 Fire HD：内置的每个 WebKit 浏览器。
- Nook Color 1.4.1：原来的 Nook Color，而非 Nook 平板电脑。
- Chrome 桌面浏览器 16～43：基于 OS X 10.10、Windows 7 和 ThinkPad Yoga Windows 8.1。
- Safari 桌面浏览器 5～8：基于 OS X (10.7/10.8/10.9/10.10)。
- Firefox 桌面浏览器 10～38：基于 OS X 10.10、Windows 7 和 ThinkPad Yoga Windows 8.1。
- Internet Explorer 8～11：基于 Windows XP、Windows Vista、Windows 7、Windows Surface RT 和 ThinkPad Yoga Windows 8.1。
- Opera 桌面浏览器 10～25：基于 OS X 10.10 和 Windows 7 操作系统。

2．B 级支持

B 级支持包括增强的用户体验，但不支持 Ajax 导航功能。

- Opera Mini 7：iOS 6.1 和安卓 4.1 操作系统。
- 诺基亚 Symbian^3：基于诺基亚 N8 (Symbian^3)、C7 (Symbian^3)和 N97 (Symbian^1)测试。

3．C 级支持

C 级支持只提供基本的 HTML 功能，没有增强的用户体验。

- Internet Explorer 7 及更早版本：基于 Windows XP。
- 苹果 iOS 3.x 及更早版本：基于原来的 iPhone (3.1)和 iPhone 3 (3.2)。
- 黑莓 4～5：基于 Curve 8330 (4)、Storm 2 9550 (5)和 Bold 9770 (5)。
- Windows Mobile：基于 HTC Leo (WinMo 5.2)。
- 所有比较老旧的智能手机平台和功能手机：任何不支持媒体查询的设备都将获得基本的 C 级体验。

1.3.3 获取 jQuery Mobile 框架

要创建在浏览器中正常运行的 jQuery Mobile 移动网页，首先需要获取 jQuery Mobile 框架源文件。获取这些源文件有两种方式，一种方式是从 jQuery Mobile 官网下载这些文件，并在网页中引用本地文件；另一种方式是在网页中引用托管在内容分发网络（CDN）的 jQuery Mobile 框架文件。

1．下载 jQuery Mobile 文件

要下载 jQuery Mobile 文件，请访问 jQuery Mobile 官网，其网址为 http://jquerymobile.com/。进入该网站首页后，单击“Latest stable”链接（如图 1.21 所示），即可得到一个 ZIP 压缩包文件 jquery.mobile-1.4.5.zip，其内容如图 1.22 所示。

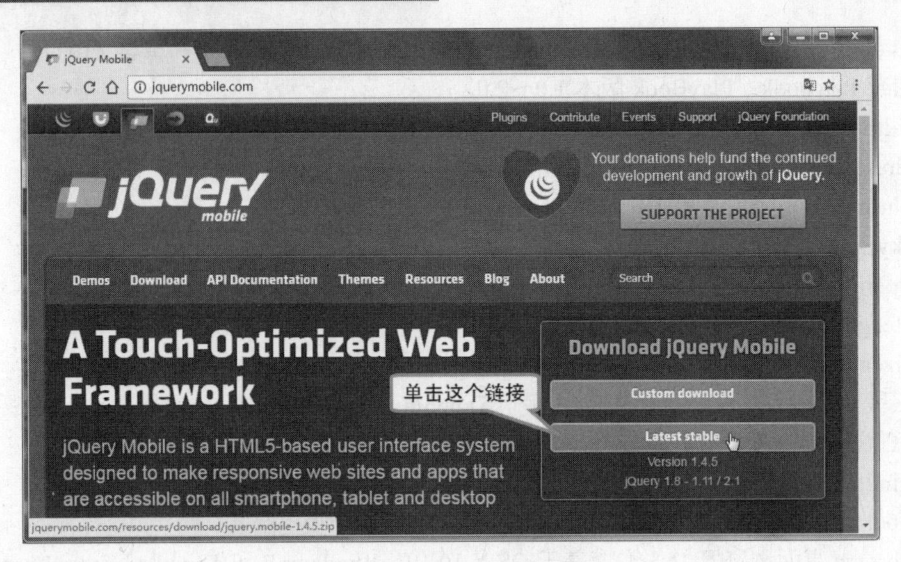

图 1.21　下载 jQuery Mobile 文件

jquery.mobile-1.4.5.zip - ZIP 压缩文件, 解包大小为 18,184,756 字节

名称	大小	压缩后大小	类型	修改	CRC32
..			本地磁盘		
demos			文件夹		
images			文件夹		
jquery.mobile.external-png-1.4.5.css	122,128	26,186	层叠样式表文档	2014-10-31 13:33	6EEAFA50
jquery.mobile.external-png-1.4.5.min.css	90,835	17,465	层叠样式表文档	2014-10-31 13:33	39BB01...
jquery.mobile.icons-1.4.5.css	129,103	16,527	层叠样式表文档	2014-10-31 13:33	560A1C29
jquery.mobile.icons-1.4.5.min.css	127,053	16,259	层叠样式表文档	2014-10-31 13:33	6F8FEA4F
jquery.mobile.inline-png-1.4.5.css	149,156	39,046	层叠样式表文档	2014-10-31 13:33	A896BA...
jquery.mobile.inline-png-1.4.5.min.css	117,863	30,416	层叠样式表文档	2014-10-31 13:33	B0457D8F
jquery.mobile.inline-svg-1.4.5.css	226,959	40,156	层叠样式表文档	2014-10-31 13:33	52CAFC...
jquery.mobile.inline-svg-1.4.5.min.css	195,666	31,559	层叠样式表文档	2014-10-31 13:33	51F5B441
jquery.mobile.structure-1.4.5.css	91,343	20,971	层叠样式表文档	2014-10-31 13:33	DFFD788E
jquery.mobile.structure-1.4.5.min.css	68,712	13,849	层叠样式表文档	2014-10-31 13:33	4C3CFEB6
jquery.mobile.theme-1.4.5.css	19,892	4,257	层叠样式表文档	2014-10-31 13:33	33DE5978
jquery.mobile.theme-1.4.5.min.css	11,976	2,546	层叠样式表文档	2014-10-31 13:33	894B4B34
jquery.mobile-1.4.5.css	239,560	41,457	层叠样式表文档	2014-10-31 13:33	CB0128...
jquery.mobile-1.4.5.js	465,716	156,343	JScript Script 文件	2014-10-31 13:33	3C8C1C...
jquery.mobile-1.4.5.min.css	207,465	32,825	层叠样式表文档	2014-10-31 13:33	C89CA1F2
jquery.mobile-1.4.5.min.js	200,143	68,134	JScript Script 文件	2014-10-31 13:33	2AB0C5...
jquery.mobile-1.4.5.min.map	235,912	103,689	MAP 文件	2014-10-31 13:33	F0E4B3E8

总数 2 文件夹 和 2,699,482 字节(17 个文件)

图 1.22　jQuery Mobile 压缩包内容

ZIP 压缩文件包含演示文件以及 jQuery Mobile 的精简版本和常规版本。在这里需要重点关注的是 jquery.mobile-1.4.5.min.css 和 jquery.mobile-1.4.5.min.js，这是在部署移动应用时使用的最小化的版本。images 文件夹包含 jQuery Mobile 的 CSS 样式文件中所使用的各种图像。当然，还需要包含 jQuery 库文件。

注意

作者编写本书时，jQuery Mobile 的最新稳定版本是 1.4.5。当读者阅读本书时，jQuery Mobile 有可能会发布一个更新的版本。由于图 1.22 中列出的文件名是与特定版本相关的，所以最新的文件看起来可能有点不一样。

2. 通过 CDN 引用 jQuery Mobile 文件

jQuery Mobile 文件托管在内容分发网络（CDN）上。目前，有多个网站已经在使用这些 CDN 托管的文件。这意味着当用户访问 jQuery Mobile 移动网站时，他们的电脑中可能已经存在着这些资源的缓存。如果要使用 CDN 托管的 jQuery Mobile 文件，则应在网页首部添加以下 link 和 script 标签：

```
<link rel="stylesheet" href="http://code.jquery.com/mobile/1.4.5/jquery.mobile-1.4.5.min.css">
<script src="http://code.jquery.com/jquery-2.1.3.min.js"></script>
<script src="http://code.jquery.com/mobile/1.4.5/jquery.mobile-1.4.5.min.js"></script>
```

访问 http://code.jquery.com/mobile/，可以查看 jQuery Mobile 所有版本的 CDN 地址。

1.3.4 配置 jQuery Mobile 开发环境

jQuery Mobile 框架是通过 CSS 样式文件、JavaScript 脚本文件和相关的图像文件提供的，使用这些文件时将其复制到站点中即可，不需要进行安装。为了对移动应用进行测试，还应当从 Web 服务器、Web 浏览器和开发工具等方面对 jQuery Mobile 开发环境进行配置。

1. Web 服务器

使用 jQuery Mobile 开发 Web 移动应用时，建议安装 Internet 信息服务（IIS）、Apache HTTP 服务器或其他支持 HTTP 协议的 Web 服务器，最好同时配置某种服务器语言编程环境，如 ASP 或 PHP 等。

2. Web 浏览器

调试 Web 移动应用时，建议首先在支持 HTML5 的桌面浏览器中调试通过，然后在移动设备模拟器或真机上对移动设备的兼容性进行测试。桌面浏览器推荐使用 Google Chrome 或 Mozilla Firefox 浏览器；移动设备模拟器推荐使用 Opera Mobile Emulator；移动浏览器推荐使用 Google Chrome 安卓版。

3. 开发工具

与传统 HTML 网页一样，jQuery Mobile 网页也是纯文本文件，使用任何文本文件编辑器都可以进行编写和修改。不过，考虑到 jQuery Mobile 中添加的自定义数据属性和 CSS 样式类比较多，如果能选择一款具有语法着色和代码提示功能并支持 jQuery Mobile 的 HTML5 编辑器，将有助于提高开发效率。这里推荐以下三种开发工具。

（1）Adobe Dreamweaver CS6 和 CC 2017 版。该软件对 HTML5、CSS3、jQuery、jQuery Mobile 支持都很好，可以通过“插入”>“jQuery Mobile”子菜单中的命令快速添加 jQuery Mobile 界面小部件，此外，还可以切换到实时视图来查看移动页面的呈现效果和实时代码。

（2）Microsoft WebMatrix 3.0。该软件对 jQuery Mobile 框架提供了智能感知（IntelliSense）功能，另外还自带 IIS Express 8.0 Web 开发服务器（支持 ASP 和 PHP）。

（3）HBuilder。该软件是由 DCloud（数字天堂）推出的一款支持 HTML5 的 Web 集成开发环境，它通过语法提示等功能大幅提升开发效率，还能将移动网站打包成原生 App 安装包。

1.3.5 实现 jQuery Mobile 移动开发

要基于 jQuery Mobile 框架进行移动网站开发，至少需要以下三个步骤。

（1）在页面开始添加 HTML5 文档声明：

```
<!doctype html>
```

这条文档声明指令的作用是帮助浏览器了解将要处理的内容的类型。一个 jQuery Mobile 移动网页必须从 HTML5 的文档声明开始，以充分利用该框架的所有功能。旧设备上的浏览器不能理解 HTML5，它将忽略 doctype 指令和各种自定义属性。

（2）在页面头部添加视口 meta 标签：

```
<meta name="viewport" content="width=device-width, initial-scale=1">
```

这个 meta 标签用于设置视口（viewport）的大小，其中 width=device-width 的作用是设置视口的宽度等于当前设备屏幕的像素宽度；initial-scale=1 的作用是将初始缩放比例的默认值设置为1.0。设置这些参数将有助于在移动设备上查看移动网页的内容。根据需要，在 meta 标签的 content 属性中还可以对以下参数进行设置。

- minimum-scale：允许用户缩放到的最小比例，默认值为 1.0。
- maximum-scale：允许用户缩放到的最大比例，默认值为 1.0。
- user-scalable：是否允许用户对页面进行手动缩放，如果不希望用户放大或缩小页面，则将该参数设置为 no；如果允许用户放大或缩小页面，则设置为 yes。

（3）在页面头部链接 jQuery 和 jQuery Mobile 的 JavaScript 脚本文件以及移动主题的 CSS 样式文件。

例 1.13　在移动网页中引用 jQuery　Mobile。源文件为 01-13.html，源代码如下。

```
 1: <!doctype html>
 2: <html>
 3: <head>
 4: <meta charset="utf-8">
 5: <meta name="viewport" content="width=device-width, initial-scale=1">
 6: <title>我的第一个移动网站</title>
 7: <link rel="stylesheet" href="http://code.jquery.com/mobile/1.4.5/jquery.mobile-1.4.5.min.css">
 8: <script src="http://code.jquery.com/jquery-2.1.3.min.js"></script>
 9: <script src="http://code.jquery.com/mobile/1.4.5/jquery.mobile-1.4.5.min.js"></script>
10: <script>
11: $(document).on("pagecreate", function() {
12:     $("div[role=main]").append("<p>Hello World</p>")
13:     .append("<img src='../images/jqm.png'>");
14: })
15: </script>
16: </head>
17:
18: <body>
19: <div role="main" class="ui-content">
20: </div>
21: </body>
22: </html>
```

源代码分析

第 1 行：添加 HTML5 文档声明。

第 5 行：添加 meta 标签，指定浏览器应如何显示页面的大小和初始缩放比例。如果不设置，则许多移动浏览器将使用大约 900 像素的“虚拟”页面宽度，以便使现有的桌面网站在其中运行良好，但是页面宽度可能通常被放大太多，文字看起来非常小。

第 7～第 9 行：引用 jQuery、jQuery Mobile 框架库文件和 CSS 样式文件。由于 jQuery Mobile 依赖于 jQuery，因此引用 jQuery 库文件的 script 标签必须位于引用 jQuery Mobile 库文件的 script 标签之前。

第 19～第 20 行：在网页中添加一个 div 元素并设置其 role 属性为 main，表示这个区块是页面中的主要区域，设置其 class 属性为 ui-content，此类样式在 jQuery Mobile 框架提供的 CSS 文件中定义。默认情况下，jQuery Mobile 移动网页中 body 元素的内边距为 0，通过对 div 元素应用

ui-content 类样式可以为页面内容添加 16px 的内边距。

第 11～14 行：将事件侦测器绑定到页面小部件的 pagecreate 事件上，该事件在创建页面并对页面进行增强之后触发。在这个事件处理函数中，在具有 role=main 属性的 div 元素中依次添加一个段落和一个图像。

在 Google Chrome 桌面浏览器和 Opera Mobile Emulator 模拟器中打开这个网页，显示效果如图 1.23 和图 1.24 所示。

图 1.23　在桌面浏览器中查看网页

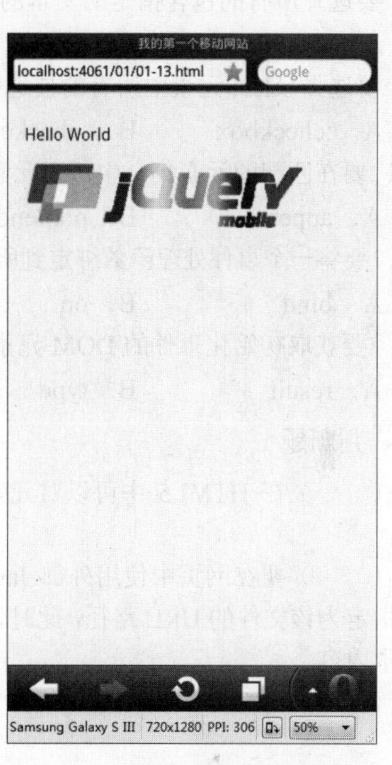

图 1.24　在设备模拟器中查看网页

这是使用 jQuery Mobile 制作的第一个移动网页，其主要意义在于说明如何通过 meta 标签指定浏览器如何显示页面的尺寸大小和初始缩放级别，以及如何在网页中引用 jQuery 和 jQuery Mobile 框架。

习题 1

一、选择题

1．位于 HTML5 网页第一行的是（　　）。

A．html　　B．doctype　　C．head　　D．body

2．要对元素分配一个唯一的标识符，可使用全局属性（　　）。

A．id　　B．class　　C．title　　D．style

3．要对元素应用 CSS 样式表中的类样式，需要设置元素的（　　）属性。

A．accesskey　　B．class　　C．contenteditable　　D．contextmenu

4．要规定元素内嵌样式，需要设置元素的（　　）属性。

A．id　　B．title　　C．style　　D．lang

5．设 e1 和 e2 是选择器，则（　　）属于相邻兄弟选择器。

A．e1 e2　　B．e1>e2　　C．e1～e2　　D．e1+e2

6．要选择属性值以某个字符串开头的元素，可使用的选择器是（　　）。

A．[attr*=value]　　B．[attr～=value]　　C．[attr^=value]　　D．[attr$=value]

7．要选择所有索引值为奇数的元素，可使用的选择器是（　　）。

A．:first　　B．:last　　C．:even　　D．:odd

8．要选择所有的包含指定的文本的元素，可使用的选择器是（　　）。

A．:contains('text')　　B．:empty　　C．:has(selector)　　D．:parent

9．要选择 select 元素中所有的被选中的 option 元素，可使用的选择器是（　　）。

A．:checkbox　　B．:checked　　C．:disabled　　D．:selected

10．要在匹配的元素集合中每个元素的末尾插入用参数指定的内容，可调用（　　）方法。

A．append　　B．prepend　　C．appendTo　　D．prependTo

11．要将一个事件处理函数绑定到所选元素的一个或多个事件上，可调用（　　）方法。

A．bind　　B．on　　C．one　　D．live

12．要获取初始化事件的 DOM 元素，可使用事件对象的（　　）属性。

A．result　　B．type　　C．target　　D．which

二、判断题

1．（　　）在 HTML5 中可以对元素应用自定义属性，这类属性的名称必须以“data-”作为前缀。

2．（　　）要在网页中使用外部 JavaScript 脚本文件，可在<script>标签设置 src 属性并将该属性值指定为该文件的 URL 路径，此时仍然可以在开始标签<script>与结束标签</script>之间添加任何脚本内容。

3．（　　）在 HTML 文档中，head 元素和 body 元素就是兄弟元素，它们同是 html 元素的子元素。

4．（　　）jQuery()构造函数简写为$()。

5．（　　）子代选择器可以选择给定父元素中的所有后代元素。

6．（　　）使用选择器“[attr～=value]”可以选择给定属性值包含某个字符串的元素。

7．（　　）选择器“:first”与“:first-child”的作用完全相同。

8．（　　）选择器“:checked”用于选择所有已勾选元素，适用于复选框、单选框及列表项。

9．（　　）使用 remove 方法可以从 DOM 中删除匹配的元素集合。

10．（　　）使用 on()方法只能将一个事件处理函数绑定到所选元素的一个事件上。

11．（　　）创建 jQuery Mobile 移动网页时可以通过内容分发网络引用 jQuery Mobile 文件。

三、简答题

1．HTML5 包含哪三项重要技术？它们的作用分别是什么？

2．HTML5 具有哪些新特性？

3．在 HTML5 中元素分为哪些类型？

4．如何为 HTML 文档设置标题？

5．如何在 HTML 文档中定义内嵌 CSS 样式表？

6．如何在 HTML 文档中链接外部 CSS 样式表？

7．如何在 HTML 文档中添加 JavaScript 脚本？

8．如何在 HTML 文档中导入外部脚本文件？

9．jQuery()构造函数有哪几种形式？

10．jQuery 选择器有哪些类别？

11．在 jQuery Mobile 移动开发中，常用的开发工具有哪些？

12．要基于 jQuery Mobile 框架进行移动网站开发，至少需要哪些步骤？

上机操作 1

1．编写一个 HTML5 网页，用于显示一条欢迎信息。

2．编写一个 HTML5 网页，用 h1 元素显示一个标题，用 hr 元素显示一条水平线，用 p 元素定义一个段落，要求创建内嵌 CSS 样式表，将 h1 和 p 元素的字体设置为微软雅黑，p 元素的背景为灰色，文字为白色。

3．编写一个 HTML5 网页，用 h1 元素显示一个标题，用 hr 元素显示一条水平分隔线，用 p 元素定义一个段落，要求链接外部 CSS 样式表，通过此样式表设置 h1 和 p 元素的字体为微软雅黑，p 元素的背景为灰色，文字为白色。

4．编写一个网页 HTML5，要求引用 jQuery 库并动态添加一些标题、段落和链接等内容。

5．编写一个网页 HTML5，要求通过 jQuery 选择器选择一些元素并对其 CSS 属性进行设置。

6．编写一个网页 HTML5，要求通过执行 JavaScript 脚本插入元素动态生成导航条和网页内容。

7．编写一个 jQuery Mobile 移动网页，要求在页面上显示一行文字和一个图像。

页面与对话框

与传统网站一样，移动网站也是由一些网页和相关资源组成的。所不同的是，一个传统网页中只能包含一个页面，一个移动网页中则可以包含多个页面。页面是 jQuery Mobile 移动开发的基础。本章将讨论如何创建和管理 jQuery Mobile 页面，主要包括移动网页结构、页面链接、页面预加载和缓存、对话框页面、在页面之间传递数据以及页面加载信息等。

2.1 移动网页结构

使用 jQuery Mobile 框架创建的移动网页分为单页面结构和多页面结构，前者仅包含一个页面，后者则包含多个页面。开发时可以根据需要来选择使用哪种类型的移动网页。

2.1.1 单页面结构

jQuery Mobile 框架的许多功能都是建立在 HTML5 新增标签和属性的基础上，因此创建移动网页时必须首先添加 HTML5 的文档声明<!doctype html>。一些旧设备上的浏览器不能识别和解析 HTML5，将安全地忽略 doctype 指令和各种 data-*自定义属性。

为了能够在移动浏览器中正常浏览页面上的文字，通常应当将页面宽度设置为设备屏幕的像素宽度，为此就需要在页面头部中应添加一个 meta 视口标签，即<meta name="viewport" content="width=device-width, initial-scale=1">，用于指定浏览器应如何显示页面缩放级别和尺寸大小，这样设置并不会限制用户对页面进行缩放。

在页面头部还必须引用 jQuery Mobile 样式文件、jQuery 基础框架文件以及 jQuery Mobile 插件文件。最简单的方法是链接到 jQuery CDN 上托管的文件。下面的代码说明如何链接到 CDN，其中[version]为框架的版本号，应该使用实际的版本号来替换。

```
1: <!doctype html>
2: <html>
3: <head>
4: <title>页面标题</title>
5: <meta  charset="utf-8">
6: <meta name="viewport" content="width=device-width, initial-scale=1">
```

```
 7: <link rel="stylesheet" href="http://code.jquery.com/mobile/[version]/jquery.mobile-[version].min.css">
 8: <script src="http://code.jquery.com/jquery-[version].min.js"></script>
 9: <script src="http://code.jquery.com/mobile/[version]/jquery.mobile-[version].min.js"></script>
10: </head>
11:
12: <body>
13: 在此处添加页面内容...
14: </body>
15: </html>
```

在 body 元素中可以添加任何有效的 HTML 元素，不过，创建移动网页时，首先应在 body 元素内添加一个 div 元素并将其 data-role 属性设置为 page，形成一个“页面”或视图：

```
<div data-role="page">
  ...
</div>
```

在“页面”容器中，可以使用任何有效的 HTML 元素。对于典型的 jQuery Mobile 页面而言，“页面”的直接后代是三个 div 元素，它们分别具有 data-role="header"、class= "ui-content"以及 data-role="footer"属性，形成了页面的页眉、内容和页脚三个组成部分。即：

```
<div data-role="page">
  <div data-role="header">页面标题</div>
  <div role="main" class="ui-content">页面内容</div>
  <div data-role="footer">页面脚注</div>
</div>
```

例 2.1 创建 jQuery Mobile 单页面文档。源文件为/02/02-01.html，源代码如下。

```
 1: <!doctype html>
 2: <html>
 3: <head>
 4: <meta charset="utf-8">
 5: <meta name="viewport" content="width=device-width, initial-scale=1">
 6: <title>单页面文档</title>
 7: <link rel="stylesheet" href="http://code.jquery.com/mobile/1.4.5/jquery.mobile-1.4.5.min.css">
 8: <script src="http://code.jquery.com/jquery-2.1.3.min.js"></script>
 9: <script src="http://code.jquery.com/mobile/1.4.5/jquery.mobile-1.4.5.min.js"></script>
10: <style>
11: div[role=main] h1 {
12:     font-size: 16px;
13: }
14: </style>
15: </head>
16:
17: <body>
18: <div data-role="page">
19:     <div data-role="header">
20:         <h1>单页面文档</h1>
21:     </div>
22:     <div role="main" class="ui-content">
23:         <h1>创建单页面文档的步骤</h1>
24:         <p>创建单页面文档时，首先在 body 元素内添加一个 div 元素并将其数据属性 data-role 设置为
page，以此元素作为页面容器；然后在该容器中添加以下三个区块：</p>
25:         <dl>
26:             <dt>页眉区域</dt>
27:             <dd>添加一个 div 元素并将其数据属性 data-role 设置为 header。</dd>
28:             <dt>主要内容区域</dt>
29:             <dd>添加一个 div 元素并将其 role 属性设置为 main，同时对这个 div 元素应用 ui-content 类
样式。</dd>
30:             <dt>页脚区域</dt>
31:             <dd>添加一个 div 元素并将其数据属性 data-role 设置为 footer。</dd>
32:         </dl>
```

```
33:     </div>
34:     <div data-role="footer">
35:         <h4>脚注区域</h4>
36:     </div>
37: </div>
38: </body>
39: </html>
```

源代码分析

第 18～第 37 行：在 body 元素中添加一个 div 元素并将其数据属性 data-role 设置为 page，形成在移动设备上查看的一个“页面”，对应于 jQuery Mobile 页面（Page）小部件。

第 19～第 22 行：在页面中添加一个 div 元素并将其数据属性 data-role 设置为 header，形成页面的页眉区域，对应于 jQuery Mobile 工具栏（Toolbar）小部件。在页眉区域可以添加标题文字（如 h1 元素），也可以添加超链接或导航栏。如果页面标题栏中未设置标题，则浏览器标题栏中显示文档头部通过 title 元素设置的文档标题；如果页眉中设置的页面标题不同于文档头部中设置的文档标题，则浏览器标题栏中显示前者。

第 22～第 33 行：在页眉区域下方添加一个 div 元素并将其 role 属性设置为 main，将其 class 属性设置为 ui-content，形成页面内容的主要区域，然后在这个区域中添加各种各样的内容，包括标题、段落以及定义列表等。

第 20～第 21 行：在内容区域下方添加一个 div 元素，并将其数据属性 data-role 设置为 footer，这将会在页面中创建一个页脚区域。与页面页眉一样，这个页脚也对应于 jQuery Mobile 工具栏小部件。在这个页脚区域中可以添加页脚文字（例如 h4 元素等），也可以添加各种超链接。

网页在桌面浏览器和移动设备模拟器中的运行结果如图 2.1 和图 2.2 所示。

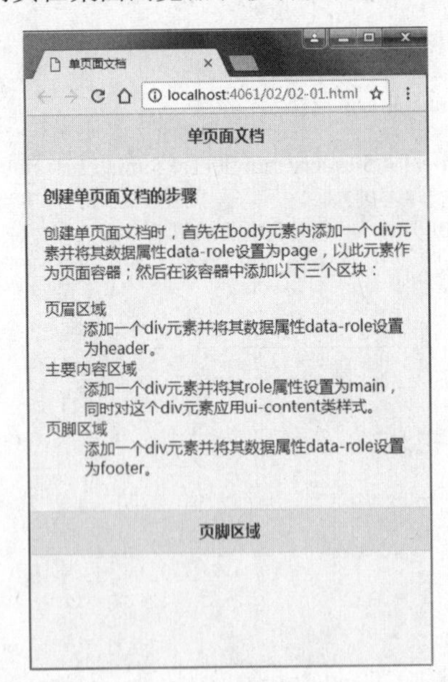

图 2.1　在桌面浏览器中查看单页面文档

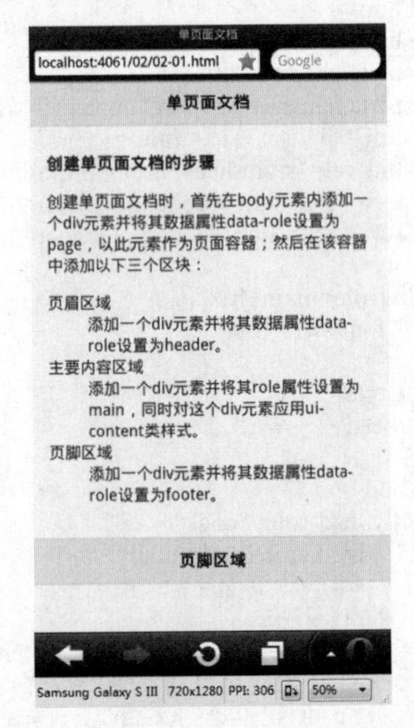

图 2.2　在模拟器中查看单页面文档

从图中可以看出，jQuery Mobile 框架自动将移动页面的标题栏和页脚栏的背景颜色设置为灰色，而且标题文字和页脚文字自动居中对齐。

2.1.2 多页面结构

页面是 jQuery Mobile 中的主要交互单元。jQuery Mobile 的核心抽象就是在单个 HTML 文档中使用多个页面，通过页面可将内容分组到不同的逻辑视图中，这些视图通过页面切换进行动画处理和查看。在浏览器中打开移动网页时，首先看到总是源代码顺序中排在前面的那个页面，用户在浏览时可以将其他页面加载到 DOM 中，此时 jQuery Mobile 框架将在这些本地视图之间转换，而不需要从服务器请求内容。

在多页面文档中，多个“页面”通过堆叠多个 data-role 属性为 page 的 div 元素而一起加载。每个“页面”结构块都分配有一个唯一的 id 属性值（id="pageId"），用于在不同“页面”之间创建内部链接（href="#pageId"），该链接中的 href 属性值称为 hash（读作哈希）。当单击内部链接时，jQuery Mobile 将查找具有指定 id 的内部“页面”并将其转换为视图。

创建多页面文档时，需要注意以下要点。

（1）在 body 元素中添加一些 div 元素作为其直接子元素，并将其数据属性 data-role 设置为 page。在浏览器中打开多页面文档时，jQuery Mobile 框架会将这些 div 元素增强为页面小部件。默认情况下，源代码中排在最前面的那个页面会首先显示出来（其 CSS 属性 display 为 block），其他页面均处在隐藏状态（display 属性为 none）。

（2）为了标识和区分不同页面，对每个承载“页面”的 div 元素应设置一个 id 属性值，该值在当前页面和站点范围内都是唯一的。例如 page02-02-a、page02-02-b 等。

（3）在每个页面 div 中依次添加三个 div 元素，分别作为页面的页眉区域、主要内容区域和页脚区域。对这三个区块进行以下属性设置：将页眉 div 的数据属性 data-role 设置为 header；将内容区域 div 的 role 属性设置为 main，同时对其应用类样式 ui-content；将页脚 div 的数据属性 data-role 设置为 footer。

（4）要在不同页面之间进行切换，可以使用 HTML a 标签创建内部链接，并将其 href 属性设置为“#pageId”形式的哈希值。

例 2.2 创建多页面文档。源文件为/02/02-02.html，源代码如下。

```
1: <!doctype html>
2: <html>
3: <head>
4: <meta charset="utf-8">
5: <meta name="viewport" content="width=device-width, initial-scale=1">
6: <title>多页面文档</title>
7: <link rel="stylesheet" href="http://code.jquery.com/mobile/1.4.5/jquery.mobile-1.4.5.min.css">
8: <script src="http://code.jquery.com/jquery-2.1.3.min.js"></script>
9: <script src="http://code.jquery.com/mobile/1.4.5/jquery.mobile-1.4.5.min.js"></script>
10: <style>
11: div[role=main] h1 {
12:     font-size: 16px;
13: }
14: </style>
15: </head>
16:
17: <body>
18: <div data-role="page" id="page02-02-a">
19:     <div data-role="header">
20:         <h1>页面一</h1>
21:     </div>
22:     <div role="main" class="ui-content">
23:         <h1>这里是页面一</h1>
24:         <p>在浏览器中打开文档时，首先看到的是这个页面，因为它在源代码中排在最前面。除了当
前看到的活动页面之外，这个文档中还包含另一个页面。要查看另一个页面，请单击下面的导航按钮。</p>
25:         <p><a href="#page02-02-b" data-role="button">转到页面二</a></p>
26:     </div>
27:     <div data-role="footer">
```

```
28:         <h4>页面一页脚区域</h4>
29:     </div>
30: </div>
31: <div data-role="page" id="page02-02-b">
32:     <div data-role="header">
33:         <h1>页面二</h1>
34:     </div>
35:     <div role="main" class="ui-content">
36:         <h1>这里是页面二</h1>
37:         <p>这个文档包含两个页面。在浏览器中打开文档时这个页面处于隐藏状态。在前面的页面中单击导航按钮才能切换到这个页面。要返回前面的页面，请单击下面的导航按钮。</p>
38:         <p><a href="#page02-02-a" data-role="button">返回页面一</a></p>
39:     </div>
40:     <div data-role="footer">
41:         <h4>页面二页脚区域</h4>
42:     </div>
43: </div>
44: </body>
45: </html>
```

源代码分析

第 18～第 30 行：在 body 元素中添加了第一个页面结构块，其 id 为 page02-02-a。

第 25 行：在段落中使用 HTML a 标签创建指向页面二的超链接，设置其 href 属性为哈希值 “#page02-02-b”。此外还将此链接的数据属性 data-role 设置为 button，使之呈现为大按钮形式，便于在智能手机或平板电脑上操作。

第 31～第 43 行：在 body 元素中添加了第二个页面结构块，其 id 为 page02-02-b。

第 38 行：在段落中使用 HTML a 标签创建指向页面一的超链接，设置其 href 属性为字符 “#page02-02-a”，同时将此链接的数据属性 data-role 设置为 button。

在在移动设备模拟器中打开该网页，首先看到的是页面一，在此单击“转到页面二”按钮即可切换到页面二；进入页面二后，通过单击“返回页面一”按钮则可返回前面的页面，如图 2.3 所示。

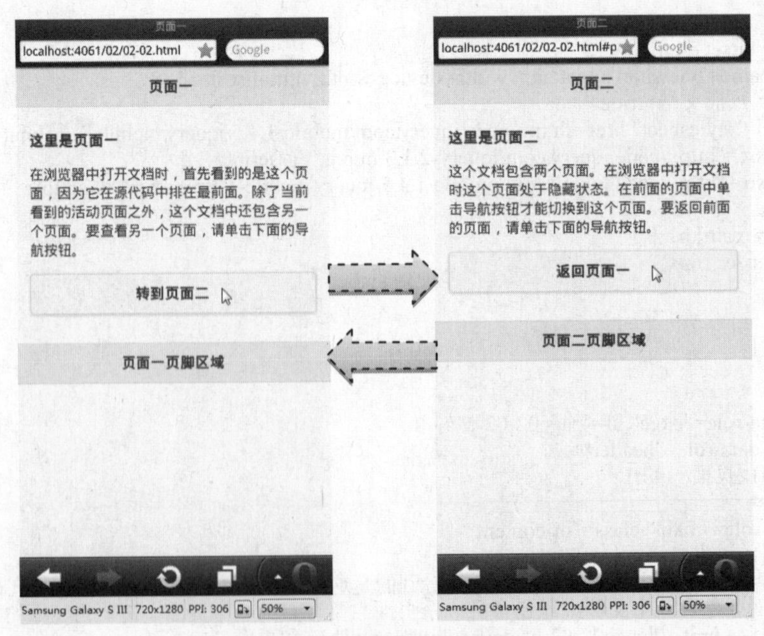

图 2.3　在不同页面之间切换

2.2 页面链接

如前所述，在多页面结构的移动网页中通过单击内部链接可以在页面之间进行切换，以查看不同页面的内容。如果要查看包含在另一个文档中的页面，则需要创建指向目标文档的外部链接（href="otherpage.html"）。为了改善移动应用的用户体验，jQuery Mobile 框架对链接增加了许多新的特性并进行了优化，可以基于 Ajax 请求在当前页面中注入目标页面的内容，还可以在页面切换过程中添加动画效果。

2.2.1 Ajax 导航

在多文档结构的移动网页中，body 元素中嵌入了多个“页面”，每个“页面”通过唯一的 id 属性值来标识，不同页面之间通过内部链接（href="#pageId"）进行切换。在浏览器中打开移动网页时，只能看到第一个“页面”，其他“页面”都会被隐藏起来。当用户单击内部链接时，jQuery Mobile 框架从文档中检索并切换到具有指定 id 的目标“页面”，在保留原有页面的情况下将新页面内容加载到 DOM 中，通过改变 display 属性使原有页面隐藏起来，同时使新页面显示出来，页面切换以动画方式实现。

默认情况下，jQuery Mobile 框架对同一域名下的所有页面切换都会基于 Ajax 请求方式来处理，并使用 CSS3 动画作为页面切换的转场效果。之所以采用这种 Ajax 导航机制，主要有基于以下两方面的考虑：一方面是因为移动设备所用的网络速度相对 PC 较低，使用 Ajax 导航可以减少页面切换所需要的带宽；另一方面是使用 Ajax 请求配合 CSS3 动画能够实现接近原生 App 的用户体验。

jQuery Mobile 框架使用基于 Ajax 的导航替换了浏览器的标准 HTTP 导航，它覆盖了浏览器的默认链接处理方式。具体来说，基于 Ajax 的导航的实现过程是这样的：当用户在页面单击指向同一域名下的其他文档的链接时，jQuery Mobile 框架将拦截这个单击行为并对目标 URL 进行分析，检查是否可以通过 Ajax 来获取文档。如果满足指定的条件，则会发出 Ajax 请求，显示一个正在加载的提示信息框，避免对整个页面进行刷新。如果这个 Ajax 请求成功，则会将目标内容加载到 DOM 中，然后初始化所有组件并显示页面切换动画。如果这个 Ajax 请求失败，则会显示一个错误提示信息框并在数秒后自动消失。

要通过 Ajax 请求来获取一个链接指向的目标文档，该链接必须满足以下条件：

（1）jQuery Mobile 全局配置选项$.mobile.linkBindingEnabled 必须设置为 true；

（2）jQuery Mobile 全局配置选项$.mobile.ajaxEnabled 必须设置为 true。

（3）该链接不能具有以下任何属性：

- data-ajax="false"；
- data-rel="external;
- data-rel="back"；
- target 属性不能存在。

（4）该链接的目标必须位于同一个域，或者必须是所允许的跨域请求目的地。

（5）click 事件的默认行为不能被阻止，而且必须是左键单击。

如果满足上述条件，jQuery Mobile 将通过 Ajax 请求方式来获取目标文档，此时只能从目标文档中获取第一个页面，文档头部和 body 元素的其余部分都将被丢弃，不能获取多个页面，也不能执行位于文档头部中的脚本，同时也不能导入文档头部中的内嵌样式和外部样式。因此，Ajax 导航只能用于链接单页面文档，而不能用于链接多页面文档。

如果不满足上述条件中的任何一个，jQuery Mobile 将通过标准的 HTTP 导航来完成页面跳转过程，此时浏览器会丢弃与来源页面关联的所有状态，并将整个目标页面加载到 DOM 中，文档头部的脚本和样式表也随之生效。如果要链接一个多页面文档，就必须使用非 Ajax 方式进行全页刷新，为此应在链接中添加 data-ajax="false"。

由于 jQuery Mobile 框架使用哈希值来跟踪所有 Ajax“页面”的导航历史记录，所以目前还不可能进一步链接到移动网页的锚点（index.html＃pageId），因为框架将查找并切换到 id 为#pageId 的“页面”，以代替滚动到具有该 id 值的内容的本机行为。如果希望跳转到其他移动网页中的指定页面，则需要改用标准的 HTTP 导航，而不能使用 Ajax 导航。

例 2.3　比较 Ajax 导航与标准 HTTP 导航。源文件/02/02-03-a.html 的代码如下。

```
 1: <!doctype html>
 2: <html>
 3: <head>
 4: <meta charset="utf-8">
 5: <meta name="viewport" content="width=device-width, initial-scale=1">
 6: <title>页面 A</title>
 7: <link rel="stylesheet" href="http://code.jquery.com/mobile/1.4.5/jquery.mobile-1.4.5.min.css">
 8: <script src="http://code.jquery.com/jquery-2.1.3.min.js"></script>
 9: <script src="http://code.jquery.com/mobile/1.4.5/jquery.mobile-1.4.5.min.js"></script>
10: </head>
11:
12: <body>
13: <div data-role="page" id="page02-03-a">
14:     <div data-role="header">
15:         <h1>页面 A</h1>
16:     </div>
17:     <div role="main" class="ui-content">
18:         <p><a href="02-03-b.html" data-role="button">跳转到页面 B－基于 Ajax 导航</a></p>
19:         <p><a href="02-03-b.html" data-role="button" data-ajax="false" data-rel="external">跳转到页面 B
－标准 HTTP 导航</a></p>
20:     </div>
21:     <div data-role="footer">
22:         <h4>页面页脚区域</h4>
23:     </div>
24: </div>
25: </body>
26: </html>
```

源代码分析

第 18 行：在段落中添加了一个指向移动网页 02-03-b.html 的链接，默认情况下该链接符合 Ajax 导航的所有条件，单击该链接时只对页面进行局部刷新。

第 19 行：在段落中添加了另一个指向移动网页 02-03-b.html 的链接，由于在该链接中设置了数据属性 data-ajax="false"，它不符合 Ajax 导航的条件，单击该链接时将使用标准的 HTTP 导航方式，将进行全页刷新。

源文件/02/02-03-b.html 的源代码如下：

```
1: <!doctype html>
2: <html>
3: <head>
4: <meta charset="utf-8" />
5: <meta name="viewport" content="width=device-width, initial-scale=1">
```

```
 6: <title>页面 B</title>
 7: <link rel="stylesheet" href="http://code.jquery.com/mobile/1.4.5/jquery.mobile-1.4.5.min.css">
 8: <script src="http://code.jquery.com/jquery-2.1.3.min.js"></script>
 9: <script src="http://code.jquery.com/mobile/1.4.5/jquery.mobile-1.4.5.min.js"></script>
10: <style>
11:     #demo {
12:         width: 120px;
13:         height: 120px;
14:         line-height: 120px;
15:         text-align: center;
16:         border: thin solid grey;
17:         border-radius: 12px;
18:     }
19: </style>
20: <script>
21: $(document).on("pagecreate", function() {
22:     $("div[role=main]").append("<p>这是动态添加的段落！</p>");
23: });
24: </script>
25: </head>
26:
27: <body>
28: <div data-role="page" id="page02-03-b">
29:     <div data-role="header">
30:         <h1>页面 B</h1>
31:     </div>
32:     <div role="main" class="ui-content">
33:         <div id="demo">这里是页面 B</div>
34:     </div>
35:     <div data-role="footer">
36:         <h4>页面 B 页脚区域</h4>
37:     </div>
38: </div>
39: </body>
40: </html>
```

源代码分析

第 10～第 19 行：在文档头部定义了一个文档内嵌样式表，对页面中 id 为 demo 的 div 元素的 CSS 属性进行了设置，为该元素添加了一个圆角边框。当在浏览器中直接打开该页面或通过标准 HTTP 导航切换到该页面时，这个样式将会应用到目标元素。如果通过 Ajax 导航切换到该页面，则这个样式将被丢弃。

第 20～第 24 行：在文档头部添加了一个 JavaScript 脚本块，设置了页面创建并增强之后执行的事件处理程序，其功能是在页面内容区域动态添加一个段落。当在浏览器中直接打开该页面或通过标准 HTTP 导航切换到该页面时，会执行这个事件处理程序，从而在页面末尾添加一个新的段落。如果通过 Ajax 导航切换到该页面，则这个事件处理程序将被丢弃。

在移动设备模拟器中打开移动网页 02-03-a.html，单击“跳转到页面 B－基于 Ajax 导航”按钮，此时将切换到移动网页 02-03-b.html，由于目标页面头部已被丢弃，在此只能看到一行普通文字“这里是页面 B”，其下面并没有出现新的段落，如图 2.4 所示。

如果在移动网页 02-03-a.html 中单击“跳转到页面 B－标准 HTTP 导航”按钮，也会切换到移动网页 02-03-b.html，但由于整个目标页面全部加载到 DOM 中，此时可以看到文字“这里是页面 B”已经加上了圆角边框，而且其下面出现了一个新的段落，如图 2.5 所示。

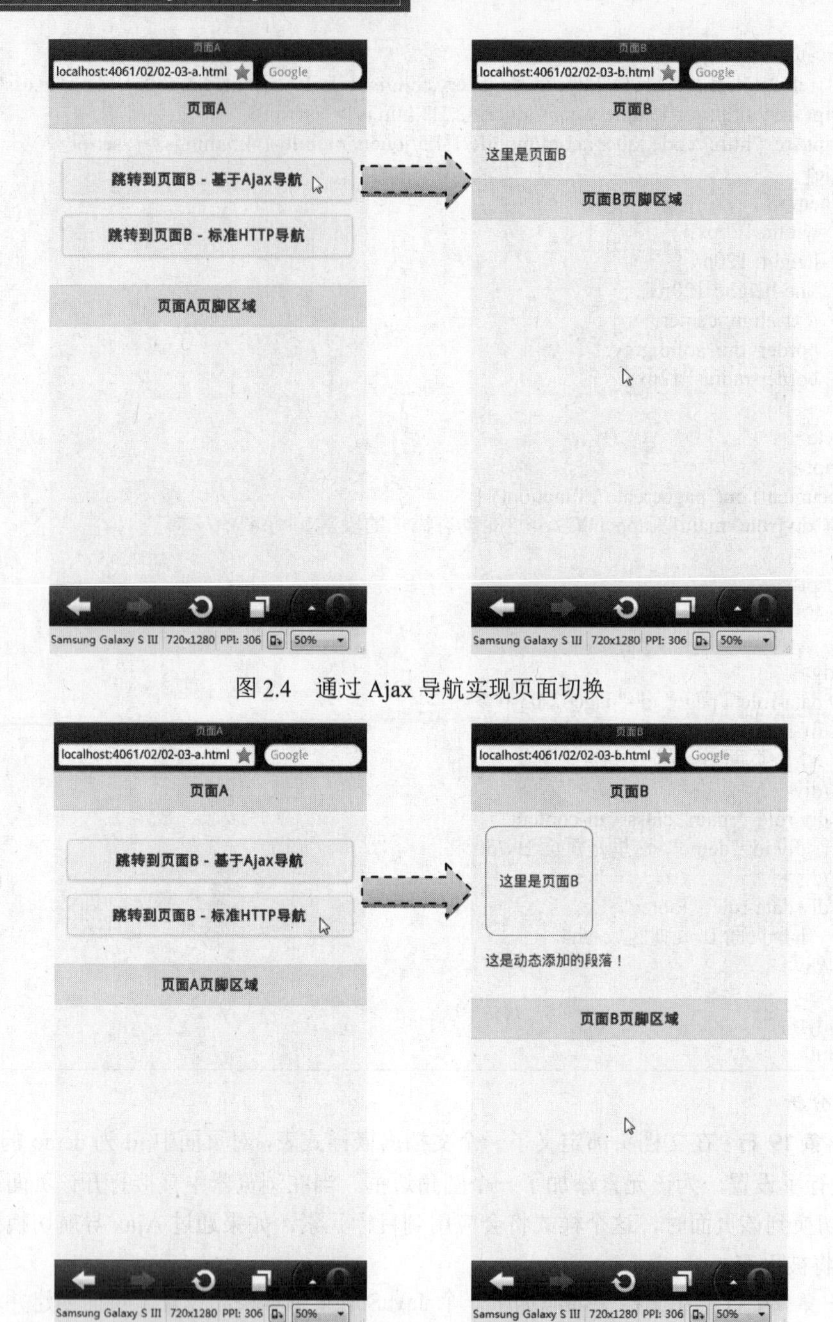

图 2.4　通过 Ajax 导航实现页面切换

图 2.5　通过标准 HTTP 导航实现页面跳转

2.2.2 创建后退链接

当从一个页面跳转到另一个页面时，在目标页面中可以通过单击一个导航链接返回到来源页面。创建这个导航链接时，可以将其 href 属性设置为来源页面的“#pageId”（内部链接）或文件名（外部链接）。不过，也可以不设置该链接的 href 属性，而是将其数据属性 data-rel 设置为 back，由此创建的导航链接称为后退链接。

另外，还可以在页面页眉中将数据属性 data-add-back-btn 设置为 true，从而在页眉区域添加一个后退按钮。默认情况下，这个后退按钮的文字为 back。根据需要，可以通过设置数据属性

data-back-btn-text 来指定后退按钮的文字。

例 2.4 在页面中创建后退链接。源文件为/02/02-04.html，源代码如下。

```
 1: <!doctype html>
 2: <html>
 3: <head>
 4: <meta charset="utf-8">
 5: <meta name="viewport" content="width=device-width, initial-scale=1">
 6: <title>页面 A</title>
 7: <link rel="stylesheet" href="http://code.jquery.com/mobile/1.4.5/jquery.mobile-1.4.5.min.css">
 8: <script src="http://code.jquery.com/jquery-2.1.3.min.js"></script>
 9: <script src="http://code.jquery.com/mobile/1.4.5/jquery.mobile-1.4.5.min.js"></script>
10: <style>
11: div[role=main] h1 {
12:     font-size: 16px;
13: }
14: </style>
15: </head>
16:
17: <body>
18: <div data-role="page" id="page02-04-a">
19:     <div data-role="header">
20:         <h1>页面 A</h1>
21:     </div>
22:     <div role="main" class="ui-content">
23:         <h1>这里是页面 A</h1>
24:         <p><a href="#page02-04-b" data-role="button">切换到页面 B</a></p>
25:     </div>
26:     <div data-role="footer">
27:         <h4>页面 A 页脚区域</h4>
28:     </div>
29: </div>
30: <div data-role="page" id="page02-04-b">
31:     <div data-role="header" data-add-back-btn="true" data-back-btn-text="后退">
32:         <h1>页面 B</h1>
33:     </div>
34:     <div role="main" class="ui-content">
35:         <h1>创建和测试后退按钮</h1>
36:         <p>要返回上一页，可以单击标题栏中的“后退”按钮，也可以单击下面的“返回上一页”按
钮。</p>
37:         <p><a data-rel="back" data-role="button">返回上一页</a></p>
38:     </div>
39:     <div data-role="footer">
40:         <h4>页面 B 页脚区域</h4>
41:     </div>
42: </div>
43: </body>
44: </html>
```

源代码分析

第 18～第 29 行：在 body 元素中创建第一个页面，其 id 为 page02-04-a。

第 24 行：在段落中创建一个链接，其目标 URL 为哈希值# page02-04-b，指向同一文档中的另一个页面。在该链接中设置数据属性 data-role="button"，使之呈现为一个按钮。

第 30～第 42 行：在 body 元素中创建第二个页面，其 id 为 page02-04-b。

第 31 行：在第二个页面的页眉 div 容器中，分别设置数据属性 data-add-back-btn="true"和 data-back-btn-text="后退"，在标题栏中添加后退按钮并设置该按钮中显示的文字。

在移动设备模拟器中打开网页，此时首先显示第一个页面，在这里单击“切换到页面 B”按钮，进入第二个页面。若要返回第一个页面，可单击标题栏中的“后退”按钮，也可以单击内容

区域中的“返回上一页”按钮，如图 2.7 所示。

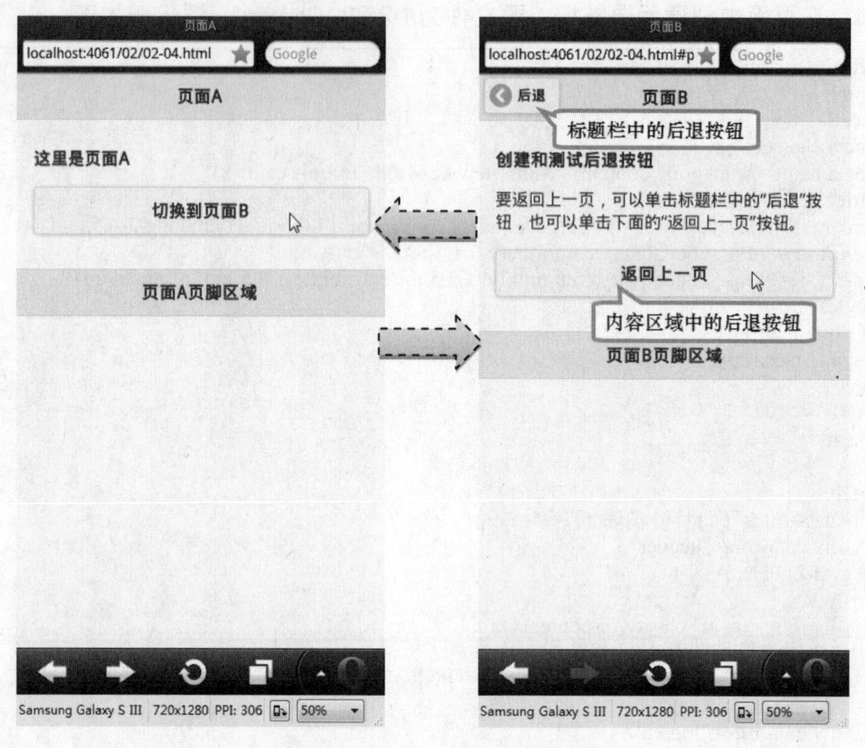

图 2.7　创建和测试后退按钮

2.2.3　设置页面切换动画

在浏览器中打开移动网页时，同一时刻只能看到一个页面。当用户在页面单击导航链接时，如果满足指定条件，则通过 Ajax 请求来获取目标页面，当前可见的页面被隐藏并显示目标页面。从一个页面切换到另一个页面是通过动画效果来完成的。如果通过 HTTP 导航切换到目标 HTML 文档，要实现这种动画效果是不可能的，因为当导航到目标页面时，浏览器会丢弃与来源页面关联的所有状态，从而无法通过平滑的切换效果（例如淡入淡出、翻页、滑动或转动等）执行此任务。

在基于 Ajax 的导航中，jQuery Mobile 通过动画效果来切换页面。至于使用哪种动画效果，可以在使用数据属性 data-transition 打开目标页面的链接上指定。该属性的取值如下：

- fade：淡入淡出到下一页；
- flip：从后向前翻动到下一页；
- flow：抛出当前页面并引入下一页；
- pop：像弹出窗口那样转到下一页；
- slide：从右向左滑动到下一页；
- slidefade：从右向左滑动并淡入到下一页；
- slideup：从下到上滑动到下一页；
- slidedown：从上到下滑动到下一页；
- turn：转向下一页；
- none：无过渡效果。

如果未指定过渡效果，则会使用全局选项$.mobile.defaultPageTransition 设置的默认效果。在 jQuery Mobile 中，淡入淡出效果（fade）在所有页面链接上都是默认的。以上所有过渡效果同时还支持反向动作。例如，如果希望页面从左向右滑动而不是从右向左，则可以将链接的data-transition属性设置为slide，同时将data-direction属性的值设置为reverse。在后退按钮上默认为反向动作。

例 2.5 测试页面切换动画。源文件为/02/02-05.html，源代码如下。

```
1: <!doctype html>
2: <html>
3: <head>
4: <meta charset="utf-8">
5: <meta name="viewport" content="width=device-width, initial-scale=1">
6: <title>设置页面切换动画</title>
7: <link rel="stylesheet" href="http://code.jquery.com/mobile/1.4.5/jquery.mobile-1.4.5.min.css">
8: <script src="http://code.jquery.com/jquery-2.1.3.min.js"></script>
9: <script src="http://code.jquery.com/mobile/1.4.5/jquery.mobile-1.4.5.min.js"></script>
10: <style>
11: div[role=main] h1 {
12:     font-size: 16px;
13: }
14: </style>
15: </head>
16:
17: <body>
18: <div data-role="page" id="page02-04-a">
19:     <div data-role="header">
20:         <h1>测试页面切换效果</h1>
21:     </div>
22:     <div role="main" class="ui-content">
23:         <h1>单击下列按钮切换到下一页：</h1>
24:         <p><a href="#page02-04-b" data-role="button" data-transition="fade">淡入淡出</a></p>
25:         <p><a href="#page02-04-b" data-role="button" data-transition="flip">向前翻动</a></p>
26:         <p><a href="#page02-04-b" data-role="button" data-transition="flow">抛出页面</a></p>
27:         <p><a href="#page02-04-b" data-role="button" data-transition="pop">弹出页面</a></p>
28:         <p><a href="#page02-04-b" data-role="button" data-transition="slide">从右向左滑动</a></p>
29:         <p><a href="#page02-04-b" data-role="button" data-transition="slidefade">从右向左滑动并淡入
</a></p>
30:         <p><a href="#page02-04-b" data-role="button" data-transition="slideup">从下向上滑动</a></p>
31:         <p><a href="#page02-04-b" data-role="button" data-transition="slidedown">从上向下滑动
</a></p>
32:         <p><a href="#page02-04-b" data-role="button" data-transition="turn">翻转到下一页</a></p>
33:         <p><a href="#page02-04-b" data-role="button" data-transition="none">无过渡效果</a></p>
34:     </div>
35:     <div data-role="footer">
36:         <h4>页面 A 页脚区域</h4>
37:     </div>
38: </div>
39: <div data-role="page" id="page02-04-b">
40:     <div data-role="header" data-add-back-btn="true" data-back-btn-text="返回">
41:         <h1>页面 B</h1>
42:     </div>
43:     <div role="main" class="ui-content">
44:         <h1>这里是页面 B</h1>
45:         <p>请单击标题栏中的"返回"按钮回到上一页。</p>
46:         <p><a data-rel="back" data-role="button">返回上一页</a></p>
47:     </div>
48:     <div data-role="footer">
49:         <h4>页面 B 页脚区域</h4>
50:     </div>
51: </div>
52: </body>
53: </html>
```

源代码分析

第 18～第 38 行：在 body 元素中创建第一个页面，将其 id 设置为 page02-05-a。

第 24～第 33 行：在第一个页面的内容区域添加一些段落，并在这些段落中分别添加一个导航链接按钮，将它们的 data-role 属性设置为 button，data-transition 属性设置为不同值，以便在页面切换过程中使用不同的动画效果。将最后一个链接的 data-transition 属性设置为 none，单击该链接时页面切换不使用任何动画效果。

第 39～第 51 行：在 body 元素中创建第二个页面，将其 id 设置为 02-05-b。

第 40 行：在第二个页面的页眉区域添加一个后退按钮，将其文字设置为“返回”。

第 45 行：在第二个页面的内容区域添加一个链接，将其 data-rel 属性设置为 back，同时将 data-role 属性设置为 button，形成后退按钮。

在移动设备模拟器中打开网页，在第一个页面中单击某个导航按钮（如“从右向左滑动”按钮），选择一种动画效果切换到第二个页面；进入第二个页面后，无论是单击标题栏中的“返回”按钮，还是单击内容区域中的“返回上一页”按钮，都将以切换动画的反向动作返回上一页，如图 2.8 所示。

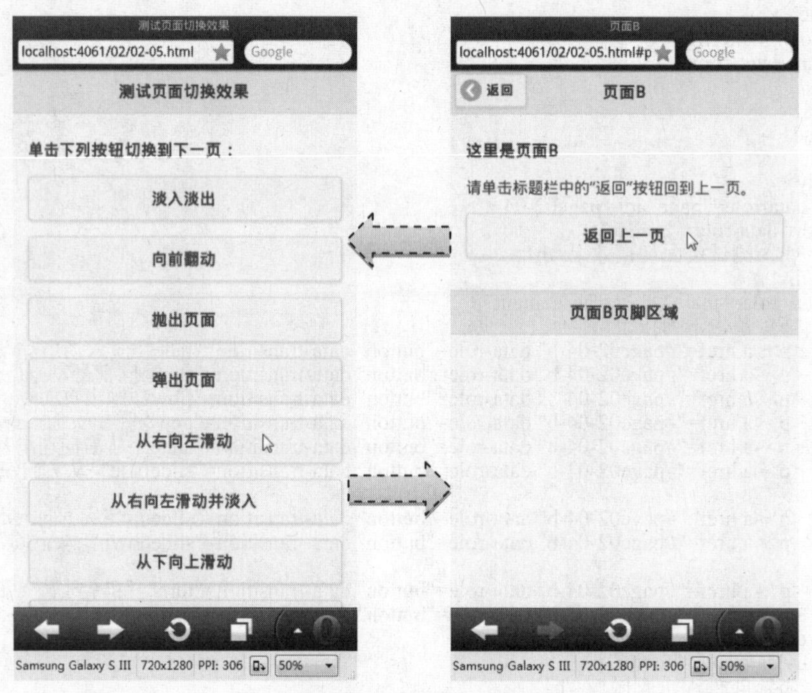

图 2.8　测试页面切换动画

2.3 页面预加载和缓存

在 jQuery Mobile 移动网站开发中，如何加快页面的加载速度是一个值得注意的问题。如果页面加载速度过慢，就会对用户体验产生不利的影响。为了解决这个问题，jQuery Mobile 框架提供了两个有效的方法，即预加载目标页面和缓存历史页面。

2.3.1 页面预加载

页面预加载是指当前页面加载完成后自动在后台对链接的目标页面进行加载。通过页面预加载可以将另一个文档中的单个页面预取到 DOM 中，以便用户在访问它们时立即可用。

要对目标页面进行预加载，可以在指向该页面的链接中将 data-prefetch 属性设置为 true，或者只添加 data-prefetch 属性属性而不设置其值，这样，jQuery Mobile 就会在主页面加载并且 pagecreate 事件触发后自动在后台加载目标页面。

另外，也可以使用 pagecontainer 小部件的 load 方法以编程方式来预加载页面：

```
$(":mobile-pagecontainer").pagecontainer("load", pageUrl, {showLoadMsg: false});
```

其中，第一个参数“load”表示调用页面小部件的 load 方法；第二个参数 pageUrl 表示要预加载的目标页面的 URL；第三个参数是一个对象，设置在页面预加载过程中不显示加载信息。

例 2.6 设置页面预加载。第一个源文件为/02/02-06-a.html，源代码如下。

```
 1: <!doctype html>
 2: <html>
 3: <head>
 4: <meta charset="utf-8">
 5: <meta name="viewport" content="width=device-width, initial-scale=1">
 6: <title>设置页面预加载</title>
 7: <link rel="stylesheet" href="http://code.jquery.com/mobile/1.4.5/jquery.mobile-1.4.5.min.css">
 8: <script src="http://code.jquery.com/jquery-2.1.3.min.js"></script>
 9: <script src="http://code.jquery.com/mobile/1.4.5/jquery.mobile-1.4.5.min.js"></script>
10: <style>
11: div[role=main] h1 {
12:     font-size: 16px;
13: }
14: </style>
15: <script>
16:     $(document).on("pagecreate", function() {
17:         if ($("#page02-06-b").length != 0) {
18:             var paragraph;
19:             paragraph="<p>链接的"+$("#page02-06-b div[data-role=header] h1").text()+"加载成功！</p>";
20:             $("div[role=main]").append(paragraph);
21:         }
22:     });
23: </script>
24: </head>
25:
26: <body>
27: <div data-role="page" id="page02-06-a">
28:     <div data-role="header">
29:         <h1>设置页面预加载</h1>
30:     </div>
31:     <div role="main" class="ui-content">
32:         <h1>设置页面预加载</h1>
33:         <p>当打开当前页面时会在后台自动加载下面链接中指定的目标页面。</p>
34:         <p><a href="02-06-b.html" data-role="button" data-prefetch="true">进入另一个页面</a></p>
35:     </div>
36:     <div data-role="footer">
37:         <h4>页面页脚区域</h4>
38:     </div>
39: </div>
40: </body>
41: </html>
```

源代码分析

第 34 行：在页面中创建一个链接并设置 data-prefetch="true"，对目标页面进行预加载。

第 15～第 23 行：在脚本中测试目标页面是否存在，若存在则在主页面中添加内容。

第二个源文件为/02/02-06-b.html，页面源代码如下：

```
1: <div data-role="page" id="page02-06-b">
2:     <div data-role="header">
3:         <h1>测试页面</h1>
4:     </div>
5:     <div role="main" class="ui-content">
```

```
 6:        <p>这是一个测试页面。</p>
 7:     </div>
 8:     <div data-role="footer">
 9:        <h4>测试页面页脚区域</h4>
10:     </div>
11: </div>
```

源代码分析

第 1 行：指定该页面的 id 为 page02-06-b。

第 3 行：指定该页面的标题文字为“测试页面”。

在桌面浏览器和移动设备模拟器中查看网页运行结果，如图 2.9 和图 2.10 所示。

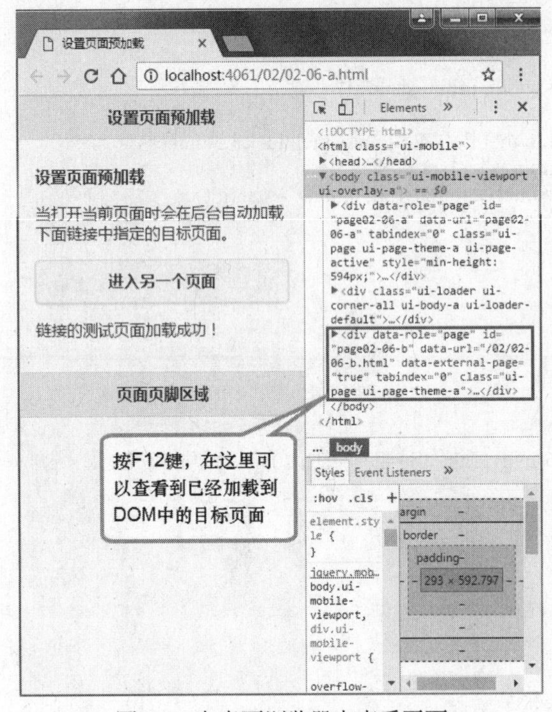

图 2.9　在桌面浏览器中查看页面

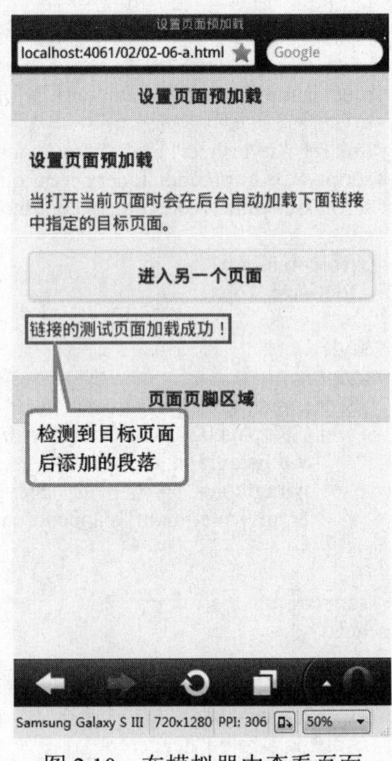

图 2.10　在模拟器中查看页面

2.3.2　页面缓存

在 DOM 中保留大量页面会快速填充浏览器的内存，这样有可能导致一些移动浏览器速度变慢甚至崩溃。当通过 Ajax 加载页面时，将会在离开原来页面之后（触发 pagehide 事件）标记要从 DOM 中删除的页面，通过这种机制可以保持 DOM 的整洁。第一页的内容不会从 DOM 中删除，只有通过 Ajax 加载的页面才会被删除，多页面文档中的页面不受此影响。

如果要重新访问已删除的页面，浏览器可能会从其缓存中获取该页面的 HTML 文件。如果缓存中没有此文件，则需要从服务器重新获取文件。为了快速打开页面，也可以将以前访问过的页面保留在 DOM 中而不删除它们。这样可以缓存页面，以便在用户返回时立即可用。

如果要对所有页面进行缓存，则可以对以下 jQuery Mobile 全局选项进行设置：

```
$.mobile.page.prototype.options.domCache=true;
```

如果只是对特定页面进行缓存，则可以将 data-dom-cache="true"属性添加到页面容器中，也可以将页面插件上的 domCache 选项设置为 true：

```
pageContainerElement.page({domCache: true});
```

例 2.7　测试页面缓存。第一个源文件为/02/02-07-a.html，代码如下。

```
 1: <!doctype html>
 2: <html>
 3: <head>
 4: <meta charset="utf-8">
 5: <meta name="viewport" content="width=device-width, initial-scale=1">
 6: <title>测试页面缓存</title>
 7: <link rel="stylesheet" href="http://code.jquery.com/mobile/1.4.5/jquery.mobile-1.4.5.min.css">
 8: <script src="http://code.jquery.com/jquery-2.1.3.min.js"></script>
 9: <script src="http://code.jquery.com/mobile/1.4.5/jquery.mobile-1.4.5.min.js"></script>
10: <style>
11:     div[role=main] h1 {
12:         font-size: 16px;
13:     }
14: </style>
15: <script>
16:     $(document).on("pagebeforeshow", "#page02-07-a", function() {
17:         if ($("#page02-07-b").length!=0) {
18:             $("#page02-07-a div[role=main] p:last").html("页面已缓存！ ");
19:         }
20:     });
21: </script>
22: </head>
23:
24: <body>
25: <div data-role="page" id="page02-07-a">
26:     <div data-role="header">
27:         <h1>页面 A</h1>
28:     </div>
29:     <div role="main" class="ui-content">
30:         <h1>测试页面缓存</h1>
31:         <p>这里是页面 A。请单击下面的按钮进入下一页，然后再返回本页。</p>
32:         <p><a href="02-07-b.html" data-role="button" data-transition="slide">进入下一页</a></p>
33:         <p></p>
34:     </div>
35:     <div data-role="footer">
36:         <h4>页面 A 页脚区域</h4>
37:     </div>
38: </div>
39: </body>
40: </html>
```

源代码分析

第 25～第 38 行：在 body 元素中创建了一个页面，其 id 为 page02-07-a。

第 32 行：在段落中创建一个指向文件 02-07-b 的链接，此链接默认使用 Ajax 请求。

第 15～第 21 行：将事件侦测器绑定到 id 为 page02-07-a 的页面的 pagebeforeshow 事件，页面切换后显示之前会触发该事件。如果 id 为 page02-07-b 的元素存在于 DOM 中，则通过段落显示"页面已缓存！"信息。

第二个源文件为/02/02-07-b.html，页面源代码如下。

```
1: <div data-role="page" id="page02-07-b" data-dom-cache="true">
2:     <div data-role="header">
3:         <h1>页面 B</h1>
4:     </div>
5:     <div role="main" class="ui-content">
6:         <h1>测试页面缓存</h1>
7:         <p>这里是页面 B。对该页面设置了数据属性 data-dom-cache="true"，以启用缓存功能。请单击
下面的按钮访问上一页。</p>
8:         <p><a href="02-07-a.html" data-role="button">返回上一页</a></p>
9:     </div>
```

```
10:    <div data-role="footer">
11:        <h4>页面 B 页脚区域</h4>
12:    </div>
13: </div>
```

源代码分析

第 1 行：在页面 div 中设置属性 data-dom-cache 为"true"，对该页面启用缓存功能。

第 8 行：在段落中创建一个指向文件 02-07-a.html 的链接，单击该链接可返回上一页。

在移动设备模拟器中打开网页，对页面缓存功能进行测试，结果如图 2.11 所示。

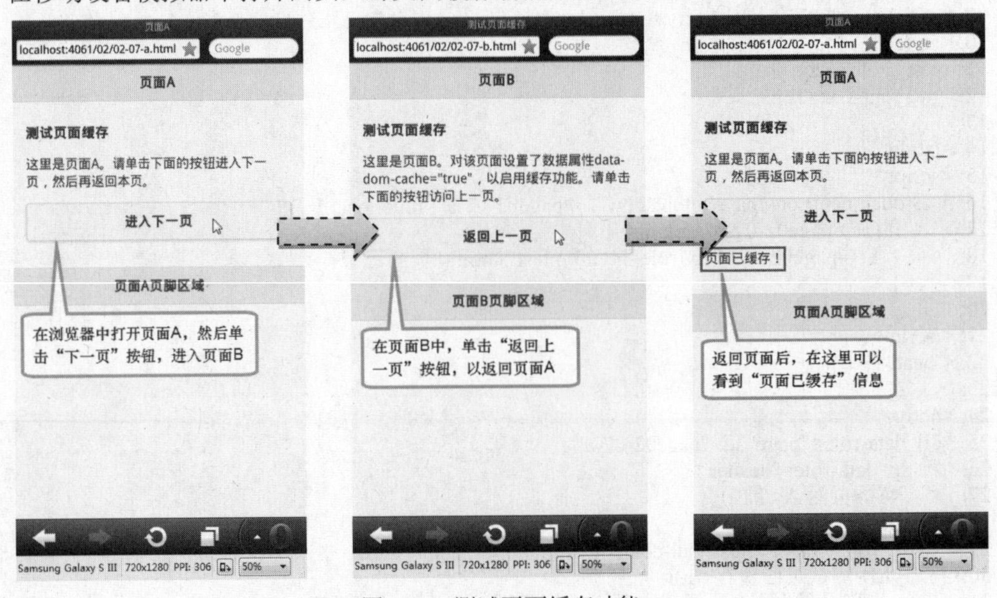

图 2.11　测试页面缓存功能

2.4 对话框页面

在 jQuery Mobile 中，对话框是页面的一种特殊形式。对话框可以通过多种方式来创建，框架将其应用对话框样式。任何页面都可以作为模态对话框显示出来，用于显示页面信息或输入表单数据。

2.4.1 打开对话框

要使一个页面作为模态对话框形式显示出来，在创建指向该页面的链接时添加数据属性 data-rel="dialog"即可。此外，也可以通过调用$.mobile.changePage 方法以编程方式来打开一个对话框，分为以下两种情况。

（1）显示存在于多页面文档中的对话框：

```
$.mobile.changePage("#myDialog",{role: "dialog"});
```

（2）通过 Ajax 加载包含在另一个文档中的对话框：

```
$.mobile.changePage("path/dialog.html",{role: "dialog"});
```

无论使用哪种方式，jQuery Mobile 框架都会对页面应用对话框样式，以添加圆角、页面周围边距以及深色背景。当打开该页面时，它将以模态对话框形式悬停在页面上方。

与常规页面一样，对话框也可以包含页眉、内容区域和页脚三个组成部分。如果在对话框中添加了一个页眉区域，则 jQuery Mobile 框架将会在该区域左侧添加一个关闭按钮，单击此按钮即可将关闭对话框并返回原来的页面。

例 2.8　用不同方法打开对话框。第一个源文件为/02/02-08-a.html，源代码如下。

```
 1: <!doctype html>
 2: <html>
 3: <head>
 4: <meta charset="utf-8">
 5: <meta name="viewport" content="width=device-width, initial-scale=1">
 6: <title>创建和打开对话框</title>
 7: <link rel="stylesheet" href="http://code.jquery.com/mobile/1.4.5/jquery.mobile-1.4.5.min.css">
 8: <script src="http://code.jquery.com/jquery-2.1.3.min.js"></script>
 9: <script src="http://code.jquery.com/mobile/1.4.5/jquery.mobile-1.4.5.min.js"></script>
10: <script>
11: $(document).on("pagecreate", "#page02-08", function() {
12:       $("a:contains('第二个')").click(function() {
13:          $.mobile.changePage("#dialog02-08-b",{role: "dialog"});
14:       });
15:       $("a:contains('第三个')").click(function() {
16:          $.mobile.changePage("02-08-b.html",{role: "dialog"});
17:       });
18: });
19: </script>
20: </head>
21:
22: <body>
23: <div data-role="page" id="page02-08">
24:    <div data-role="header">
25:       <h1>创建和打开对话框</h1>
26:    </div>
27:    <div role="main" class="ui-content">
28:       <p>这是一个常规页面。请单击下面的按钮，以打开不同的对话框。</p>
29:       <p><a href="#dialog02-08-a" data-rel="dialog" data-role="button">打开第一个对话框</a></p>
30:       <p><a href="#" data-role="button">打开第二个对话框</a></p>
31:       <p><a href="#" data-role="button">打开第三个对话框</a></p>
32:    </div>
33:    <div data-role="footer">
34:       <h4>页面页脚区域</h4>
35:    </div>
36: </div>
37: <div data-role="page" id="dialog02-08-a">
38:    <div data-role="header">
39:       <h1>第一个对话框</h1>
40:    </div>
41:    <div role="main" class="ui-content">
42:       <p>这是第一个对话框，它与上一个页面同在一个文档中。要关闭该对话框，可单击标题栏中
的“关闭”按钮</p>
43:    </div>
44:    <div data-role="footer">
45:       <h4>对话框面脚区域</h4>
46:    </div>
47: </div>
48: <div data-role="page" id="dialog02-08-b">
49:    <div data-role="header">
50:       <h1>第二个对话框</h1>
51:    </div>
52:    <div role="main" class="ui-content">
53:       <p>这是第二个对话框，它与上一个页面和对话框同在一个文档中。要关闭该对话框，可单击
标题栏中的“关闭”按钮</p>
54:    </div>
```

```
55:     <div data-role="footer">
56:         <h4>对话框面脚区域</h4>
57:     </div>
58: </div>
59: </body>
60: </html>
```

源代码分析

第 10～第 19 行：在 JavaScript 脚本中将事件侦测器绑定到页面的 pagecreate 事件。在事件处理程序中，设置了两个链接的 click 事件处理程序，当单击这些链接时以模态对话框形式打开当前文档中的另一个页面或存在于另一个文档中的页面。

第 23～第 36 行：创建了一个页面（data-role="page"），将其 id 设置为 page02-08。在该页面内容区域中添加了三个链接，第一个链接指向当前文档中 id 为 dialog02-08-a 的页面，还对该链接添加了 data-rel="dialog" 和 data-role="button" 属性；对另外两个链接只是添加了 href="#" 和 data-role="button"属性，未指定链接的目标 URL，也没有添加 data-rel="dialog"。

第 37～第 47 行、第 48～第 58 行：分别创建了两个页面（data-role="page"），其 id 为"dialog02-08-a"和"dialog02-08-b"。这些页面均包含页眉、内容区域和页脚，默认情况下会在页眉左侧添加"关闭"按钮，单击该按钮时将关闭对话框并切换到上一个页面。

第二个源文件为/02/02-08-b.html，其中包含一个 id 为 dialog02-08-c 的页面，代码如下：

```
<div data-role="page" id="dialog02-08-c">
   <div data-role="header">
      <h1>第三个对话框</h1>
   </div>
   <div role="main" class="ui-content">
      <p>这是第三个对话框，它单独存在于一个单页面文档中。要关闭该对话框，可单击标题栏中的"关闭"按钮，或单击下面的链接。</p>
      <a href="#" data-rel="back" data-role="button">返回第一个页面</a> </div>
   <div data-role="footer">
      <h4>对话框面脚区域</h4>
   </div>
</div>
```

在移动设备模拟器中打开网页，通过单击不同的按钮打开相应的对话框，如图 2.12 所示。

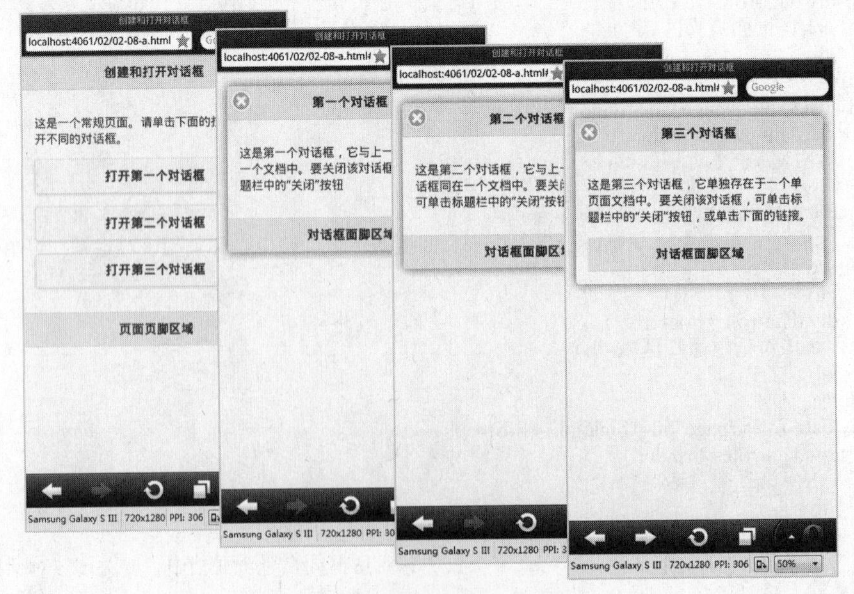

图 2.12　创建和打开对话框

2.4.2 关闭对话框

如果对话框包含页眉，则框架会自动在页眉左侧添加一个关闭按钮。如果希望关闭按钮出现在标题栏右侧，则可以在对话框容器中添加 data-close-btn="right"属性。也可以通过设置对话框小部件的 closeBtn 选项来指定关闭按钮的位置。如果不想在标题栏中添加关闭按钮，或者要添加一个自定义的关闭按钮，则可以在对话框容器中添加 data-close-btn="none"。

就像页面插件一样，可以通过选项或数据属性来设置对话框的关闭按钮文本。这个选项用于自定义关闭按钮的文本，将有助于将其翻译成不同的语言。默认情况下，关闭按钮仅显示为一个图标，文本在屏幕上是不可见的，但可以由屏幕阅读器读取。

如果要设置所有对话框关闭按钮的默认文本，则可以在 JavaScript 脚本中将事件侦测器绑定到 mobileinit 事件并对$.mobile.dialog.prototype.options.closeBtnText 属性进行设置。

如果要设置特定对话框的关闭按钮文本，则可以通过页面容器的 data-close-btn-text 属性或对话框小部件的 closeBtnText 选项来进行设置。

当在对话框中单击任何链接时，jQuery Mobile 框架将自动关闭对话框并切换到所请求的页面。因此，也可以在在对话框中创建一个“取消”按钮，为此只需要在对话框容器中添加一个链接并设置 href="#"和 data-rel="back"，单击之即可关闭对话框并返回上一个页面。

另外，也可以通过调用对话框小部件的 close 方法来关闭对话框，代码如下：

```
$(".selector").dialog("close");
```

例 2.9 在对话框中设置关闭按钮和取消按钮。源文件为 02/02-09.html，源代码如下。

```
 1: <!doctype html>
 2: <html>
 3: <head>
 4: <meta charset="utf-8">
 5: <meta name="viewport" content="width=device-width, initial-scale=1">
 6: <title>设置对话框关闭按钮</title>
 7: <link rel="stylesheet" href="http://code.jquery.com/mobile/1.4.5/jquery.mobile-1.4.5.min.css">
 8: <script src="http://code.jquery.com/jquery-2.1.3.min.js"></script>
 9: <script>
10: $(document).on("mobileinit", function() {
11:     $.mobile.dialog.prototype.options.closeBtnText="关闭";
12: });
13: </script>
14: <script src="http://code.jquery.com/mobile/1.4.5/jquery.mobile-1.4.5.min.js"></script>
15: </head>
16:
17: <body>
18: <div data-role="page" id="page02-09">
19:     <div data-role="header">
20:         <h1>设置对话框关闭按钮</h1>
21:     </div>
22:     <div role="main" class="ui-content">
23:         <p>单击下面的按钮，以打开不同的对话框。</p>
24:         <p><a href="#dialog02-09-a" data-role="button" data-rel="dialog">左侧关闭按钮</a></p>
25:         <p><a href="#dialog02-09-c" data-role="button" data-rel="dialog">没有关闭按钮</a></p>
26:         <p><a href="#dialog02-09-b" data-role="button" data-rel="dialog">右侧关闭按钮</a></p>
27:     </div>
28:     <div data-role="footer">
29:         <h4>页面页脚区域</h4>
30:     </div>
31: </div>
```

```
32: <div data-role="page" id="dialog02-09-a">
33:     <div data-role="header">
34:         <h1>关闭按钮在左</h1>
35:     </div>
36:     <div role="main" class="ui-content">
37:         <p>这是一个对话框，关闭按钮默认在标题栏左侧。</p>
38:     </div>
39:     <div data-role="footer">
40:         <h4>对话框页脚区域</h4>
41:     </div>
42: </div>
43: <div data-role="page" data-close-btn="right" id="dialog02-09-b">
44:     <div data-role="header">
45:         <h1>关闭按钮在右</h1>
46:     </div>
47:     <div role="main" class="ui-content">
48:         <p>这是一个对话框，通过设置数据属性 data-close-btn="right"，使关闭按钮位于标题栏右侧。</p>
49:     </div>
50:     <div data-role="footer">
51:         <h4>对话框页脚区域</h4>
52:     </div>
53: </div>
54: <div data-role="page" data-close-btn="none" id="dialog02-09-c">
55:     <div data-role="header">
56:         <h1>没有关闭按钮</h1>
57:     </div>
58:     <div role="main" class="ui-content">
59:         <p>这是一个对话框，标题栏中没有关闭按钮。单击下面的按钮以关闭对话框。</p>
60:         <p><a href="#" data-rel="back" data-role="button">取消</a></p>
61:     </div>
62:     <div data-role="footer">
63:         <h4>对话框页脚区域</h4>
64:     </div>
65: </div>
66: </body>
67: </html>
```

源代码分析

第 9～第 13 行：在加载 jQuery 之后、加载 jQuery Mobile 之前将事件侦测器绑定到 mobileinit 事件（原因是该事件会在执行 jQuery Mobile 时立即被触发），通过设置全局配置选项 $.mobile.dialog.prototype.options.closeBtnText 指定所有对话框关闭按钮的默认文本。

第 18～第 31 行：创建第一个页面，其 id 为 page02-09。在该页面内容区域添加三个链接，将其 data-rel 属性均设置为 dialog，即以对话框形式打开目标页面。

第 32～第 42 行：创建第二个页面，将其 id 为 dialog02-09-a。该页面包含页眉区域，默认情况下关闭按钮将出现在页眉区域左侧。

第 43～第 53 行：创建第三个页面，将其 id 设置为 dialog02-09-b。该页面包含页眉区域，将其 data-close-btn 属性设置为 right，使关闭按钮出现在页眉区域右侧。

第 54～第 65 行：创建第四个页面，将其 id 设置为 dialog02-09-c，将其 data-close-btn 属性设置为 none，这样页眉区域就不会出现关闭按钮。在页面内容区域添加了一个“取消”按钮，将其 href 属性设置为"#"，将其 data-rel 属性设置为"back"。

在移动设置模拟器中打开网页，通过单击不同按钮弹出相应的对话框，如图 2.13 所示。

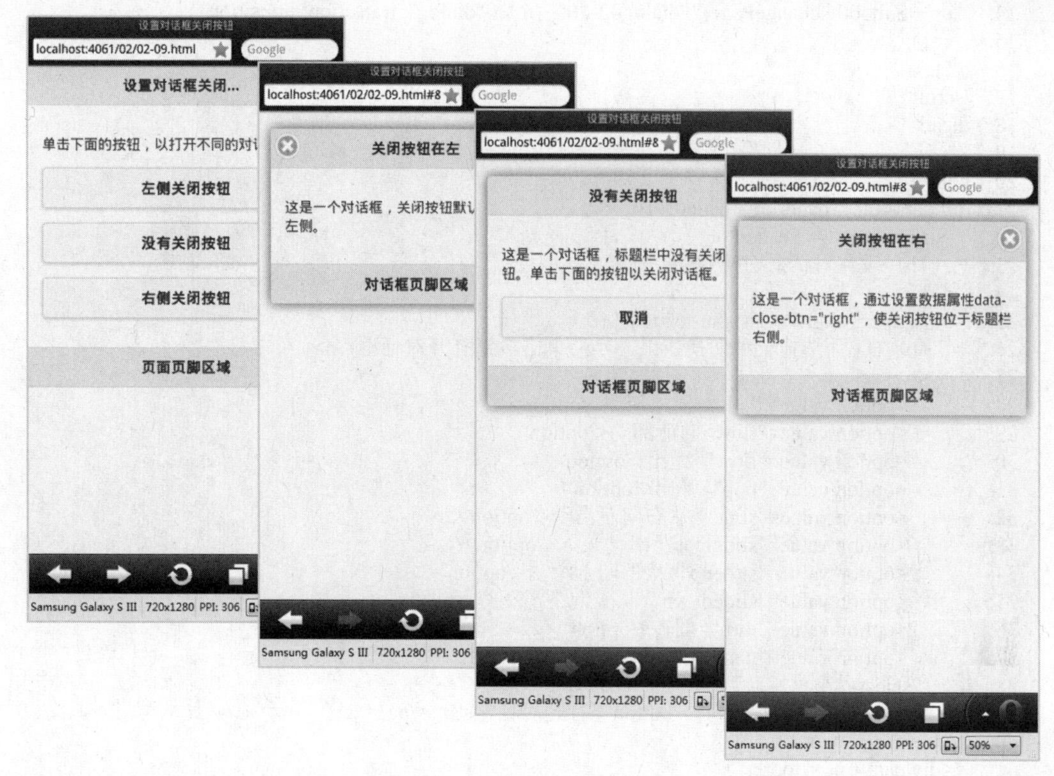

图 2.13　设置对话框关闭按钮

2.4.3 设置对话框切换动画

对话框可以像常规页面一样使用动画方式打开。至于使用哪种动画方式，可以通过在指向对话框的链接中添加 data-transition 属性，以指定所需要的任何动画效果。不过，为了看起来更像对话框，建议使用 pop、slidedown 或 flip 的切换动画效果。要指定打开对话框时使用默认动画效果，可以通过全局配置选项$.mobile.defaultDialogTransition 进行设置。

如果通过调用$.mobile.changePage 方法以编程方式来打开一个对话框，则可以在传入该方法的第二个参数对 transition 属性进行设置，以指定要使用的切换效果。

```
$.mobile.changePage(dialogUrl, {role: "dialog", transition: "slidedown"});
```

其中，参数 dialogUrl 用于指定要打开的对话框，可以是多页面文档中的某个页面（#dialog），也可以是另一个单页面文档（dialog.html）。

例 2.10　设置打开对话框时所用的切换动画。源文件为/02/02-10.html，源代码如下。

```
1: <!doctype html>
2: <html>
3: <head>
4: <meta charset="utf-8">
5: <meta name="viewport" content="width=device-width, initial-scale=1">
6: <title>设置对话框切换效果</title>
7: <link rel="stylesheet" href="http://code.jquery.com/mobile/1.4.5/jquery.mobile-1.4.5.min.css">
8: <script src="http://code.jquery.com/jquery-2.1.3.min.js"></script>
9: <script src="http://code.jquery.com/mobile/1.4.5/jquery.mobile-1.4.5.min.js"></script>
10: <script>
11:     $(document).on("pagecreate", "#page02-10", function() {
12:         $("a").click(function() {
13:             var transition = $("select").val();
```

```
14:            $.mobile.changePage("#dialog02-10", {role: "dialog", transition: transition});
15:         });
16:     });
17: </script>
18: </head>
19: 
20: <body>
21: <div data-role="page" id="page02-10">
22:     <div data-role="header">
23:         <h1>设置对话框切换效果</h1>
24:     </div>
25:     <div role="main" class="ui-content">
26:         <p>在下面选择一种切换效果，然后单击按钮打开对话框</p>
27:         <p><select>
28:             <option value="fade">淡入淡出</option>
29:             <option value="flip">向前翻动</option>
30:             <option value="flow">抛出</option>
31:             <option value="pop">弹出</option>
32:             <option value="slide">从右向左滑动</option>
33:             <option value="slidefade">滑动淡入</option>
34:             <option value="slideup">从下向上滑动</option>
35:             <option value="slidedown">从上向下滑动</option>
36:             <option value="turn">翻转</option>
37:             <option value="none">无过渡效果</option>
38:         </select></p>
39:         <p><a href="#" data-role="button">打开对话框</a></p>
40:     </div>
41:     <div data-role="footer">
42:         <h4>页面页脚区域</h4>
43:     </div>
44: </div>
45: <div data-role="page" id="dialog02-10">
46:     <div data-role="header">
47:         <h1>对话框</h1>
48:     </div>
49:     <div role="main" class="ui-content">
50:         <p>这是一个对话框。请单击标题栏中的"关闭"按钮关闭对话框并返回前面的页面。</p>
51:     </div>
52:     <div data-role="footer">
53:         <h4>对话框面脚区域</h4>
54:     </div>
55: </div>
56: </body>
57: </html>
```

源代码分析

第 21～第 44 行：在文档中创建第一个页面，其 id 为 page02-10。

第 24～第 28 行：在第一个页面内容区域中添加一个下拉式列表框，其中包含十个选项，每个选项表示一种切换效果。

第 29 行：添加一个链接并将其 href 属性设置为“#”，将其 data-role 属性设置为 button，使之呈现为按钮形式。

第 45～第 55 行：在文档中创建第二个页面，其 id 为 dialog02-10。

第 10～第 17 行：在脚本中将事件侦测器绑定到 id 为 page02-10 的页面的 pagecreate 事件，在该事件的处理过程中设置了单击导航按钮时执行的操作，即首先获取从下拉式列表中选择的切换效果，然后调用$.mobile.changePage()方法，使用所选择的切换效果以对话框形式打开 id 为 dialog02-10 的页面。

在移动设备模拟器中打开网页，从下拉式列表中选择一种切换效果，然后单击“打开对话框”按钮，对不同的切换效果进行测试，结果如图 2.14 所示。

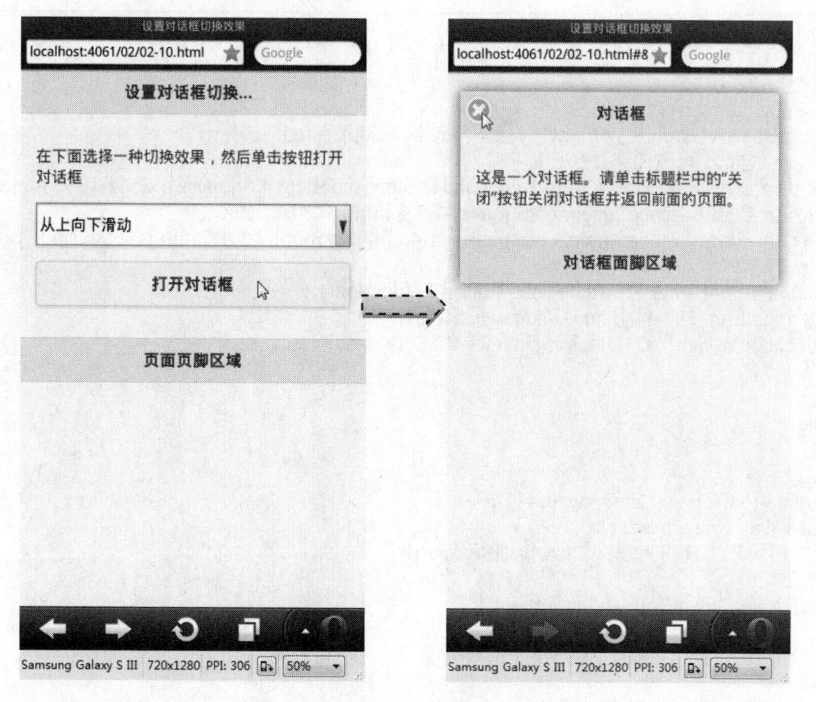

图 2.14　设置对话框切换效果

2.5 页面之间传递参数

在移动网站开发中，经常需要在不同页面之间传递参数。页面之间的参数传递可以通过 HTTP GET 方式或 HTML5 新增的 Web 存储功能来实现。前一种方式仅适用于标准的 HTTP 导航（即切换到目标页面时将进行整页刷新），后一种方式既适用于 Ajax 导航（页面局部刷新），也适用于标准的 HTTP 导航，但需要浏览器支持 Web 存储功能。

2.5.1 基于 HTTP GET 方式传递参数

当通过标准的 HTTP GET 请求方式传递参数时，需要在起始页面中以 key=value 形式将要传递的参数值附加到目标页面的 URL 地址后面，参数名称与 URL 之间用半角问号“?”连接，不同参数之间用字符“&”链接，并且在链接中将 data-ajax 属性设置为 false。例如：

```
<a href="index.html?key1=value1&key2=value2" data-role="button" data-ajax="false">转到下一页</a>
```

也可以在脚本中通过设置 document.location 对象的 href 属性或调用其 assign 方法导航到目标文档。例如，通过以下两个语句都可以导航到目标文档并传递两个参数：

```
location.href="target.html?key1=value1&key2=value2";
location.assign("target.html?key1=value1&key2=value2");
```

在目标页面中，需要通过正则表达式对所传递的参数进行解析，以便根据参数名称来获得参数的内容。

例 2.11　通过标准的 HTTP GET 请求方式在不同页面之间传递参数。第一个源文件为/02/02-11-a.html，源代码如下。

```
 1: <!doctype html>
 2: <html>
 3: <head>
 4: <meta charset="utf-8">
 5: <meta name="viewport" content="width=device-width, initial-scale=1">
 6: <title>在页面之间传递参数</title>
 7: <link rel="stylesheet" href="https://code.jquery.com/mobile/1.4.5/jquery.mobile-1.4.5.min.css">
 8: <script src="https://code.jquery.com/jquery-2.1.3.min.js"></script>
 9: <script src="https://code.jquery.com/mobile/1.4.5/jquery.mobile-1.4.5.min.js"></script>
10: <script>
11: $(document).on("click", "a[data-role=button]", function() {
12:     location.href="02-11-b.html?name=张三&age=19";
13:     //location.assign("02-11-b.html?name=张三&age=20");
14: });
15: </script>
16: </head>
17:
18: <body>
19: <div data-role="page" id="page02-11-a">
20:     <div data-role="header">
21:         <h1>通过 HTTP GET 方式传递参数</h1>
22:     </div>
23:     <div role="main" class="ui-content">
24:         <p>这是第一页。单击下面的按钮可进入下一页，同时将两个参数传递到目标页面。</p>
25:         <p><a href="#" data-role="button">进入下一页</a></p>
26:     </div>
27:     <div data-role="footer">
28:         <h4>页面页脚区域</h4>
29:     </div>
30: </div>
31: </body>
32: </html>
```

源代码分析

第 10～第 15 行：在脚本中将事件侦测器绑定到页面中链接按钮的 click 事件，当单击该按钮时通过编程方式进入目标页面 02-11-b.html，同时将两个参数附加在目标 URL 上。

第 19～第 30 行：在 body 元素中创建一个页面，其 id 为 page02-11-a。

第 25 行：在页面内容区域创建一个链接按钮，将其 href 属性设置为“#”。

第二个源文件为/02/02-11-b.html，源代码如下：

```
 1: <!doctype html>
 2: <html>
 3: <head>
 4: <meta charset="utf-8">
 5: <meta name="viewport" content="width=device-width, initial-scale=1">
 6: <title>解析并获取 URL 参数</title>
 7: <link rel="stylesheet" href="https://code.jquery.com/mobile/1.4.5/jquery.mobile-1.4.5.min.css">
 8: <script src="https://code.jquery.com/jquery-2.1.3.min.js"></script>
 9: <script src="https://code.jquery.com/mobile/1.4.5/jquery.mobile-1.4.5.min.js"></script>
10: <script>
11: function getQueryString (key) {
12:     var reg = new RegExp("(^|&)" + key + "=([^&]*)(&|$)");
13:     var result = window.location.search.substr(1).match(reg);
14:     return result ? decodeURIComponent(result[2]) : null;
15: }
16: $(document).on("pagecreate", function() {
17:     var name = getQueryString("name");
18:     var age = getQueryString("age");
```

```
19:     var ul = "<ul><li>姓名：" + name + "</li><li>年龄：" + age + "</li></ul>";
20:     $("#page02-11-b div[role=main] p:last").before(ul);
21: });
22: </script>
23: </head>
24:
25: <body>
26: <div data-role="page" id="page02-11-b">
27:     <div data-role="header">
28:         <h1>解析并获取 URL 参数</h1>
29:     </div>
30:     <div role="main" class="ui-content">
31:         <p>通过正则表达式对所传递的参数进行解析，可以得到以下两个参数：</p>
32:         <p><a href="#" data-role="button" data-rel="back">返回上一页</a></p>
33:     </div>
34:     <div data-role="footer">
35:         <h4>页面页脚区域</h4>
36:     </div>
37: </div>
38: </body>
39: </html>
```

源代码分析

第 11～第 15 行：在脚本中定义一个名为 getQueryString 的函数，其功能是根据参数名称来获取相应的参数值。

第 16～第 21 行：将事件侦测器绑定到页面的 pagecreate 事件，当页面已创建但增强完成之前将触发该事件，此时从 URL 查询字符串中获取两个参数并以无序列表形式显示出来。由于从上一页面进入此页面是通过标准 HTTP 导航完成的，因此将进入页面的整页刷新，文档头部包含的脚本会正常执行。

第 26～第 37 行：在 body 元素中创建一个页面，其 id 为 page02-11-b。

第 32 行：在页面内容区域添加一个返回按钮。

在移动设备模拟器中打开页面 02-11-a.html，在该页面上单击“进入下一页”按钮，此时将进入目标页面 02-11-b.html，同时可以看到所传递的两个参数值，如图 2.15 所示。

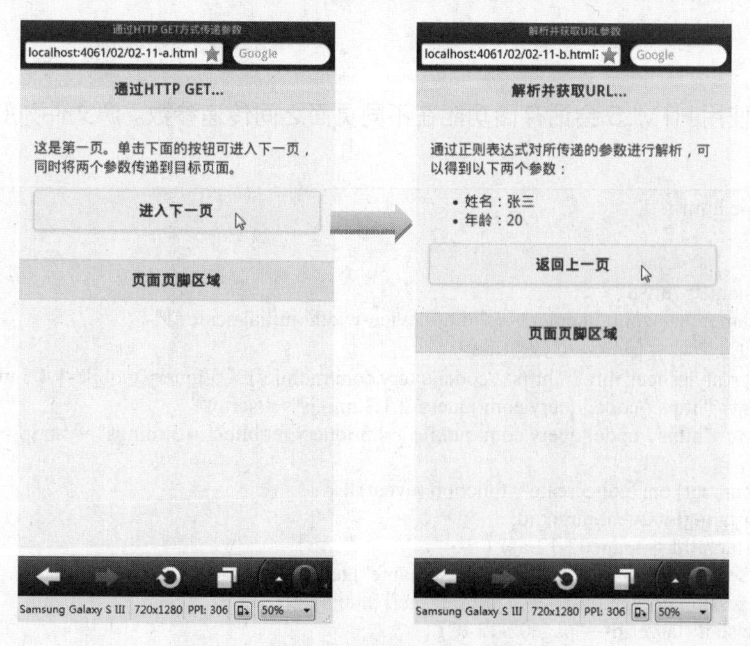

图 2.15　通过 HTTP GET 方式传递参数

2.5.2 基于 Web 存储传递参数

在 HTML5 中，通过 Web 存储功能实现了基于浏览器的存储方法。Web 存储功能包含两个部分，即 sessionStorage 和 localStorage。sessionStorage 用于本地存储一个会话（session）中的数据，这些数据只有在同一个会话中的页面才能访问，当会话结束后数据也随之销毁。因此 sessionStorage 是会话级别的存储，而不是一种持久化的本地存储。localStorage 类似于传统 HTML 中的 cookie，可用于持久化的本地存储，除非主动删除数据，否则数据是不会过期的。

使用 Web 存储功能在页面之间参数传递时，首先在起始页面中通过 Web 存储来保存要传递的参数，这可以通过以下语法形式来实现：

```
sessionStorage.username="张三";
```

也可以通过另一种语法形式来实现，即：

```
sessionStorage["username"]="张三";
```

在进入目标页面之后，不需要进行解析就可以从 Web 存储中获取所传递的参数，即：

```
username=sessionStorage.username;
```

或者使用以下语法形式：

```
username=sessionStorage["username"];
```

Web 存储是 HTML5 新增的功能，不同移动浏览器可能存在兼容性问题。对此，可以使用下面的代码片段来检测浏览器是否支持对此项功能。

```
<script>
if (window.sessionStorage) {
   alert("浏览器支持 sessionStorage ");
} else {
   alert("浏览器不支持 sessionStorage ");
}
if (window.localStorage) {
   alert("浏览器支持 localStorage");
} else {
   alert("浏览器不支持 localStorage");
}
</script>
```

例 2.12　使用 HTML5 会话存储功能在不同页面之间传递参数。源文件为/02/02-12.html，源代码如下。

```
 1: <!doctype html>
 2: <html>
 3: <head>
 4: <meta charset="utf-8">
 5: <meta name="viewport" content="width=device-width, initial-scale=1">
 6: <title>通过会话存储传递参数</title>
 7: <link rel="stylesheet" href="https://code.jquery.com/mobile/1.4.5/jquery.mobile-1.4.5.min.css">
 8: <script src="https://code.jquery.com/jquery-2.1.3.min.js"></script>
 9: <script src="https://code.jquery.com/mobile/1.4.5/jquery.mobile-1.4.5.min.js"></script>
10: <script>
11:     $(document).on("pagecreate", function (event) {
12:         var targetId=event.target.id;
13:         if (targetId=="page02-12-a") {
14:             sessionStorage.username=$("#username").text();
15:             sessionStorage.mobile=$("a[href*=tel]").text();
16:         } else if (targetId=="page02-12-b") {
17:             var username=sessionStorage.username;
18:             var mobile=sessionStorage.mobile;
```

```
19:             var msg="用户名："+username+"<br>手机号："+mobile;
20:             $("#result").html(msg);
21:         }
22:     });
23: </script>
24: </head>
25:
26: <body>
27: <div data-role="page" id="page02-12-a">
28:     <div data-role="header">
29:         <h1>存储要传递的参数</h1>
30:     </div>
31:     <div data-role="content">
32:         <p>这里是页面一。当创建此页面时将数据保存到 sessionStorage 对象中。单击下面的按钮转到
下一页。</p>
33:         <p>用户名：<span id="username">张三</span>
34:         <br>手机号：<a href="tel:15603716699">15603716699</a></p>
35:         <p><a href="#page02-12-b" data-role="button">转到下一页</a></p>
36:     </div>
37:     <div data-role="footer">
38:         <h4>页面一页脚区域</h4>
39:     </div>
40: </div>
41: <div data-role="page" id="page02-12-b">
42:     <div data-role="header">
43:         <h1>获取所传递的参数</h1>
44:     </div>
45:     <div role="main" class="ui-content">
46:         <p>这里是页面二。从 sessionStorage 对象中获取的参数如下：</p>
47:         <p id="result"></p>
48:         <p><a href="#" data-rel="back" data-role="button">返回上一页</a></p>
49:     </div>
50:     <div data-role="footer">
51:         <h4>页面二页脚区域</h4>
52:     </div>
53: </div>
54: </body>
55: </html>
```

源代码分析

第 10～第 23 行：在页脚中将事件侦测器绑定到页面的 pagecreate 事件，当创建本文档包含的两个页面时都会触发这个事件。在事件处理程序中，通过 event.target.id 属性来判断是由哪个页面触发了 pagecreate 事件，并针对不同情况分别进行不同的处理。如果是由 id 为 page02-12-a 的页面触发该事件，则通过会话存储来保存该页面包含的用户名和手机号。如果是由 id 为 page02-12-b 的页面触发该事件，则从会话存储中获取在上一个页面中保存的两个参数，然后在当前页面中显示出来。

第 27 行到 40 行：在 body 元素中创建第一个页面，其 id 为 page02-12-a。在该页面的内容区域显示了用户名和手机连接，如果在移动设备上单击此链接，则会启动拨号程序。此外，还包含一个指向另一个页面的链接按钮。

第 41～43 行：在 body 元素中创建第二个页面，其 id 为 page02-12-b。在该页面的内容区域添加了一个 id 为 result 的段落，用于显示从上一页传递的参数。此外，该页面还包含一个返回上一页的后退按钮。

在移动设备模拟器中打开网页，对参数传递机制进行测试，结果如图 2.16 所示。

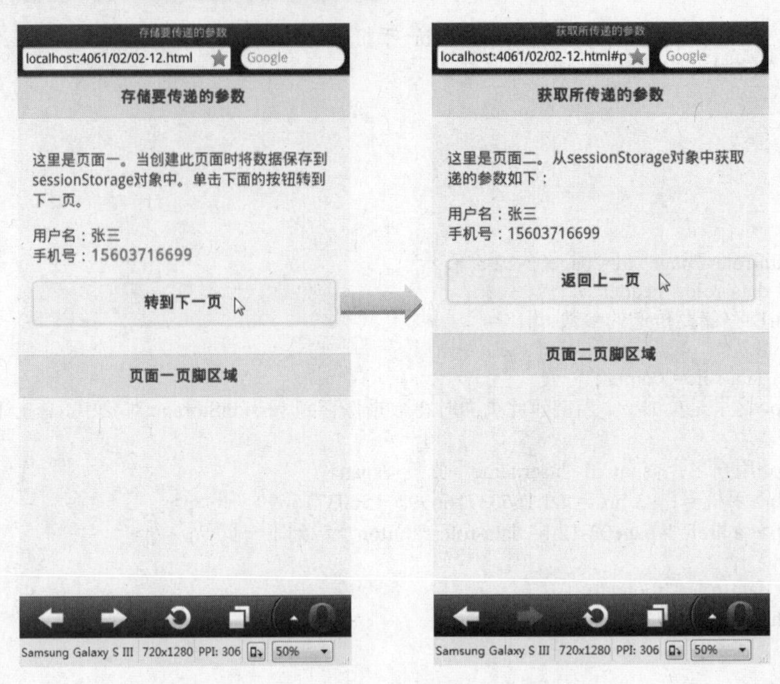

图 2.16　基于 Web 存储传递参数

2.6 页面加载信息

当从一个页面跳转到另一个页面时，如果要加载的页面包含的内容太多或网速缓慢，将会导致页面加载时间过长，此时通过呈现加载信息来改善用户检验，jQuery Mobile 通过 Ajax 方式提取内容时会显示默认的动画加载提示，如果页面加载失败，则会显示“Error Loading Page”信息。在移动开发中，可以根据需要对这些提示信息进行定制。

2.6.1 设置页面加载信息

页面加载信息是通过加载器小部件引入页面的。这个小部件的作用是当 jQuery Mobile 通过 Ajax 提取内容时处理显示加载对话框的任务。

1. 设置加载器小部件的选项

要对加载信息进行定制，可以在脚本中对加载器小部件的以下选项进行设置。

（1）disabled：布尔类型，默认值为 false。如果设置为 true，则禁用加载器。此选项也作为数据属性公开：data-disabled="true"。

（2）html：字符串类型，默认值为空字符串（""）。如果将此选项设置为非空字符串值，则它将用于替换整个加载器的内部 html。

在脚本中可以使用指定的 html 选项初始化加载器：

```
$(".ui-loader" ).loader({html: "<span class='ui-icon ui-icon-loading'><img src='jquery-logo.png'><h2>正在努力加载中...</h2></span>"});
```

也可以在加载器小部件初始化后设置 html 选项：

```
$(".ui-loader").loader("option", "html", "<span class='ui-icon ui-icon-loading'><img src='jquery-logo.png'>
<h2>正在努力加载中...</h2></span>");
```

（3）text：字符串类型，默认值为“loading”。此选项用于设置加载信息文本。

（4）textVisible：布尔类型，默认值为 false。如果为 true，则将在加载动画图片下方显示文本值。

（5）textonly：布尔类型，默认值为 false。如果设置为 true，则显示加载信息时将仅显示文本而隐藏动画图片。

（6）theme：字符串类型，默认值为 null，将从父级元素继承。此选项用于设置加载器小部件的颜色方案（样本），它接受来自 a～z 的单个样本字母，映射到所用主题中包含的色板。此选项也作为数据属性公开：data-theme="b"。

要在全局配置中对所有加载器小部件进行定制，可以在 mobileinit 事件期间对其原型定义进行以下设置：

```
$(document).on("mobileinit", function() {
    $.mobile.loader.prototype.options.text="页面加载中...";
    $.mobile.loader.prototype.options.textVisible=true;
    $.mobile.loader.prototype.options.theme="a";
    $.mobile.loader.prototype.options.html="";
});
```

2. 显示或隐藏加载器小部件

要以编程方式显示或隐藏加载器小部件，可以通过在脚本中调用相关方法来实现。

若要显示加载信息时，可以首先设置加载器小部件的相关选项，然后调用其 show 方法：

```
$(".ui-loader").loader({text:"努力加载中...", textVisible:true, theme:"a",html: ""}).loader("show");
```

也可以调用全局方法$.mobile.loading("show")：

```
$.mobile.loading("show", {text:"努力加载中...", textVisible:true, theme:"a", html:""});
```

若要隐藏加载信息，调用加载器小部件的 hide 方法即可：

```
$(".ui-loader").loader("hide");
```

也可以调用全局方法$.mobile.loading("hide")：

```
$.mobile.loading("hide");
```

例 2.13　显示和隐藏加载信息。源文件为/02/02-13.html，源代码如下。

```
 1: <!doctype html>
 2: <html>
 3: <head>
 4: <meta charset="utf-8">
 5: <meta name="viewport" content="width=device-width, initial-scale=1">
 6: <title>显示和隐藏加载信息</title>
 7: <link rel="stylesheet" href="https://code.jquery.com/mobile/1.4.5/jquery.mobile-1.4.5.min.css">
 8: <script src="https://code.jquery.com/jquery-2.1.3.min.js"></script>
 9: <script src="https://code.jquery.com/mobile/1.4.5/jquery.mobile-1.4.5.min.js"></script>
10: <script>
11: $(document).on("click", "a:first", function() {
12:     $(".ui-loader").loader({textVisible:false}).loader("show");
13: });
14: $(document).on("click", "a:eq(1)", function() {
15:     $(".ui-loader").loader({text:"努力加载中...", textVisible:true, theme:"a" }).loader("show");
16: });
17: $(document).on("click", "a:eq(2)", function() {
18:     $.mobile.loading("show", { text: "努力加载中...", textVisible: true, theme:"b"});
19: });
```

```
20: $(document).on("click", "a:last", function() {
21:     $(".ui-loader").loader("hide");
22: });
23: $(document).on("pageshow", function() {
24:     setInterval("$.mobile.loading('hide')", 6000);
25: });
26: </script>
27: </head>
28:
29: <body>
30: <div data-role="page" id="page02-13">
31:     <div data-role="header">
32:         <h1>显示和隐藏加载信息</h1>
33:     </div>
34:     <div role="main" class="ui-content">
35:         <p><a href="#" data-role="button">显示加载信息（仅动画）</a></p>
36:         <p><a href="#" data-role="button">显示加载信息（动画与文本）</a></p>
37:         <p><a href="#" data-role="button">显示加载信息（主题 b）</a></p>
38:         <p><a href="#" data-role="button">隐藏加载信息</a></p>
39:     </div>
40:     <div data-role="footer">
41:         <h4>页面页脚区域</h4>
42:     </div>
43: </div>
44: </body>
45: </html>
```

源代码分析

第 11～第 13 行：将事件侦测器绑定到第一个链接按钮的 click 事件，当单击该按钮时首先将加载器小部件的 textVisible 选项设置为 false，然后显示不包含文本的加载动画。

第 14～第 16 行：将事件侦测器绑定到第二个链接按钮的 click 事件，当单击该按钮时首先设置加载器小部件的相关选项，然后显示包含动画和文本的加载信息。

第 17～第 19 行：将事件侦测器绑定到第三个链接按钮的 click 事件，当单击该按钮时通过调用全局方式$.mobile.loading("show")显示包含动画和文本的加载信息，同时将加载器小部件的颜色方案设置为 b。

第 20～第 22 行：将事件侦测器绑定到最后一个链接按钮的 click 事件，当单击该按钮时隐藏加载信息。

第 23～第 25 行：将事件侦测器绑定到页面的 pageshow 事件，设置在页面显示 6 秒后自动隐藏加载信息。

第 30～第 43 行：在 body 元素中创建一个 jQuery Mobile 页面，其 id 为 page02-13。在该页面内容区域添加四个按钮，其中前三个按钮用于显示加载信息，最后一个按钮用于隐藏加载信息。

在智能手机中打开该网页，分别单击上面三个按钮来显示不同样式的加载信息，然后单击最下面的按钮隐藏来隐藏加载信息，或者在 6 秒后自动隐藏加载信息，如图 2.17 所示。

2.6.2 设置加载错误信息

当 jQuery Mobile 通过 Ajax 方式提取内容时，如果目标页面加载失败，则会显示英文提示信息“Error Loading Page”信息。在移动开发中，可以根据需要对这个提示信息进行定制，也可以对该提示信息所用主题方案进行设置。

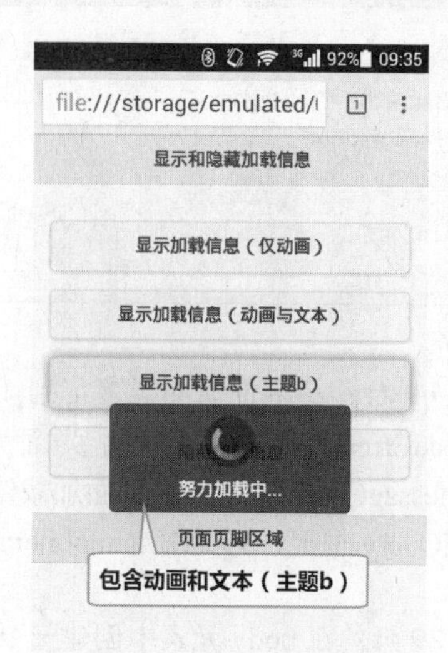

图 2.17 显示和隐藏加载信息

如果要对页面加载错误信息进行设置，则应在 mobileinit 事件期间指定全局选项$.mobile.pageLoadErrorMessage 的默认值。此外，还可以通过设置$.mobile.pageLoadErrorMessageTheme 选项来指定加载错误信息所用的默认主题方案。

例 2.14 定制页面加载错误信息。源文件为/02/02-14.html，源代码如下。

```
1: <!doctype html>
2: <html>
3: <head>
4: <meta charset="utf-8">
5: <meta name="viewport" content="width=device-width, initial-scale=1">
6: <title>定制加载错误信息</title>
7: <link rel="stylesheet" href="https://code.jquery.com/mobile/1.4.5/jquery.mobile-1.4.5.min.css">
8: <script src="https://code.jquery.com/jquery-2.1.3.min.js"></script>
9: <script>
10: $(document).on("mobileinit", function() {
11:     $.mobile.pageLoadErrorMessage="页面加载错误";
12:     $.mobile.pageLoadErrorMessageTheme="b";
13: });
14: </script>
15: <script src="https://code.jquery.com/mobile/1.4.5/jquery.mobile-1.4.5.min.js"></script>
16: </head>
17:
18: <body>
19: <div data-role="page">
20:     <div data-role="header">
21:         <h1>定制加载错误信息</h1>
22:     </div>
23:     <div role="main" class="ui-content">
24:         <p>下面的链接所指向的目标页面并不存在。那么，单击这时个按钮会出现什么情况呢？很简
单哦，试一试便知道了。</p>
25:         <p><a href="notexist.html" data-role="button">转到另一页</a></p>
26:         <br>
27:         <br>
28:         <br>
```

```
29:     </div>
30:     <div data-role="footer">
31:         <h4>页面页脚区域</h4>
32:     </div>
33: </div>
34: </body>
35: </html>
```

源代码分析

第 9～第 14 行：将事件侦测器绑定到 mobileinit 事件，在这个事件处理过程中首先通过 $.mobile.pageLoadErrorMessage 选项对页面加载错误信息进行设置，然后通过 $.mobile.pageLoadErrorMessageTheme 选项对页面加载错误信息所使用的主题方案进行设置。由于 jQuery Mobile 依赖于 jQuery 框架，因此绑定 mobileinit 事件应在导入 jQuery 之后、导入 jQuery Mobile 之前完成。

第 19～第 29 行：在 body 元素中创建一个 jQuery Mobile 页面，在该页面内容区域添加一个链接按钮，它所指向的文件（notexist.html）并不存在。

在移动设备模拟器中打开网页，然后单击页面中的链接按钮。由于该链接指向的目标页面并不存在，此时出现页面加载错误信息。默认的页面加载错误信息与定制后的页面加载错误信息如图 2.18 所示。

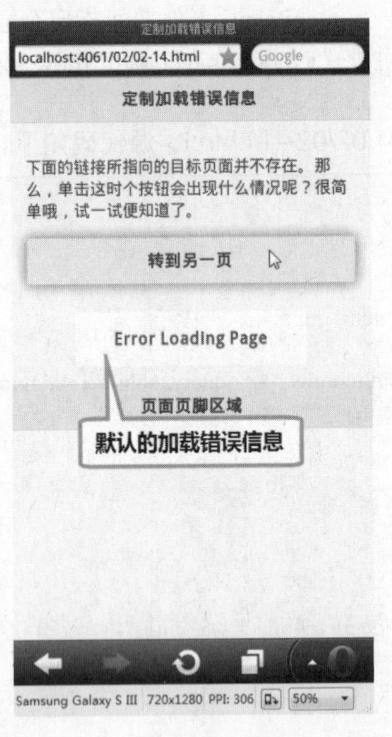

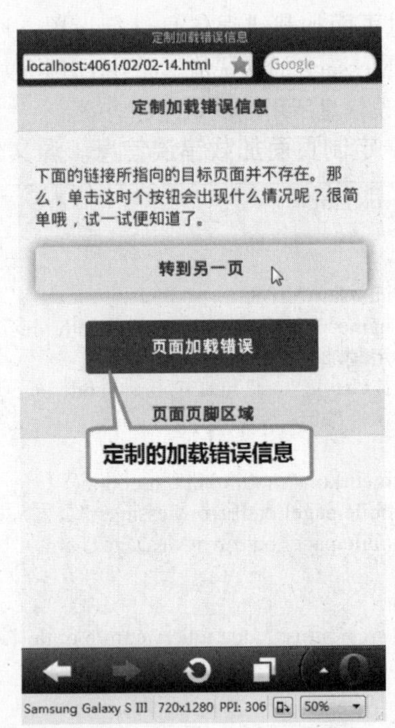

图 2.18　定制页面加载错误信息

习题 2

一、选择题

1. jQuery Mobile 页面的三个直接子元素不包括（　　）。

   A. 页眉 data-role="header"

B．侧栏 data-role="sidebar"

C．内容 role="main" class="ui-content"

D．页脚 data-role="footer"

2．要通过 Ajax 请求来获取一个链接指向的目标文档，则该链接可以具有以下属性（　　）。

A．data-ajax="false"　　　　B．data-rel="external;

C．data-rel="back"　　　　D．href="#pageId"

3．如果希望两个页面切换时使用从后向前翻动到下一页的动画效果，则应在链接中将 data-transition 属性设置为（　　）。

A．fade　　B．flip　　C．flow　　D．turn

二、判断题

1.（　　）要在移动网页中创建一个页面，可在 body 元素中添加一个 div 元素并将其 data-role 属性设置为“page”。

2.（　　）在 jQuery Mobile 多页面文档中，要在不同页面之间进行切换，可以使用 HTML a 标签创建内部链接，并将其 href 属性设置为页面的 id 属性值。

3.（　　）如果希望通过 Ajax 请求来获取一个链接指向的目标文档，则必须将 jQuery Mobile 全局配置选项$.mobile.linkBindingEnabled 设置为 true，同时将全局配置选项$.mobile.ajaxEnabled 必须设置为 false。

4.（　　）通过 Ajax 请求方式来获取目标文档时，只能从目标文档中获取第一个页面，文档头部和 body 元素的其余部分都将被丢弃。

5.（　　）要创建后退链接，必须设置链接的 href 属性，并将其属性 data-rel 设置为 back。

6.（　　）若未在链接中指定过渡效果，则使用全局选项$.mobile.defaultPageTransition 设置的默认效果。

7.（　　）要对目标页面进行预加载，可以在指向该页面的链接中将 data-prefetch 属性设置为 true。

8.（　　）要对特定页面进行缓存，可将 data-dom-cache="true"属性添加到页面容器中。

9.（　　）要使一个页面作为模态对话框形式显示，可在创建指向该页面的链接中添加 data-rel="dialog"属性。

三、简答题

1．jQuery Mobile 页面切换动画有哪些类型？

2．什么是页面预加载？

3．在 jQuery Mobile 移动网页中，页面之间的参数传递有几种方式？

4．HTML5 的 Web 存储功能包含哪些部分？

上机操作 2

1．编写一个 jQuery Mobile 单页面文档。

2．编写一个 jQuery Mobile 移动网页，要求在文档中添加两个页面并通过链接按钮在这些页面之间切换。

3．编写两个 jQuery Mobile 移动网页，要求通过 Ajax 导航与标准 HTTP 导航从一个网页切换到另一个网页，对这两种导航方式进行比较。

4．编写一个 jQuery Mobile 移动网页，要求在文档中添加两个页面 A 和 B，并通过链接按钮从页面 A 进入页面 B，在页面 B 的页眉区域和内容区域分别添加一个后退按钮，当单击这些按钮时从页面 B 回到页面 A。

5．编写一个 jQuery Mobile 移动网页，要求在文档中添加两个页面，当单击链接按钮时以不同的动画方式在页面之间进行切换。

6．编写两个 jQuery Mobile 移动网页，在一个移动网页中创建指向另一个移动网页的链接按钮并设置页面预加载。

7．编写一个 jQuery Mobile 移动网页，要求在文档中添加两个页面 A 和 B，在页面 A 中添加一个链接按钮，当单击该按钮时以对话框形式打开页面 B。

8．编写一个 jQuery Mobile 移动网页，要求在文档中添加两个页面 A 和 B，并通过会话存储功能实现两面之间的参数传递。

按钮与弹出窗口

上一章介绍了如何创建和管理 jQuery Mobile 页面，通过页面可以将文档内容分配到不同的逻辑视图中，加载 HTML 文档后不需要从服务器请求内容，就可以在这些本地视图之间切换。在 HTML 文档创建一个或多个页面后，便可以通过在页面中添加各种各样的小部件来构建用户界面。本章讨论如何使用两种常用的界面小部件，即按钮和弹出窗口。

3.1 按　钮

按钮是移动网页中最常用的用户界面组件。除了传统的 HTML 按钮之外，超链接通常也呈现为按钮样式，以便于用户在移动设备上进行触控操作。通过单击按钮，可以切换到另一个页面、打开对话框或弹出式窗口，也可以提交表单数据或重置表单。

3.1.1 创建按钮

在移动网页中，按钮使用标准的 HTML input 元素进行编码，然后由 jQuery Mobile 框架对其进行增强，使其在移动设备上更具吸引力和可用性。

在 jQuery Mobile 页面中，按钮分为以下两种形式。

（1）表单按钮。对于任何 type 属性为 submit、reset 或 button 的 input 元素或 button 元素，jQuery Mobile 框架都会自动将其转换为按钮，而无需添加 data-role="button"属性。这类按钮用于提交表单、重置表单或执行其他自定义任务。

（2）链接按钮。使用 HTML a 标签创建超链接时，只需要在链接中添加 data-role="button"属性，就可以将其增强为按钮。这类按钮主要用于页面导航，单击后会跳转到另一个页面，或者打开对话框及弹出窗口。

如果需要，也可以对其他元素应用 ui-btn、ui-corner-all 和 ui-shadow 类样式，或者在脚本中对任何选择器直接调用 button 插件函数，从而将所选元素包装增强为按钮。

例 3.1　通过各种方式创建按钮。源文件为/03/03-01.html，源代码如下。

```
1: <!doctype html>
2: <html>
```

```
 3: <head>
 4: <meta charset="utf-8">
 5: <meta name="viewport" content="width=device-width, initial-scale=1">
 6: <title>创建按钮</title>
 7: <link rel="stylesheet" href="http://code.jquery.com/mobile/1.4.5/jquery.mobile-1.4.5.min.css">
 8: <script src="http://code.jquery.com/jquery-2.1.3.min.js"></script>
 9: <script src="http://code.jquery.com/mobile/1.4.5/jquery.mobile-1.4.5.min.js"></script>
10: <script>
11: $(document).on("pagecreate", function() {
12:     $("input,button,a").click(function() {
13:         $("div#div1").button();
14:         $("span#span1").button();
15:     });
16: });
17: </script>
18: </head>
19:
20: <body>
21: <div data-role="page" id="page03-01">
22:     <div data-role="header">
23:         <h1>创建按钮</h1>
24:     </div>
25:     <div data-role="content">
26:         <input type="submit" value="input 提交按钮">
27:         <input type="reset" value="input 重置按钮">
28:         <input type="button" value="input 一般按钮">
29:         <button>button 按钮</button>
30:         <a href="#" data-role="button">链接按钮（数据角色）</a>
31:         <a href="#" class="ui-btn">链接按钮（矩形）</a>
32:         <a href="#" class="ui-btn ui-corner-all">链接按钮（圆角）</a>
33:         <a href="#" class="ui-btn ui-corner-all ui-shadow">链接按钮（圆角、阴影）</a>
34:         <div id="div1">div 元素</div>
35:         <span id="span1">span 元素</span>
36:     </div>
37:     <div data-role="footer">
38:         <h4>页脚区域</h4>
39:     </div>
40: </div>
41: </body>
42: </html>
```

源代码分析

第 10～第 17 行：将事件侦测器绑定到页面的 pagecreate 事件上，设置 input、button 和 a 元素的 click 事件处理程序，单击这些元素形成的按钮时会将 div 和 span 元素包装成按钮。

第 26～第 35 行：在页面内容区域中添加三个 input 按钮，然后添加一个 button 按钮和三个 a 链接按钮，最后添加一个 div 和一个 span 元素。

在模拟器中打开网页，单击任何按钮均可将 div 和 span 元素变成按钮，如图 3.1 所示。

3.1.2 内联按钮

默认情况下，移动网页中的按钮几乎充满整个页面宽度，每一行中只能容纳一个按钮，多个按钮自上而下依次排列。这样的按钮在屏幕面积较小的移动设备上便于进行触控操作，但对于屏幕面积较大的移动设备而言按钮尺寸则显得过大了。对于后一种情况，可以考虑使用内联按钮来改善用户体验。

内联按钮的宽度由按钮上的文字多少决定。如果按钮上的文字比较少，则内联按钮的宽度会随着变窄。多个内联按钮可以在一行中从左向右并排放置，而不是自上而下依次排列。

图 3.1　创建按钮

如果要设置内联按钮，可以通过以下两种方式来实现。

（1）在 HTML 代码中，将数据属性 data-inline="true"添加到按钮或链接中，或者将 CSS 类样式 ui-btn-inline 应用于链接中。

例如，下面的代码通过在 input 元素中添加数据属性 data-inline="true"创建内联按钮：

```
<input type="submit" value="input 提交按钮" data-inline="true">
```

下面的代码通过在链接中应用类样式 ui-btn-inline 创建内联按钮：

```
<a id="a1" href="index.html" class="ui-btn ui-corner-all ui-shadow ui-btn-inline">首页</a>
```

（2）在 JavaScript 脚本中，将按钮的 inline 选项设置为 true，或者通过调用 addClass()方法将类样式 ui-btn-inline 添加于链接中。

例如，下面的脚本通过调用按钮的 option 方法将 inline 选项设置为 true：

```
$("input[type='button'], input[type='submit'], input[type='reset']").button("option", { inline: true });
```

inline 选项为布尔类型，默认值为 null（false），因此按钮是全宽的，而不管反馈内容如何。如果将此选项设置为 true，则使按钮呈现为内联按钮，其宽度由按钮的文本决定。

下面的脚本通过调用 addClass 方法对指定的元素添加了类样式 ui-btn-inline：

```
$(".ui-link, button").addClass("ui-btn-inline");
```

例 3.2　设置内联按钮。源文件为/03/03-02.html，源代码如下。

```
1: <!doctype html>
2: <html>
3: <head>
4: <meta charset="utf-8">
5: <meta name="viewport" content="width=device-width, initial-scale=1">
6: <title>设置内联按钮</title>
7: <link rel="stylesheet" href="http://code.jquery.com/mobile/1.4.5/jquery.mobile-1.4.5.min.css">
8: <script src="http://code.jquery.com/jquery-2.1.3.min.js"></script>
9: <script src="http://code.jquery.com/mobile/1.4.5/jquery.mobile-1.4.5.min.js"></script>
10: <script>
11: $(document).on("pagecreate", function() {
12:     $("a[data-inline='true'], a.ui-btn-inline").click(function() {
13:         $("input[type='submit']").button("option", { inline: true });
```

```
14:        $("p a:last").addClass("ui-btn-inline");
15:     });
16: });
17: </script>
18: </head>
19:
20: <body>
21: <div data-role="page" id="page03-02">
22:     <div data-role="header">
23:         <h1>设置内联按钮</h1>
24:     </div>
25:     <div role="main" class="ui-content">
26:         <p>如果要设置内联按钮，可以添加数据属性 data-inline="true"或应用类样式 ui-btn-inline。单
击下面的内联按钮，可以将全宽按钮转换为内联按钮。</p>
27:         <p style="text-align:center">
28:            <a href="#" data-role="button" data-inline="true">内联按钮一</a>
29:            <a href="#" class="ui-btn ui-corner-all ui-shadow ui-btn-inline">内联按钮二</a>
30          </p>
31:         <p style="text-align:center">
32:            <input type="submit" value="提交按钮">
33:            <a href="#" data-role="button">链接按钮</a>
34:         </p>
35:     </div>
36:     <div data-role="footer">
37:         <h4>页脚区域</h4>
38:     </div>
39: </div>
40: </body>
41: </html>
```

源代码分析

第 10～第 17 行：将事件侦测器绑定到页面的 pagecreate 事件，设置两个内联按钮的 click 事件处理程序。当单击这两个内联按钮时，将两个全宽按钮转换为内联按钮。

第 27～第 30 行：在段落中添加两个内联按钮，其中一个按钮添加了数据属性 data-inline="true"，另一个按钮则应用了类样式 ui-btn-inline。

第 31～第 34 行：在段落中添加两个全宽按钮，其中一个为提交按钮，另一个则为链接按钮，它们各自占据一行。

在模拟器中打开网页，单击内联按钮时全宽按钮将转换为内联按钮，如图 3.2 所示。

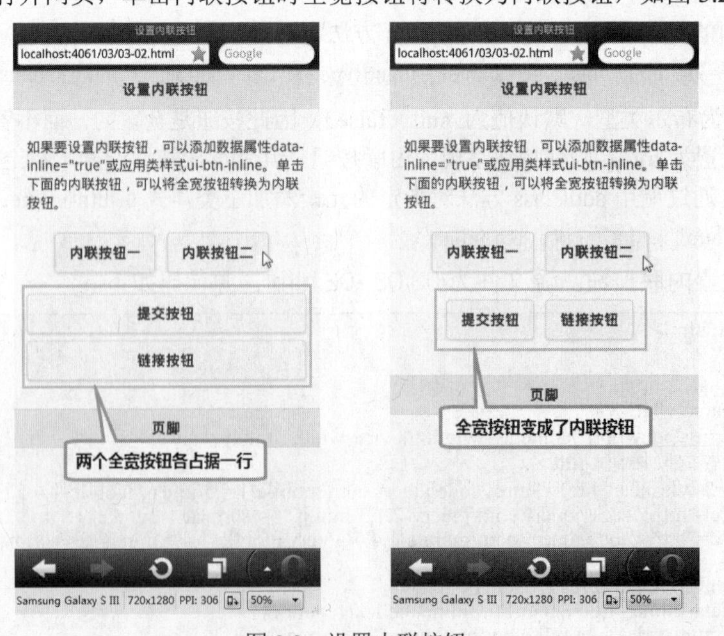

图 3.2　设置内联按钮

3.1.3 微型按钮

如前所述，内联按钮的宽度决定于按钮上文字的数量，多个内联按钮可以放置在一行中，但内联按钮的高度并没有发生变化。由于移动设备屏幕大小的限制，有时可能希望按钮使用较少的垂直高度，在这种情况下可以使用微型按钮，此时按钮上的文字将显示更小的字号，最终呈现出更紧凑的按钮。默认情况下，微型按钮也是全宽按钮。如果希望按钮同时使用较少的垂直高度和水平宽度，则可以创建微型的内联按钮。

如果要设置微型按钮，可以通过以下两种方式来实现。

（1）在 HTML 代码中，将数据属性 data-mini="true"添加到按钮或链接中，或者将 CSS 类样式 ui-mini 应用于链接中。如果要设置微型内联按钮，则应当将数据属性 data-inline="true"和 data-mini="true"同时添加到按钮或链接中，或者将 CSS 类样式 ui-btn-inline 和 ui-mini 同时应用于链接中。

（2）在 JavaScript 脚本中，将按钮的 mini 选项设置为 true，或者通过调用 addClass()方法将类样式 ui-mini 添加到链接中。如果要设置微型内联按钮，则应将按钮的 inline 和 mini 选项都设置为 true，或者通过调用 addClass()方法将类样式 ui-btn-inline 和 ui-mini 依次添加到连接中。

mini 选项为布尔类型，默认值为 null（false）。如果设置为 true，则会通过将 ui-mini 类应用于按钮小部件的最外层元素，此时将显示更紧凑的按钮，该按钮使用较少的垂直高度。

例 3.3　设置微型按钮。源文件为/03/03-03.html，源代码如下。

```
 1: <!doctype html>
 2: <html>
 3: <head>
 4: <meta charset="utf-8">
 5: <meta name="viewport" content="width=device-width, initial-scale=1">
 6: <title>设置微型按钮</title>
 7: <link rel="stylesheet" href="http://code.jquery.com/mobile/1.4.5/jquery.mobile-1.4.5.min.css">
 8: <script src="http://code.jquery.com/jquery-2.1.3.min.js"></script>
 9: <script src="http://code.jquery.com/mobile/1.4.5/jquery.mobile-1.4.5.min.js"></script>
10: <script>
11: $(document).on("pagecreate", function() {
12:     $("a[data-inline='true'], a.ui-btn-inline, a.ui-mini").click(function() {
13:         $("button").addClass("ui-mini");
14:         $("input[type='submit']").button("option", {inline: true, mini: true});
15:         $("p a:last").addClass("ui-btn-inline ui-mini");
16:     });
17: });
18: </script>
19: </head>
20:
21: <body>
22: <div data-role="page" id="page03-03">
23:     <div data-role="header">
24:         <h1>设置微型按钮</h1>
25:     </div>
26:     <div role="main" class="ui-content">
27:         <p>如果要设置微型按钮，可以添加数据属性 data-minie="true"或应用类样式 ui-mini。单击下
面的微型按钮或微型内联按钮，可以将其他三个普通按钮转换为微型按钮或微型内联按钮。</p>
28:         <p style="text-align:center">
29:             <a href="#" data-role="button" data-mini="true">微型按钮一</a>
30:             <a href="#" class="ui-btn ui-corner-all ui-shadow ui-mini">微型按钮二</a></p>
31:         <p style="text-align:center">
32:             <a href="#" data-role="button" data-inline="true" data-mini="true">微型内联按钮一</a>
33:             <a href="#" class="ui-btn ui-corner-all ui-shadow ui-btn-inline ui-mini">微型内联按钮二</a></p>
34:         <p style="text-align:center">
```

```
35:            <button>button 按钮</button>
36:            <input type="submit" value="提交按钮">
37:            <a href="#" data-role="button">链接按钮</a></p>
38:     </div>
39:     <div data-role="footer">
40:         <h4>页脚区域</h4>
41:     </div>
42: </div>
43: </body>
44: </html>
```

源代码分析

第 11～第 17 行：将事件侦测器绑定到页面的 pagecreate 事件，设置页面内容区域上部四个微型按钮的 click 事件处理程序。当单击这些按钮中的任何一个时，通过调用 addClass()方法对其他三个普通按钮添加类样式 ui-btn-inline、ui-mini，或者调用按钮的 option 方法来设置 unline、mini 选项，将相应元素转换为微型按钮或微型内联按钮。

第 28～第 30 行：通过在链接中添加数据属性 data-mini="true"设置第一个微型按钮，通过对链接应用类样式 ui-btn、ui-corner-all、ui-shadow 和 ui-mini 设置第二个微型按钮。

第 31～第 33 行：通过添加数据属性 data-inline="true"和 ata-mini="true"设置第一个微型内联按钮，通过应用类样式 ui-btn ui-corner-all ui-shadow ui-btn-inline 和 ui-mini 设置第二个微型内联按钮。

第 34 行到第 37 行：添加另外三个普通按钮。

在模拟器中打开网页，当单击上面四个按钮时普通按钮样式将发生变化，如图 3.3 所示。

图 3.3　设置微型按钮

3.1.4 禁用按钮

有时候需要在页面上禁用某些按钮。被禁用的按钮呈现为灰色，而且不会对用户操作做出响应。例如，在登录移动网站时，如果没有输入用户名和密码，则禁用登录按钮。一旦输入了用户名和密码，就会立即启用登录按钮。

对于用 HTML input 元素生成的按钮，添加属性 disabled="true"即可将其禁用。如果要重新启用这类按钮，可以通过在脚本中调用 option 方法将其 disabled 选项设置为 false：

```
$("#btn").button("option", {disabled: false});
```

disabled 选项为布尔类型，默认值为 false，表示按钮未被禁用，可以正常工作。如果设置为 true，则禁用该按钮。也可以通过调用按钮的 disabled 方法来禁用它：

```
$("#btn").button("disable");
```

通过调用按钮的 enable 方法可以重新启用它：

```
$("#btn").button("enable");
```

对于用 HTML a、button 元素生成的按钮，对其应用 CSS 类样式 ui-state-disabled 即可禁用。如果要重新启用这类按钮，可以通过在脚本中调用 removeClass()方法移除 CSS 类样式 ui-state-disabled。

例 3.4　禁用和启用按钮。源文件为/03/03-04.html，源代码如下。

```
1: <!doctype html>
2: <html>
3: <head>
4: <meta charset="utf-8">
5: <meta name="viewport" content="width=device-width, initial-scale=1">
6: <title>禁用和启用按钮</title>
7: <link rel="stylesheet" href="http://code.jquery.com/mobile/1.4.5/jquery.mobile-1.4.5.min.css">
8: <script src="http://code.jquery.com/jquery-2.1.3.min.js"></script>
9: <script src="http://code.jquery.com/mobile/1.4.5/jquery.mobile-1.4.5.min.js"></script>
10: <script>
11: $(document).on("pagecreate", function() {
12:     $("p a:first").click(function() {
13:         //$("input[type='submit']").button("enable");
14:         $("input[type='submit']").button("option",{disabled:false});
15:         $("button, a:last").removeClass("ui-state-disabled");
16:     });
17:     $("p a:last").click(function() {
18:         //$("input[type='submit']").button("disable");
19:         $("input[type='submit']").button("option",{disabled:true});
20:         $("button, a:last").addClass("ui-state-disabled");
21:     });
22: });
23: </script>
24: </head>
25:
26: <body>
27: <div data-role="page" id="page03-04">
28:     <div data-role="header">
29:         <h1>禁用或启用按钮</h1>
30:     </div>
31:     <div role="main" class="ui-content">
32:         <p>如果要禁用或启用按钮，可以设置 disabled 属性或应用 ui-state-disabled 类样式，也可以设
置 disabled 选项，或者调用 disable 或 enable 方法。请单击下面的按钮进行测试。</p>
33:         <p style="text-align:center">
34:             <a href="#" class="ui-btn ui-corner-all ui-shadow ui-btn-inline">启用按钮</a>
35:             <a href="#" class="ui-btn ui-corner-all ui-shadow ui-btn-inline">禁用按钮</a>
36:         </p>
37:         <input type="submit" value="提交按钮" disabled="true">
38:         <button class="ui-state-disabled">button 按钮</button>
39:         <a href="#" class="ui-btn ui-corner-all ui-shadow ui-state-disabled">链接按钮</a>
40:     </div>
41:     <div data-role="footer">
42:         <h4>页脚区域</h4>
43:     </div>
44: </div>
45: </body>
46: </html>
```

源代码分析

第 10～第 23 行：将事件侦测器绑定到页面的 pagecreate 事件，设置了“启用按钮”和“禁

用按钮”的 click 事件处理程序。当单击“启用按钮”时，将 disabled 选项设置为 false 或移除 ui-state-disabled 类样式，以启用页面下面的三个按钮；当单击“禁用按钮”时，将 disabled 选项设置为 true 或添加 ui-state-disabled 类样式，以禁用这些按钮。

第 33～第 36 行：在段落中添加了两个内联按钮。

第 37 行：通过添加 disabled="true"属性禁用提交按钮。

第 38 行：通过应用类样式 ui-state-disabled 禁用 button 按钮。

第 39 行：通过应用类样式 ui-state-disabled 禁用链接按钮。

在移动设备模拟器中打开此网页，此时页面下面的三个按钮均处在禁用状态。当单击“启用按钮”时，这三个按钮重新可用；当单击“禁用按钮”时这些按钮再次变成禁用状态，如图 3.4 所示。

图 3.4　禁用和启用按钮

3.1.5　组合按钮

在某些情况下，可能希望从视觉上将一些按钮分成一组，形成一个像导航组件一样的结构块。为了获得这个效果，可以创建一个容器并对其添加 data-role="controlgroup"属性，然后在该容器中添加一组按钮，此时 jQuery Mobile 框架将创建一个垂直排列的按钮组，删除按钮之间的所有边距和阴影效果，仅在第一个和最后一个按钮上显示圆角和阴影效果，由此形成多个按钮组合在一起的效果。

按钮组实际上是通过控件组小部件实现的。该小部件不仅可以用于组合按钮，也可以用于单选按钮、复选框等表单控件。控件组小部件的常用数据属性及相应选项如下。

- data-corners 属性：设置是否对控件组绘制圆角效果。相应选项为 corners，其值为布尔类型，默认值为 true，表示绘制圆角效果。
- data-mini 属性：设置是否显示微型控件组。如果设置为 true，则通过将 ui-mini 类应用到控件组的最外层元素，将使用较小的垂直高度，呈现一个更紧凑的控件组。相应选项为 mini，其值为布尔类型，默认值为 false，表示控件组使用正常的垂直高度。
- data-shadow 属性：设置是否在控件组周围绘制阴影。相应选项为 shadow，其值为布尔类型，默认值为 false，表示不绘制阴影。

- data-theme 属性：设置控制组的配色方案（样本），其取值为单个字母 a～z，映射到所用主题中包含的色板。相应选项为 theme，其值为字符串尔类型，默认值为 null，将从父级元素继承。
- data-type 属性：设置子级的排列方向，可能值为 vertical 或 horizontal。相应选项为 type，其值为字符串类型，默认值为 vertical，表示子级沿垂直方向排列。

如果要在脚本中获取或设置控件组小部件的选项，则可以通过调用其 option 方法来实现。此方法有多种不同用法，例如：

```
//获取控件组的 type 选项值
var type = $("#container").controlgroup("option", "type");
//获取包含表示当前控件组选项的键/值对的对象
var options=$("#container").controlgroup("option");
//将控件组的 mini 选项设置为 true
$("#container").controlgroup("option", "mini", true);
//将控件组的 type 选项设置为 horizontal
$("#container").controlgroup("option", {type: "horizontal"});
```

例 3.5 创建和设置按钮组。源文件为/03/03-05.html，源代码如下。

```
 1: <!doctype html>
 2: <html>
 3: <head>
 4: <meta charset="utf-8">
 5: <meta name="viewport" content="width=device-width, initial-scale=1">
 6: <title>组合按钮</title>
 7: <link rel="stylesheet" href="http://code.jquery.com/mobile/1.4.5/jquery.mobile-1.4.5.min.css">
 8: <script src="http://code.jquery.com/jquery-2.1.3.min.js"></script>
 9: <script src="http://code.jquery.com/mobile/1.4.5/jquery.mobile-1.4.5.min.js"></script>
10: <script>
11: $(document).on("pagecreate", function() {
12:     $("p a:first").click(function() {
13:         $("div[data-role='controlgroup']").controlgroup("option", {type: "vertical"});
14:     });
15:     $("p a:eq(1)").click(function() {
16:         $("div[data-role='controlgroup']").controlgroup("option", {type: "horizontal"});
17:     });
18:     $("p a:eq(2)").click(function() {
19:         $("div[data-role='controlgroup']").controlgroup("option", {mini: false});
20:     });
21:     $("p a:last").click(function() {
22:         $("div[data-role='controlgroup']").controlgroup("option", {mini: true});
23:     });
24: });
25: </script>
26: </head>
27:
28: <body>
29: <div data-role="page" id="page03-04">
30:     <div data-role="header">
31:         <h1>组合按钮</h1>
32:     </div>
33:     <div role="main" class="ui-content">
34:         <p>控件组包含三个按钮。请单击下面的按钮对控件组进行测试。</p>
35:         <p style="text-align:center">
36:             <a href="#" class="ui-btn ui-corner-all ui-shadow ui-btn-inline">垂直排列</a>
37:             <a href="#" class="ui-btn ui-corner-all ui-shadow ui-btn-inline">水平排列</a>
38:             <a href="#" class="ui-btn ui-corner-all ui-shadow ui-btn-inline">正常组合</a>
39:             <a href="#" class="ui-btn ui-corner-all ui-shadow ui-btn-inline">微型组合</a>
40:         </p>
```

```
41:         <div data-role="controlgroup" data-shadow="true" style="text-align:center">
42:             <a href="#" class="ui-btn ui-corner-all">按钮一</a>
43:             <a href="#" class="ui-btn ui-corner-all">按钮二</a>
44:             <a href="#" class="ui-btn ui-corner-all">按钮三</a>
45:         </div>
46:     </div>
47:     <div data-role="footer">
48:         <h4>页脚区域</h4>
49:     </div>
50: </div>
51: </body>
52: </html>
```

源代码分析

第 10～第 25 行：将事件侦测器绑定到页面的 pagecreate 事件，设置上部四个按钮的 click 事件处理程序。

第 12～第 14 行：设置“垂直排列”按钮的 click 事件处理程序，当单击此按钮时将控件组的 type 选项设置为 vertical，即沿垂直方向排列按钮。

第 15～第 17 行：设置“水平排列”按钮的 click 事件处理程序，当单击此按钮时将控件组的 type 选项设置为 horizontal，即沿水平方向排列按钮。

第 18～第 20 行：设置“正常组合”按钮的 click 事件处理程序，当单击此按钮时将控件组的 mini 选项设置为 false，即以正常高度显示控件组。

第 21～第 23 行：设置“微型组合”按钮的 click 事件处理程序，当单击此按钮时将控件组的 mini 选项设置为 true，即以较小高度显示控件组。

第 35～第 40 行：在段落中添加四个内联按钮，当单击这些按钮时将会更改控件组的某个选项。

第 41～第 45 行：创建一个控件组并对其设置了阴影效果，此控件组包含三个按钮。

在移动设备模拟器中打开网页，通过单击按钮对控件组进行测试，如图 3.5 所示。

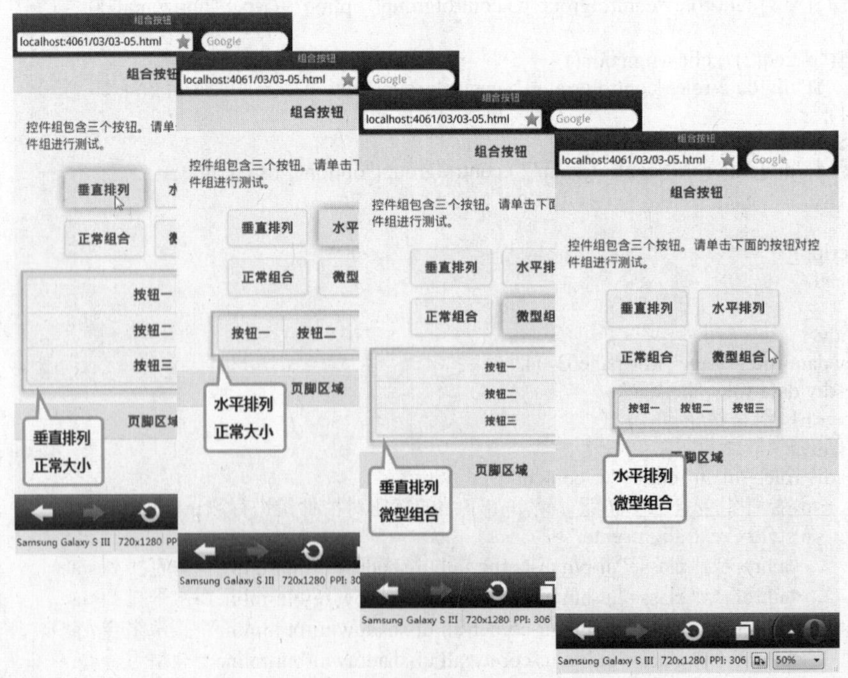

图 3.5　创建按钮控件组

3.1.6 设置按钮样式

当使用 input、button 或 a 元素创建按钮时，jQuery Mobile 框架都会对包裹在外层的容器元素或链接本身自动应用 ui-btn、ui-shadow 和 ui-corner-all 样式，即对按钮添加圆角和阴影效果。默认情况下，这些按钮具有灰色背景和黑色文本，而且其宽度基本上等于与页面宽度。

在实际应用中，可以在 HTML 代码中对按钮添加相关的属性，或者应用相应的 CSS 规则，以设置按钮的初始外观样式。在程序运行期间，还可以根据需要动态地改变按钮的外观，为此可以在 JavaScript 脚本中对按钮添加或移除指定的类样式，或者设置按钮的相关选项，或者调用按钮的相关方法。按钮的常用属性、CSS 样式和选项在表 3.1 中列出。

表 3.1 按钮的属性、CSS 样式和选项

按钮样式	属性（默认值）	CSS 规则	选项（类型：默认值）
内联按钮	data-inline（false）	ui-btn-inline	inline（布尔类型：flase）
微型按钮	data-mini（false）	ui-mini	mini（布尔类型：flase）
圆角效果	data-corners（true）	ui-corner-all	corners（布尔类型：true）
阴影效果	data-shadow（true）	ui-shadow	shadow（布尔类型：true）
按钮配色	data-theme	ui-btn-[a-z]	theme（字符串：null，从父级继承）
禁用按钮	disabled	ui-state-disabled	disabled（布尔类型：flase）

注意

当使用 HTML input 或 button 元素创建按钮时，如果添加 data-role="none"属性，则不会对按钮应用任何样式，此时将呈现原生按钮。对于已经增强的按钮，也可以在 JavaScript 脚本中对其调用 destroy 方法，这样会完全删除包裹按钮的外层元素，使元素返回到其初始状态，即原生按钮。

例 3.6 设置按钮配色与销毁按钮。源文件为/03/03-06.html，源代码如下。

```
 1: <!doctype html>
 2: <html>
 3: <head>
 4: <meta charset="utf-8">
 5: <meta name="viewport" content="width=device-width, initial-scale=1">
 6: <title>设置按钮的样式</title>
 7: <link rel="stylesheet" href="http://code.jquery.com/mobile/1.4.5/jquery.mobile-1.4.5.min.css">
 8: <script src="http://code.jquery.com/jquery-2.1.3.min.js"></script>
 9: <script src="http://code.jquery.com/mobile/1.4.5/jquery.mobile-1.4.5.min.js"></script>
10: <style>
11: p { text-align:center; }
12: </style>
13: <script>
14: $(document).on("pagecreate", function() {
15:     $("p:first a:first").click(function() {
16:         $(".ui-input-btn").removeClass("ui-btn-b");
17:         $(".ui-input-btn input").button({theme:"a"});
18:     });
19:     $("p:first a:eq(1)").click(function() {
20:         $(".ui-input-btn").removeClass("ui-btn-a");
21:         $(".ui-input-btn input").button({theme:"b"});
22:     });
23:     $("p:eq(1) a:first").click(function() {
24:         $("input").button();
```

```
25:     });
26:     $("p:eq(1) a:eq(1)").click(function() {
27:         if ( $(".ui-input-btn").length ) {
28:             $("input").button("destroy");
29:         }
30:     });
31: });
32: </script>
33: </head>
34:
35: <body>
36: <div data-role="page" id="page03-06">
37:     <div data-role="header">
38:         <h1>设置按钮的样式</h1>
39:     </div>
40:     <div role="main" class="ui-content">
41:         <p><a href="#" data-role="button" data-inline="true">应用配色 A</a>
42:         <a href="#" data-role="button" data-inline="true">应用配色 B</a></p>
43:         <p><a href="#" data-role="button" data-inline="true">增强按钮</a>
44:         <a href="#" data-role="button" data-inline="true">销毁按钮</a></p>
45:         <p><input type="button" value="测试按钮"></p>
46:     </div>
47:     <div data-role="footer">
48:         <h4>页脚区域</h4>
49:     </div>
50: </div>
51: </body>
52: </html>
```

源代码分析

第 14～第 31 行：将事件侦测器绑定到页面的 pagecreate 事件，设置了位于页面上部的四个按钮的 click 事件处理程序。

第 15～第 18 行：设置“应用配色 A”按钮的 click 事件处理程序。当单击此按钮时，移除按钮外层元素上的 ui-btn-b 类，然后将按钮的 theme 选项设置为 a。

第 19～第 22 行：设置“应用配色 B”按钮的 click 事件处理程序。当单击此按钮时，移除按钮外层元素上的 ui-btn-a 类，然后将按钮的 theme 选项设置为 b。

第 23～第 25 行：设置“增强按钮”按钮的 click 事件处理程序。当单击此按钮时，通过对 input 元素调用按钮插件函数 button()将其增加为按钮。

第 26～第 30 行：设置“销毁按钮”click 事件处理程序。当单击此按钮时，通过调用按钮的 destroy 方法使元素返回其初始状态，此时呈现出一个原生按钮。

第 41～第 45 行：在前两个段落中使用 a 元素添加了四个内联按钮，在最后一个段落中使用 input 元素添加了一个按钮。

在移动设备模拟器中打开网页，对按钮配色、销毁和增强功能进行测试，如图 3.6 所示。

3.1.7 设置按钮图标

jQuery Mobile 框架提供了一个内置的图标集。在移动开发中，可以根据需要从这个图标集中选择一个图标应用于按钮，从而得到标准化的图文按钮，或者创建只包含图标而不包含文字的图形按钮。

1. 在按钮中添加图标

如果希望为按钮添加图标，可以通过下列方式之一来实现。

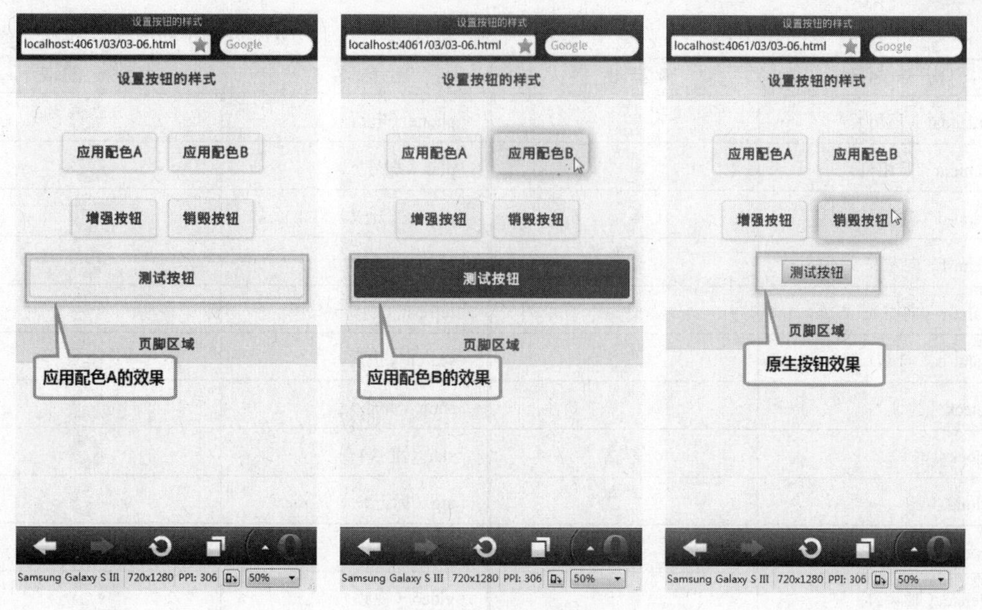

图 3.6 设置按钮的样式

（1）在 HTML 代码中，在按钮或链接中添加数据属性 data-icon="图标名称"，或者直接对相关元素应用 CSS 类“ui-icon-star”（其中 star 为所用图标名称）。

（2）在 JavaScript 脚本中设置按钮的 icon 选项，代码如下：

```
$(".selector" ).button({icon: "star"});                //使用指定的 icon 选项初始化按钮
$(".selector").button("option", "icon", "star");       //初始化后设置按钮的 icon 选项
```

jQuery Mobile 图标集中包含有 50 个图标，这些图标的名称和图案在表 3.2 中列出。

表 3.2 jQuery Mobile 图标

图 标 名 称	图 标 图 案	图 标 名 称	图 标 图 案
action（动作）		edit（编辑）	
alert（警报）		eye（眼睛）	
arrow-d（下箭头）		forbidden（禁止）	
arrow-d-l（左下箭头）		forward（前进）	
arrow-d-r（右下箭头）		gear（齿轮）	
arrow-l（左箭头）		grid（网格）	
arrow-r（右箭头）		heart（心）	
arrow-u（上箭头）		home（主页）	
arrow-u-l（左上箭头）		info（信息）	
arrow-u-r（右上箭头）		location（定位）	
audio（音频）		lock（锁定）	
back（返回）		mail（邮件）	
bars（栏目）		minus（减号）	
bullets（栅栏）		navigation（导航）	

续表

图标名称	图标图案	图标名称	图标图案
calendar（日历）		phone（电话）	
camera（照相机）		plus（加号）	
carat-d（向下）		power（开关）	
carat-l（向左）		recycle（回收）	
carat-r（向右）		refresh（刷新）	
carat-u（向上）		search（搜索）	
check（验证）		shop（商店）	
clock（时钟）		star（星号）	
cloud（云）		tag（标记）	
comment（评论）		user（用户）	
delete（删除）		video（视频）	

2．设置图标的位置

默认情况下，按钮中同时包含文字和图标，图标出现在按钮的左侧。如果需要，也可以更改图标在按钮中的位置，其设置方式如下。

（1）在 HTML 代码中，对按钮设置数据属性 data-iconpos="位置"，或者对按钮应用 CSS 类“ui-btn-icon-位置”，可能的位置值有 left（左）、right（右）、top（上）、bottom（下）、none（无图标）以及 notext（仅显示图标不显示文本），布局效果如图 3.7 所示。

图 3.7　图标在按钮中的位置

（2）在 JavaScript 脚本中设置按钮的 iconpos 选项，代码如下：

```
$(".selector" ).button({iconpos: "left"});           //使用指定的 iconpos 选项初始化按钮
$(".selector").button("option", "iconpos", "left");  //初始化后设置按钮的 iconpos 选项
```

iconpos 选项为字符串类型，默认值为 left。

3．使用替换图标

从表 3.2 中不难看出，jQuery Mobile 图标集中的图标都是呈现在灰色圆形背景上的白色图案。如果希望使用黑色图案，则可以使用 jQuery Mobile 提供的替换图标集。为此，可以对按钮应用 CSS 类 ui-alt-btn。例如：

```
<a href="#" class="ui-btn ui-icon-home ui-alt-icon ui-btn-icon-left ui-shadow ui-corner-all">主页</a>
```

白色图标与黑色图标的对比效果如图 3.8 所示。

图 3.8　白色图标与黑色图标

4．移除图标中的圆形背景

默认情况下，每个图标都有一个圆形背景。如果要使图标与按钮背景完全融和，则需要移除图标中的圆形背景，为此对按钮应用 CSS 类 ui-nodisc-icon 即可。此外，也可以将 CSS 类 ui-nodisc-icon 应用于一组按钮的容器上，以移除这一组按钮中的圆形背景。例如：

```
<div class="ui-nodisc-icon">
   <a href="#" class="ui-btn ui-icon-home ui-btn-icon-left ui-shadow ui-corner-all">主页</a>
   <a href="#" class="ui-btn ui-icon-gear ui-btn-icon-left ui-shadow ui-corner-all">设置</a>
</div>
```

带有背景与移除背景的图标的对比效果如图 3.9 所示。

图 3.9　带有背景与移除背景的图标

5．使用自定义图标

除了使用 jQuery Mobile 提供的内置图标，也可以使用自定义图标。为此，需要定义一个 CSS 类，要求类名称后跟:after 伪元素（例如.ui-icon-myicon:after），并使用自定义图片作为背景图像，此外还要对 background-size 属性进行设置。要使用自定义图标，将所定义的类应用于按钮中即可。例如，下面的代码定义了两个自定义图标并将其应用于按钮：

```
.ui-icon-qq:after {
   background-image: url(images/qq.png);
   background-size: 18px 18px;
}
.ui-icon-weixin:after {
   background-image: url(images/weixin.png);
   background-size: 18px 18px;
}

...
<p><a href="#" class="ui-btn ui-btn-icon-left ui-corner-all ui-shadow ui-icon-qq ui-btn-inline ">QQ（自定义图标）</a>
<a href="#" class="ui-btn ui-btn-icon-left ui-corner-all ui-shadow ui-icon-weixin ui-btn-inline">微信（自定义图标）</a></p>
```

在按钮上添加自定义图标的效果如图 3.10 所示。

图 3.10　自定义图标效果

例 3.7　设置按钮的图标及其位置。源文件为/03/03-07.html，源代码如下。

```
 1: <!doctype html>
 2: <html>
 3: <head>
 4: <meta charset="utf-8">
 5: <meta name="viewport" content="width=device-width, initial-scale=1">
 6: <title>设置按钮的图标</title>
 7: <link rel="stylesheet" href="http://code.jquery.com/mobile/1.4.5/jquery.mobile-1.4.5.min.css">
 8: <script src="http://code.jquery.com/jquery-2.1.3.min.js"></script>
 9: <script src="http://code.jquery.com/mobile/1.4.5/jquery.mobile-1.4.5.min.js"></script>
10: <style>
11: .ui-icon-qq: after {
```

```
12:     background-image: url(../images/qq.png);
13:     background-size: 18px 18px;
14: }
15: .ui-icon-weixin: after {
16:     background-image: url(../images/weixin.png);
17:     background-size: 18px 18px;
18: }
19: </style>
20: <script>
21: $(document).on("pagecreate", function() {
22:     $("#icon").change(function(e) {
23:         var icon=$(this).val();
24:         $("input[type='button']").button("option", {icon: icon});
25:     });
26:     $("input[type='radio']").click(function(e) {
27:         var pos=e.target.value;
28:         $("input[type='button']").button("option", {iconpos: pos});
29:     });
30: });
31: </script>
32: </head>
33:
34: <body>
35: <div data-role="page" id="page03-07">
36:     <div data-role="header">
37:         <h1>设置按钮的图标</h1>
38:     </div>
39:     <div role="main" class="ui-content">
40:     <p>
41:     <label for="icon">选择图标：</label>
42:     <select id="icon">
43:         <option>action</option>   <option>alert</option>
44:         <option>arrow-d</option>   <option>arrow-d-l</option>
45:         <option>arrow-d-r</option>   <option>arrow-l</option>
46:         <option>arrow-r</option>   <option>arrow-u</option>
47:         <option>arrow-u-l</option>   <option>arrow-u-r</option>
48:         <option>audio</option>   <option>back</option>
49:         <option>bars</option>   <option>bullets</option>
50:         <option>calendar</option>   <option>camera</option>
51:         <option>carat-d</option>   <option>carat-l</option>
52:         <option>carat-r</option>   <option>carat-u</option>
53:         <option>check</option>   <option>clock</option>
54:         <option>cloud</option>   <option>comment</option>
55:         <option>delete</option>   <option>edit</option>
56:         <option>eye</option>   <option>forbidden</option>
57:         <option>forward</option>   <option>gear</option>
58:         <option>grid</option>   <option>heart</option>
59:         <option>home</option>   <option>info</option>
60:         <option>location</option>   <option>lock</option>
61:         <option>mail</option>   <option>minus</option>
62:         <option>navigation</option>   <option>phone</option>
63:         <option>plus</option>   <option>power</option>
64:         <option>recycle</option>   <option>refresh</option>
65:         <option>search</option>   <option>shop</option>
66:         <option>star</option>   <option>tag</option>
67:         <option>user</option>   <option>video</option>
68:         <option>qq</option>   <option>weixin</option>
69:     </select>
70:     </p>
71:     <label>选择位置：</label>
72:     <div data-role="controlgroup" data-type="horizontal" style="text-align:center">
73:         <label><input type="radio" id="r1" name="pos" value="left">左侧</label>
74:         <label><input type="radio" id="r2" name="pos" value="right">右侧</label>
75:         <label><input type="radio" id="r3" name="pos" value="top">顶部</label>
```

```
76:         <label><input type="radio" id="r4" name="pos" value="bottom">底部</label>
77:         <label><input type="radio" id="r5" name="pos" value="none">无图标</label>
78:         <label><input type="radio" id="r6" name="pos" value="notext">无文字</label>
79:      </div>
80:      <p><input type="button" value="测试按钮"></p>
81:      </div>
82:      <div data-role="footer">
83:         <h4>页脚区域</h4>
84:      </div>
85: </div>
86: </body>
87: </html>
```

源代码分析

第 10～第 19 行：在文档头部创建CSS样式表，定义两个CSS类样式，类名称分别为".ui-icon-qq: after"和".ui-icon-qq: weixin"，由此创建了两个自定义图标，图标名称分别为 qq 和 weixin。

第 20～第 31 行：将事件侦测事绑定到页面的 pagecreate 事件，设置了下拉式列表框的 change 事件处理程序和单选按钮的 click 事件处理程序。当从下拉式列表框中选择一个图标时，通过改变按钮的 icon 选项将所选图标应用于按钮；当单击某个单选按钮时，通过改变按钮的 iconpos 选项重新设置图标在按钮中的位置。

第 40～第 70 行：在段落中创建了一个下拉式列表框，其中包含 50 个内置图标名称和两个自定义图标名称。

第 72～第 79 行：创建一个控件组，其中包含的六个单选按钮沿水平方向排列，这些单选按钮用于设置图标在按钮中的位置。

第 80 行：在段落中使用 HTML input 元素创建了一个按钮。

在移动设备模拟器中打开上述网页，选择图标或位置并将设置应用于测试按钮，结果如图 3.11 所示。

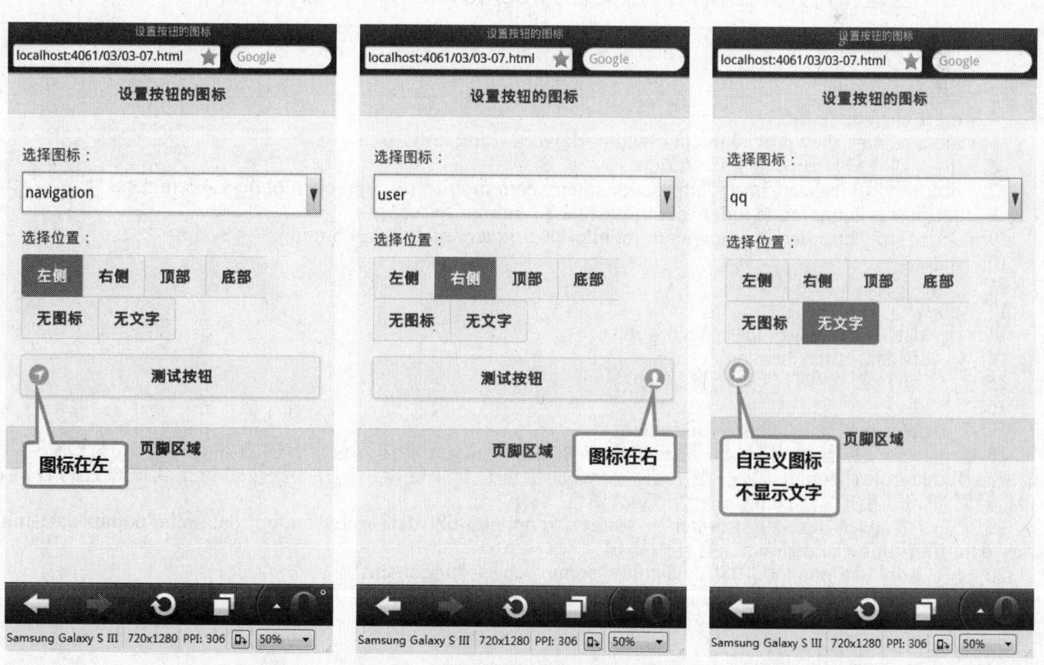

图 3.11　设置按钮的图标及其位置

3.2 弹出窗口

在移动网页中，可以直接使用原生的 JavaScript 对话框函数创建和打开弹出窗口，但这种窗口在样式上与整个页面不够统一，操作起来也不太方便。在 jQuery Mobile 移动开发中，可以使用专用的 popup 小部件来创建各种类型的弹出窗口，例如菜单、对话框以及图片灯箱等。此类弹出窗口覆盖在页面上展示，可以用于显示文本、图片、表单或其他内容。

3.2.1 创建和显示弹出窗口

要创建一个弹出窗口，需要执行以下两个步骤。

（1）添加一个 div 元素作为包含弹出内容（文本、图片等）的容器，并对该元素设置 id 属性，此外还要 data-role="popup"属性添加到该元素中。

（2）创建一个链接并将其 href 属性设置为字符“#”后跟上述容器 div 元素的 id 值，然后在链接中添加 data-rel="popup"属性，以便在单击这个链接时通知 jQuery Mobile 框架打开指定的弹出窗口。

默认情况下，弹出窗口具有圆角和阴影效果。如果想移除弹出窗口的圆角效果，可对容器 div 元素添加 data-corners="false"属性。如果希望移除阴影效果，则可对容器 div 元素添加 data-shadow="false"属性。如果需要为弹出窗口添加内边距和外边距，可对容器 div 元素应用 ui-content 类。弹出窗口通常包含在与链接相同的页面中，这时只能在该页面中使用它。若要在多个页面中共享同一个弹出窗口，则应将弹出窗口作为 body 的直接子级，请参阅 3.2.7。

例 3.8　创建和打开弹出窗口。源文件为/03/03-08.html，源代码如下。

```
 1: <!doctype html>
 2: <html>
 3: <head>
 4: <meta charset="utf-8">
 5: <meta name="viewport" content="width=device-width, initial-scale=1">
 6: <title>创建和打开弹出窗口</title>
 7: <link rel="stylesheet" href="http://code.jquery.com/mobile/1.4.5/jquery.mobile-1.4.5.min.css">
 8: <script src="http://code.jquery.com/jquery-2.1.3.min.js"></script>
 9: <script src="http://code.jquery.com/mobile/1.4.5/jquery.mobile-1.4.5.min.js"></script>
10: </head>
11:
12: <body>
13: <div data-role="page" id="page03-08">
14:     <div data-role="header">
15:         <h1>创建和打开弹出窗口</h1>
16:     </div>
17:     <div role="main" class="ui-content">
18:         <p>要创建弹出窗口，应在页面中添加一个 div 元素作为包含弹出内容的容器，并在这个 div
元素中添加 data-role="popup"属性；然后在同一页面中创建一个链接，并将该链接的 href 属性设置为容器 div
的 id，同时在该链接中添加 data-role="popup"属性。</p>
19:         <p style="text-align:center"><a href="#popup03-08" data-role="button" data-rel="popup"data-inline
="true" data-transition="slidedown">打开弹出窗口</a></p>
20:         <div id="popup03-08" data-role="popup" class="ui-content">
21:             <p>这是一个弹出窗口。单击这个窗口之外的区域即可关闭它。</p>
22:         </div>
23:     </div>
24:     <div data-role="footer">
25:         <h4>页脚区域</h4>
26:     </div>
27: </div>
```

```
28: </body>
29: </html>
```

源代码分析

第19行：在页面内容区域的段落中创建一个链接，将其href属性设置为"#popup03-08"，其中popup03-08为弹出窗口容器div的id，将其data-rel属性设置为"popup"，此外还将其data-transition属性设置为"slidedown"，以指定打开弹出窗口时使用的过渡效果。

第20～第22行：在同一个页面的内容区域中创建一个弹出窗口，将其id属性设置为"popup03-08"，将其data-role属性设置为"popup"，此外还对容器div元素添加了"ui-content"类，以便对弹出窗口添加内边距和外边距。

在移动设备模拟器中打开网页，然后单击"打开弹出窗口"按钮，此时将打开弹出窗口，弹出窗口覆盖在按钮上方，如图3.12所示。

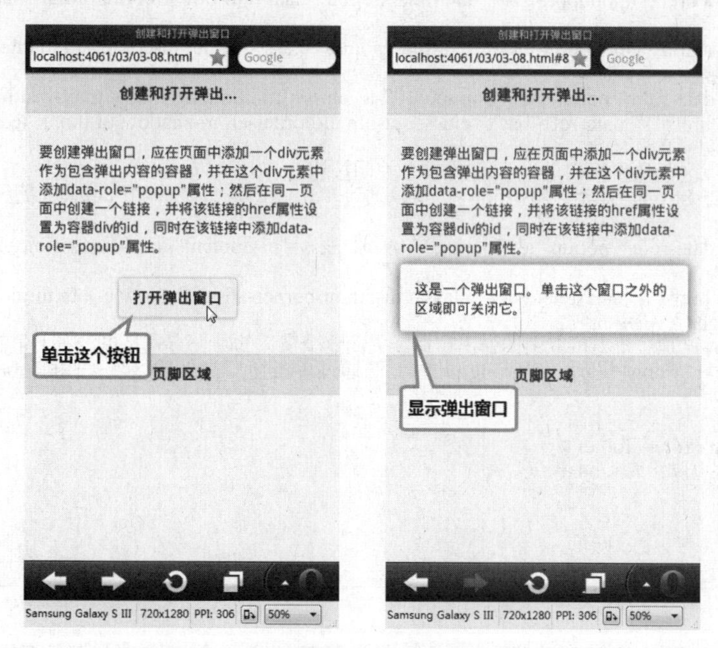

图3.12 创建和打开弹出窗口

3.2.2 关闭弹出窗口

默认情况下，单击弹出窗口之外的区域或按下Esc键即可关闭该窗口。如果不希望通过单击弹出窗口之外的区域来关闭弹出窗口，在容器div元素中添加data-dismissible="false"属性即可。此时需要在弹出窗口上添加关闭按钮，并在按钮中添加data-rel="back"属性，此外还可以通过样式ui-btn-left或ui-btn-right来控制关闭按钮的位置。

注意

在JavaScript脚本中，可以通过调用弹出窗口小部件的open方法打开弹出窗口，也可以通过调用该小部件的close方法关闭弹出窗口。

例3.9 在弹出窗口上添加关闭按钮。源文件为/03/03-09.html，源代码如下。

```
1: <!doctype html>
2: <html>
3: <head>
```

```
 4: <meta charset="utf-8">
 5: <meta name="viewport" content="width=device-width, initial-scale=1">
 6: <title>关闭弹出窗口</title>
 7: <link rel="stylesheet" href="http://code.jquery.com/mobile/1.4.5/jquery.mobile-1.4.5.min.css">
 8: <script src="http://code.jquery.com/jquery-2.1.3.min.js"></script>
 9: <script src="http://code.jquery.com/mobile/1.4.5/jquery.mobile-1.4.5.min.js"></script>
10: </head>
11:
12: <body>
13: <div data-role="page" id="page03-09">
14:     <div data-role="header">
15:         <h1>关闭弹出窗口</h1>
16:     </div>
17:     <div role="main" class="ui-content">
18:         <p>默认情况下，单击弹出窗口之外的区域或按下 Esc 键即可关闭该窗口。如果对弹出窗口添
加 data-dismissible="false"属性，则该窗口将变成一个不可取消的弹出窗口。</p>
19:         <p><a href="#popup03-09-a" data-rel="popup" class="ui-btn ui-corner-all ui-shadow">打开可取消
弹出窗口</a></p>
20:         <p><a href="#popup03-09-b" data-rel="popup" class="ui-btn ui-corner-all ui-shadow">打开不可取
消弹出窗口</a></p>
21:         <div data-role="popup" id="popup03-09-a" class="ui-content" style="max-width:220px;">
22:             <a href="#" data-rel="back" class="ui-btn ui-corner-all ui-shadow ui-btn ui-icon-delete ui-btn-
icon-notext ui-btn-left">关闭</a>
23:             <p>这个弹出窗口的左上角有一个关闭按钮。</p>
24:             <p><strong>提示：</strong>也可以通过单击弹出窗口之外的区域来关闭该窗口。</p>
25:         </div>
26:         <div data-role="popup" id="popup03-09-b" class="ui-content" data-dismissible="false" style=
"max-width:220px;">
27:             <a href="#" data-rel="back" class="ui-btn ui-corner-all ui-shadow ui-btn ui-icon-deleteui-btn-
icon-notext ui-btn-right">关闭</a>
28:             <p>这是一个不可取消的弹出窗口。关闭这个窗口的唯一方式是单击右上角的关闭按钮。</p>
29:             <p><strong>提示：</strong>此时无法通过单击窗口之外的区域关闭弹窗。</p>
30:         </div>
31:     </div>
32:     <div data-role="footer">
33:         <h4>页脚区域</h4>
34:     </div>
35: </div>
36: </body>
37: </html>
```

源代码分析

第 19 行：在页面内容区域中添加一个按钮，用于打开一个可取消的弹出窗口。

第 20 行：在页面内容区域中添加一个按钮，用于打开一个不可取消的弹出窗口。

第 21～第 25 行：在页面内容区域中添加一个弹出窗口，其 id 为 popup03-09-a，设置其最大宽度为 220 像素，在左上角添加一个关闭按钮。

第 26～第 30 行：在页面内容区域中添加一个弹出窗口，其 id 为 popup03-09-b，设置其最大宽度也是 220 像素，在右上角添加一个关闭按钮。由于添加了 data-dismissible= "false"属性，因此只能通过单击关闭按钮来关闭此窗口。

在移动设备模拟器中打开网页，对弹出窗口的关闭方式进行测试，结果如图 3.13 所示。

3.2.3 定位弹出窗口

默认情况下，弹出窗口总是显示在被单击元素的上方，这对于用作工具提示或菜单的弹出窗口是很有用的。如果希望对弹出窗口出现的位置进行控制，可以在用于打开弹出窗口的链接中设置 data-position-to 属性。这个属性的可能值如下。

- data-position-to="window"：弹出窗口显示在浏览器窗口中央。
- data-position-to="selector"：弹出窗口显示在任何有效选择器指定的元素上方。

- data-position-to="origin"：弹出窗口显示在被单击元素上方，这是默认值。

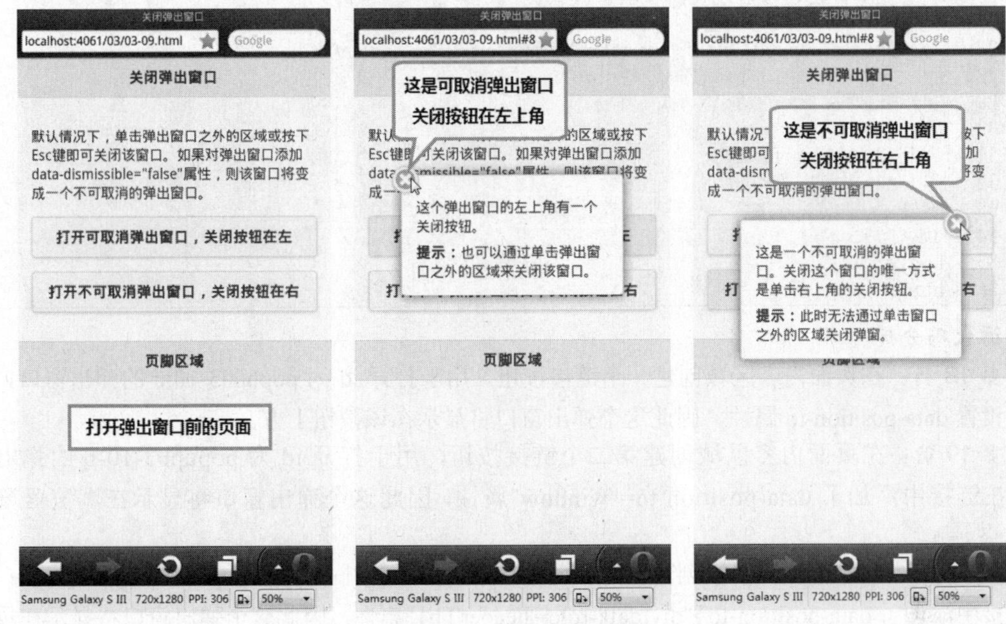

图 3.13 关闭弹出窗口

在 JavaScript 脚本中，可以通过设置弹出窗口小部件的 positionTo 选项来设置弹出窗口出现的位置。该选项为字符串，其默认值为 origin。设置 positionTo 选项的方法如下：

```
//使用指定的 positionTo 选项初始化弹出窗口
$(".selector").popup({positionTo: "window"});
//初始化后获取或设置 positionTo 选项
var positionTo=$(".selector").popup("option", "positionTo");
$(".selector").popup("option", "positionTo", "window");
```

例 3.10 定位弹出窗口。源文件为/03/03-10.html，源代码如下。

```
1: <!doctype html>
2: <html>
3: <head>
4: <meta charset="utf-8">
5: <meta name="viewport" content="width=device-width, initial-scale=1">
6: <title>定位弹出窗口</title>
7: <link rel="stylesheet" href="http://code.jquery.com/mobile/1.4.5/jquery.mobile-1.4.5.min.css">
8: <script src="http://code.jquery.com/jquery-2.1.3.min.js"></script>
9: <script src="http://code.jquery.com/mobile/1.4.5/jquery.mobile-1.4.5.min.js"></script>
10: </head>
11:
12: <body>
13: <div data-role="page" id="page03-10">
14:     <div data-role="header">
15:         <h1>定位弹出窗口</h1>
16:     </div>
17:     <div role="main" class="ui-content">
18:         <p><a href="#popup03-10-a" data-role="button" data-rel="popup">默认显示</a></p>
19:         <p><a href="#popup03-10-b" data-role="button" data-rel="popup" data-position-to="window">显
示在窗口中央</a></p>
20:         <p><a href="#popup03-10-c" data-role="button" data-rel="popup"data-position-to="div[data-role=
'header'] h1">显示在标题栏</a></p>
21:         <div id="popup03-10-a" data-role="popup" class="ui-content">
22:             <p>弹出窗口显示在被单击的按钮上。</p>
23:         </div>
```

```
24:         <div id="popup03-10-b" data-role="popup" class="ui-content">
25:             <p>弹出窗口显示在浏览器窗口中央。</p>
26:         </div>
27:         <div id="popup03-10-c" data-role="popup" class="ui-content">
28:             <p>弹出窗口显示在标题栏</p>
29:         </div>
30:     </div>
31:     <div data-role="footer">
32:         <h4>页脚区域</h4>
33:     </div>
34: </div>
35: </body>
36: </html>
```

源代码分析

第 18 行：在页面内容区域创建一个链接按钮，用于打开 id 为 popup03-10-a 的弹出窗口，由于未设置 data-position-to 属性，因此这个弹出窗口将显示在该按钮上方。

第 19 行：在页面内容区域创建第二个链接按钮，用于打开 id 为 popup03-10-b 的弹出窗口，在链接中添加了 data-position-to="window"属性，因此这个弹出窗口将显示在浏览器窗口的中央。

第 20 行：在页面内容区域创建第二个链接按钮，用于打开 id 为 popup03-10-b 的弹出窗口，在链接中添加了 data-position-to="div[data-role='header'] h1"属性，因此这个弹出窗口将显示在页面标题栏附近。

第 21～第 23 行、第 24～第 26 行、第 27～第 29 行：在页面内容区域依次创建了三个弹出窗口，它们的 id 分别为 popup03-10-a、popup03-10-b 和 popup03-10-c，对它们都应用了 ui-content 类。

在移动设备模拟器中打开网页，依次通过单击不同的按钮打开相应的弹出窗口，注意观察弹出窗口出现的位置，结果如图 3.14 所示。

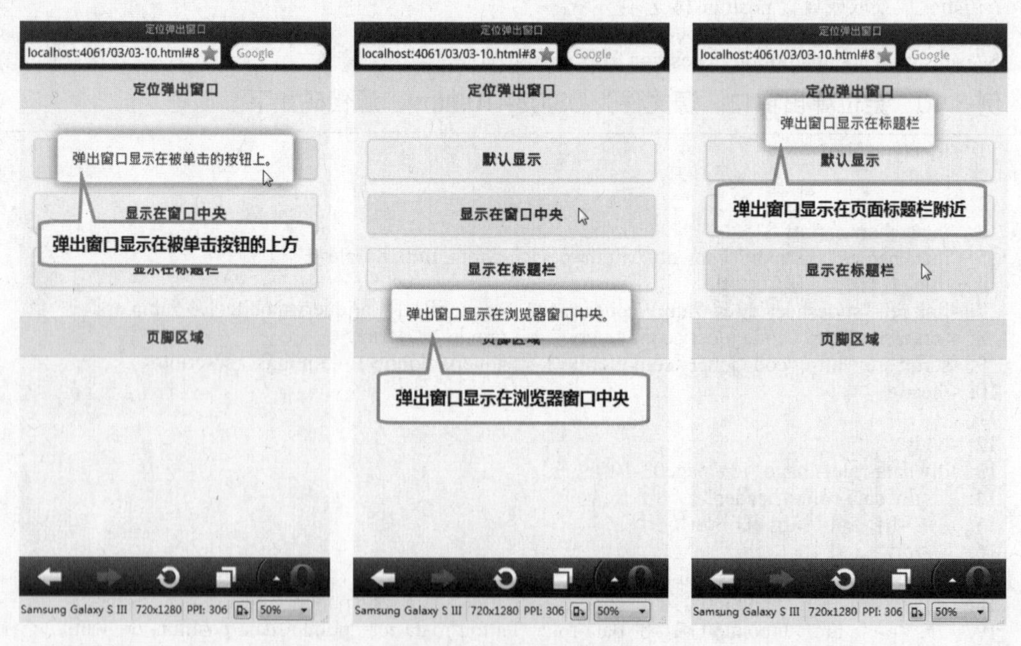

图 3.14　定位弹出窗口

3.2.4 设置弹出窗口切换动画

默认情况下，弹出窗口可以像页面、对话框一样使用动画方式打开。至于使用哪种动画方式，可以在用于打开弹出窗口的链接中添加 data-transition 属性，以指定所需要的任何动画效果。不过，为了看起来更像对话框，建议使用 pop、slidedown 或 flip 的切换动画效果。

在 JavaScript 脚本中，可以通过设置弹出窗口小部件的 transition 选项来指定所使用的默认动画效果。该选项为字符串，没有默认值。如果通过单击链接打开弹出窗口，并且在链接设置了 data-transition 属性，则该属性值将覆盖 transition 选项的值。

设置 transition 选项的方法如下：

```
//使用指定的 transition 选项初始化弹出窗口
$(".selector" ).popup({transition: "pop"});
//初始化后获取 transition 选项
var transition= $(".selector").popup("option", "transition");
//初始化后获取 transition 选项
$(".selector").popup("option", "transition", "pop");
```

例 3.11　设置弹出窗口切换动画。源文件为/03/03-11.html，源代码如下。

```
 1: <!doctype html>
 2: <html>
 3: <head>
 4: <meta charset="utf-8">
 5: <meta name="viewport" content="width=device-width, initial-scale=1">
 6: <title>设置弹出窗口切换动画</title>
 7: <link rel="stylesheet" href="http://code.jquery.com/mobile/1.4.5/jquery.mobile-1.4.5.min.css">
 8: <script src="http://code.jquery.com/jquery-2.1.3.min.js"></script>
 9: <script src="http://code.jquery.com/mobile/1.4.5/jquery.mobile-1.4.5.min.js"></script>
10: <script>
11: $(document).on("pagecreate", function() {
12:     $("#popup03-11").popup({
13:         afteropen: function() {
14:             var transition=$("select").val();
15:             $("#tr").html("当前动画效果为：<em>"+transition+"</em>");
16:         }
17:     });
18:     $("p a").click(function() {
19:         var transition=$("select").val();
20:         $("#popup03-11").popup("option",{
21:             ransition: transition,
22:             positionTo: "div h1"})
23:         .popup("open");
24:     });
25: });
26: </script>
27: </head>
28:
29: <body>
30: <div data-role="page" id="page03-11">
31:     <div data-role="header">
32:         <h1>设置弹出窗口切换动画</h1>
33:     </div>
34:     <div role="main" class="ui-content">
35:         <p>在下面选择一种切换效果，然后通过单击按钮打开弹出窗口。</p>
36:         <p><select>
37:             <option value="fade">淡入淡出</option>
38:             <option value="flip">向前翻动</option>
39:             <option value="flow">抛出</option>
40:             <option value="pop">弹出</option>
41:             <option value="slide">从右向左滑动</option>
42:             <option value="slidefade">滑动淡入</option>
43:             <option value="slideup">从下向上滑动</option>
44:             <option value="slidedown">从上向下滑动</option>
45:             <option value="turn">翻转</option>
46:             <option value="none">无过渡效果</option>
47:         </select></p>
48:         <p><a href="#" data-role="button">打开弹出窗口</a></p>
49:         <div id="popup03-11" data-role="popup" class="ui-content">
50:             <p>这是一个弹出窗口。</p>
```

```
51:            <p id="tr"></p>
52:        </div>
53:    </div>
54:    <div data-role="footer">
55:        <h4>页脚区域</h4>
56:    </div>
57: </div>
58: </body>
59: </html>
```

源代码分析

第 10～第 26 行：将事件侦测器绑定到页面的 pagecreate 事件，设置弹出窗口的 afteropen 事件和链接的 click 事件的处理程序。

第 12～第 17 行：设置弹出窗口的 afteropen 事件处理程序，打开弹出窗口后会触发此事件，首先获取用户从下拉式列表中当前选择的动画效果，然后在弹出窗口包含的段落中显示所选效果的名称。

第 18～24 行：设置链接按钮的 click 事件处理程序，在页面上单击该按钮时会触发此事件，首先获取用户从下拉式列表中当前选择的动画效果，然后将对弹出窗口的 transition 和 positionTo 选项进行设置，前者指定打开弹出窗口时的切换动画，后者则指定弹出窗口显示在页面标题栏附近。

第 36～第 47 行：在页面内容区域的段落中添加一个下拉式列表框，用于列出所有可用的动画切换效果。

第 48 行：在段落中创建一个链接按钮，将其 href 属性设置为“#”，在这里并没有指定要打开的目标窗口。

第 49～第 52 行：在页面内容区域创建一个 id 为 popup03-11 的弹出窗口，并对该窗口应用了 ui-content 类，其中包含一个 id 为 tr 的空白段落，用于显示当前所选效果。

在移动设备模拟器中打开网页，从下拉式列表框中选择一种动画效果，然后单击“打开弹出窗口”按钮，注意观察打开弹出窗口时所使用的动画效果和弹出窗口中显示的效果名称，结果如图 3.15 所示。

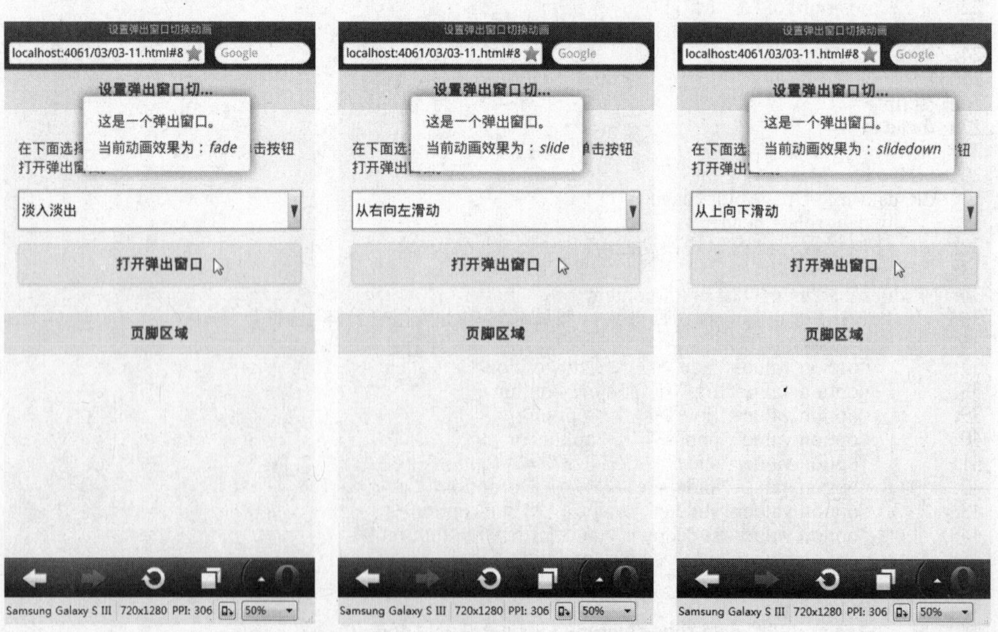

图 3.15　设置弹出窗口的切换动画

3.2.5 创建带箭头的弹出窗口

默认情况下，弹出窗口呈现为一个圆角矩形区域，有时候可能希望在这个矩形区域的某条边上放置一个小箭头，以指向页面中的特定元素。在这种情况下，可以对弹出窗口添加数据属性data-arrow，以设置是否在弹出窗口的某条边上绘制箭头，该属性为字符串或布尔类型，默认值为空字符串。

设置data-arrow属性时可以使用多种数据类型。如果设置为字符串，则可以使用逗号分隔的字母l、t、r和b（分别表示左侧、顶部、右侧和底部）的列表，例如data-arrow="t, b"。当设置为布尔类型时，true值等于字母列表“t, r, b, l”，这个列表指示代码应尝试放置箭头的哪些边，此时将尝试按照列表中指定的顺序在每条边上放置箭头，直到获得一个位置，使箭头精确地指向所需的坐标。如果字母列表是空的，则对应于false值，表示不显示箭头。

在JavaScript脚本中，可以使用arrow选项来设置是否在弹出窗口的某条边上绘制箭头。arrow选项的使用方法如下：

```
//使用指定的 arrow 选项来初始化弹出窗口
$(".selector").popup({arrow: "l,t,r,b"});
//初始化后获取 arrow 选项
var arrow=$(".selector").popup( "option", "arrow");
//初始化后设置 arrow 选项
$(".selector" ).popup("option", "arrow", "l, t, r, b");
```

例3.12 创建带箭头的弹出窗口。源文件为/03/03-12.html，源代码如下。

```
 1: <!doctype html>
 2: <html>
 3: <head>
 4: <meta charset="utf-8">
 5: <meta name="viewport" content="width=device-width, initial-scale=1">
 6: <title>带箭头的弹出窗口</title>
 7: <link rel="stylesheet" href="http://code.jquery.com/mobile/1.4.5/jquery.mobile-1.4.5.min.css">
 8: <script src="http://code.jquery.com/jquery-2.1.3.min.js"></script>
 9: <script src="http://code.jquery.com/mobile/1.4.5/jquery.mobile-1.4.5.min.js"></script>
10: <script>
11: $(document).on("pagecreate", function() {
12:     $("a").click(function(e) {
13:         $("#popup03-12").popup("option", {
14:             arrow: e.target.id,
15:             positionTo: "#demo"
16:         }).popup("open");
17:     });
18:     $("#popup03-12").popup({
19:         afteropen: function() {
20:             var arrow=$(this).popup("option", "arrow");
21:             var msg=$("#"+arrow).text();
22:             $("#arrow").html(msg);
23:         }
24:     });
25: });
26: </script>
27: </head>
28:
29: <body>
30: <div data-role="page" id="page03-12">
31:     <div data-role="header">
32:         <h1>带箭头的弹出窗口</h1>
```

```
33:    </div>
34:    <div role="main" class="ui-content">
35:       <p>单击下面的按钮打开一个带箭头的弹出窗口。</p>
36:       <p style="text-align:center;">
37:          <a id="l" href="#" data-role="button" data-rel="popup" data-inline="true">箭头在左侧</a>
38:          <a id="r" href="#" data-role="button" data-rel="popup" data-inline="true">箭头在右侧</a>
39:       </p>
40:       <p style="text-align:center;">
41:          <a id="t" href="#" data-role="button" data-rel="popup" data-inline="true">箭头在顶部</a>
42:          <a id="b" href="#" data-role="button" data-rel="popup" data-inline="true">箭头在底部</a>
43:       </p>
44:       <p style="line-height:2">弹出窗口将出现在<span id="demo" style="border:thin solid grey; color:
red; margin: 6px; padding: 3px;">这里</span>。</p>
45:    </div>
46:    <div id="popup03-12" data-role="popup" class="ui-content">
47:       <p>我是弹出窗口</p>
48:       <p id="arrow" style="text-align:center;"></p>
49:    </div>
50:    <div data-role="footer">
51:       <h4>页脚区域</h4>
52:    </div>
53: </div>
54: </body>
55: </html>
```

源代码分析

第 12～第 24 行：首先设置四个链接按钮的 click 事件处理程序，单击不同按钮时将弹出窗口的 arrow 选项设置为不同的值并打开弹出窗口；然后设置弹出窗口的 afteropen 事件处理程序，获取 arrow 选项的当前值并显示在弹出窗口中。

第 44 行：段落中包含一个 id 为 demo 的 span 元素，将在其附近显示弹出窗口。

第 46～第 49 行：创建一个弹出窗口，id 为 arrow 的空白段落用于显示箭头的位置。

在模拟器中打开网页，对箭头位于不同位置的弹出窗口进行测试，结果如图 3.16 所示。

图 3.16　创建带有箭头的弹出窗口

3.2.6 设置弹出窗口主题

弹出窗口具有两个与主题相关的属性：即 data-theme 和 data-overlay-theme。前者用于设置弹出窗口本身的主题，后者则用于设置是弹出窗口背景的主题，此背景将覆盖在弹出窗口后面的整个窗口上。

data-theme 属性用于设置弹出内容的颜色方案。默认情况下，弹出窗口将继承所在页面的主题，也可以通过硬编码值来设置弹出窗口的主题。如果将该属性明确设置为 none，则弹出窗口将是透明的，根本不会有任何主题，这种场景可以在通过弹出窗口显示具有透明背景的图片遇到。相应的选项是 theme，设置方法如下：

```
//使用指定的 theme 选项初始化弹出窗口
$(".selector").popup({theme: "b"});
//初始化后获取弹出窗口的 theme 选项
var theme=$(".selector").popup("option", "theme");
//初始化后设置弹出窗口的 theme 选项
$(".selector").popup("option", "theme", "b");
```

data-overlay-theme 属性用于设置弹出窗口的背景颜色方案，此背景将覆盖在弹出窗口后面的整个浏览器窗口上。如果没有明确设置该属性，弹出窗口的背景将是透明的。除非对该属性进行显式设置，例如 data-overlay-theme="b"，则弹出窗口的背景将淡入淡出并遮蔽浏览器窗口的其余部分，以引起对弹出窗口的关注。相应的选项为 overlayTheme，设置方法如下：

```
//使用指定的 overlayTheme 初始化弹出窗口
$(".selector" ).popup({overlayTheme: "b"});
//初始化后获取弹出窗口的 overlayTheme 选项：
var overlayTheme=$(".selector" .popup("option", "overlayTheme");
//初始化后设置弹出窗口的 overlayTheme 选项
$(".selector").popup("option", "overlayTheme", "b");
```

例 3.13 设置弹出窗口本身及其背景的颜色方案。源文件为/03/03-13.html，源代码如下。

```
 1: <!doctype html>
 2: <html>
 3: <head>
 4: <meta charset="utf-8">
 5: <meta name="viewport" content="width=device-width, initial-scale=1">
 6: <title>设置弹出窗口主题</title>
 7: <link rel="stylesheet" href="http://code.jquery.com/mobile/1.4.5/jquery.mobile-1.4.5.min.css">
 8: <script src="http://code.jquery.com/jquery-2.1.3.min.js"></script>
 9: <script src="http://code.jquery.com/mobile/1.4.5/jquery.mobile-1.4.5.min.js"></script>
10: <script>
11: $(document).on("pagecreate", function() {
12:     $("a").click(function(e) {
13:         var theme, overlay;
14:         var linkid=e.target.id;
15:         switch(linkid) {
16:             case "link1":
17:                 theme="a";
18:                 overlay="none";
19:                 break;
20:             case "link2":
21:                 theme="b";
22:                 overlay="none";
23:                 break;
24:             case "link3":
25:                 theme="a";
26:                 overlay="a";
```

```
27:             break;
28:          case "link4":
29:             theme="a";
30:             overlay="b";
31:             break;
32:          case "link5":
33:             theme="b";
34:             overlay="a";
35:             break;
36:          case "link6":
37:             theme="b";
38:             overlay="b";
39:             break;
40:       }
41:       $("#popup03-13").popup({
42:          theme: theme,
43:          overlayTheme: overlay
44:       }).popup("open");
45:    });
46: });
47: </script>
48: </head>
49:
50: <body>
51: <div data-role="page" id="page03-13">
52:    <div data-role="header">
53:       <h1>设置弹出窗口主题</h1>
54:    </div>
55:    <div role="main" class="ui-content">
56:       <p><a id="link1" href="#" data-role="button">弹窗 A+背景透明</a></p>
57:       <p><a id="link2" href="#" data-role="button">弹窗 B+背景透明</a></p>
58:       <p><a id="link3" href="#" data-role="button">弹窗 A+背景 A</a></p>
59:       <p><a id="link4" href="#" data-role="button">弹窗 A+背景 B</a></p>
60:       <p><a id="link5" href="#" data-role="button">弹窗 B+背景 A</a></p>
61:       <p><a id="link6" href="#" data-role="button">弹窗 B+背景 B</a></p>
62:       <div id="popup03-13" data-role="popup" class="ui-content" data-arrow="t" data-position-to="div h1">
63:          <p>这是一个弹出窗口。</p>
64:       </div>
65:    </div>
66:    <div data-role="footer">
67:       <h4>页脚区域</h4>
68:    </div>
69: </div>
70: </body>
71: </html>
```

源代码分析

第 10～第 48 行： 将事件侦测器绑定到页面的 pagecreate 事件。

第 12～第 45 行： 设置各个链接按钮的 click 事件处理程序。当单击某个按钮时，首先检测单击了哪个按钮，根据被单击按钮的不同，对弹出窗口的 theme 和 overlayTheme 选项的值进行设置，然后使用不同的弹出窗口主题和背景主题打开该弹出窗口。

第 56～第 61 行： 在页面内容区域添加了六个链接按钮。

第 62～第 64 行： 在页面内容区域创建了一个弹出窗口，通过 data-arrow="t"属性设置其上边缘带箭头，通过 data-position-to="div h1"属性设置此弹出窗口显示在页面的页眉区域附近。

在模拟器中打开网页，对弹出窗口及其背景的颜色方案进行测试，如图 3.17 所示。

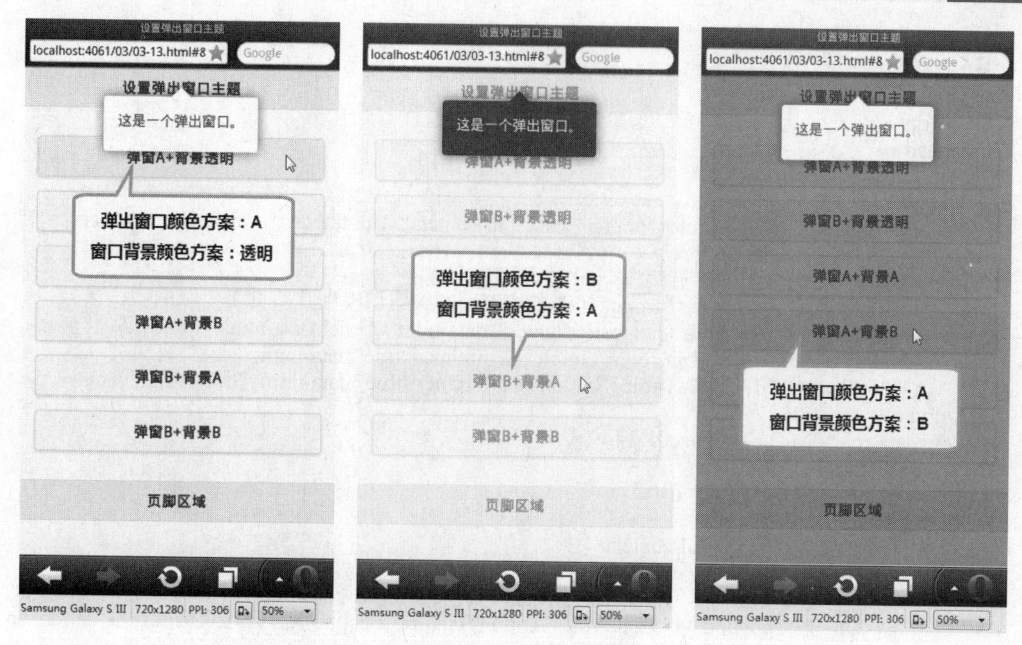

图 3.17 设置弹出窗口及其背景的颜色方案

3.2.7 跨页使用弹出窗口

默认情况下，弹出窗口包含在链接所在的页面中，此时只能在该页面上使用这个弹出窗口。如果要在多个页面上使用同一个弹出窗口，则必须将其声明为 body 元素的直接子元素，此时弹出窗口位于任何页面之外，它可以显示在文档中的任何页面上。

如果在任何页面之外定义弹出窗口，则必须通过调用 enhanceWithin()方法来增强匹配元素集合中所有元素的所有子元素，从而对弹出窗口中的所有部件进行实例化。由于现在弹出窗口不在任何页面上，因此，这个操作必须通过调用$(document).ready()方法在文档加载就绪时立即执行。在这种情况下，还必须明确设置弹出窗口的 data-theme 属性，否则弹出窗口将使用透明背景，原因是它无法从父级页面那里继承。

例 3.14 创建跨页面弹出窗口。源文件为/03/03-14.html，源代码如下。

```
 1: <!doctype html>
 2: <html>
 3: <head>
 4: <meta charset="utf-8">
 5: <meta name="viewport" content="width=device-width, initial-scale=1">
 6: <title>创建跨页面弹出窗口</title>
 7: <link rel="stylesheet" href="http://code.jquery.com/mobile/1.4.5/jquery.mobile-1.4.5.min.css">
 8: <script src="http://code.jquery.com/jquery-2.1.3.min.js"></script>
 9: <script src="http://code.jquery.com/mobile/1.4.5/jquery.mobile-1.4.5.min.js"></script>
10: <style>
11: div[role='main'] h2 {
12:     font-size: 16px;
13: }
14: </style>
15: <script>
16: $(function() {
17:     $("#popup03-14").enhanceWithin().popup({
18:         afteropen: function() {
19:             var pageId = $("body").pagecontainer("getActivePage").get(0).id;
20:             var title = $("div#" + pageId + " div[role='main'] h2").html();
21:             $("#popup03-14 p strong").html(title);
```

```
22:         }
23:     });
24: });
25: </script>
26: </head>
27:
28: <body>
29: <div id="popup03-14" data-role="popup" class="ui-content" data-theme="a" data-overlay-theme="b"
data-arrow="t" style="max-width: 260px;">
30:     <p>这是一个跨页面弹出窗口。</p>
31:     <p>当前页面是 <strong></strong>，请单击下面的按钮切换到其他页面 。</p>
32:     <p><a href="#page03-14-a" data-role="button" data-inline="true" data-mini="true">第一页</a>
33:     <a href="#page03-14-b" data-role="button" data-inline="true" data-mini="true">第二页</a>
34:     <a href="#page03-14-c" data-role="button" data-inline="true" data-mini="true">第三页</a></p>
35: </div>
36: <div data-role="page" id="page03-14-a">
37:     <div data-role="header">
38:         <h1>跨页面弹出窗口</h1>
39:     </div>
40:     <div role="main" class="ui-content">
41:         <h2>第一页</h2>
42:         <p>这里是第一页。请单击下面的按钮打开跨页面弹出窗口。</p>
43:         <p><a href="#popup03-14" data-role="button" data-rel="popup">打开跨页面弹出窗口</a></p>
44:     </div>
45:     <div data-role="footer">
46:         <h4>第一页页脚</h4>
47:     </div>
48: </div>
49: <div data-role="page" id="page03-14-b">
50:     <div data-role="header">
51:         <h1>跨页面弹出窗口</h1>
52:     </div>
53:     <div role="main" class="ui-content">
54:         <h2>第二页</h2>
55:         <p>这里是第二页。请单击下面的按钮打开跨页面弹出窗口。</p>
56:         <p><a href="#popup03-14" data-role="button" data-rel="popup">打开跨页面弹出窗口</a></p>
57:     </div>
58:     <div data-role="footer">
59:         <h4>第二页页脚</h4>
60:     </div>
61: </div>
62: <div data-role="page" id="page03-14-c">
63:     <div data-role="header">
64:         <h1>跨页面弹出窗口</h1>
65:     </div>
66:     <div role="main" class="ui-content">
67:         <h2>第三页</h2>
68:         <p>这里是第三页。请单击下面的按钮打开跨页面弹出窗口。</p>
69:         <p><a href="#popup03-14" data-role="button" data-rel="popup">打开跨页面弹出窗口</a></p>
70:     </div>
71:     <div data-role="footer">
72:         <h4>第三页页脚</h4>
73:     </div>
74: </div>
75: </body>
76: </html>
```

源代码分析

第 15～第 25 行：设置文档加载就绪时执行的操作。首先对弹出窗口容器 div 元素调用 enhanceWithin()方法，以实例化弹出窗口上包含的所有组合，然后对弹出窗口进行初始化，并设置了其 afteropen 事件处理程序。当打开弹出窗口后会触发 afteropen 事件。

第 19 行：通过调用 pagecontainer 小部件的 getActivePage 方法获取当前活动页面。

第 20 行：获取当前活动页面内容区域中的二级标题内容。

第 21 行：在弹出窗口中显示当前活动页面内容区域的二级标题。

第 29～35 行：在文档的 body 元素中创建弹出窗口，其 id 为 popup03-14。对该弹出窗口本身及其背景主题颜色方案进行设置，设置在其上边缘显示箭头，限制其最大宽度为 260 像素。在该弹出窗口中添加三个微型内联按钮，用于在不同页面之间导航。

第 36～第 48 行、第 49～第 61 行、第 62～74 行：在弹出窗口下面创建三个页面，其 id 分别为 page03-14-a、page03-14-b 和 page03-14-c，它们与 d 为 popup03-14 的弹出窗口一样都是 body 元素的直接子元素。在这三个页面中都可以使用这个弹出窗口。

在移动设备模拟器中打开网页，在页面上单击“打开跨页面弹出窗口”按钮，此时将打开弹出窗口，其中显示当前的活动页面，单击下面的导航按钮可以在不同页面之间切换，结果如图 3.17 所示。

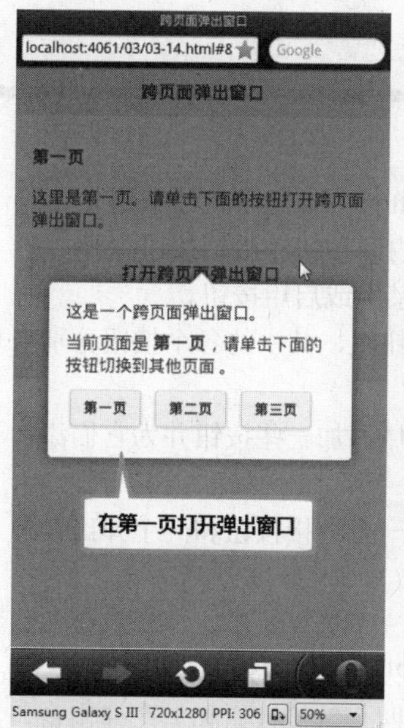

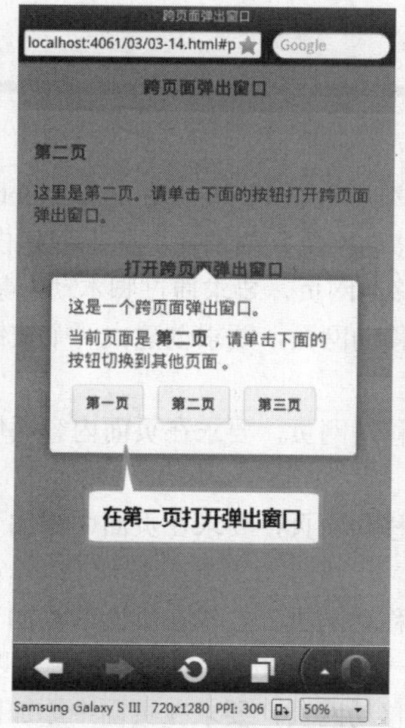

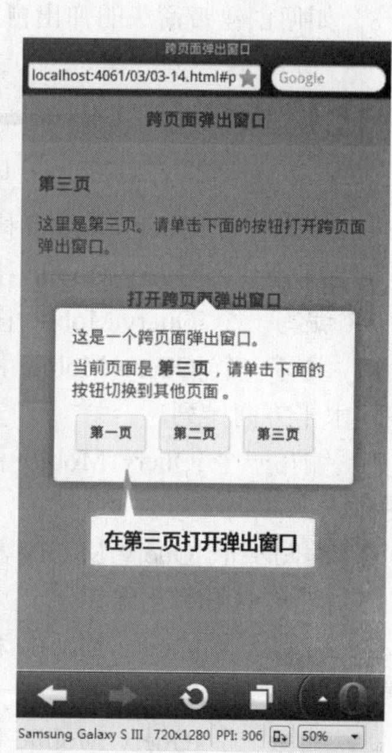

图 3.17　在多个页面上使用同一个弹出窗口

习题 3

一、选择题

1. 要使按钮上显示齿轮图标，可将 data-icon 属性设置为（　　）。

   A．back　　B．gear　　C．grid　　D．location

2. 要使弹出窗口显示在指定元素的上方，可将 data-position-to 属性设置为（　　）。

   A．元素的 id　　B．元素的选择器　　C．window　　D．origin

3. 要使弹出窗口的底部显示箭头，可将 data-arrow 属性设置为（　　）。

   A．l　　B．t　　C．r　　D．b

二、判断题

1.（　　）对于所有按钮，添加属性 disabled="true"即可将其禁用。

2.（　　）要使控件组内的子级水平方向排列，可将容器的 data-type 属性设置为 horizontal。

3.（　　）要设置按钮的配色，可使用 data-theme 属性。

4.（　　）使用 data-theme 属性可以设置弹出窗口背景的主题。

三、简答题

1．在 jQuery Mobile 页面中按钮有哪些形式？

2．如何设置内联按钮？

3．如何设置微型按钮？

4．如何组合按钮？

5．如何设置按钮上的图标？

6．如何设置图标在按钮中的位置？

7．如何创建弹出窗口？

8．如何创建带箭头的弹出窗口？

上机操作 3

1．编写一个 jQuery Mobile 移动网页，要求使用 input、button 和 a 元素创建按钮。

2．编写一个 jQuery Mobile 移动网页，要求在页面上创建内联按钮和微型按钮。

3．编写一个 jQuery Mobile 移动网页，要求通过脚本动态禁用或启用按钮。

4．编写一个 jQuery Mobile 移动网页，要求创建由两个按钮组，其中的各个按钮分别沿垂直方向和水平方向排列。

5．编写一个 jQuery Mobile 移动网页，要求在页面内容区域添加一些按钮并为它们添加不同的图标。

6．编写一个 jQuery Mobile 移动网页，要求在页面中添加一个链接按钮和一个弹出窗口，当单击该按钮时打开弹出窗口。

7．编写一个 jQuery Mobile 移动网页，要求在页面内添加一个选择菜单、一个链接按钮和一个弹出窗口，从选择菜单中选择一种切换动画并单击按钮时，以所选动画效果打开弹出窗口。

8．编写一个 jQuery Mobile 移动网页，要求在页面中添加四个链接按钮和一个弹出窗口，当单击这些按钮时将打开在不同方向上带有箭头的弹出窗口。

9．编写一个 jQuery Mobile 移动网页，要求在文档中创建三个页面并在所有页面之外创建一个弹出窗口，能够在各个页面中打开这个弹出窗口。

工具栏与导航栏

移动网页通常具有三个组成部分，即页眉、内容区域和页脚。页眉和页脚都可以使用工具栏来增强，除了显示页面标题和页脚文本外，还可以添加用于导航或操作的按钮。要使用更多的导航按钮，则可以通过在页面中添加导航栏来实现，这是移动网页中常用的布局方式之一。本章将讨论如何创建和应用工具栏和导航栏。

4.1 工 具 栏

工具栏小部件用于增强页面的页眉和页脚，由此形成的工具栏即为页眉工具栏和页脚工具栏。除了显示页面标题和页面脚注之外，还可以在页眉工具栏和页脚工具栏中添加按钮。工具栏既可以位于某个页面内部，也可以位于所有页面之外；工具栏既可以随着页面内容而滚动，也可以固定在视口的顶部或底部，还可以在查看页面内容时完全从屏幕上消失。

4.1.1 页眉工具栏

页眉工具栏是位于页面顶部的工具栏，其中包含页面标题文本，在标题两侧可以放置按钮，用于导航或操作。页眉工具栏的基本结构如下：

```
<div data-role="header">
  <h1>页面标题</h1>
</div>
```

通常在页眉工具栏中使用 h1 标题元素来创建页面标题，但是也可以根据语义表达的需要使用任何级别的标题（h1～h6）。标题是工具栏的直接子元素，jQuery Mobile 框架会将类 ui-title 添加到该标题中。为了保持视觉的一致性，默认情况下应用 ui-title 类的所有级别标题在样式上都是相同的。

在标准页眉工具栏配置中，文本标题的两侧都设有按钮插槽，要添加的按钮通常是具有属性 data-role="button"的 a 元素或 button 元素。为了节省空间，工具栏中的按钮自动呈现为微型内联样式，因此按钮的宽度由所包含的文本和图标决定。

在页眉工具栏中只能添加两个按钮，它们分别位于标题的左侧和右侧。工具栏插件会查找页眉容器的直接子元素，并按照源代码顺序自动设置第一个链接为左侧插槽中的按钮，第二个链接为右侧插槽中的按钮。如果希望指定放置按钮的位置，则可以对按钮应用 ui-btn-left 或 ui-btn-right 类。

默认情况下，页眉工具栏从页面继承主题样本，所添加的按钮从页眉工具栏中继承主题样式。但也可以根据需要在页眉 div 元素或按钮中使用 data-theme 属性来设置主题样本颜色，或者在脚本中通过设置 theme 选项来更改主题样本颜色。脚本代码如下：

```
//使用指定的 theme 选项初始化工具栏
$(".selector").toolbar({theme: "b"});
//工具栏初始化后获取 theme 选项
var theme=$(".selector").toolbar( "option", "theme");
//工具栏初始化后获取 theme 选项
$(".selector").toolbar("option", "theme", "b");
```

将按钮添加到没有标题的工具栏中。标题栏中的标题具有一定的边距，这将形成工具栏的高度。如果不在工具栏中使用标题，则需要添加一个元素并对其应用 class="ui-title"类，从而使该工具栏获得高度并得到正确显示。HTML 代码如下：

```
<div data-role="header">
    <a href="#" data-icon="gear" class="ui-btn-right">设置</a>
    <span class="ui-title">
</div>
```

添加后退按钮。如果在页眉工具栏 div 中添加 data-add-back-btn="true"属性，或将工具栏插件的 addBackBtn 选项设置为 true，则会自动在页眉工具栏上生成一个“后退”按钮。如果要配置后退按钮的文本，可以在工具栏元素上设置 data-back-btn-text 属性，也可以通过工具栏插件的 backBtnText 选项以编程方式进行设置。如果要配置后退按钮的主题，可以在工具栏元素上设置 data-back-btn-theme 属性，也可以通过使用工具栏插件的 backBtnTheme 选项以编程方式进行设置。

例 4.1　在页眉工具栏中添加按钮。源文件为/04/04-01.html，源代码如下。

```
 1: <!doctype html>
 2: <html>
 3: <head>
 4: <meta charset="utf-8">
 5: <meta name="viewport" content="width=device-width,initial-scale=1">
 6: <title>在页眉工具栏中添加按钮</title>
 7: <link rel="stylesheet" href="http://code.jquery.com/mobile/1.4.5/jquery.mobile-1.4.5.min.css">
 8: <script src="http://code.jquery.com/jquery-2.1.3.min.js"></script>
 9: <script src="http://code.jquery.com/mobile/1.4.5/jquery.mobile-1.4.5.min.js"></script>
10: </head>
11:
12: <body>
13: <div data-role="page" id="page04-01-a">
14:     <div data-role="header">
15:         <h1>添加页眉按钮</h1>
16:         <a href="#page04-01-b" class="ui-btn ui-corner-all ui-shadow ui-icon-carat-r ui-btn-icon-right
ui-btn-right">下一页</a>
17:         <a href="#" class="ui-btn ui-corner-all ui-shadow ui-icon-home i-btn-icon-left ui-btn-left">首页</a>
18:     </div>
19:     <div role="main" class="ui-content">
20:         <h2 style="font-size:16px;">在页眉工具栏中添加按钮</h2>
21:         <p>在页面页眉区域只能添加两个按钮，分别位于页面标题的两侧。</p>
22:         <p>默认情况下，按照源代码顺序，第一个按钮位于标题的左侧，第二个按钮位于标题的右侧。
如果希望指定按钮的位置，可以对按钮应用 ui-btn-left 或 ui-btn-right 类。</p>
23:     </div>
24:     <div data-role="footer">
25:         <h4>页脚区域</h4>
26:     </div>
27: </div>
28: <div data-role="page" id="page04-01-b">
```

```
    29:    <div data-role="header" data-theme="b" data-add-back-btn="true" data-back-btn-text="上一页"
data-back-btn-theme="a">
    30:        <h1>添加后退按钮</h1>
    31:    </div>
    32:    <div role="main" class="ui-content">
    33:        <h2 style="font-size:16px;">在页眉工具栏中添加后退按钮</h2>
    34:        <p>在页眉工具栏元素上添加 data-add-back-btn="true"属性时，将在该工具栏上生成一个后退按
钮。</p>
    35:        <p>后退按钮的文本可以用 data-back-btn-text 属性来定义，后退按钮的主题从工具栏继承，也
可以用 data-back-btn-theme 属性来指定。</p>
    36:    </div>
    37:    <div data-role="footer" data-theme="b">
    38:        <h4>页脚区域</h4>
    39:    </div>
    40: </div>
    41: </body>
    42: </html>
```

源代码分析

第 13～第 27 行：在文档的 body 元素中创建一个页面，其 id 为 page04-01-a。该页面由页眉、内容区域和页脚三个部分组成。

第 19～第 23 行：在页面中添加页眉区域，在该区域中添加页面标题和两个按钮。通过应用 ui-btn-left 和 ui-btn-right 类，使其中的一个按钮位于标题的左侧，另一个按钮位于标题的右侧。

第 28～第 40 行：在文档的 body 元素中添加另一个页面，其 id 为 page04-01-b。该页面由页眉、内容区域和页脚三个部分组成。在页眉和页脚中设置了 data-theme="b"属性。

第 29 行：在页眉工具栏中添加 data-add-back-btn="true"属性以生成后退按钮，并对其文本和主题进行设置。后退按钮与页眉工具栏使用了不同的主题。

在模拟器中打开网页，在首页中通过单击“下一页”按钮切换到另一页，通过单击“上一页”按钮返回首页，结果如图 4.1 所示。

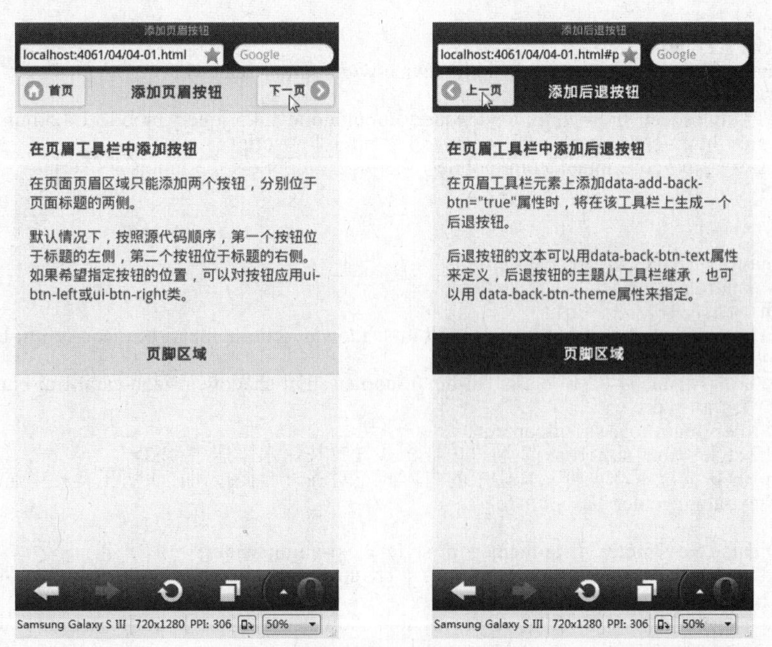

图 4.1　在页眉工具栏中添加按钮

4.1.2 页脚工具栏

页脚工具栏通常是页面中的最后一个元素，它位于页面底部，在内容和功能方面往往比标题工具栏更自由一些，可以包含各种内容，例如页脚文字、按钮、表单元素以及导航栏等。

页脚工具栏具有 data-role="footer"属性值，其基本结构如下：

```
<div data-role="footer">
  <h4>页脚内容</h4>
</div>
```

页脚工具栏中通常包含 h4 标题元素，不过也可以使用其他级别的标题。该标题是页脚工具栏的直接子元素，jQuery Mobile 框架将对该标题应用类 ui-title。默认情况下，页脚工具栏从页面继承主题，但也可以使用 data-theme 属性或 theme 选项来设置其主题。

页脚工具栏在选项配置方面与页眉工具栏相似，主要区别是页脚工具栏不会自动为左侧或右侧的按钮预留插槽，建议使用布局网格或编写自定义样式来实现所需要的设计。

要在页脚工具栏中添加按钮，可以在页脚区域添加具有 data-role="button"属性的链接或 button 按钮。为了节省空间，工具栏小部件中的按钮将自动设置为微型内联样式，因此按钮与其包含的文本和图标一样宽。

在页脚工具栏中添加多个按钮时，也可以将这些按钮组合起来，亦即使用一个容器 div 元素来包装这些按钮，并且对该容器应用 data-role="controlgroup"和 data-type="horizontal"属性。这将创建一个沿水平方向排列的按钮组。

表单元素和其他内容也可以添加到页脚工具栏中。建议在工具栏中使用微型尺寸的表单元素，为此可在表单元素中添加 data-mini="true"属性。

例 4.2　在页脚工具栏中添加按钮和按钮组。源文件为/04/04-02.html，源代码如下。

```
1: <!doctype html>
2: <html>
3: <head>
4: <meta charset="utf-8">
5: <meta name="viewport" content="width=device-width,initial-scale=1">
6: <title></title>
7: <link rel="stylesheet" href="http://code.jquery.com/mobile/1.4.5/jquery.mobile-1.4.5.min.css">
8: <script src="http://code.jquery.com/jquery-2.1.3.min.js"></script>
9: <script src="http://code.jquery.com/mobile/1.4.5/jquery.mobile-1.4.5.min.js"></script>
10: </head>
11:
12: <body>
13: <div data-role="page" id="page04-02-a">
14:     <div data-role="header" data-theme="b">
15:         <h1>添加页脚按钮</h1>
16:         <a href="#" class="ui-btn ui-corner-all ui-shadow ui-icon-home ui-btn-icon-left ui-btn-left">首页
</a>
17:         <a href="#page04-02-b" class="ui-btn ui-corner-all ui-shadow ui-icon-carat-r ui-btn-icon-right
ui-btn-right">下一页</a> </div>
18:     <div role="main" class="ui-content">
19:         <h2 style="font-size:16px;">通过内嵌样式设置按钮水平居中</h2>
20:         <p>默认情况下，页脚工具栏中的内容向左对齐。要使按钮在页脚工具栏中居中对齐，可在元
素中添加 style="text-align:center;"属性。</p>
21:     </div>
22:     <div data-role="footer" data-theme="b" style="text-align: center;">
23:         <a href="#" class="ui-btn ui-corner-all ui-shadow ui-btn-inline ui-btn-icon-right ui-icon-plus">添加
</a>
24:         <a href="#" class="ui-btn ui-corner-all ui-shadow ui-btn-inline ui-btn-icon-right ui-icon-delete">删
除</a>
25:         <a href="#" class="ui-btn ui-corner-all ui-shadow ui-btn-inline ui-btn-icon-right ui-icon-arrow-u">
上移</a>
26:         <a href="#" class="ui-btn ui-corner-all ui-shadow ui-btn-inline ui-btn-icon-right   ui-icon-arrow-d">
下移</a>
27:     </div>
```

```
28: </div>
29: <div data-role="page" id="page04-02-b">
30:     <div data-role="header" data-add-back-btn="true" data-back-btn-text="返回">
31:         <h1>创建页脚按钮组</h1>
32:     </div>
33:     <div role="main" class="ui-content">
34:         <h2 style="font-size:16px;">创建水平组合按钮组</h2>
35:         <p>要在页脚工具栏中创建按钮组，可以使用一个容器 div 元素来包装这些按钮，并对该容器
元素应用 data-role="controlgroup" 和 data-type="horizontal"属性。</p>
36:     </div>
37:     <div data-role="footer" style="text-align:center;">
38:         <div data-role="controlgroup" data-type="horizontal">
39:             <a href="#" class="ui-btn ui-corner-all ui-shadow ui-btn-inline ui-btn-icon-right ui-icon-plus">添
加</a>
40:             <a href="#" class="ui-btn ui-corner-all ui-shadow ui-btn-inline ui-btn-icon-right ui-icon-delete">
删除</a>
41:             <a href="#" class="ui-btn ui-corner-all ui-shadow ui-btn-inline ui-btn-icon-right
ui-icon-arrow-u">上移</a>
42:             <a href="#" class="ui-btn ui-corner-all ui-shadow ui-btn-inline ui-btn-icon-right ui-icon-arrow-d">
下移</a>
43:         </div>
44:     </div>
45: </div>
46: </body>
47: </html>
```

源代码分析

第 13～第 28 行：创建第一个页面，它包含页眉、内容和页脚三个部分。

第 22～第 27 行：为第一个页面创建页脚区域，对页脚工具栏应用 data-theme="b"和 style="text-align: center;"属性，使用主题 B 并使页脚内容居中对齐。

第 29～第 45 行：创建第二个页面，它也包含页眉、内容和页脚三个部分。

第 37～第 44 行：为第二个页面创建页面区域，在页面工具栏中通过控件组水平组合四个按钮。

在模拟器中打开网页，查看两个页面页脚工具栏中的按钮布局效果，如图 4.2 所示。

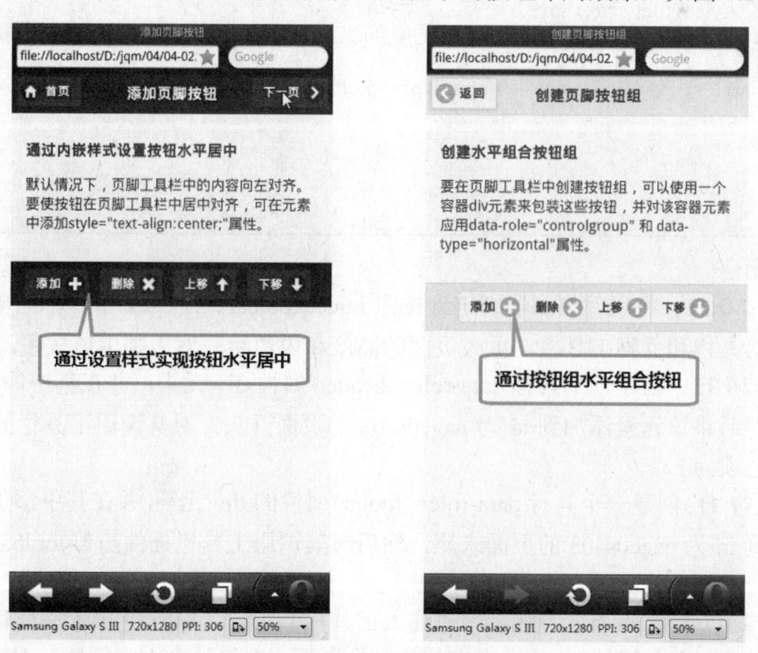

图 4.2　在页脚工具栏中添加按钮

4.1.3 动态工具栏

一般情况下，一个完整的页面总是包含页眉工具栏、页面内容区域和页脚工具栏三个部分。不过，有时候可能不存在页眉工具栏或页脚工具栏，也可能两者同时都不存在。在这种情况下，可以使用 JavaScript 脚本创建工具栏并注入到页面，这种工具栏称为动态工具栏。

例 4.3　通过 JavaScript 脚本动态创建工具栏。源文件为/04/04-03.html，源代码如下。

```
 1: <!doctype html>
 2: <html>
 3: <head>
 4: <meta charset="utf-8">
 5: <meta name="viewport" content="width=device-width,initial-scale=1">
 6: <title></title>
 7: <link rel="stylesheet" href="http://code.jquery.com/mobile/1.4.5/jquery.mobile-1.4.5.min.css">
 8: <script src="http://code.jquery.com/jquery-2.1.3.min.js"></script>
 9: <script src="http://code.jquery.com/mobile/1.4.5/jquery.mobile-1.4.5.min.js"></script>
10: <script>
11: $(document).on("click", "#inject-toolbars", function() {
12:     $("<div data-role='header'><h1>动态页眉工具栏</h1><a href='#' data-icon='home'>首页</a><a
href='#', data-icon='gear'>选项</a></div>")
13:     .prependTo("#page04-03")
14:     .toolbar({theme: "b"});
15:     $("<div data-role='footer'><h4>动态页脚工具栏</h4></div>")
16:     .appendTo("#page04-03")
17:     .toolbar({theme: "b"});
18:     $(this).button("disable");
19: });
20: </script>
21: </head>
22:
23: <body>
24: <div data-role="page" id="page04-03">
25:     <div role="main" class="ui-content">
26:         <h2 style="font-size:16px;">动态工具栏</h2>
27:         <p>这个页面目前只有内容区域，没有页眉工具栏和页脚工具栏。请单击下面的按钮动态注入
工具栏。 此时将更新页面的高度和内边距。</p>
28:         <p style="text-align:center"><input type="button" id="inject-toolbars" data-inline="true" value="注
入工具栏"></p>
29:     </div>
30 </div>
31: </body>
32: </html>
```

源代码分析

第 10～第 20 行：将事件侦测器绑定到按钮 inject-toolbars 的 click 事件。当单击该按钮时，动态注入页眉工具栏和页脚工具栏，更改页面的高度和内边距，然后禁用该按钮。

第 12～第 14 行：创建一个具有 data-role="header"属性 div 元素，并在其中添加一个 h1 标题和两个链接；然后将该元素添加到 id 为 page04-03 的页面开头，对其调用工具栏插件函数 toolbar 并设置 theme 选项为 b。

第 15～第 17 行：创建一个具有 data-role="footer"属性的 div 元素，并在其中添加一个 h4 标题，将该元素添加到 id 为 page04-03 的页面末尾，然后对其调用工具栏插件函数 toolbar 并将 theme 选项设置为 b。

第 18 行：通过调用 disable 方法禁用“注入工具栏”按钮，以防止重复注入工具栏。

第 24～30 行：在文档的 body 元素中创建一个页面，它仅包含内容区域，不存在页眉工具栏和页脚工具栏。

在移动设备模拟器中打开网页，对动态工具栏进行测试，结果如图4.3所示。

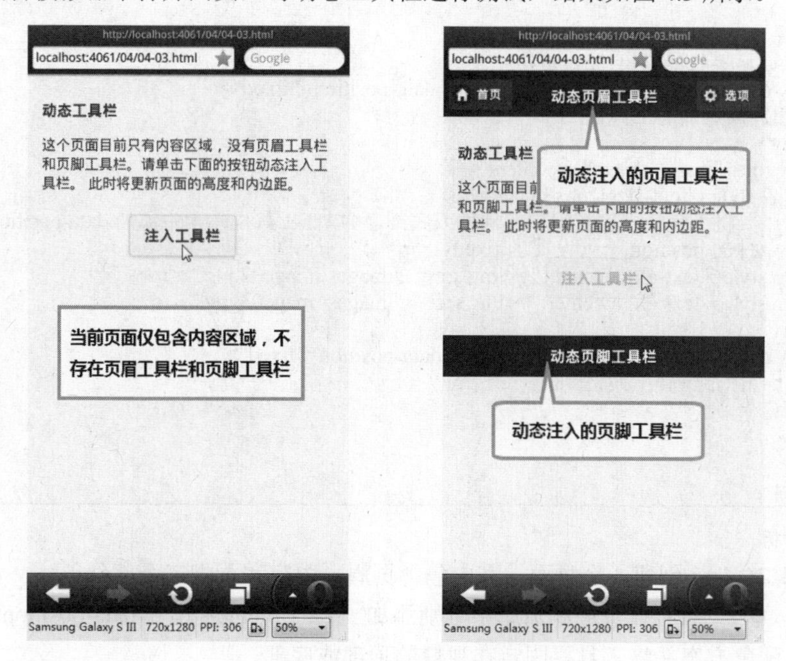

图4.3 创建动态工具栏

4.1.4 固定工具栏

默认情况下，页眉工具栏位于页面的顶部，页脚工具栏则位于页面的底部。页脚工具栏的位置随着页面内容的多少而变化，如果页面内容比较少，则页脚工具栏就会比较偏上一些，反之则会偏下一些。当滚动页面内容时，工具栏会随着移动。

如果希望将工具栏将固定在视口的顶部或底部，而且不随页面内容滚动而发生变化，可以将data-position="fixed"属性添加到工具栏中。这种工具栏称为固定工具栏。示例代码如下：

```
<div data-role="header" data-position="fixed">
  <h1>固定页眉工具栏</h1>
</div>
...
<div data-role="footer" data-position="fixed">
  <h4>固定页脚工具栏</h4>
</div>
```

要启用固定工具栏，还可以在JavaScript脚本中对工具栏小部件的postion选项进行设置，此选项为布尔类型，默认值为false。既可以使用指定的position选项初始化工具栏，也可以在工具栏初始化后获取或设置position选项。对工具栏小部件的position选项设置后，还需要调用$.mobile.resetActivePageHeight()方法，以更新页面的高度和内边距。

例4.4 创建固定工具栏。源文件为/04/04-04.html，源代码如下。

```
1: <!doctype html>
2: <html>
3: <head>
4: <meta charset="utf-8">
5: <meta name="viewport" content="width=device-width,initial-scale=1">
6: <title>固定工具栏</title>
7: <link rel="stylesheet" href="http://code.jquery.com/mobile/1.4.5/jquery.mobile-1.4.5.min.css">
8: <script src="http://code.jquery.com/jquery-2.1.3.min.js"></script>
9: <script src="http://code.jquery.com/mobile/1.4.5/jquery.mobile-1.4.5.min.js"></script>
```

```
10: </head>
11:
12: <body>
13: <div data-role="page" id="page04-04">
14:     <div data-role="header" data-theme="b" data-position="fixed">
15:         <h1>固定页眉工具栏</h1>
16:     </div>
17:     <div role="main" class="ui-content">
18:         <h2 style="font-size:16px">固定工具栏</h2>
19:         <p>要将工具栏固定在视口的顶部或底部，可以在工具栏元素中添加 data-position="fixed"属性，
或者将工具栏小部件的 position 选项设置为 fixed。</p>
20:         <p style="text-align:center;"><img src="../images/image02.jpg"></p>
21:         <p style="text-align:center;"><img src="../images/image03.jpg"></p>
22:     </div>
23:     <div data-role="footer" data-theme="b" data-position="fixed">
24:         <h4>固定页脚工具栏</h4>
25:     </div>
26: </div>
27: </body>
28: </html>
```

源代码分析

第 13～第 26 行：创建一个页面，其中包含页眉、内容和页脚三个部分。

第 14 行、第 22 行：在页眉和页脚中分别添加了 data-theme="b"和 data-position="fixed"属性，以使用主题 B 配色方案并将工具栏固定在视口的顶部或底部。

第 17～第 22 行：在页面内容区域添加三个段落，后面两个段落中分别插入一张图片。

在模拟器中打开网页，滚动页面内容时观察工具栏位置是否变化，结果如图 4.4 所示。

图 4.4　测试固定工具栏

4.1.5 全屏工具栏

如前所述，固定工具栏始终位于视口的顶部和底部。不过，这种常规的固定工具栏总是位于页面内容上方。在查看某些内容（如图像或视频）时，通常希望通过单击屏幕来隐藏工具栏，让

它们完全从屏幕上消失，而当需要时又可以通过再次点击屏幕使工具栏显示出来。这种工具栏称为全屏固定工具栏，或者简称为全屏工具栏。

全屏工具栏可视时始终覆盖在页面内容之上，它是沉浸式界面的理想选择。例如照片查看器或视频播放器，旨在用照片或视频内容本身填充整个屏幕，从而使用户在欣赏照片或视频时专注于内容而不会分心。

如果要在固定工具栏上启用全屏模式，可将 data-fullscreen="true"属性添加到工具栏元素上。示例代码如下：

```
<div data-role="header" data-position="fixed" data-fullscreen="true">
  <h1>全屏固定页眉工具栏</h1>
</div>
...
<div data-role="footer" data-position="fixed" data-fullscreen="true">
  <h4>全屏固定页脚工具栏</h4>
</div>
```

要启用全屏模式，还可以在 JavaScript 脚本中对工具栏小部件的 fullscreen 选项进行设置，此选项为布尔类型，默认值为 false。既可以使用指定的 fullscreen 选项来初始化工具栏，也可以在工具栏初始化后获取或设置 fullscreen 选项。示例代码如下：

```
//使用指定的 fullscreen 选项初始化工具栏
$( ".selector" ).toolbar({fullscreen: true});
//工具栏初始化后获取 fullscreen 选项
var fullscreen= $(".selector").toolbar("option", "fullscreen");
//工具栏初始化后设置 fullscreen 选项
$(".selector").toolbar( "option", "fullscreen", true);
```

例 4.5　创建全屏工具栏。源文件为/04/04-05.html，源代码如下。

```
 1: <!doctype html>
 2: <html>
 3: <head>
 4: <meta charset="utf-8">
 5: <meta name="viewport" content="width=device-width,initial-scale=1">
 6: <title>全屏工具栏</title>
 7: <link rel="stylesheet" href="http://code.jquery.com/mobile/1.4.5/jquery.mobile-1.4.5.min.css">
 8: <script src="http://code.jquery.com/jquery-2.1.3.min.js"></script>
 9: <script src="http://code.jquery.com/mobile/1.4.5/jquery.mobile-1.4.5.min.js"></script>
10: <style>
11: .demo {
12:     text-align: center;
13: }
14: .demo img {
15:     max-width: 300px;
16: }
17: </style>
18: </head>
19:
20: <body>
21: <div data-role="page" id="page04-05">
22:     <div data-role="header" data-theme="b" data-position="fixed" data-fullscreen="true">
23:         <h1>全屏页眉工具栏</h1>
24:     </div>
25:     <div role="main" class="ui-content" style="padding-left:1em;padding-right:1em;">
26:         <h2 style="font-size:16px;">固定工具栏</h2>
27:         <p>要对固定工具栏启用全屏模式，可以在工具栏元素中添加 data-fullscreen="true" 属性，或
者将工具栏小部件的 fullscreen 选项设置为 true。</p>
```

```
28:        <p>要隐藏或显示页眉工具栏和页脚工具栏，请点击屏幕。</p>
29:        <p class="demo"><img src="../images/bmw.jpg"></p>
30:        <p class="demo"><img src="../images/landrover.jpg"></p>
31:        <p class="demo"><img src="../images/tesla.jpg"></p>
32:     </div>
33:     <div data-role="footer" data-theme="b" data-position="fixed" data-fullscreen="true">
34:        <h4>全屏页脚工具栏</h4>
35:     </div>
36: </div>
37: </body>
38: </html>
```

源代码分析

第 21～第 36 行：创建一个页面，它由页眉、内容和页脚三个部分组成。

第 22～第 24 行、第 33～第 35 行：在页面中创建页眉工具栏和页脚工具栏，并对它们应用 data-position="fixed" 和 data-fullscreen="true"属性，以启用全屏工作模式。

在模拟器中打开网页，通过单击屏幕隐藏或显示全屏工具栏，结果如图 4.5 所示。

图 4.5　创建全屏工具栏

4.1.6　外部工具栏

在 jQuery Mobile 多页面文档中，如果多个页面使用相同的工具栏，则应创建外部工具栏，以免每个页面都包含相同的代码，造成代码冗余。

创建外部工具栏时，应将页眉工具栏和页脚工具栏放置在所有页面之外，即文档的 body 元素内页面之前或页面之后。外部工具栏的 HTML 代码与正常工具栏相同，所不同的是不能将放该工具栏在某个页面内部，而必须将其放在所有页面的外部。

由于外部工具栏不在任何页面内，因此它们不会自动初始化。为此，必须在文档加载就绪时调用工具栏小部件插件函数 toolbar()：

```
$( function() {
   $("[data-role ='header'], [data-role ='footer']").toolbar();
});
```

由于外部工具栏位于所有页面之外，因此它们不会从父页面继承主题。这意味着始终要为外部工具栏设置一个主题。为此，可以在工具栏元素中应用 data-theme 属性，或者在调用插件函数时设置 theme 选项：

```
$( function() {
  $("[data-role ='header']").toolbar({theme: "b"});
});
```

由于外部工具栏不在页面中，所以它们将保留在 DOM 中，直到手动删除。不在页面内的工具栏不会在 Ajax 导航期间拉入 DOM。

外部工具栏也可以像普通工具栏一样设置为固定位置，由此得到固定外部工具栏：

```
$( function() {
  $("[data-role ='header']").toolbar({theme: "b", position: "fixed"});
});
```

例 4.6　创建固定外部工具栏。源文件为/04/04-06.html，源代码如下。

```
 1: <!doctype html>
 2: <html>
 3: <head>
 4: <meta charset="utf-8">
 5: <meta name="viewport" content="width=device-width,initial-scale=1">
 6: <title>外部工具栏</title>
 7: <link rel="stylesheet" href="http://code.jquery.com/mobile/1.4.5/jquery.mobile-1.4.5.min.css">
 8: <script src="http://code.jquery.com/jquery-2.1.3.min.js"></script>
 9: <script src="http://code.jquery.com/mobile/1.4.5/jquery.mobile-1.4.5.min.js"></script>
10: <style>
11: div[role='main'] h2 {
12:     font-size: 16px;
13: }
14: </style>
15: <script>
16: $(function() {
17:     $("[data-role='header'], [data-role='footer']")
18:     .toolbar({position: "fixed"});
19:     $.mobile.resetActivePageHeight();
20:     $("a[data-icon='bars']").click(function() {
21:         $("#popup04-06").enhanceWithin()
22:         .popup({theme:"a"})
23:         .popup("open");
24:     });
25: });
26: </script>
27: </head>
28:
29: <body>
30: <div data-role="header" data-theme="a">
31:     <h1>外部页眉工具栏</h1>
32:     <a href="#page04-06-a" data-icon="home">首页</a>
33:     <a href="#" data-icon="bars">栏目</a>
34: </div>
35: <div id="popup04-06" data-role="popup" class="ui-content" style="max-width:256px;">
36:     <p>这是一个外部弹出窗口。请单击下面的按钮进行页面切换。</p>
37:     <p style="text-align:center;">
38:         <a href="#page04-06-a" data-role="button" data-inline="true" data-mini="true">页面一</a>
39:         <a href="#page04-06-b" data-role="button" data-inline="true" data-mini="true">页面二</a>
```

```
40:         <a href="#page04-06-c" data-role="button" data-inline="true" data-mini="true">页面三</a>
41:     </p>
42: </div>
43: <div data-role="page" id="page04-06-a">
44:     <div role="main" class="ui-content">
45:         <h2>页面一</h2>
46:         <p>这里是页面一。这个页面本身没有工具栏，它使用外部固定工具栏。</p>
47:         <p>要切换到其他页面，可单击“栏目”按钮。</p>
48:     </div>
49: </div>
50: <div data-role="page" id="page04-06-b">
51:     <div role="main" class="ui-content">
52:         <h2>页面二</h2>
53:         <p>这里是页面二。这个页面本身没有工具栏，它使用外部固定工具栏。</p>
54:         <p>要切换到首页，可单击“首页”按钮；要切换到其他页面，可单击“栏目”按钮。</p>
55:     </div>
56: </div>
57: <div data-role="page" id="page04-06-c">
58:     <div role="main" class="ui-content">
59:         <h2>页面三</h2>
60:         <p>这里是页面三。这个页面本身没有工具栏，它使用外部固定工具栏。</p>
61:         <p>要切换到首页，可单击“首页”按钮；要切换到其他页面，可单击“栏目”按钮。</p>
62:     </div>
63: </div>
64: <div data-role="footer" data-theme="a">
65:     <div style="text-align:center;">
66:         <a href="#" data-role="button" data-icon="comment">评论</a>  
67:         <a href="#" data-role="button" data-icon="star">收藏</a>  
68:         <a href="#" data-role="button" data-icon="action">分享</a>
69:     </div>
70: </div>
71: </body>
72: </html>
```

源代码分析

第 15～第 26 行：设置文档加载就绪时执行的操作。

第 17～第 18 行：通过调用工具栏插件函数实现工具栏的初始化操作，同时将 position 选项设置为 fixed，以创建固定外部工具栏。

第 19 行：通过调用$.mobile.resetActivePageHeight()方法更新当前页面的高度和内边距。

第 20～第 24 行：设置“栏目”按钮的 click 事件处理程序。当单击该按钮时对弹出窗口内的组件进行初始化，并将其 theme 选项设置为 a，最后打开弹出窗口。

第 30～第 34 行：添加外部页眉工具栏。在工具栏元素中应用 data-theme="a"属性，并在工具栏中添加页面标题和两个按钮。

第 43～第 49 行、第 50～第 56 行、第 57～第 63 行：分别创建三个页面，它们仅包含内容区域，都没有页眉和页脚部分。不过，这三个页面都可以使用相同的外部页眉工具栏和外部页脚工具栏，同时还可以使用相同的外部对话框。

第 64～第 70 行：添加外部页脚工具栏。在工具栏元素中应用 data-theme="a"属性，并在工具栏中添加三个按钮。

在模拟器中打开网页，对外部工具栏功能进行测试，结果如图 4.6 所示。

图 4.6　创建外部工具栏

4.2 导 航 栏

jQuery Mobile 提供了一个导航栏小部件，可以用于创建网页导航栏。导航栏是由一组水平排列的链接组成，通常位于页面的页眉或页脚内，其中最多可以包含五个按钮和可选图标。此外，使用持续的导航栏变体还可以在网页中制作选项卡。

4.2.1 创建导航栏

导航栏由包含在无序列表中的一些链接组成，此无序列表放置在具有 data-role="navbar"属性的容器元素中，基本结构如下：

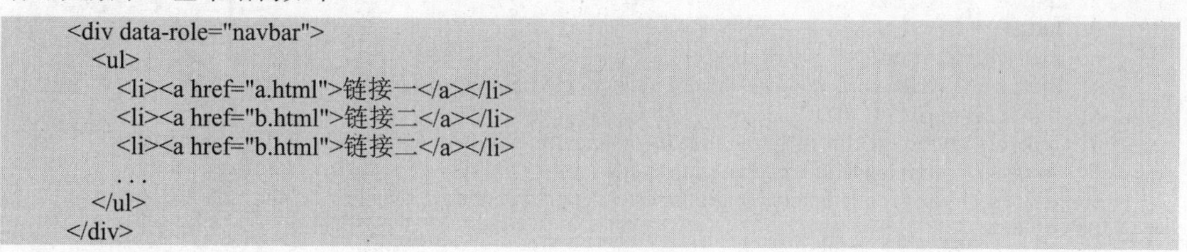

```
<div data-role="navbar">
   <ul>
      <li><a href="a.html">链接一</a></li>
      <li><a href="b.html">链接二</a></li>
      <li><a href="b.html">链接二</a></li>
      ...
   </ul>
</div>
```

注意

创建导航栏时，也可以在无序列表中添加 button 元素。

导航栏通常位于页面的页眉或页脚中。

如果要在页面顶部添加导航栏，可将导航栏添加到页眉工具栏中；此时仍然可以使用页面标题和按钮，只需要在标题工具栏中将导航栏容器添加到标题和按钮源代码后面即可。

如果要在页面底部添加导航栏，只需将导航栏到页脚工具栏中即可。

根据需要也可以放在页面的内容区域。

如果希望在多个页面中使用相同的导航栏，则应将该导航栏放在所有页面之外，此时应通过 JavaScript 脚本对它进行初始化。

jQuery Mobile 框架将对无序列表应用网格布局类（例如 ui-grid-b），并通过应用诸如 ui-block-a 之类的 CSS 规则将每个列表项变成网格中的一个结构块，同时将列表中的链接增加为按钮。当单击导航栏中的某个链接时，将对该链接应用 ui-btn-active 类，从而使它获得活动状态（呈现为蓝底白字）。框架首先从导航栏的所有链接中移除 ui-btn-active 类，然后再将该类添加到当前的活动链接中。如果这个链接指向另一个页面，则页面切换完成后将再次移除 ui-btn-active 类。

默认情况下，导航栏中的所有项目均具有相同的外观。要将某个项目设置为活动状态，可以对该项目应用 ui-btn-active 类。另外，还可以添加一个 ui-state-persist 类，使框架在每次显示存在于 DOM 中的页面时恢复活动状态。例如：

```
<div data-role="navbar">
  <ul>
    <li><a href="a.html" class="ui-btn-active ui-state-persist">链接一</a></li>
    <li><a href="b.html">链接二</a></li>
  </ul>
</div>
```

这适用于页面内的导航栏。如果要使用一个位于页面外部的持久性工具栏，并且希望将当前项目设置为活动状态，则必须通过脚本添加 class="ui-btn-active"类。

导航栏项目在页面内均匀分布。根据所包含项目的多少不同，导航栏将采用单行或多行形式，具体布局规则如下。

- 如果导航栏仅包含一个项目，则导航栏将渲染为整个浏览器窗口宽度。
- 如果添加第二个项目，则每个按钮分别占用浏览器窗口宽度的 1/2。
- 如果添加第三个项目，则每个按钮分别占用浏览器窗口宽度的 1/3。
- 如果添加第四个项目，则每个按钮分别占用浏览器窗口宽度的 1/4。
- 如果添加第五个项目，则每个按钮分别占用浏览器窗口宽度的 1/5。
- 如果添加的项目超过了五个，则导航栏分成多行。例如，包含六个项目的导航栏将分成三行，每一行包含两个项目。

例 4.7　在页面中创建导航栏。源文件为/04/04-07.html，源代码如下。

```
 1: <!doctype html>
 2: <html>
 3: <head>
 4: <meta charset="utf-8">
 5: <meta name="viewport" content="width=device-width,initial-scale=1">
 6: <title>创建导航栏</title>
 7: <link rel="stylesheet" href="http://code.jquery.com/mobile/1.4.5/jquery.mobile-1.4.5.min.css">
 8: <script src="http://code.jquery.com/jquery-2.1.3.min.js"></script>
 9: <script src="http://code.jquery.com/mobile/1.4.5/jquery.mobile-1.4.5.min.js"></script>
10: <style>
11: [role='main'] h2 {
12:     font-size: 16px;
13: }
14: </style>
15: </head>
16:
17: <body>
18: <div data-role="page" id="page04-07-a">
19:     <div data-role="header">
20:         <h1>页眉中的导航栏</h1>
21:         <a href="#" data-icon="home">首页</a>
```

```
22:         <a href="#" data-icon="gear">设置</a>
23:         <div data-role="navbar">
24:            <ul>
25:               <li><a href="#page04-07-a" data-transition="slide" class="ui-btn-active ui-state-persist">第一
页</a></li>
26:               <li><a href="#page04-07-b" data-transition="slide">第二页</a></li>
27:               <li><a href="#page04-07-c" data-transition="slide">第三页</a></li>
28:            </ul>
29:         </div>
30:      </div>
31:      <div role="main" class="ui-content">
32:         <h2>第一页</h2>
33:         <p>欢迎您使用工导航栏！</p>
34:         <p>本页顶部有一个导航栏，可以通过单击其中的按钮切换到其他页面。</p>
35:      </div>
36:      <div data-role="footer">
37:         <h4>页脚区域</h4>
38:      </div>
39: </div>
40: <div data-role="page" id="page04-07-b">
41:      <div data-role="header" data-add-back-btn="true" data-back-btn-text="返回" data-position="fixed">
42:         <h1>内容中的导航栏</h1>
43:      </div>
44:      <div role="main" class="ui-content">
45:         <h2>第二页</h2>
46:         <div data-role="navbar">
47:            <ul>
48:               <li><a href="#page04-07-a" data-transition="slide">第一页</a></li>
49:               <li><a href="#page04-07-b" data-transition="slide" class="ui-btn-active ui-state-persist">第二
页</a></li>
50:               <li><a href="#page04-07-c" data-transition="slide">第三页</a></li>
51:            </ul>
52:         </div>
53:         <p>这里是第二页。本页内容口中有一个导航栏，可以通过单击其中的按钮切换到其他页面。</p>
54:         <p>也可以通过单击页眉工具栏中的"返回"按钮回到上一页。</p>
55:      </div>
56:      <div data-role="footer">
57:         <h4>页脚区域</h4>
58:      </div>
59: </div>
60: <div data-role="page" id="page04-07-c">
61:      <div data-role="header" data-add-back-btn="true" data-back-btn-text="返回" data-position="fixed">
62:         <h1>页脚中的导航栏</h1>
63:      </div>
64:      <div role="main" class="ui-content">
65:         <h2>第三页</h2>
66:         <p>这里是第三页。本页底部有一个导航栏，可以通过单击其中的按钮切换到其他页面。</p>
67:         <p>也可以通过单击页眉工具栏中的"返回"按钮回到上一页。</p>
68:      </div>
69:      <div data-role="footer">
70:         <div data-role="navbar">
71:            <ul>
72:               <li><a href="#page04-07-a" data-transition="slide">第一页</a></li>
73:               <li><a href="#page04-07-b" data-transition="slide">第二页</a></li>
74:               <li><a href="#page04-07-c" data-transition="slide" class="ui-btn-active ui-state-persist">第三
页</a></li>
75:            </ul>
76:         </div>
77:         <h4>页脚区域</h4>
78:      </div>
79: </div>
80: </body>
81: </html>
```

源代码分析

第 18～第 39 行：创建第一个页面，其 id 为 page04-07-a，它包含页眉、内容和页脚三个区域。

第 19～第 30 行：在第一个页面的页眉区域添加一个标题、两个按钮以及一个导航栏，并对导航栏中的第一个项目应用 ui-btn-active 和 ui-state-persist 类。

第 40～第 59 行：创建第二个页面，其 id 为 page04-07-b，它包含页眉、内容和页脚三个区域；在其页眉工具栏中添加一个标题和一个返回按钮。

第 46～第 52 行：在第二个页面的内容区域中添加一个导航栏，并对导航栏中的第二个项目应用 ui-btn-active 和 ui-state-persist 类。

第 60～第 79 行：创建第三个页面，其 id 为 page04-07-c，它包含页眉、内容和页脚三个区域，在页眉工具栏中添加了“返回”按钮。

第 69～第 78 行：在第三个页面的页脚区域添加一个导航栏和页脚文字，并对导航栏中的第三个项目应用 ui-btn-active 和 ui-state-persist 类。

在移动设备模拟器中打开网页，通过单击导航栏中的按钮在页面之间切换，注意观察导航栏中各个导航按钮的状态变化，结果如图 4.7 所示。

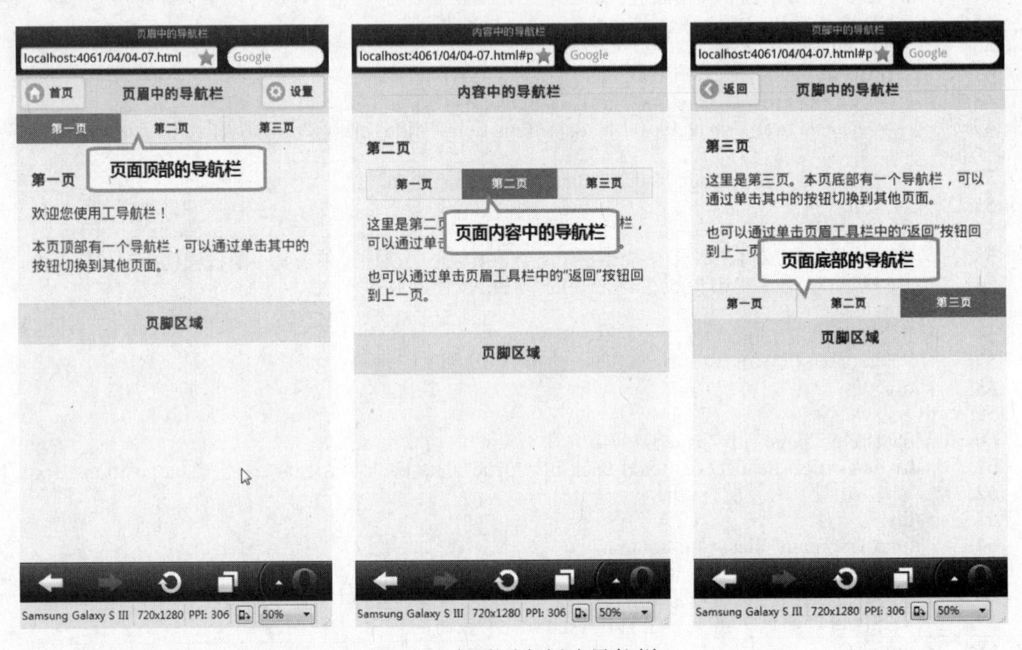

图 4.7 在页面中创建导航栏

4.2.2 设置导航栏主题

导航栏总是从其父容器继承主题样本，这一点与按钮相同。所不同的是，对按钮可以通过 data-theme 属性来设置其主题样本，对导航栏则不能这样做。

如果将导航栏放置在页眉或页脚工具栏中，它将继承默认的工具栏主题样本 a，除非在工具栏标记中设置了其他主题。

如果将导航栏放在其他容器中，它也会自动继承其父容器的主题样本。需要注意的是，不能使用 data-theme 属性单独设置导航栏的主题，而是要以手动方式对其父容器添加和应用正文样本类（ui-body-a）和标准正文填充类（ui-body）。

无论将导航栏放置在哪里，继承主题样本的工作方式都是相同的。

例 4.8 通过继承设置导航栏的主题。源文件为/04/04-08.html，源代码如下。

```
 1: <!doctype html>
 2: <html>
 3: <head>
 4: <meta charset="utf-8">
 5: <meta name="viewport" content="width=device-width,initial-scale=1">
 6: <title>设置导航栏的主题</title>
 7: <link rel="stylesheet" href="http://code.jquery.com/mobile/1.4.5/jquery.mobile-1.4.5.min.css">
 8: <script src="http://code.jquery.com/jquery-2.1.3.min.js"></script>
 9: <script src="http://code.jquery.com/mobile/1.4.5/jquery.mobile-1.4.5.min.js"></script>
10: <style>
11: [role='main'] h2, .ui-body h3 {
12:     font-size: 16px;
13: }
14: </style>
15: </head>
16:
17: <body>
18: <div data-role="page" id="page04-08-a">
19:     <div data-role="header" data-theme="b">
20:         <h1>从页眉继承主题 B</h1>
21:         <div data-role="navbar">
22:             <ul>
23:                 <li><a href="#page04-08-a" class="ui-btn-active ui-state-persist">第一页</a>
24:                 <li><a href="#page04-08-b">第二页</a>
25:                 <li><a href="#page04-08-c" data-theme="a">第三页</a>
26:             </ul>
27:         </div>
28:     </div>
29:     <div role="main" class="ui-content">
30:         <h2>这里是第一页</h2>
31:         <p>本页页眉中包含的导航栏从页眉中继承了主题样本 B。</p>
32:         <p>“第一页”按钮是当前的活动按钮；对“第三页”按钮添加了 data-theme="a"属性，从而使应用
了主题样本 A。</p>
33:     </div>
34:     <div data-role="footer">
35:         <h4>页脚区域</h4>
36:     </div>
37: </div>
38: <div data-role="page" id="page04-08-b">
39:     <div data-role="header">
40:         <h1>从内容继承主题 B</h1>
41:     </div>
42:     <div role="main" class="ui-content">
43:         <h2>这里是第二页</h2>
44:         <p>本页内容区域包含的导航条从其父容器元素中继承了主题样本 B。</p>
45:         <p>“第二页”按钮是当前的活动按钮。</p>
46:         <div class="ui-body ui-body-b">
47:             <h3>这个内容块应用主题样本 B</h3>
48:             <div data-role="navbar">
49:                 <ul>
50:                     <li><a href="#page04-08-a">第一页</a>
51:                     <li><a href="#page04-08-b" class="ui-btn-active ui-state-persist">第二页</a>
52:                     <li><a href="#page04-08-c">第三页</a>
53:                 </ul>
54:             </div>
55:         </div>
56:     </div>
57:     <div data-role="footer">
58:         <h4>页脚区域</h4>
```

```
59:     </div>
60: </div>
61: <div data-role="page" id="page04-08-c">
62:     <div data-role="header">
63:         <h1>从页脚继承主题 B</h1>
64:     </div>
65:     <div role="main" class="ui-content">
66:         <h2>这里是第三页</h2>
67:         <p>本页页脚中包含的导航栏从页脚中继承样本主题 B。</p>
68:         <p>“第三页”按钮是当前的活动按钮；对“第一页”按钮添加了 data-theme="a"属性，从而使其应用主题样本 A。</p>
69:     </div>
70:     <div data-role="footer" data-theme="b">
71:         <div data-role="navbar">
72:             <ul>
73:                 <li><a href="#page04-08-a" data-theme="a">第一页</a>
74:                 <li><a href="#page04-08-b">第二页</a>
75:                 <li><a href="#page04-08-c" class="ui-btn-active ui-state-persist">第三页</a>
76:             </ul>
77:         </div>
78:         <h4>页脚区域应用样本主题 B</h4>
79:     </div>
80: </div>
81: </body>
82: </html>
```

源代码分析

第 18～第 37 行：创建第一个页面，其 id 为 page04-08-a，它由页眉、内容和页脚三个区域组成。

第 19～第 28 行：在第一个页面中创建页眉工具栏并对应用 data-theme="b"属性，在其中添加一个 h1 标题和一个导航栏，导航栏从页眉中继承了主题样本 B，但对“第三页”按钮单独设置了主题样本 A。

第 38～第 60 行：创建第二个页面，其 id 为 page04-08-b，它由页眉、内容和页脚三个区域组成。

第 46～第 55 行：在第二个页面内容区域添加了一个 div 容器，对该容器应用 ui-body 和 ui-body-b 类，因此其中包含的导航栏从该容器继承了主题样本 B。

第 61～第 80 行：创建第三个页面，其 id 为 page04-08-c，它由页眉、内容和页脚三个区域组成。

第 70～第 79 行：在第三个页面中创建页脚工具栏并对应用 data-theme="b"属性，在其中添加一个 h4 标题和一个导航栏，导航栏从页脚中继承了主题样本 B，但对“第一页”按钮单独设置了主题样本 A。

在移动设备模拟器中打开网页，通过单击导航栏中的按钮在不同页面之间切换，注意观察导航栏所应用的主题样本，结果如图 4.8 所示。

4.2.3 设置导航栏图标

导航栏通常是由包含在无序列表中的一些链接组成的。通过在每个链接中设置 data-icon 属性可以将标准 jQuery Mobile 图标添加到导航栏项目中。默认情况下，图标位于在文本的上方。如果要改变图标的位置，则应针对导航栏容器设置 data-iconpos 属性，而不是针对单个链接进行设置，以保持视觉一致性。

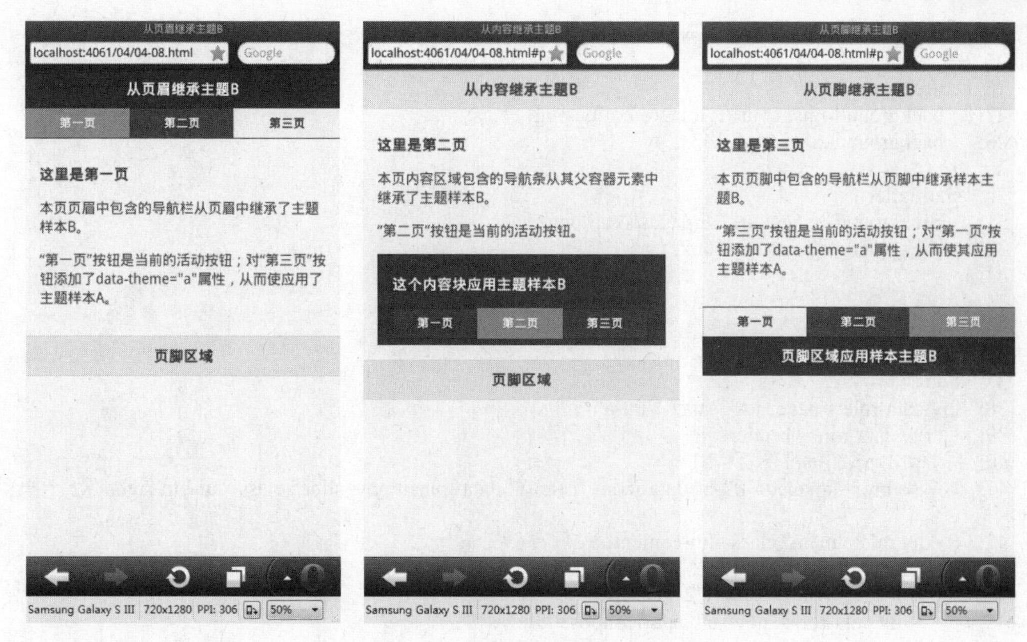

图 4.8　导航栏从其父容器中继承主题样本

对导航栏容器设置 data-iconpos 属性时，可以使用以下取值。

- data-iconpos="top"：图标位于文本上方（默认位置），在导航栏中顶部对齐。
- data-iconpos="bottom"：图标位于文本正文，在导航栏中底部对齐。
- data-iconpos="left"：图标位于文本左边。
- data-iconpos="right"：图标位于文本右边。

根据需要，也可以在导航栏中使用第三方图标集。为此应当定义相应的 CSS 规则，将背景图像设置为所需的图标，并设置背景图像的大小，然后将该规则应用于导航栏的链接中，从而将图标放置在导航栏中。

例 4.9　在导航栏中添加标准图标和自定义图标。源文件为/04/04-09.html，源代码如下。

```
 1: <!doctype html>
 2: <html>
 3: <head>
 4: <meta charset="utf-8">
 5: <meta name="viewport" content="width=device-width,initial-scale=1">
 6: <title>设置导航栏图标</title>
 7: <link rel="stylesheet" href="http://code.jquery.com/mobile/1.4.5/jquery.mobile-1.4.5.min.css">
 8: <script src="http://code.jquery.com/jquery-2.1.3.min.js"></script>
 9: <script src="http://code.jquery.com/mobile/1.4.5/jquery.mobile-1.4.5.min.js"></script>
10: <style>
11: [role='main'] h2 {
12:     font-size: 16px;
13: }
14: #chat:after {
15:     background-image: url(../images/chat.png);
16:     background-size: 14px 14px;
17: }
18: #email:after {
19:     background-image: url(../images/envelope.png);
20:     background-size: 14px 10px;
21: }
22: #beer:after {
23:     background-image: url(../images/beermug.png);
```

```
24:     background-size: 14px 14px;
25: }
26: #coffee:after {
27:     background-image: url(../images/coffee.png);
28:     background-size: 14px 14px;
29: }
30: #skull:after {
31:     background-image: url(../images/skull.png);
32:     background-size: 16px 16px;
33: }
34: </style>
35: </head>
36:
37: <body>
38: <div data-role="page" id="page04-09-a">
39:     <div data-role="header">
40:         <h1>添加标准图标</h1>
41:         <a href="#page04-09-b" data-icon="carat-r" data-transition="slide" class="ui-btn-right">下一页</a>
</div>
42:     <div role="main" class="ui-content">
43:         <h2>设置导航栏图标及其位置</h2>
44:         <p>顶端对齐（默认位置）：</p>
45:         <div data-role="navbar" data-iconpos="top">
46:             <ul>
47:                 <li><a href="#" data-icon="home">首页</a></li>
48:                 <li><a href="#" data-icon="gear">选项</a></li>
49:                 <li><a href="#" data-icon="bars">栏目</a></li>
50:             </ul>
51:         </div>
52:         <p>底端对齐：</p>
53:         <div data-role="navbar" data-iconpos="bottom">
54:             <ul>
55:                 <li><a href="#" data-icon="home">首页</a></li>
56:                 <li><a href="#" data-icon="gear">选项</a></li>
57:                 <li><a href="#" data-icon="bars">栏目</a></li>
58:             </ul>
59:         </div>
60:         <p>图标在文本左边：</p>
61:         <div data-role="navbar" data-iconpos="left">
62:             <ul>
63:                 <li><a href="#" data-icon="home">首页</a></li>
64:                 <li><a href="#" data-icon="gear">选项</a></li>
65:                 <li><a href="#" data-icon="bars">栏目</a></li>
66:             </ul>
67:         </div>
68:         <p>图标在文本右边：</p>
69:         <div data-role="navbar" data-iconpos="right">
70:             <ul>
71:                 <li><a href="#" data-icon="home">首页</a></li>
72:                 <li><a href="#" data-icon="gear">选项</a></li>
73:                 <li><a href="#" data-icon="bars">栏目</a></li>
74:             </ul>
75:         </div>
76:     </div>
77:     <div data-role="footer" data-position="fixed">
78:         <h4>设置导航栏图标</h4>
79:     </div>
80: </div>
81: <div data-role="page" id="page04-09-b">
82:     <div data-role="header" data-add-back-btn="true" data-back-btn-text="返回">
83:         <h1>添加自定义图标</h1>
84:     </div>
```

```
85:     <div role="main" class="ui-content">
86:       <h2>在导航栏中添加自定义图标</h2>
87:       <p>在导航栏中也可以使用自定义图标。为此，需要注意以下三点：</p>
88:       <ol>
89:         <li>定义 CSS 规则时，在选择器的后面添加 :after 伪元素；</li>
90:         <li>在属性声明中对背景图像和图像大小进行设置；</li>
91:         <li>将 CSS 规则应用于导航栏的链接中。</li>
92:       </ol>
93:       <p>自定义图标示例：</p>
94:       <div data-role="navbar">
95:         <ul>
96:           <li><a href="#" id="chat" data-icon="custom">聊天</a></li>
97:           <li><a href="#" id="email" data-icon="custom">邮件</a></li>
98:           <li><a href="#" id="coffee" data-icon="custom">咖啡</a></li>
99:           <li><a href="#" id="beer" data-icon="custom">啤酒</a></li>
100:        </ul>
101:      </div>
102:    </div>
103:    <div data-role="footer" data-position="fixed">
104:      <h4>设置导航栏图标</h4>
105:    </div>
106: </div>
107: </body>
108: </html>
```

源代码分析

第 14～第 33 行：在文档内嵌样式表中定义四个 CSS 规则，用于将自定义图标添加到导航栏中。在这些规则中，选择器由两部分组成，第一部分是 id 选择器（例如#chat），第二部分是伪元素:after，后者用于在某个元素之后插入某些内容。在每条规则的属性声明部分，分别对所使用的背景图像（即自定义图标）及其大小进行了设置。

第 38～第 80 行：在文档的正文部分创建第一个页面，其 id 为 page04-09-a。在这个页面的页眉工具栏中添加了一个“下一页”按钮，当单击该按钮时可切换到第二页。在第一页面的内容区域分别添加了四个导航栏，这些导航栏均包含三个相同的按钮，不过对它们的 data-iconpos 属性分别设置了不同的值，使图标分别位于文本的上方、下方、左边和右边。在这个页面的页脚工具栏中添加了 data-position="fixed"属性，从而创建了一个固定工具栏。

第 81～106 行：在文档的正文部分创建第一个页面，其 id 为 page04-09-a。在这个页面的页眉工具栏中应用了 data-add-back-btn="true"和 data-back-btn-text="返回"属性，从而添加了一个“返回”按钮。在这个页面的内容区域添加了一个工具栏，其中包含四个链接按钮，通过 id 选择器对每个按钮分别应用了不同的 CSS 规则，以放置不同的自定义图标。同时还在每个链接中添加了 data-icon="custom"属性，说明将对该链接使用自定义图标。

在模拟器中打开网页，分别查看两个页面中的导航栏图标，结果如图 4.9 所示。

4.2.4 创建外部导航栏

如果要在多个页面中使用相同的导航栏，则可以考虑创建一个外部工具栏并在其中添加导航栏，以避免造成代码冗余。

由于外部工具栏不在任何页面容器内部，它不能从页面父容器继承主题，必须通过在工具栏中设置 data-theme 属性来指定所用的主题。也正是由于外部工具栏位于所有页面容器之外，它无法自动实现初始化，必须在 JavaScript 脚本中调用工具栏插件函数来实现这个初始化过程，这个操作应在文档加载就绪时立即执行。

当单击导航栏中的按钮时，将从一个页面切换到另一个页面。如果希望将当前页面的导航按钮设置为活动状态，则需要通过设置页面的 pagechange 事件处理程序来实现。为此首先要从之前的活动按钮中移除 ui-btn-active 类，然后对导航栏中的所有按钮进行遍历，如果某个导航按钮指向当前页面，则对其添加 ui-btn-active 类。

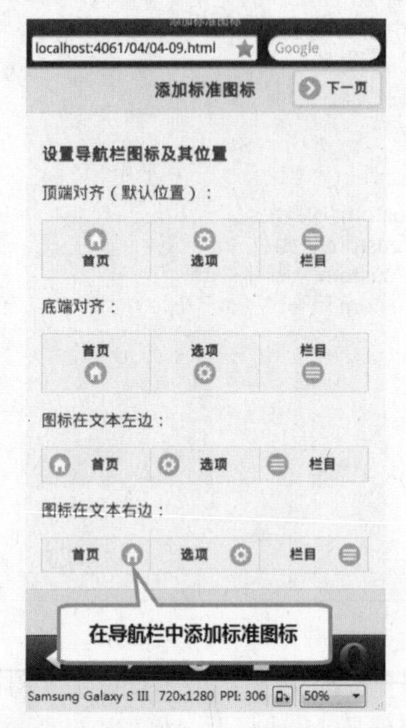

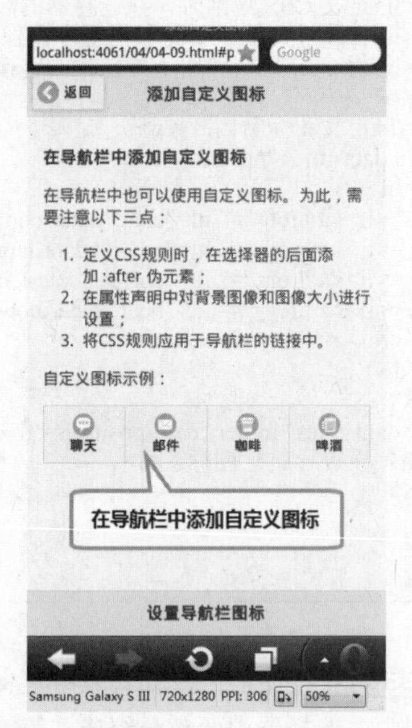

图 4.9 在导航栏中添加图标

例 4.10 创建外部导航栏。源文件为/04/04-10.html，源代码如下。

```
1: <!doctype html>
2: <html>
3: <head>
4: <meta charset="utf-8">
5: <meta name="viewport" content="width=device-width,initial-scale=1">
6: <title>外部导航栏</title>
7: <link rel="stylesheet" href="http://code.jquery.com/mobile/1.4.5/jquery.mobile-1.4.5.min.css">
8: <script src="http://code.jquery.com/jquery-2.1.3.min.js"></script>
9: <script src="http://code.jquery.com/mobile/1.4.5/jquery.mobile-1.4.5.min.js"></script>
10: <style>
11: [role='main'] h2 {
12:     font-size: 16px;
13: }
14: </style>
15: <script>
16: $(function() {
17:     $("[data-role='header'], [data-role='footer']")
18:     .enhanceWithin()
19:     .toolbar();
20: });
21: $(document).on("pagechange", function() {
22:     $("[data-role='navbar'] a.ui-btn-active").removeClass("ui-btn-active");
23:     var pageId=$("body").pagecontainer("getActivePage").get(0).id;
24:     $("[data-role='navbar'] a").each(function() {
25:         if($(this).prop("href").match(pageId)) {
26:             $(this).addClass("ui-btn-active");
27:         }
28:     });
29: });
30: </script>
```

```
31: </head>
32:
33: <body>
34: <div data-role="header" data-theme="a" data-position="fixed">
35:     <h1>外部导航栏</h1>
36:     <div data-role="navbar">
37:         <ul>
38:             <li><a href="#page04-10-a" data-transition="slide">第一页</a></li>
39:             <li><a href="#page04-10-b" data-transition="slide">第二页</a></li>
40:             <li><a href="#page04-10-c" data-transition="slide">第三页</a></li>
41:         </ul>
42:     </div>
43: </div>
44: <div data-role="page" id="page04-10-a">
45:     <div role="main" class="ui-content">
46:         <h2>第一页</h2>
47:         <p>要在多个页面中使用相同的导航栏，为了避免代码冗余，可以将其放在外部工具栏中，并
在脚本中对外部工具栏进行初始化。</p>
48:     </div>
49: </div>
50: <div data-role="page" id="page04-10-b" data-position="fixed">
51:     <div role="main" class="ui-content">
52:         <h2>第二页</h2>
53:         <p>在多个页面上使用相同的导航栏时，可将当前页面的导航按钮设置为活动状态。这需要在
脚本中设置页面改变事件处理程序，而不能通过在链接中添加 ui-btn-active 和 ui-state-persist 类来实现。</p>
54:     </div>
55: </div>
56: <div data-role="page" id="page04-10-c" data-position="fixed">
57:     <div role="main" class="ui-content">
58:         <h2>第三页</h2>
59:         <p>创建外部工具栏时，由于它不在任何页面内部，所以无法从页面容器继承主题，此时必须
在外部工具栏中设置 data-theme 属性，以指定要使用的主题。</p>
60:     </div>
61: </div>
62: <div data-role="footer" data-theme="a" data-position="fixed">
63:     <div data-role="navbar">
64:         <ul>
65:             <li><a href="#" data-icon="comment">评论</a></li>
66:             <li><a href="#" data-icon="phone">电话</a></li>
67:             <li><a href="#" data-icon="action">分享</a></li>
68:         </ul>
69:     </div>
70:     <h4>外部页脚工具栏</h4>
71: </div>
72: </body>
73: </html>
```

源代码分析

第 15～第 20 行：在脚本中设置文档加载就绪时执行的操作，对具有 data-role="header"和 data-role="footer"属性的元素调用工具栏插件函数 toolbar()，以实现工具栏的初始化。

第 21～第 29 行：将事件侦测器绑定到页面的 pagechange 事件上，在页面切换请求已经完成并将页面加载到 DOM 中而且所有页面转换动画已经完成之后会触发此事件。

第 22 行：从当前活动按钮中移除 ui-btn-active 类。

第 23 行：获取当前活动页面的 id 值。

第 24～第 27 行：遍历导航中的所有链接，如果检测到哪个链接指向当前页面，则对其添加 ui-btn-active 类，从而使当前页面的导航按钮变成激活状态。

第 34～第 43 行：在文档的 body 元素中添加一个固定页眉工具栏，并在其中添加一个导航栏，该导航栏包含三个链接，分别指向当前文档的三个页面。

第 44～第 49 行、第 50～第 55 行、第 56～第 61 行：在文档中分别创建三个页面，它们仅包含内容区域而没有页眉和页脚。

第 62～第 71 行：在三个页面下方添加一个固定页脚工具栏，并在其中添加一个导航栏，该导航栏包含三个按钮，对每个按钮应用了一个图标。

在模拟器中打开网页，通过单击页面顶部的导航按钮进行页面切换，结果如图 4.10 所示。

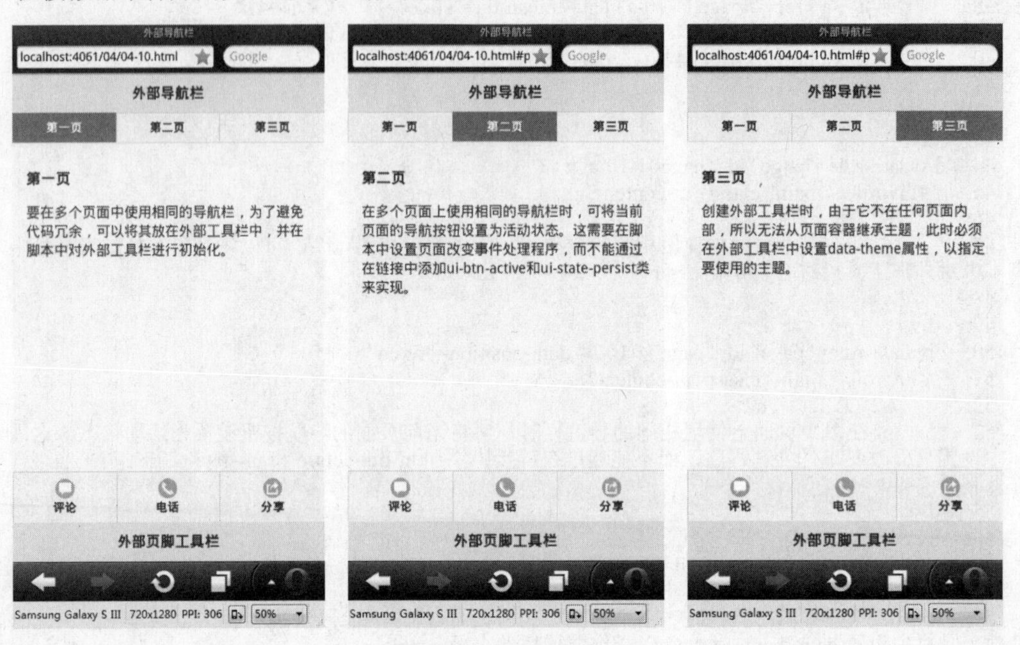

图 4.10　创建外部导航栏

习题 4

一、选择题

1. 要创建固定工具栏，可在工具栏中添加（　　）属性。

   A．data-position="fixed"　　B．data-fullscreen="true"

   C．data-position="top"　　D．data-position="bottom"

2. 关于外部工具栏的描述，错误的是（　　）。

   A．放置在所有页面外部　　B．必须在文档加载就绪时调用 toolbar()

   C．可从父页面继承主题　　D．可在多个页面中使用

3. 一个导航栏在一行中最多可以包含（　　）个按钮。

   A．3　　B．4　　C．5　　D．6

二、判断题

1.（　　）在页眉工具栏中只能添加两个按钮，它们分别位于标题的左侧和右侧。

2.（　　）工具栏中的按钮自动呈现为微型内联样式。

3.（　　）页脚工具栏与与页眉工具栏相似，页脚工具栏的左侧和右侧存在着按钮预留插槽。

4.（　　）要指定页眉工具栏中放置按钮的位置，可对按钮应用 ui-btn-left 或 ui-btn-right 类。

5.（　　）要在页眉工具栏中添加“后退”按钮，可在该页面 div 元素中添加 data-add-back-btn="true"属性。

6．（　　）要配置后退按钮的主题，可以在工具栏元素上设置 data-back-btn-theme 属性。

7．（　　）导航栏的主题可以使用 data-theme 属性设置。

三、简答题

1．如何创建页眉工具栏？

2．如何创建页脚工具栏？

3．如何设置工具栏的主题？

4．如何创建动态工具栏？

5．如何创建固定工具栏？

6．如何创建全屏工具栏？

7．如何创建外部工具栏？

8．如何创建导航栏？

9．如何创建导航栏上的图标及其位置？

10．如何创建外部导航栏？

上机操作 4

1．编写一个 jQuery Mobile 移动网页，要求在文档中创建一个页面，并在页眉工具栏中添加两个按钮。

2．编写一个 jQuery Mobile 移动网页，要求在文档中创建一个页面，并在页脚工具栏中添加一个由四个按钮组成的控件组。

3．编写一个 jQuery Mobile 移动网页，要求在文档中创建一个页面，该页面没有页眉工具栏和脚本工具栏，通过脚本创建页眉工具栏和页脚工具栏并注入到页面中。

4．编写一个 jQuery Mobile 移动网页，要求在文档中创建一个页面，并将其页眉工具栏和页脚工具栏设置为固定工具栏。

5．编写一个 jQuery Mobile 移动网页，要求在文档中创建一个页面，并将其页眉工具栏和页脚工具栏设置为全屏工具栏。

6．编写一个 jQuery Mobile 移动网页，要求在文档中创建两个页面，这两个页面使用相同的外部工具栏。

7．编写一个 jQuery Mobile 移动网页，要求在文档中创建三个页面，并在第一个页面的页眉工具栏中创建导航栏，在第二个页面的内容区域创建导航栏，在第三个页面的页脚工具栏中创建导航栏。

8．编写一个 jQuery Mobile 移动网页，要求在文档中创建一个页面，在页面内容区域创建四个导航栏，导航栏中的图标分别位于底部、顶部、左侧和右侧。

9．编写一个 jQuery Mobile 移动网页，要求在文档中创建三个页面，这三个页面使用相同的外部导航栏，用于页面之间切换。

网格、表格和列表视图

由于移动设备屏幕面积小，在移动网页设计中必须从这个基本事实出发，而不能沿用传统网页设计常用的那些页面布局方法。jQuery Mobile 提供了一些 CSS 布局类和界面组件，可以用来快速实现页面布局，为移动开发带来了很大的方便。本章将首先介绍如何使用网格和表格进行页面布局，然后讲述如何在网页中创建和应用列表视图。

5.1 网格布局

jQuery Mobile 框架提供了一种网格布局来构建基于 CSS 的响应式列布局。不过考虑到移动设备屏幕宽度狭窄，一般不建议使用分栏分列布局。在某些情况下，可能想要将尺寸较小的元素（例如按钮）并排放在一起，此时推荐使用网格布局。

5.1.1 创建基本网格

网格具有 100%的宽度，既没有边框和背景，也没有填充（padding）和边距（margin），完全不可见，它们不会干扰放置在其中的元素的样式。在网格容器中添加的各个子元素将按 ui-block-a/b/c/d/e 顺序进行分配，这使得每个“块”元素以浮动方式并排放置，以形成网格。

根据所包含的列数不同，网格可以分成以下五种类型。

（1）单列网格。在单列网格布局中，单列的宽度为 100%。创建单列网格布局时，需要创建一个容器并对其应用 ui-grid-solo 类，然后在这个容器中添加一个子容器，并且对该子容器应用 ui-block-a 类。

（2）两列网格。在两列网格布局中，每列均向左浮动，宽度均为 50%。创建两列网格布局时，首先创建一个容器并对其应用 ui-grid-a 类，然后在这个容器中添加两个子容器作为两列，并且对第一列应用 ui-block-a 类，对第二列则应用 ui-block-b 类。

（3）三列网格。在三列网格布局中，每列均向左浮动，宽度均为 33%。创建三列网格布局时，首先在父容器上应用 ui-grid-b 类，然后在这个容器中添加三个子容器作为三列，并且对三个子容器元素分别应用 ui-block-a、ui-block-b 和 ui-block-c 类。

（4）四列网格。在四列网格布局中，每列均向左浮动，宽度均为25%。创建四列网格布局时，首先在父容器上应用 ui-grid-c 类，然后在这个容器中添加四个子容器作为四列，并且对四个子容器元素分别应用 ui-block-a、ui-block-b、ui-block-c 以及 ui-block-d 类。

（5）五列网格。在五列网格布局中，每列均向左浮动，宽度均为20%。创建五列网格布局时，首先在父容器上应用 ui-grid-d 类，然后在该容器中添加五个子容器作为五列，并对五个子容器元素分别应用 ui-block-a、ui-block-b、ui-block-c、ui-block-d 以及 ui-block-e 类。

也可以在网格中添加多行项目。例如，如果在具有九个子块的容器上指定了三列网格（ui-grid-b），则该网格将包含三行三列。当再次对子容器应用 ui-block-a 类时，则通过一个 CSS 规则来清除浮动特性并开始一个新行，以确保在重复序列（a、b、c、a、b、c 等）中分配 ui-block 类。

默认情况下，添加到网格中的按钮左右具有一定的空白。不过，也有一个例外，具有全宽的 button 元素（即不是内联按钮或仅包含图标的按钮）。由于 button 元素的宽度为100%，因此不能直接对按钮元素设置边距，此时网格中的 button 按钮将紧紧靠在一起。如果要给出与其他按钮相同的边距，则应将它们包装在 div 元素中，并对这些 div 元素设置左右边距。

例 5.1　创建基本网格。源文件为/05/05-01.html，源代码如下。

```
 1: <!doctype html>
 2: <html>
 3: <head>
 4: <meta charset="utf-8">
 5: <meta name="viewport" content="width=device-width, initial-scale=1">
 6: <title>网格</title>
 7: <link rel="stylesheet" href="http://code.jquery.com/mobile/1.4.5/jquery.mobile-1.4.5.min.css">
 8: <script src="http://code.jquery.com/jquery-2.1.3.min.js"></script>
 9: <script src="http://code.jquery.com/mobile/1.4.5/jquery.mobile-1.4.5.min.js"></script>
10: <style>
11: .block {
12:     height: 26px;
13:     border: thin outset grey;
14:     border-radius: 3px;
15:     line-height: 26px;
16:     text-align: center;
17: }
18: [role='main'] p {
19:     margin-top: 6px;
20:     margin-bottom: 6px;
21: }
22: .button-wrap {
23:     margin-left: 5px;
24:     margin-right: 5px;
25: }
26: </style>
27: </head>
28:
29: <body>
30: <div data-role="page" id="page05-01-a">
31:     <div data-role="header" data-position="fixed">
32:         <h1>单行网格布局</h1>
33:         <a href="#page05-01-b" data-icon="carat-r" data-transition="slide" class="ui-btn-right">下一页</a>
</div>
34:     <div role="main" class="ui-content">
35:         <p>单列网格（100%）：</p>
36:         <div class="ui-grid-solo">
37:             <div class="ui-block-a">
38:                 <div class="ui-bar ui-bar-a block">单列网格</div>
39:             </div>
40:         </div>
41:         <p>双列网格（50%/50%）：</p>
42:         <fieldset class="ui-grid-a">
```

```
43:         <div class="ui-block-a">
44:            <input type="submit" value="提交">
45:         </div>
46:         <div class="ui-block-b">
47:            <input type="reset" value="重置">
48:         </div>
49:      </fieldset>
50:      <p>三列网格（33%/33%33%）：</p>
51:      <div class="ui-grid-b">
52:         <div class="ui-block-a">
53:            <a href="#" data-role="button">Link</a>
54:         </div>
55:         <div class="ui-block-b">
56:            <div class="button-wrap">
57:               <button>Button</button>
58:            </div>
59:         </div>
60:         <div class="ui-block-c">
61:            <input type="button" value="Input">
62:         </div>
63:      </div>
64:      <p>四列网格（25%/25%/25%/25%）：</p>
65:      <div class="ui-grid-c">
66:         <div class="ui-block-a">
67:            <div class="ui-bar ui-bar-a block">A 块</div>
68:         </div>
69:         <div class="ui-block-b">
70:            <div class="ui-bar ui-bar-a block">B 块</div>
71:         </div>
72:         <div class="ui-block-c">
73:            <div class="ui-bar ui-bar-a block">C 块</div>
74:         </div>
75:         <div class="ui-block-c">
76:            <div class="ui-bar ui-bar-a block">D 块</div>
77:         </div>
78:      </div>
79:      <p>五列网格（20%/20%/20%/20%/20%）：</p>
80:      <div class="ui-grid-d">
81:         <div class="ui-block-a">
82:            <div class="ui-bar ui-bar-a block">A 块</div>
83:         </div>
84:         <div class="ui-block-b">
85:            <div class="ui-bar ui-bar-a block">B 块</div>
86:         </div>
87:         <div class="ui-block-c">
88:            <div class="ui-bar ui-bar-a block">C 块</div>
89:         </div>
90:         <div class="ui-block-d">
91:            <div class="ui-bar ui-bar-a block">D 块</div>
92:         </div>
93:         <div class="ui-block-e">
94:            <div class="ui-bar ui-bar-a block">E 块</div>
95:         </div>
96:      </div>
97:   </div>
98:   <div data-role="footer" data-position="fixed">
99:      <h4>页脚区域</h4>
100:   </div>
101: </div>
102: <div data-role="page" id="page05-01-b">
103:    <div data-role="header" data-add-back-btn="true" data-back-btn-text="返回" data-position="fixed">
104:       <h1>多行网格布局</h1>
105:    </div>
106:    <div role="main" class="ui-content">
107:       <p>三行两列网格：</p>
108:       <div class="ui-grid-a">
```

```
109:            <div class="ui-block-a">
110:                <div class="ui-bar ui-bar-a block">A 块</div>
111:            </div>
112:            <div class="ui-block-b">
113:                <div class="ui-bar ui-bar-a block">B 块</div>
114:            </div>
115:            <div class="ui-block-a">
116:                <div class="ui-bar ui-bar-a block">C 块</div>
117:            </div>
118:            <div class="ui-block-b">
119:                <div class="ui-bar ui-bar-a block">A 块</div>
120:            </div>
121:            <div class="ui-block-a">
122:                <div class="ui-bar ui-bar-a block">B 块</div>
123:            </div>
124:            <div class="ui-block-b">
125:                <div class="ui-bar ui-bar-a block">C 块</div>
126:            </div>
127:        </div>
128:        <p>四行三列网格：</p>
129:        <div class="ui-grid-b">
130:            <div class="ui-block-a">
131:                <div class="ui-bar ui-bar-a block">A 块</div>
132:            </div>
133:            <div class="ui-block-b">
134:                <div class="ui-bar ui-bar-a block">B 块</div>
135:            </div>
136:            <div class="ui-block-c">
137:                <div class="ui-bar ui-bar-a block">C 块</div>
138:            </div>
139:            <div class="ui-block-a">
140:                <div class="ui-bar ui-bar-a block">A 块</div>
141:            </div>
142:            <div class="ui-block-b">
143:                <div class="ui-bar ui-bar-a block">B 块</div>
144:            </div>
145:            <div class="ui-block-c">
146:                <div class="ui-bar ui-bar-a block">C 块</div>
147:            </div>
148:            <div class="ui-block-a">
149:                <div class="ui-bar ui-bar-a block">A 块</div>
150:            </div>
151:            <div class="ui-block-b">
152:                <div class="ui-bar ui-bar-a block">B 块</div>
153:            </div>
154:            <div class="ui-block-c">
155:                <div class="ui-bar ui-bar-a block">C 块</div>
156:            </div>
157:            <div class="ui-block-a">
158:                <div class="ui-bar ui-bar-a block">A 块</div>
159:            </div>
160:            <div class="ui-block-b">
161:                <div class="ui-bar ui-bar-a block">B 块</div>
162:            </div>
163:            <div class="ui-block-c">
164:                <div class="ui-bar ui-bar-a block">C 块</div>
165:            </div>
166:        </div>
167:    </div>
168:    <div data-role="footer" data-position="fixed">
169:        <h4>页脚区域</h4>
170:    </div>
171: </div>
172: </body>
173: </html>
```

源代码分析

第 11～第 17 行：在文档内嵌样式表中定义一个名为 block 的 CSS 规则，用于设置网格中各个子容器的样式。

第 22～第 25 行：在文档内嵌样式表中定义一个名为 button-wrap 的 CSS 规则，用于设置一个 div 容器的左边距和右边距，该容器将包裹在 button 元素上，以生成与其他按钮相同的边距。

第 30～第 101 行：创建第一个页面，在其页眉工具栏中添加一个“下一页”按钮，在其内容区域添加五个单行网格。

第 36～第 40 行：创建一个单列网格，对其容器 div 元素应用 ui-grid-solo 类，对其子容器 div 元素应用 ui-block-a 类，在该子容器中添加一个 div 元素并对其应用 ui-bar、ui-bar-a 和 block 类，为网格内容设置自定义样式。ui-bar 类用于添加默认的填充，ui-bar-a 类则用来设置工具栏主题样本 A 的背景和字体样式。

第 42～第 49 行：创建一个双列网格，对其容器 fieldset 元素应用 ui-grid-a 类，对其两个子容器元素分别应用 ui-block-a 和 ui-block-b 类，在这两个子容器中分别添加一个提交按钮和一个重置按钮。

第 51～第 63 行：创建一个三列网格，对其容器 div 元素应用 ui-grid-b 类，对其三个子容器元素分别应用 ui-block-a、ui-block-b 和 ui-block-c 类，在这些子容器中分别添加一个链接、一个 button 元素和一个 input type="button"元素，将使用具有 class="button-wrap"的 div 容器将 button 元素包裹起来，以生成左右边距。

第 64～第 78 行、第 80～第 96 行：分别创建一个四列网格和一个五列网格。

第 102～第 171 行：创建第二个页面，在其页眉工具栏中添加一个“返回”按钮，在其内容区域分别添加一个三行四列网格和一个四行三列网格。

在移动设备模拟器中打开网页，分别查看两个页面上的网格布局效果，如图 5.1 所示。

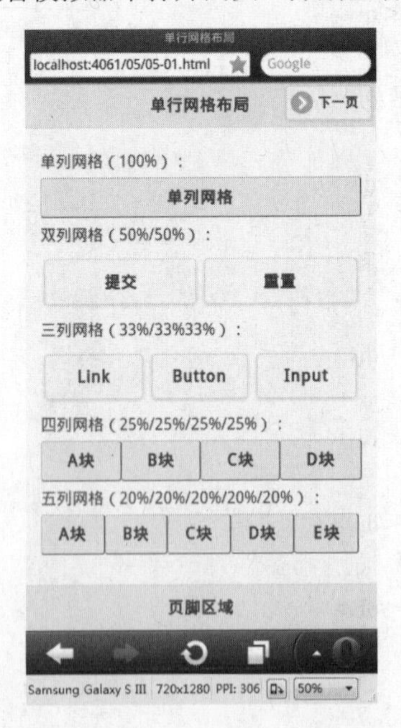

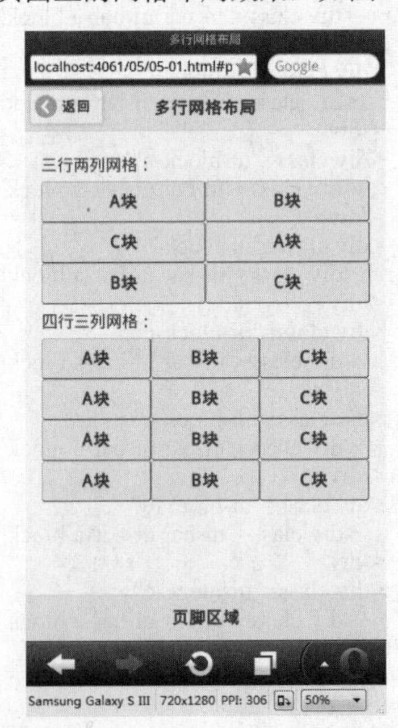

图 5.1　创建基本网格

5.1.2 创建响应式网格

默认情况下，网格中各个子容器的宽度都是相等的，而且通过向左浮动实现了并排排列。由于移动设备屏幕尺寸所限，当在一行中并排放置的按钮较多或按钮上的文字较长时，按钮上的文字就可能被截断，网格布局本身则保持不变。

为了在各种大小的屏幕上都能提供良好的用户体验，可以考虑创建响应式网格，使其布局效果随屏幕大小而改变。例如，当屏幕较宽或者横屏时，启用各个网格块的浮动特性，使它们沿水平方向并排排列；当屏幕较窄或者竖屏时，清除各个网格块元素的浮动特性，使其宽度变成100%，从而使各个网格块沿垂直方向堆叠起来。

要实现这种响应式设计，主要方法是使用CSS媒体查询，即添加一个类来定义媒体查询的样式，以便有选择地应用。下面给出一个例子。

```
@media all and (max-width: 35em) {
  .my-breakpoint .ui-block-a,
  .my-breakpoint .ui-block-b,
  .my-breakpoint .ui-block-c,
  .my-breakpoint .ui-block-d,
  .my-breakpoint .ui-block-e {
    width: 100%;                    /* 网格块与其父容器等宽 */
    float: none;                    /* 网格块不浮动，堆叠起来 */
  }
}
```

其中，@media all 用于指定媒体类型，表示将此CSS规则应用于所有媒体类型。(max-width: 35em)是包含媒体查询的表达式，其含义为：如果浏览器的最大宽度为35em（即小于或等于这个宽度），则会通知浏览器应用上述CSS规则。如果要将某个媒体查询应用于所有媒体类型，则可以省略all关键词。后面的and关键词也是可选项。

定义媒体查询样式后，将相应的类my-breakpoint应用于网格容器即可。

jQuery Mobile提供了一个内置类ui-responsive类，如果将其添加到网格容器中，则可以在在宽度小于35em（560px）时启用网格堆叠布局。

例5.2 创建响应式网格。源文件为/05/05-02.html，源代码如下。

```
1: <!doctype html>
2: <html>
3: <head>
4: <meta charset="utf-8">
5: <meta name="viewport" content="width=device-width, initial-scale=1">
6: <title>响应式网格</title>
7: <link rel="stylesheet" href="http://code.jquery.com/mobile/1.4.5/jquery.mobile-1.4.5.min.css">
8: <script src="http://code.jquery.com/jquery-2.1.3.min.js"></script>
9: <script src="http://code.jquery.com/mobile/1.4.5/jquery.mobile-1.4.5.min.js"></script>
10: <style>
11: [role='main'] h2 {
12:     font-size: 16px;
13: }
14: .ui-body {
15:     text-align: center;
16: }
17: </style>
18: </head>
19:
20: <body>
21: <div data-role="page" id="page05-02">
22:     <div data-role="header" data-position="fixed" data-fullscreen="true">
23:         <h1>响应式网格</h1>
24:     </div>
25:     <div role="main" class="ui-content">
26:         <h2>双列网格（50%/50%）</h2>
27:         <div class="ui-grid-a ui-responsive">
28:             <div class="ui-block-a">
```

```
29:             <div class="ui-body ui-body-a">块 A</div>
30:           </div>
31:           <div class="ui-block-b">
32:             <div class="ui-body ui-body-a">块 B</div>
33:           </div>
34:         </div>
35:         <h2>三列网格（33%/33%/33%）</h2>
36:         <div class="ui-grid-b ui-responsive">
37:           <div class="ui-block-a">
38:             <div class="ui-body ui-body-a">块 A</div>
39:           </div>
40:           <div class="ui-block-b">
41:             <div class="ui-body ui-body-a">块 B</div>
42:           </div>
43:           <div class="ui-block-c">
44:             <div class="ui-body ui-body-a">块 C</div>
45:           </div>
46:         </div>
47:         <h2>四列网格（25%/25%/25%/25%）</h2>
48:         <div class="ui-grid-c ui-responsive">
49:           <div class="ui-block-a">
50:             <div class="ui-body ui-body-a">块 A</div>
51:           </div>
52:           <div class="ui-block-b">
53:             <div class="ui-body ui-body-a">块 B</div>
54:           </div>
55:           <div class="ui-block-c">
56:             <div class="ui-body ui-body-a">块 C</div>
57:           </div>
58:           <div class="ui-block-d">
59:             <div class="ui-body ui-body-a">块 D</div>
60:           </div>
61:         </div>
62:         <h2>五列网格（20%/20%/20%/20%/20%）</h2>
63:         <div class="ui-grid-d ui-responsive">
64:           <div class="ui-block-a">
65:             <div class="ui-body ui-body-a">块 A</div>
66:           </div>
67:           <div class="ui-block-b">
68:             <div class="ui-body ui-body-a">块 B</div>
69:           </div>
70:           <div class="ui-block-c">
71:             <div class="ui-body ui-body-a">块 C</div>
72:           </div>
73:           <div class="ui-block-d">
74:             <div class="ui-body ui-body-a">块 D</div>
75:           </div>
76:           <div class="ui-block-e">
77:             <div class="ui-body ui-body-a">块 E</div>
78:           </div>
79:         </div>
80:       </div>
81:       <div data-role="footer" data-position="fixed" data-fullscreen="true">
82:         <h4>页脚区域</h4>
83:       </div>
84: </div>
85: </body>
86: </html>
```

源代码分析

第 14～第 16 行：在文档内嵌样式表中为 ui-body 类添加“text-align: center”属性，使文本水平居中对齐。

第 21～第 84 行：在文档中创建一个页面，然后在其内容区域添加四个响应式网格。

第 27～第 34 行、第 36～第 46 行、第 48～第 61 行、第 63～第 79 行：分别添加两列网格、三列网格、四列网格和五列网格，并且对这些网格容器应用 ui-responsive 类，使它们都变成响应式网络。

在移动设备模拟器中打开网页，首先在竖屏状态下查看网格堆叠状态，然后单击旋转屏幕按钮切换到横屏状态，以查看网格块并排排列状态，如图 5.2 所示。

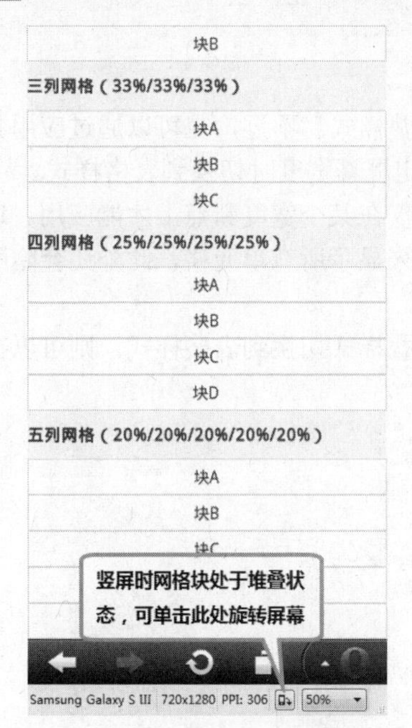

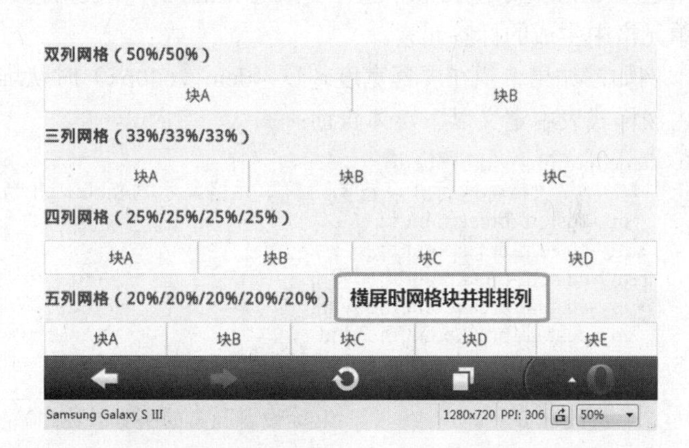

图 5.2 创建响应式网格

5.2 响应式表格

移动设备屏幕较小，不适合呈现包含大量列的宽表格。为了解决这个问题，jQuery Mobile 框架提供了一个表格小部件，可以用于创建响应式表格。这种响应式表格分为回流和列切换两种模式，下面分别加以介绍。

5.2.1 创建回流表格

回流模式重新格式化表格中的各个列，将表格中的多列折叠起来，从而使多列表格变成多行的堆叠样式，每行数据均呈现为格式化的标签/数据对形式。

1. 创建基本回流表格

要创建回流表格，在表格元素中添加 data-role="table"和 data-mode="reflow"属性即可，后者可以省略。在表格中要包含 thead 和 tbody 元素，并且在 thead 元素中添加标题行，在 tbody 元素中添加数据行。如果表头 th 中的文本太长，可使用 abbr 元素包装文本并设置 title 属性。

回流表格的基本结构如下：

```
<table data-role="table" data-mode="reflow">
```

```
    <thead>
      <tr><th>标题</th><th>标题</th>...<th>标题</th>
    </thead>
    <tbody>
      <tr><td>数据</td><td>数据</td>...<td>数据</td><tr>
      <tr><td>数据</td><td>数据</td>...<td>数据</td><tr>
      . . .
      <tr><td>数据</td><td>数据</td>...<td>数据</td><tr>
    <tbody>
</table>
```

2. 创建响应式回流表格

默认情况下，回流表格在所有屏幕宽度上都将呈现为堆叠样式。不过，也可以通过应用具有媒体查询的 CSS 规则来设置响应式表格样式，以便在超过特定屏幕宽度时切换到表格样式。为此，可以通过媒体查询来包装几个简单的 CSS 规则，使这些规则仅在某个宽度断点上才能应用。通过应用这些 CSS 规则使表格标题行变成可见的，并以表格格式来显示所有单元格，此外还会隐藏每个单元格中生成的标签元素。

例如，如果希望在屏幕宽度超过 40em（640px）时从堆叠样式切换到表格样式，则可以在文档内嵌样式表中定义以下媒体查询：

```
@media (min-width: 40em) {
  /* 显示表格标题行并设置要所有单元格显示为 table-cell */
  .my-custom-breakpoint td,
  .my-custom-breakpoint th,
  .my-custom-breakpoint tbody th,
  .my-custom-breakpoint tbody td,
  .my-custom-breakpoint thead td,
  .my-custom-breakpoint thead th {
    display: table-cell;          /* 使元素呈现为表格单元格 */
    margin: 0;                    /* 设置元素的所有外边距属性为 0 */
  }
  /* 隐藏每个单元格中的标签 */
  .my-custom-breakpoint td .ui-table-cell-label,
  .my-custom-breakpoint th .ui-table-cell-label {
    display: none;                /* 使元素隐藏起来 */
  }
}
```

通过在表格元素中应用 my-custom-breakpoint 类即可使表格响应所设置的断点：

```
<table data-role="table" data-mode="reflow" class="my-custom-breakpoint">
```

在移动开发中可以根据需要创建一组自定义断点类，用于设置响应式表格。

jQuery Mobile 框架提供了一个预设断点类 ui-responsive，通过应用此类表格在较小的手机屏幕上将呈现为堆叠样式，在平板电脑和桌面设备上则呈现为表格样式。

若要使用这个预设断点，则应在表格元素中应用 ui-responsive 类：

```
<table data-role="table" class="ui-responsive">
```

如此一来，当屏幕宽度超 560px（35em）时，将从堆叠样式转换为表格样式。如果这个断点对页面内容不起作用，建议按照上述方式编写自定义断点。

3. 设置表格样式

表格小部件没有主题属性。如果要设置表格的外观样式，则需要在文档内嵌样式表中编写一些 CSS 规则，或者直接应用 jQuery Mobile 框架提供的相关 CSS 类。下面介绍几个常用的 CSS 类。

（1）在表格中添加像 ui-body-a 这样的主题类，以设置表格的背景主题。

（2）在表格中添加 ui-shadow 类，为表格设置阴影效果。

（3）在表格中应用 table-stroke 类，对表格添加行边框。

（4）在表格中应用 table-stripe 类，对表格设置交替行条纹样式。

（5）在标题行中添加 ui-bar-b 这样的主题类，以设置表格标题行的主题。

例 5.3 创建响应式回流表格并设置其样式。源文件为/05/05-03.html，源代码如下。

```
 1: <!doctype html>
 2: <html>
 3: <head>
 4: <meta charset="utf-8">
 5: <meta name="viewport" content="width=device-width, initial-scale=1">
 6: <title>回流表格</title>
 7: <link rel="stylesheet" href="http://code.jquery.com/mobile/1.4.5/jquery.mobile-1.4.5.min.css">
 8: <script src="http://code.jquery.com/jquery-2.1.3.min.js"></script>
 9: <script src="http://code.jquery.com/mobile/1.4.5/jquery.mobile-1.4.5.min.js"></script>
10: </head>
11:
12: <body>
13: <div data-role="page" id="page05-03">
14:     <div data-role="header">
15:         <h1>回流表格</h1>
16:     </div>
17:     <div role="main" class="ui-content">
18:         <table data-role="table" data-mode="reflow" class="ui-body-a ui-shadow table-stripe table-stroke
ui-responsive">
19:             <thead>
20:                 <tr class="ui-bar-a">
21:                     <th>书名</th>
22:                     <th>作者</th>
23:                     <th>出版社</th>
24:                     <th>定价</th>
25:                 </tr>
26:             </thead>
27:             <tbody>
28:                 <tr>
29:                     <td>愿你迷路到我身旁</td>
30:                     <td>蕊希</td>
31:                     <td>百花洲文艺出版社</td>
32:                     <td>¥39.80</td>
33:                 </tr>
34:                 <tr>
35:                     <td>平凡的世界</td>
36:                     <td>路遥</td>
37:                     <td>北京十月文艺出版社</td>
38:                     <td>¥79.80</td>
39:                 </tr>
40:                 <tr>
41:                     <td>拉普拉斯的魔女</td>
42:                     <td>东野圭吾</td>
43:                     <td>北京联合出版公司</td>
44:                     <td>¥39.80</td>
45:                 </tr>
46:                 <tr>
47:                     <td>寻找时间的人</td>
48:                     <td>凯特·汤普森</td>
49:                     <td>江苏文艺出版社</td>
50:                     <td>¥36.00</td>
51:                 </tr>
52:                 <tr>
53:                     <td>摆渡人</td>
54:                     <td>克莱儿·麦克福尔</td>
55:                     <td>百花洲文艺出版社</td>
```

```
56:                 <td>¥36.00</td>
57:             </tr>
58:         </tbody>
59:     </table>
60:   </div>
61:   <div data-role="footer">
62:       <h4>页脚区域</h4>
63:   </div>
64: </div>
65: </body>
66: </html>
```

源代码分析

第 13～第 64 行：创建一个页面，其中包含页眉、内容区域和页脚三个部分。

第 18～第 59 行：在页面内容区域创建一个响应式回流表格，它由 thead 和 tbody 两个部分组成。在该表格中应用了 ui-body-a、ui-shadow、table-stripe、table-stroke 和 ui-responsive 类；在 thead 元素中添加一个标题行，在 tbody 元素中添加一些数据行。

在模拟器中打开网页，在竖屏状态下可以看到图书信息以堆叠样式呈现，当切换到横屏状态时图书信息则以表格样式呈现，结果如图 5.3 所示。

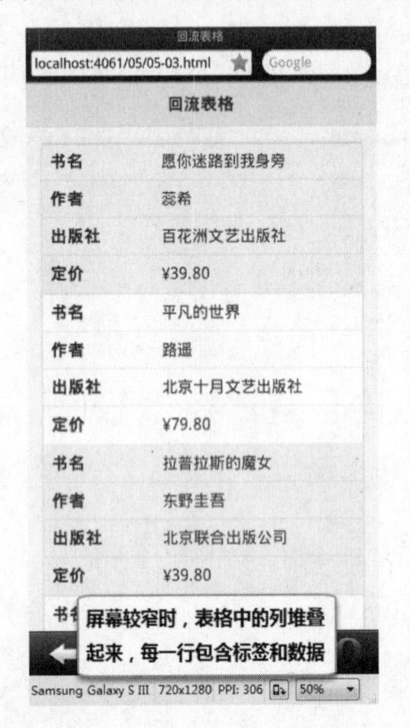

回流表格
localhost:4061/05/05-03.html
Google
回流表格
书名 愿你迷路到我身旁
作者 蕊希
出版社 百花洲文艺出版社
定价 ¥39.80
书名 平凡的世界
作者 路遥
出版社 北京十月文艺出版社
定价 ¥79.80
书名 拉普拉斯的魔女
作者 东野圭吾
出版社 北京联合出版公司
定价 ¥39.80
屏幕较窄时，表格中的列堆叠起来，每一行包含标签和数据
Samsung Galaxy S III 720x1280 PPI: 306 50%

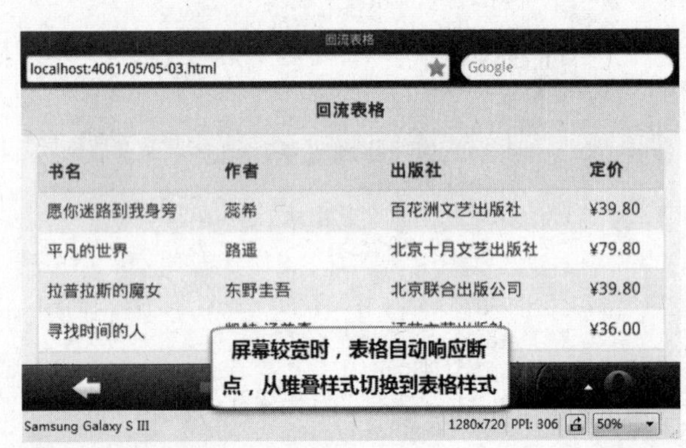

图 5.3 创建响应式回流表格

5.2.2 创建列切换表格

列切换表格模式选择性地将一些列隐藏起来，但也提供了一个按钮，当单击该按钮时会打开一个弹出菜单，可以让用户从中选择想要查看的列。在这种列切换模式下，可以通过为每个列分配优先级来定义其重要程度。

1. 创建列切换表格

若要创建列选择模式表格，则需要在表格元素中添加设置 data-role="table"和 data-mode="columntoggle"属性。此外，还需要设置该表格的 id 属性，以便将该表格与用于列选择的弹出菜单关联起来：

```
<table data-role="table" data-mode="columntoggle" id="my-table">
```

2. 设置列优先级

列切换表格通过根据两个条件来隐藏或显示列：一个条件是可用的屏幕宽度，另一个条件则是用户在列选择器弹出窗口中选中显示哪些列。将 data-priority 属性添加到要响应显示的列标题 th 元素中，并且为其分配优先级，最高为 1，最低为 6。设置了优先级的列标题将在列选择器菜单中可用。如果列标题太长，可使用 abbr 元素包装标题文本并设置 title 属性。

如果要使某列持久显示，不可用于隐藏，则不要对该列标题设置 data-priority 属性。这将使该列在所有屏幕宽度上都是可见的，相应的列标题不会包含在列选择器菜单中。

```
<th>此列最重要，不能删除</ th>
<th data-priority="1">此列很重要</th>
<th data-priority="3">此列有点重要</th>
<th data-priority="5">此列不太重要</th>
```

3. 主题和定制

列选择器弹出窗口是通过由框架生成的按钮打开的。默认情况下，这个按钮的文本为“column...”，也可以通过在表格中添加 data-column-btn-text 属性来指定按钮中的文本字符串。此外，该按钮将从内容区域继承主题，也可以通过在表格中添加 data-column-btn-theme 属性来设置所需要的主题。

表格背景可以通过在表格中应用 ui-body-a 这样的类来设置；如果要为表格添加行边框，可在表格中应用 stroke 类；如果要创建交替行条纹，可在表格中应用 table-stripe。表格标题的主题外观则可以通过在标题行应用 ui-bar-a 这样的类来设置。

4. 设置响应式表格

分配优先级（1-6）的所有列的样式在样式表中均以“display:none”开始，这意味着只有持久化的列才能在开始样式中显示。为此，就需要为每个优先级别定制媒体查询宽度。

通过媒体查询可以添加响应行为，以优先显示和隐藏列。每个媒体查询都是使用最小宽度（min-width）来编写的，宽度以 em 为单位。要计算以 em 为单位的宽度，将目标宽度（px）除以 16 即可。

在每个媒体查询中将覆盖“display:none”样式属性，将所有优先级的列的 display 属性设置为 table-cell，以便这些列再次变为可见，并且呈现为表格单元格。

要自定义断点，可将以下样式块复制到自定义样式中，并且调整每个优先级的 min-width 媒体查询值，以指定各个优先级列应显示的位置。

下面的示例样式针对表格上的 my-custom-class 类进行设置，当宽度大于 20em（320px）时首先显示优先级为 1 的列；当宽度大于 30em（480px）时显示优先级为 2 的列，如此等等，一直到达到桌面宽度时显示具有优先级为 6 的列。根据需要，可以随意更改样式表中的这些断点，并选择要使用的优先级数。

```
/*  宽度大于或等于 320px（20em）时显示优先级为 1 的列  */
@media screen and (min-width: 20em) {
    .my-custom-class th.ui-table-priority-1,
    .my-custom-class td.ui-table-priority-1 {
        display: table-cell;
    }
}
/*  宽度大于或等于 480px（30em）时显示优先级为 2 的列  */
@media screen and (min-width: 30em) {
    .my-custom-class    th.ui-table-priority-2,
    .my-custom-class td.ui-table-priority-2 {
        display: table-cell;
    }
```

```
}
...更多断点..
```

由于 CSS 的特异性，还需要在自定义样式表中自定义断点之后包含隐藏和可见状态的类定义，因此请务必包括以下内容：

```
/* 手动隐藏 */
.my-custom-class th.ui-table-cell-hidden,
.my-custom-class td.ui-table-cell-hidden {
  display: none;
}
/* 手动显示 */
.my-custom-class th.ui-table-cell-visible,
.my-custom-class td.ui-table-cell-visible {
   display: table-cell;
}
```

5. 应用预设断点

jQuery Mobile 框架提供了一组预先配置的六个优先级的断点，如果表格内容中包含这些优先级，则可以使用它们。为此，只需要在表格元素中应用 ui-responsive 类即可：

```
<table data-role="table" class="ui-responsive" data-mode="columntoggle" id="my-table">
```

在列切换表格中包含的六个预设断点类中，使用 10em（160 像素）作为常规增量。以下是分配给预设样式中每个优先级的断点的查询宽度：

- 优先级 1：data-priority="1"，宽度大于或等于 320px（20em）时显示列；
- 优先级 2：data-priority="2"，宽度大于或等于 480px（30em）时显示列；
- 优先级 3：data-priority="3"，宽度大于或等于 640px（40em）时显示列；
- 优先级 4：data-priority="4"，宽度大于或等于 800px（50em）时显示列；
- 优先级 5：data-priority="5"，宽度大于或等于 960px（60em）时显示列；
- 优先级 6：data-priority="6"，宽度大于或等于 1120px（70em）时显示列。

如果这些预设断点不适合页面内容和布局的需求，建议创建自定义断点以调整样式。

例 5.4　创建响应式列切换表格。源文件为/05/05-04.html，源代码如下。

```
 1: <!doctype html>
 2: <html>
 3: <head>
 4: <meta charset="utf-8">
 5: <meta name="viewport" content="width=device-width, initial-scale=1">
 6: <title>列切换表格</title>
 7: <link rel="stylesheet" href="http://code.jquery.com/mobile/1.4.5/jquery.mobile-1.4.5.min.css">
 8: <script src="http://code.jquery.com/jquery-2.1.3.min.js"></script>
 9: <script src="http://code.jquery.com/mobile/1.4.5/jquery.mobile-1.4.5.min.js"></script>
10: </head>
11:
12: <body>
13: <div data-role="page" id="page05-03">
14:     <div data-role="header" data-position="fixed">
15:         <h1>列切换表格</h1>
16:     </div>
17:     <div role="main" class="ui-content">
18:         <table id="TV-series" data-role="table" data-mode="columntoggle" data-column-btn-text="选择要查看的列..." data-column-btn-theme="b" class="ui-body-a ui-shadow table-stripe table-stroke ui-responsive">
19:             <thead>
20:                 <tr class="ui-bar-a">
21:                     <th>片名</th>
22:                     <th data-priority="1">导演</th>
23:                     <th data-priority="3">主演</th>
```

```
24:                 <th data-priority="5">集数</th>
25:             </tr>
26:         </thead>
27:         <tbody>
28:             <tr>
29:                 <td>漂洋过海来看你</td>
30:                 <td>陈铭章</td>
31:                 <td>朱亚文 王丽坤 叶青 黄柏钧 王彦霖 温碧霞</td>
32:                 <td>26</td>
33:             </tr>
34:             <tr>
35:                 <td>我与你的光年距离</td>
36:                 <td>猫的树</td>
37:                 <td>宋威龙 周雨彤 王以纶 高熙儿 王旭东 张南</td>
38:                 <td>21</td>
39:             </tr>
40:             <tr>
41:                 <td>白鹿原</td>
42:                 <td>刘进</td>
43:                 <td>张嘉译 李沁 翟天临 秦海璐 刘佩琦 何冰</td>
44:                 <td>85</td>
45:             </tr>
46:             <tr>
47:                 <td>欢乐颂 2</td>
48:                 <td>简川訸</td>
49:                 <td>刘涛 蒋欣 王子文 杨紫 乔欣 王凯</td>
50:                 <td>55</td>
51:             </tr>
52:             <tr>
53:                 <td>外科风云</td>
54:                 <td>李雪</td>
55:                 <td>靳东 白百何 李佳航 马少骅 蓝盈莹 何杜娟</td>
56:                 <td>44</td>
57:             </tr>
58:         </tbody>
59:       </table>
60:     </div>
61:     <div data-role="footer" data-position="fixed">
62:       <h4>页脚区域</h4>
63:     </div>
64: </div>
65: </body>
66: </html>
```

源代码分析

第 13～第 64 行：在文档中创建一个页面，该页面由固定页眉工具栏、内容区域和固定页脚工具栏三个部分组成。

第 18～第 59 行：在页面内容区域创建一个响应式列切换表格，它由 thead 和 tbody 两个部分组成。设置该表格的 id 为 TV-series，在该表格中应用 data-role="table"和 data-mode= "columntoggle"属性，添加 data-column-btn-text="选择要查看的列..."属性以设置按钮上的文本，添加 data-column-btn-theme="b"属性以设置按钮的主题，并在该表格中应用了 ui-body-a、ui-shadow、table-stripe、table-stroke 以及 ui-responsive 类。

第 19～第 26 行：在 thead 元素中添加一个标题行，在该标题行中添加四 4 个 th 元素以设置列标题。第一个列标题“片名”未指定优先级，因此该列将持久显示，而且相应的列标题不会包含在列选择器中。在其余三列中分别设置优先级为 1、3 和 5。

第 27～第 58 行：在 tbody 元素中添加一些数据行，给出电视剧的片名、导演、主演和集数等信息。

在移动设备模拟器中打开网页，开始时仅显示前两个列，通过单击按钮打开列选择器弹出菜单，可以从中选择显示更多的列，结果如图 5.4 所示。

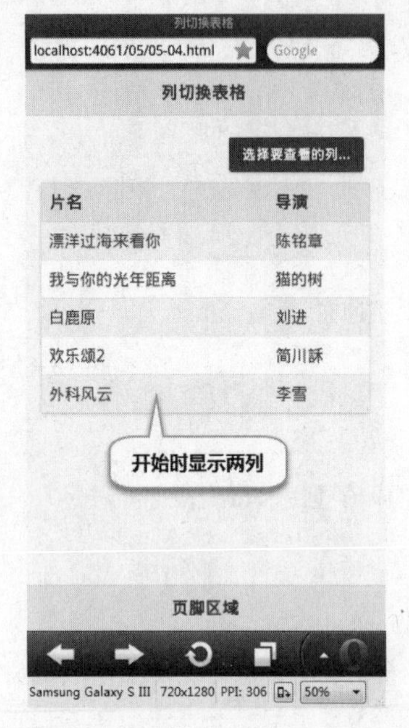

图 5.4　响应式列切换表格

5.3 列表视图

列表视图是 jQuery Mobile 框架提供的一个界面小部件，它通过列表形式对页面内容进行排列和管理。列表视图是基于无序列表（ul）或有序列表（ol）创建的，但它比标准的 HTML 列表元素功能更强大，因此在移动网页设计中得到了广泛的应用。

5.3.1 创建只读列表

HTML 列表可以分为无序列表和有序列表。无序列表使用 ul 标签定义，每个列表项使用 li 标签定义，这些列表项以项目符号（通常是圆点•）来标记。有序列表使用 ol 标签定义，每个列表项也使用 li 标签定义，这些列表项通常以数字来标记。当每个列表项不包含链接、按钮之类的可交互元素时，所组成的列表就是只读列表。

如果要将标准的 HTML 列表转换为适合移动设置的列表视图，可以在无序列表 ul 或有序列表 ol 中添加 data-role="listview"属性。此时，jQuery Mobile 框架将对列表添加 ui-listview 类，并对每个列表项添加 ui-li-static 和 ui-body-inherit 类。

由此得到的列表视图具有-1em（16px）外边距，以取消内容区域上的 1em 内边距，从而使整个列表扩展到屏幕边缘。如果在列表的上方或下方添加其他小部件，则负的边距可能会使这些元素重叠起来，因此需要在自定义 CSS 中添加额外的间距。

例 5.5　创建只读列表视图。源文件为/05/05-05.html，源代码如下。

```
1: <!doctype html>
2: <html>
```

```
  3: <head>
  4: <meta charset="utf-8">
  5: <meta name="viewport" content="width=device-width, initial-scale=1">
  6: <title></title>
  7: <link rel="stylesheet" href="http://code.jquery.com/mobile/1.4.5/jquery.mobile-1.4.5.min.css">
  8: <script src="http://code.jquery.com/jquery-2.1.3.min.js"></script>
  9: <script src="http://code.jquery.com/mobile/1.4.5/jquery.mobile-1.4.5.min.js"></script>
 10: <style>
 11: [role='main'] h2 {
 12:     font-size: 16px; text-align: center;
 13:     margin-top: 0.2em; margin-bottom: 2em;
 14: }
 15: </style>
 16: </head>
 17:
 18: <body>
 19: <div data-role="page" id="page05-05-a">
 20:     <div data-role="header" data-position="fixed">
 21:         <h1>只读无序列表</h1>
 22:         <a href="#page05-05-b" class="ui-btn ui-corner-all ui-shadow ui-icon-carat-r ui-btn-icon-right
ui-btn-right">下一页</a> </div>
 23:     <div role="main" class="ui-content">
 24:         <h2>历届奥斯卡获奖影片</h2>
 25:         <ul data-role="listview">
 26:             <li>2017 年《月光男孩》（Moonlight）</li>
 27:             <li>2016 年《聚焦》（Spotlight）</li>
 28:             <li>2015 年《鸟人》（Birdman）</li>
 29:             <li>2014 年《为奴十二年》（12 Years a Slave）</li>
 30:             <li>2013 年《逃离德黑兰》（Argo）</li>
 31:             <li>2012 年《艺术家》（The Artist）</li>
 32:             <li>2011 年《国王的演讲》（The King's Speech）</li>
 33:             <li>2010 年《拆弹部队》（The Hurt Locker）</li>
 34:             <li>2009 年《贫民窟的百万富翁》（Slumdog Millionaire）</li>
 35:             <li>2008 年《老无所依》 （No Country for Old Men）</li>
 36:         </ul>
 37:     </div>
 38:     <div data-role="footer" data-position="fixed">
 39:         <h4>页脚区域</h4>
 40:     </div>
 41: </div>
 42: <div data-role="page" id="page05-05-b">
 43:     <div data-role="header" data-add-back-btn="true" data-back-btn-text="返回" data-position="fixed">
 44:         <h1>只读有序列表</h1>
 45:     </div>
 46:     <div role="main" class="ui-content">
 47:         <h2>历届奥斯卡获奖影片</h2>
 48:         <ol data-role="listview">
 49:             <li>2017 年《月光男孩》（Moonlight）</li>
 50:             <li>2016 年《聚焦》（Spotlight）</li>
 51:             <li>2015 年《鸟人》（Birdman）</li>
 52:             <li>2014 年《为奴十二年》（12 Years a Slave）</li>
 53:             <li>2013 年《逃离德黑兰》（Argo）</li>
 54:             <li>2012 年《艺术家》（The Artist）</li>
 55:             <li>2011 年《国王的演讲》（The King's Speech）</li>
 56:             <li>2010 年《拆弹部队》（The Hurt Locker）</li>
 57:             <li>2009 年《贫民窟的百万富翁》（Slumdog Millionaire）</li>
 58:             <li>2008 年《老无所依》 （No Country for Old Men）</li>
 59:         </ol>
 60:     </div>
 61:     <div data-role="footer" data-position="fixed">
 62:         <h4>页脚区域</h4>
 63:     </div>
```

```
64: </div>
65: </body>
66: </html>
```

源代码分析

第 19～第 41 行：创建第一个页面，在内容区域添加一个只读无序列表视图。

第 42～第 64 行：创建第二个页面，在内容区域添加一个只读有序列表视图。

在移动设备模拟器中打开网页，在第一个页面上查看只读无序列表视图布局效果，然后进入第二个页面，在此查看只读有序列表视图布局效果，结果如图 5.5 所示。

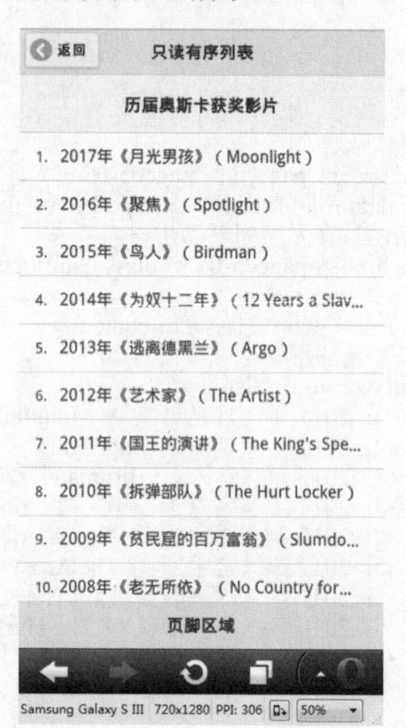

图 5.5　只读无序列表与只读有序列表

5.3.2 创建链接列表

只读列表视图仅用于呈现静态数据。在移动开发中，通常会在每个列表项中添加一个链接，例如电话号码列表、电子邮件列表、短信列表以及日程计划列表等等。当单击某个列表项时，将触发该列表项中第一个链接的 click 事件，此时将对该链接中的 URL 发出 Ajax 请求，在 DOM 中创建新页面，然后启动页面转换。

创建链接列表视图时，需要在无序列表（ul）元素中添加 data-role="listview"属性，然后在每个列表项中添加一个链接。jQuery Mobile 框架通过应用必要的样式将列表转换为适合移动设备的列表视图，即对 ul 元素添加 ui-listview 类，对每个 li 元素添加 ui-btn、ui-btn-icon-right、和 ui-icon-carat-r 类，从而使每个链接呈现为带有右箭头图标（carat-r）的按钮，而整个列表视图将填充浏览器窗口的全部宽度。

例 5.6　创建链接列表视图。源文件为/05/05-06.html，源代码如下。

```
1: <!doctype html>
2: <html>
3: <head>
4: <meta charset="utf-8">
5: <meta name="viewport" content="width=device-width, initial-scale=1">
6: <title>链接列表</title>
7: <link rel="stylesheet" href="http://code.jquery.com/mobile/1.4.5/jquery.mobile-1.4.5.min.css">
```

```
 8: <script src="http://code.jquery.com/jquery-2.1.3.min.js"></script>
 9: <script src="http://code.jquery.com/mobile/1.4.5/jquery.mobile-1.4.5.min.js"></script>
10: <style>
11: [role='main'] h2, [data-role='popup'] h3 {
12:     font-size: 16px;
13:     text-align: center;
14:     margin-top: 0.2em;
15:     margin-bottom: 2em;
16: }
17: </style>
18: <script>
19: $(document).on("pagecreate", function() {
20:     $("li a").click(function() {
21:         $("#popup05-06").popup("option", {
22:             positionTo: "[role='main'] h2",
23:             transition:"slidedown"
24:         }).popup("open");
25:         var text=$(this).text();
26:         var h3=text.substring(0,4)+"奥运会";
27:         var p=text.substring(5, text.length-1);
28:         $("#popup05-06 h3").text(h3);
29:         $("#popup05-06 p").text(p);
30:     });
31: });
32: </script>
33: </head>
34:
35: <body>
36: <div data-role="page" id="page05-06">
37:     <div data-role="header">
38:         <h1>链接列表视图</h1>
39:     </div>
40:     <div role="main" class="ui-content">
41:         <h2>历届奥运会举办年份、国家和城市</h2>
42:         <ul data-role="listview">
43:             <li><a href="#">第 32 届（2020 年  日本  东京）</a></li>
44:             <li><a href="#">第 31 届（2016 年  巴西  里约热内卢）</a></li>
45:             <li><a href="#">第 30 届（2012 年  英国  伦敦）</a></li>
46:             <li><a href="#">第 29 届（2008 年  中国  北京）</a></li>
47:             <li><a href="#">第 28 届（2004 年  希腊  雅典）</a></li>
48:             <li><a href="#">第 27 届（2000 年  澳大利亚  悉尼）</a></li>
49:             <li><a href="#">第 26 届（1996 年  美国  亚特兰大）</a></li>
50:             <li><a href="#">第 25 届（1992 年  西班牙  巴塞罗那）</a></li>
51:             <li><a href="#">第 24 届（1988 年  韩国  汉城）</a></li>
52:             <li><a href="#">第 23 届（1984 年  美国  洛杉矶）</a></li>
53:         </ul>
54:         <div style="height:3em"></div>
55:     </div>
56:     <div id="popup05-06" data-role="popup" class="ui-content">
57:         <h3></h3>
58:         <p></p>
59:     </div>
60:     <div data-role="footer">
61:         <h4>页脚区域</h4>
62:     </div>
63: </div>
64: </body>
65: </html>
```

源代码分析

第 19～第 31 行：将事件侦测器绑定到页面的 pagecreate 事件。

第 20～第 30 行：设置每个列表项包含的链接的 click 事件处理程序。当单击某个列表项时，首先对弹出窗口的位置和切换效果进行设置并打开该弹出窗口，然后设置在该弹出窗口中显示的标题和段落内容。

第 36～第 63 行：创建一个页面，在其内容区域添加一个链接列表视图。

在移动设备模拟器中打开网页，在链接列表视图中单击某个列表项，此时将打开一个弹出窗口，显示出某届奥运会举办的年份、国家和城市，如图 5.6 所示。

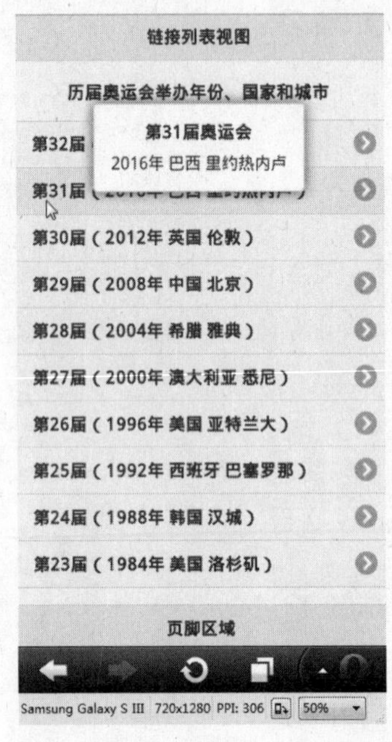

图 5.6　链接列表视图

5.3.3 创建插页列表

默认情况下，标准的列表视图具有负的外边距，而且会填满整个页面宽度，这样的外观样式适合于全屏幕菜单的设计。不过，当在列表视图上方或下方添加其他内容时，就有可能造成元素的相互重叠。如果要将列表视图与页面上的其他内容混合使用，则应在列表（ul 或 ol）中添加 data-inset="true"属性，此时 jQuery Mobile 框架会在列表中添加 ui-listview-inset、ui-corner-all 以及 ui-shadow 类，从而对列表视图的外边距进行调整，并且对列表视图应用圆角和阴影效果，由此创建的列表称为插页列表。

如果要对列表视图设置插页外观样式，除了在列表（ul 或 ol）中添加 data-inset="true"属性之外，也可以直接对列表添加 ui-listview-inset 类。如果要应用圆角和阴影效果，则需要对列表添加 ui-corner-all 和 ui-shadow 类。如果想在运行时对列表视图应用插页样式，则应在脚本中将列表视图小部件的 inset 选项设置为 true。

例 5.7　对列表视图动态添加或移除插页样式。源文件为/05/05-07.html，源代码如下。

```
1: <!doctype html>
2: <html>
3: <head>
4: <meta charset="utf-8">
5: <meta name="viewport" content="width=device-width, initial-scale=1">
6: <title>插页列表视图</title>
7: <link rel="stylesheet" href="http://code.jquery.com/mobile/1.4.5/jquery.mobile-1.4.5.min.css">
8: <script src="http://code.jquery.com/jquery-2.1.3.min.js"></script>
```

```
 9: <script src="http://code.jquery.com/mobile/1.4.5/jquery.mobile-1.4.5.min.js"></script>
10: <style>
11: .ui-checkbox {
12:     margin-bottom: 2em;
13: }
14: </style>
15: <script>
16: $(document).on("pagecreate", function() {
17:     $("input[type='checkbox']").click(function(e) {
18:         if(e.target.checked) {
19:             $(".ui-listview").addClass("ui-listview-inset ui-corner-all ui-shadow");
20:         } else {
21:             $(".ui-listview").removeClass("ui-listview-inset ui-corner-all ui-shadow");
22:         }
23:     });
24: });
25: </script>
26: </head>
27:
28: <body>
29: <div data-role="page" id="page05-07">
30:     <div data-role="header" data-position="fixed">
31:         <h1>插页列表视图</h1>
32:     </div>
33:     <div role="main" class="ui-content">
34:         <label><input type="checkbox">应用插页样式</label>
35:         <ol data-role="listview">
36:             <li><a href="#">吴承恩《西游记》</a></li>
37:             <li><a href="#">曹雪芹《红楼梦》</a></li>
38:             <li><a href="#">罗贯中《三国演义》</a></li>
39:             <li><a href="#">施耐庵《水浒传》</a></li>
40:         </ol>
41:     </div>
42:     <div data-role="footer" data-position="fixed">
43:         <h4>页脚区域</h4>
44:     </div>
45: </div>
46: </body>
47: </html>
```

源代码分析

第 10～第 14 行：在文档内嵌样式表定义一个 CSS 规则，选择器为.ui-checkbox，用于选择页面增强后包装的复选框的容器，在这个规则中设置元素的下外边距为 2em，以避免复选框与标准列表视图重叠起来。

第 16～第 24 行：将事件侦测器绑定到页面的 pagecreate 事件上。

第 17～第 23 行：设置复选框的 click 事件处理程序。当单击该复选框时，根据其当前状态来设置列表视图的外观样式：若该复选框处于选定状态，则对列表视图添加相关类以应用插页样式，否则移除这些类以恢复为标准样式。

第 29～第 45 行：创建一个页面，该页面由页眉、内容区域和页脚三个部分组成。

第 34 行：在内容区域添加一个复选框并附加一个标签，用于设置列表视图的样式。

第 35～第 40 行：基于有序列表在复选框下方添加一个标准列表视图。

在移动设备模拟器中打开网页，通过选中或取消“应用插页样式”复选框，对列表视图应用插页样式或恢复为标准样式，结果如图 5.7 所示。

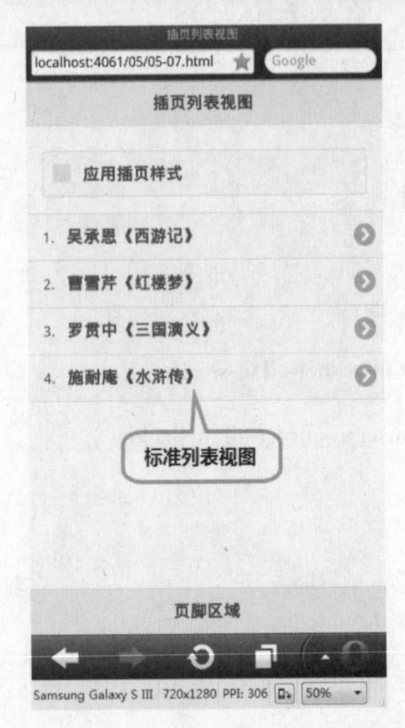

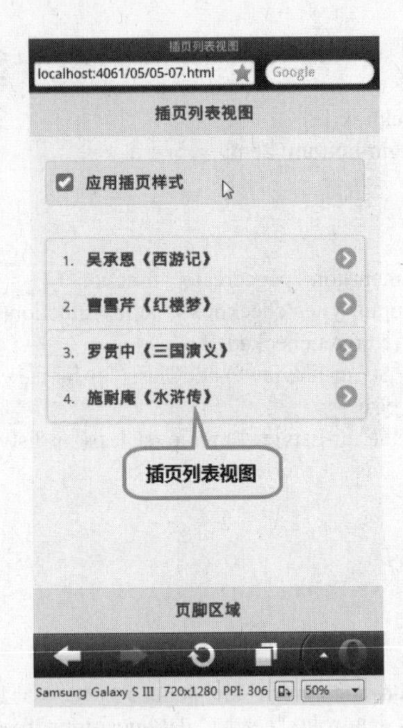

图 5.7　标准列表视图与插页列表视图

5.3.4 筛选列表内容

当列表视图包含的列表项很多时，可以通过筛选快速找到所需的列表项。如果要为列表视图添加筛选功能，可以将 data-filter="true"属性添加到列表中，或者在 JavaScript 脚本中将列表视图小部件的 filter 选项设置为 true。这样，jQuery Mobile 框架将在列表视图上方添加一个搜索框并添加相应的行为，以过滤掉那些不包含当前搜索字符串的列表项，只保留与当前搜索字符串匹配的列表项。这就是列表视图的筛选器扩展功能。

搜索框中包含用于提示用户输入的占位符文本，默认内容为“Filter items....”。如果要指定搜索框中的占位符文本，可以设置 data-filter-placeholder 属性，或者在 JavaScript 脚本中设置 filterPlaceholder 选项。

默认情况下，搜索框将从其父级元素继承其主题。若要指定搜索框的主题，可以在列表视图中上设置 data-filter-theme 属性，或者在 JavaScript 脚本中设置 filterTheme 选项。

从 jQuery Mobile 1.4.0 开始，搜索筛选功能已被转移到可筛选小部件上，它提供了一个更通用的解决方案。

借助于筛选器显示很容易构建一种简单的本地数据自动完成功能。如果在可筛选列表中添加 data-filter-reveal="true"属性（相应选项为 filterReveal）时，则当搜索字段为空时将自动隐藏所有列表项。如果需要搜索一长串列表值，可以使用远程数据源创建过滤器。

例 5.8　筛选列表内容与本地数据自动完成。源文件为/05/05-08.html，源代码如下。

```
 1: <!doctype html>
 2: <html>
 3: <head>
 4: <meta charset="utf-8">
 5: <meta name="viewport" content="width=device-width, initial-scale=1">
 6: <title>筛选列表内容</title>
 7: <link rel="stylesheet" href="http://code.jquery.com/mobile/1.4.5/jquery.mobile-1.4.5.min.css">
 8: <script src="http://code.jquery.com/jquery-2.1.3.min.js"></script>
 9: <script src="http://code.jquery.com/mobile/1.4.5/jquery.mobile-1.4.5.min.js"></script>
10: </head>
```

```
11:
12: <body>
13: <div data-role="page" id="page05-08-a">
14:    <div data-role="header" data-position="fixed">
15:       <h1>筛选列表内容</h1>
16:       <a href="#page05-08-b" class="ui-btn ui-corner-all ui-shadow ui-icon-carat-r ui-btn-icon-right
ui-btn-right">下一页</a>
17:    </div>
18:    <div role="main" class="ui-content">
19:       <ul data-role="listview" data-inset="true" data-filter="true" data-filter-placeholder="请输入搜索关
键字...">
20:          <li><a href="#">新华字典官方 App 发布</a></li>
21:          <li><a href="#">苹果正式规定"打赏"分三成</a></li>
22:          <li><a href="#">互联网新媒体视听节目先审后播</a></li>
23:          <li><a href="#">中关村创业大街三年记</a></li>
24:          <li><a href="#">谷歌 Pixel 2 配置曝光</a></li>
25:          <li><a href="#">中国创业公司正拥抱全球化</a></li>
26:          <li><a href="#">Win10 创意者更新新功能</a></li>
27:          <li><a href="#">阿里市值亚洲登顶</a></li>
28:          <li><a href="#">中国共享经济发展速度让世界羡慕</a></li>
29:          <li><a href="#">新材料将终结手机碎屏问题</a></li>
30:       </ul>
31:    </div>
32:    <div data-role="footer" data-position="fixed">
33:       <h4>页脚区域</h4>
34:    </div>
35: </div>
36: <div data-role="page" id="page05-08-b">
37:    <div data-role="header" data-add-back-btn="true" data-back-btn-text="返回" data-position="fixed">
38:       <h1>本地数据自动完成</h1>
39:    </div>
40:    <div role="main" class="ui-content">
41:       <ul data-role="listview" data-inset="true" data-filter="true" data-filter-reveal="true" data-filter-
placeholder="请输入搜索关键字...">
42:          <li><a href="#">新华字典官方 App 发布</a></li>
43:          <li><a href="#">苹果正式规定"打赏"分三成</a></li>
44:          <li><a href="#">互联网新媒体视听节目先审后播</a></li>
45:          <li><a href="#">中关村创业大街三年记</a></li>
46:          <li><a href="#">谷歌 Pixel 2 配置曝光</a></li>
47:          <li><a href="#">中国创业公司正拥抱全球化</a></li>
48:          <li><a href="#">Win10 创意者更新新功能</a></li>
49:          <li><a href="#">阿里市值亚洲登顶</a></li>
50:          <li><a href="#">中国共享经济发展速度让世界羡慕</a></li>
51:          <li><a href="#">新材料将终结手机碎屏问题</a></li>
52:       </ul>
53:    </div>
54:    <div data-role="footer" data-position="fixed">
55:       <h4>页脚区域</h4>
56:    </div>
57: </div>
58: </body>
59: </html>
```

源代码分析

第 13～第 35 行：创建第一个页面，在其内容区域添加一个可筛选列表视图，并指定在搜索框中显示的文本占位符。

第 36～第 57 行：创建第二个页面，在其内容区域添加一个可筛选列表视图，并设置 data-filter-reveal="true"属性，以实现本地数据自动完成功能。

在移动设备模拟器中打开网页，在第一个页面上测试列表视图的筛选功能，然后切换到第二个页面，并在此页测试本地数据自动完成功能，结果如图 5.8 所示。

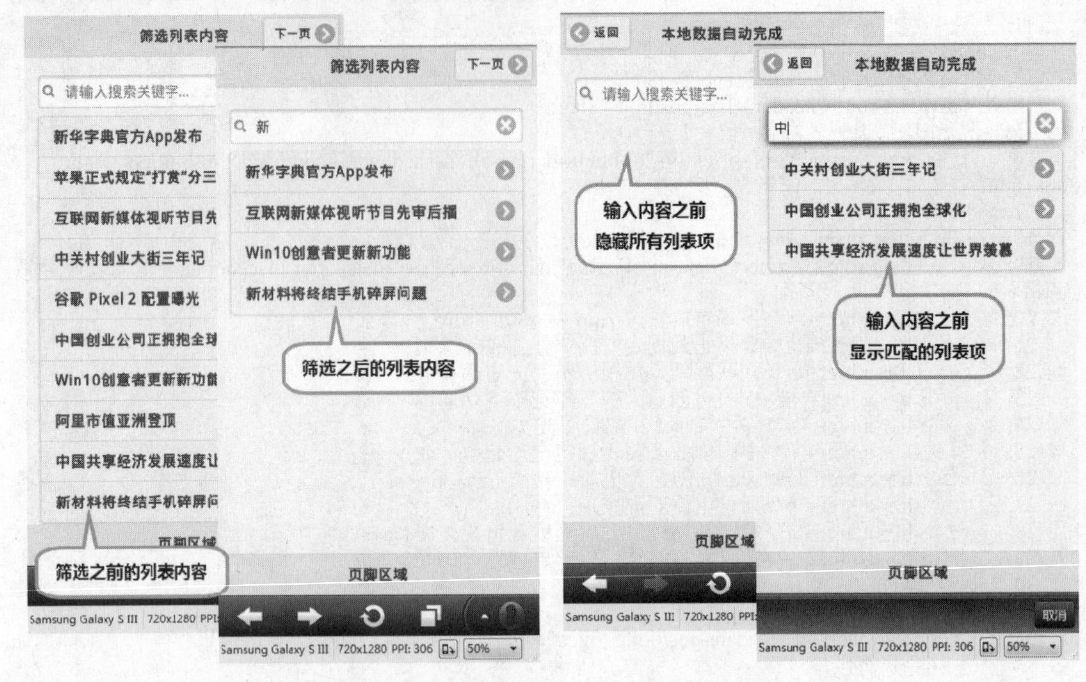

图 5.8　可过滤列表视图与本地数据自动完成

5.3.5　创建分组列表

列表视图中的列表项可以通过一些分隔条分成不同的组。要这种创建分组列表，就需要将一些列表项变成分隔条，为此只需要在这些列表项元素（li）中添加 data-role="list-divider"属性即可。默认情况下，这些分隔条使用主题 A 的配色方案。若要指定分隔条的主题，可以通过在列表元素（ul 或 ol）中设置 data-divider-theme 属性（相应选项为 dividerTheme）来实现。若要单独设置特定分隔条的主题，在该列表项中添加 data-theme 属性即可。

除了手动设置分隔条之外，还可以设置列表视图自动为其列表项生成分隔符，这可以通过在列表视图中添加 data-autodividers="true"属性（相应选项为 autodividers）来完成。默认情况下，用于创建分隔条的文本是项目文本的首字母大写形式或首个汉字。

例 5.9　创建分组列表。源文件为/05/05-09.html，源代码如下。

```
 1: <!doctype html>
 2: <html>
 3: <head>
 4: <meta charset="utf-8">
 5: <meta name="viewport" content="width=device-width, initial-scale=1">
 6: <title>创建分组列表</title>
 7: <link rel="stylesheet" href="http://code.jquery.com/mobile/1.4.5/jquery.mobile-1.4.5.min.css">
 8: <script src="http://code.jquery.com/jquery-2.1.3.min.js"></script>
 9: <script src="http://code.jquery.com/mobile/1.4.5/jquery.mobile-1.4.5.min.js"></script>
10: </head>
11:
12: <body>
13: <div data-role="page" id="page05-09-a">
14:     <div data-role="header" data-position="fixed">
15:         <h1>手动添加分隔条</h1>
16:         <a href="#page05-09-b" class="ui-btn ui-corner-all ui-shadow ui-icon-carat-r ui-btn-icon-right
ui-btn-right">下一页</a>
```

```
17:     </div>
18:     <div role="main" class="ui-content">
19:         <ul data-role="listview" data-inset="true">
20:             <li data-role="list-divider">热播电影</li>
21:             <li><a href="#">春娇救志明</a></li>
22:             <li><a href="#">彼得的龙</a></li>
23:             <li><a href="#">乘风破浪</a></li>
24:             <li data-role="list-divider">热播电视剧</li>
25:             <li><a href="#">欢乐颂 2</a></li>
26:             <li><a href="#">卧底归来</a></li>
27:             <li><a href="#">人民的名义</a></li>
28:             <li data-role="list-divider">热播动漫</li>
29:             <li><a href="#">航海王</a></li>
30:             <li><a href="#">名侦探柯南</a></li>
31:             <li><a href="#">龙珠超</a></li>
32:         </ul>
33:     </div>
34:     <div data-role="footer" data-position="fixed">
35:         <h4>页脚区域</h4>
36:     </div>
37: </div>
38: <div data-role="page" id="page05-09-b">
39:     <div data-role="header" data-add-back-btn="true" data-back-btn-text="返回" data-position="fixed">
40:         <h1>自动生成分隔条</h1>
41:     </div>
42:     <div role="main" class="ui-content">
43:         <ul data-role="listview" data-inset="true" data-autodividers="true">
44:             <li><a href="#">赵国华</a></li>
45:             <li><a href="#">赵宝强</a></li>
46:             <li><a href="#">钱守一</a></li>
47:             <li><a href="#">孙志明</a></li>
48:             <li><a href="#">李永乐</a></li>
49:             <li><a href="#">李国强</a></li>
50:             <li><a href="#">周天顺</a></li>
51:             <li><a href="#">周红梅</a></li>
52:             <li><a href="#">周乐玲</a></li>
53:             <li><a href="#">吴玉倩</a></li>
54:             <li><a href="#">吴天昊</a></li>
55:             <li><a href="#">郑冉冉</a></li>
56:             <li><a href="#">郑小龙</a></li>
57:             <li><a href="#">王喜文</a></li>
58:             <li><a href="#">王冠群</a></li>
59:         </ul>
60:     </div>
61:     <div data-role="footer" data-position="fixed">
62:         <h4>页脚区域</h4>
63:     </div>
64: </div>
65: </body>
66: </html>
```

源代码分析

第 19～第 32 行：创建一个分类列表，通过在列表项（li）中添加 data-role="list-divider"属性设置了三个分隔条，分别表示“热播电影”、“热播电视剧”和“热播动漫”。

第 43～第 59 行：创建另一个分类列表，通过在列表中添加 data-autodividers="true"属性自动生成分隔条，用于创建分隔条的文本是人名中的姓氏。

在移动设备模拟器中打开网页，在第一个页面上查看影视节目分类列表（手动创建分隔条），然后进入第二个页面以查看联系人分类列表（自动创建分隔条），结果如图 5.9 所示。

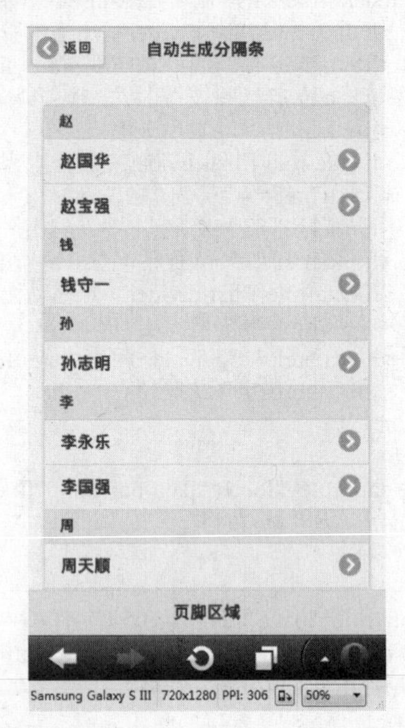

图 5.9 创建分组列表

5.3.6 设置列表图标

默认情况下，链接列表中每个列表项的图标为右箭头（carat-r）。如果要使用其他图标，可以在列表级别设置 data-icon 属性（适用于所有列表项），或者在列表项级别设置 data-icon 属性（适用于特定列表项）。如果不想在某个列表项上显示图标，可以将 data-icon 属性设置为 false。如果要使用第三方图标，则需要针对该列表项创建自定义样式。

如果要在列表项中使用标准的 16×16 像素图标，可将 ui-li-icon 类添加到图像元素中，并将 16×16 图像作为 img 标签插入列表项中。如果要在列表项左侧添加缩略图，只需将图像作为作为第一个子元素添加到列表项中，jQuery Mobile 框架自动将该图像缩放到 80×80 像素。

例 5.10 在列表视图中设置列表项图标。源文件为/05/05-10.html，源代码如下。

```
1: <!doctype html>
2: <html>
3: <head>
4: <meta charset="utf-8">
5: <meta name="viewport" content="width=device-width, initial-scale=1">
6: <title>设置列表图标</title>
7: <link rel="stylesheet" href="http://code.jquery.com/mobile/1.4.5/jquery.mobile-1.4.5.min.css">
8: <script src="http://code.jquery.com/jquery-2.1.3.min.js"></script>
9: <script src="http://code.jquery.com/mobile/1.4.5/jquery.mobile-1.4.5.min.js"></script>
10: <style>
11: .ui-icon-coffee:after {
12:     background-image: url(../images/coffee.png);
13:     background-position: 3px 3px;
14:     background-size: 70%;
15: }
16: .ui-icon-chat:after {
17:     background-image: url(../images/chat.png);
18:     background-position: 3px 3px;
```

```
19:     background-size: 70%;
20: }
21: </style>
22: </head>
23:
24: <body>
25: <div data-role="page" id="page05-10-a">
26:     <div data-role="header" data-position="fixed">
27:         <h1>设置列表项图标</h1>
28:         <a href="#page05-10-b" class="ui-btn ui-corner-all ui-shadow ui-icon-carat-r ui-btn-icon-right
ui-btn-right">下一页</a>
29:     </div>
30:     <div role="main" class="ui-content">
31:         <ul data-role="listview" data-inset="true">
32:             <li data-icon="home"><a href="#">首页（标准图标）</a></li>
33:             <li data-icon="gear"><a href="#">选项（标准图标）</a></li>
34:             <li data-icon="star"><a href="#">收藏（标准图标）</a></li>
35:             <li data-icon="phone"><a href="#">电话（标准图标）</a></li>
36:             <li data-icon="info"><a href="#">信息（标准图标）</a></li>
37:             <li data-icon="action"><a href="#">分享（标准图标）</a></li>
38:             <li data-icon="coffee" id="coffee"><a href="#">咖啡（自定义图标）</a></li>
39:             <li data-icon="chat" id="chat"><a href="#">聊天（自定义图标）</a></li>
40:             <li data-icon="false"><a href="#">不显示图标</a></li>
41:         </ul>
42:     </div>
43:     <div data-role="footer" data-position="fixed">
44:         <h4>页脚区域</h4>
45:     </div>
46: </div>
47: <div data-role="page" id="page05-10-b">
48:     <div data-role="header" data-add-back-btn="true" data-back-btn-text="上一页" data-position="fixed">
49:         <h1>16×16 像素图标</h1>
50:         <a href="#page05-10-c" class="ui-btn ui-corner-all ui-shadow ui-icon-carat-r ui-btn-icon-right
ui-btn-right">下一页</a>
51:     </div>
52:     <div role="main" class="ui-content">
53:         <ul data-role="listview" data-inset="true">
54:             <li><a href="#"><img src="../images/cn.png" alt="中华人民共和国" class="ui-li-icon
ui-corner-none">中国（China）</a></li>
55:             <li><a href="#"><img src="../images/us.png" alt="美利坚合众国" class="ui-li-icon">美国
（United States）</a></li>
56:             <li><a href="#"><img src="../images/gb.png" alt="大不列颠及北爱尔兰联合王国"
class="ui-li-icon">英国（Great Britain）</a></li>
57:             <li><a href="#"><img src="../images/fr.png" alt="法兰西共和国" class="ui-li-icon">法国
（France）</a></li>
58:             <li><a href="#"><img src="../images/rus.png" alt="俄罗斯联邦" class="ui-li-icon
ui-corner-none">俄罗斯（Russia）</a></li>
59:         </ul>
60:     </div>
61:     <div data-role="footer" data-position="fixed">
62:         <h4>页脚区域</h4>
63:     </div>
64: </div>
65: <div data-role="page" id="page05-10-c">
66:     <div data-role="header" data-add-back-btn="true" data-back-btn-text="上一页" data-position="fixed">
67:         <h1>添加缩略图</h1>
68:     </div>
69:     <div role="main" class="ui-content">
70:         <ul data-role="listview" data-inset="true">
71:             <li><a href="#">
72:                 <img src="../images/stcx.jpg">
73:                 <h2>苏堤春晓</h2>
```

```
74:             <p>南起南屏山麓，北到栖霞岭下</p></a>
75:         </li>
76:         <li><a href="#">
77:             <img src="../images/dqcx.jpg">
78:             <h2>断桥残雪</h2>
79:             <p>位于西湖白堤东端</p></a>
80:         </li>
81:         <li><a href="#">
82:             <img src="../images/phqy.jpg">
83:             <h2>平湖秋月</h2>
84:             <p>位于西湖白堤西端</p></a>
85:         </li>
86:         <li><a href="#">
87:             <img src="../images/llwy.jpg">
88:             <h2>柳浪闻莺</h2>
89:             <p>地处西湖东南隅湖岸</p></a>
90:         </li>
91:         <li><a href="#">
92:             <img src="../images/styy.jpg">
93:             <h2>三潭印月</h2>
94:             <p>与湖心亭、阮公墩鼎足而立</p></a>
95:         </li>
96:         <li><a href="#">
97:             <img src="../images/hggy.jpg">
98:             <h2>花港观鱼</h2>
99:             <p>地处西湖西南，倚山傍水</p></a>
100:        </li>
101:      </ul>
102:    </div>
103:    <div data-role="footer">
104:      <h4>页脚区域</h4>
105:    </div>
106: </div>
107: </body>
108: </html>
```

源代码分析

第 11～第 20 行：在 CSS 样式表中定义了两个 CSS 规则，选择器分别为.ui-icon-coffee:after 和.ui-icon-chat:after，通过属性声明设置了自定义图标。

第 31～第 41 行：在第一个页面中创建一个列表视图，并为每个列表项设置图标，其中多数列表项使用标准图标，有两个列表项使用自定义图标，最后一个列表项不使用图标。

第 53～第 59 行：在第二个页面中创建一个列表视图，并在每个列表项中使用标准的 16×16 像素图标。

第 70～第 101 行：在第三个页面中创建一个列表视图，并在每个列表项中添加一个图像、一个 h2 标题和一个段落。该图像将被缩放到 80×80 像素。

在移动设备模拟器中打开网页，分别在三个页面上查看列表视图中的图标和缩略图，结果如图 5.10 所示。

5.3.7 设置列表文本格式

创建列表视图时，可以根据需要在列表项中添加各种各样的内容，例如标题、补充信息以及计数等。对于列表模式中的文本格式化，jQuery Mobile 框架有以下约定。

- 要在列表项右侧添加一个计数气泡，可将该数字包含在具有 ui-li-count 类的元素中。通过在列表中添加 data-count-theme 属性可以对计数气泡的主题进行设置。
- 要在列表项中添加层次结构，可使用标题强调文本，并使用段落来表示非重点内容。

● 要在列表项中添加补充信息，可将内容包含在具有 ui-li-aside 类的元素中。

图 5.10　设置列表图标

例 5.11　在列表项中添加计数并设置文本格式。源文件为/05/05-11.html，源代码如下。

```
 1: <!doctype html>
 2: <html>
 3: <head>
 4: <meta charset="utf-8">
 5: <meta name="viewport" content="width=device-width, initial-scale=1">
 6: <title>在列表中添加缩略图</title>
 7: <link rel="stylesheet" href="http://code.jquery.com/mobile/1.4.5/jquery.mobile-1.4.5.min.css">
 8: <script src="http://code.jquery.com/jquery-2.1.3.min.js"></script>
 9: <script src="http://code.jquery.com/mobile/1.4.5/jquery.mobile-1.4.5.min.js"></script>
10: <style>
11: [role='main'] h2 {
12:     font-size: 16px;
13:     text-align: center;
14:     margin-top: 3px;
15:     margin-bottom: 2em;
16: }
17: </style>
18: </head>
19:
20: <body>
21: <div data-role="page" id="page05-11">
22:     <div data-role="header" data-position="fixed">
23:         <h1>添加计数气泡</h1>
24:         <a href="#page05-11-b" class="ui-btn ui-corner-all ui-shadow ui-icon-carat-r ui-btn-icon-right
ui-btn-right">下一页</a>
25:     </div>
26:     <div role="main" class="ui-content">
27:         <h2>我的电子信箱</h2>
28:         <ul data-role="listview">
29:             <li><a href="#">收件箱<span class="ui-li-count">56</span></a></li>
30:             <li><a href="#">发件箱<span class="ui-li-count">10</span></a></li>
31:             <li><a href="#">草稿箱<span class="ui-li-count">9</span></a></li>
32:             <li><a href="#">已发送邮件<span class="ui-li-count">96</span></a></li>
33:             <li><a href="#">垃圾邮件<span class="ui-li-count">36</span></a></li>
34:         </ul>
35:     </div>
36:     <div data-role="footer" data-position="fixed">
```

```
37:         <h4>页脚区域</h4>
38:     </div>
39: </div>
40: <div data-role="page" id="page05-11-b">
41:     <div data-role="header" data-add-back-btn="true" data-back-btn-text="返回" data-position="fixed">
42:         <h1>格式化列表文本</h1>
43:     </div>
44:     <div role="main" class="ui-content">
45:         <h2>计算机新书</h2>
46:         <ul data-role="listview">
47:             <li data-role="list-divider">编程语言<span class="ui-li-count">2</span></li>
48:             <li><a href="#">
49:                 <h3>深入理解 JVM & G1 GC</h3>
50:                 <p><strong>G1 GC 提出了不确定性 Region，它是灵活的，需求驱动的。</strong></p>
51:                 <p>本书主要为学习 Java 语言的学生、初级程序员提供 GC 的使用参考建议及经验。</p>
52:                 <p class="ui-li-aside"><strong>作者：</strong>周明耀</p>
53:                 </a></li>
54:             <li><a href="#">
55:                 <h3> Java 面向对象编程（第 2 版）</h3>
56:                 <p><strong>本书的实例都基于最新的 JDK8 版本。</strong></p>
57:                 <p>本书详细讲解了 Java 面向对象的编程思想、编程语法和设计模式。</p>
58:                 <p class="ui-li-aside"><strong>作者：</strong>孙卫琴</p>
59:                 </a></li>
60:             <li data-role="list-divider">图形图像<span class="ui-li-count">2</span></li>
61:             <li><a href="#">
62:                 <h3>中文版 Flash CC 动画制作</h3>
63:                 <p><strong>Flash CC 是美国 Adobe 公司推出的矢量动画制作软件。</strong></p>
64:                 <p>本书详细讲解了使用 Flash CC 制作动画的方法和技巧。</p>
65:                 <p class="ui-li-aside"><strong>作者：</strong>胡国锋</p>
66:                 </a></li>
67:             <li><a href="#">
68:                 <h3>Prezi 演示进阶之路</h3>
69:                 <p><strong>Prezi 是一种新型演示工具。</strong></p>
70:                 <p>本书讲述了 Prezi 的全部功能及应用技巧。</p>
71:                 <p class="ui-li-aside"><strong>作者：</strong>汪斌等</p>
72:                 </a></li>
73:             <li data-role="list-divider">数据库<span class="ui-li-count">1</span></li>
74:             <li><a href="#">
75:                 <h3>大数据技术前沿</h3>
76:                 <p><strong>有关大数据的探索还处于早期阶段。</strong></p>
77:                 <p>本书以科普方式系统地阐述了大数据前沿技术与研究进展。</p>
78:                 <p class="ui-li-aside"><strong>作者：</strong>阮彤等</p>
79:                 </a></li>
80:         </ul>
81:     </div>
82:     <div data-role="footer" data-position="fixed">
83:         <h4>页脚区域</h4>
84:     </div>
85: </div>
86: </body>
87: </html>
```

源代码分析

第 11～第 16 行：在文档内嵌样式表中定义一条 CSS 规则，对内容区域上的 h2 标题元素设置下外边距，以防止该标题与位于其下方的标准列表视图相互重叠。

第 21～第 39 行：在文档中创建第一个页面（id 为 page05-11-a），并在其页眉工具栏中添加一个指向第二个页面的链接按钮。

第 28～第 34 行：在第一个页面中创建一个用于显示电子信箱的标准列表视图，并在每个列表项中添加一个计数气泡。这些计数气泡是通过 span 元素创建的，对该 span 元素添加了 ui-li-count 类。

第 40～第 85 行：在文档中创建第二个页面（id 为 page05-11-b），并在其页眉工具栏中添加一个“返回”按钮。

第 46～第 80 行：在第二个页面中创建一个用于列出计算机图书的标准列表视图，在作为分隔条使用的列表项中添加了计数气泡，在其他列表项包含的链接中添加一个 h3 标题元素和三个 p 段落元素，对最后一个段落元素添加了 ui-li-aside 类以表示作者信息。为了强调段落的部分文本内容，使用 strong 标签将这些内容包装起来。

在移动设备模拟器中打开网页，在第一页上查看计数气泡效果，然后通过单击“下一页”按钮进入第二页以查看列表文本格式化效果，如图 5.11 所示。

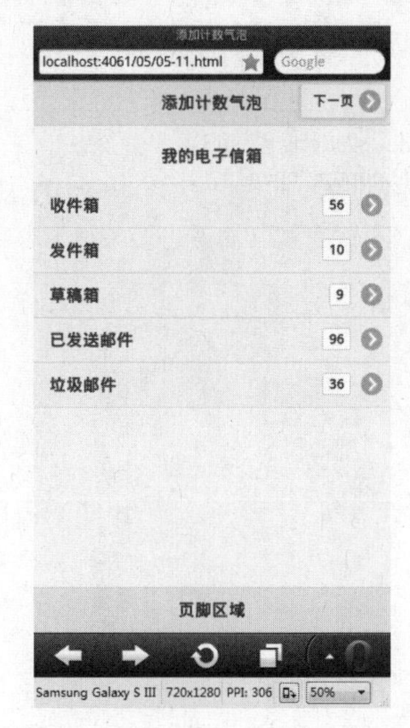

图 5.11 设置列表文本格式

5.3.8 设置列表拆分按钮

前面介绍的简单链接列表中都是只包含一个链接。实际上，也可以根据需要在列表项（li）中添加第二个链接，由此生成的按钮称为拆分按钮。

默认情况下，列表视图中的拆分按钮也是使用右箭头图标（carat-r）。如果要在拆分按钮上使用其他图标，可以在列表中添加 data-split-icon 属性进行统一设置，或者在脚本中通过 splitIcon 选项进行设置。不过，也可以在单个列表项中添加 data-icon 属性进行单独设置。

拆分按钮的主题样本颜色默认为 A，但也可以通过在列表视图级别指定 data-split-theme 属性进行统一设置，或者在链接级别使用 data-theme 属性对单个列表项进行单独设置。

例 5.12 设置列表拆分按钮。源文件为/05/05-12.html，源代码如下。

```
 1: <!doctype html>
 2: <html>
 3: <head>
 4: <meta charset="utf-8">
 5: <meta name="viewport" content="width=device-width, initial-scale=1">
 6: <title>设置列表分割按钮</title>
 7: <link rel="stylesheet" href="http://code.jquery.com/mobile/1.4.5/jquery.mobile-1.4.5.min.css">
 8: <script src="http://code.jquery.com/jquery-2.1.3.min.js"></script>
 9: <script src="http://code.jquery.com/mobile/1.4.5/jquery.mobile-1.4.5.min.js"></script>
10: <style>
11: [role='main'] h2, [data-role='popup'] h3 {
12:     font-size: 16px;
13:     text-align: center;
```

```
14:     margin-top: 3px;
15:     margin-bottom: 2em;
16: }
17: </style>
18: <script>
19: $(document).on("pagecreate", function() {
20:     $("li a:first-child").click(function(e) {
21:         var str1=$(this).find("h3").text();
22:         var str2=$(this).find("p:first").text();
23:         var str3=$(this).find("p:last").text();
24:         $("#popup05-12-a p:first").html(str1+str2);
25:         $("#popup05-12-a p:last").html("<strong>价格：</strong>"+str3);
26:         $("#popup05-12-a").popup({positionTo: "h2"}).popup("open");
27:     });
28:     $("li a:last-child").click(function(e) {
29:         var str=$(this).prev("a").find("h3").text();
30:         $("#popup05-12-b p").html(str+"已经加入购物车！");
31:     });
32: });
33: </script>
34: </head>
35:
36: <body>
37: <div data-role="page" id="page05-12">
38:     <div data-role="header" data-position="fixed">
39:         <h1>设置列表拆分按钮</h1>
40:     </div>
41:     <div role="main" class="ui-content">
42:         <h2>新机抢购</h2>
43:         <ul data-role="listview" data-split-icon="plus">
44:             <li><a href="#popup05-12-a" data-rel="popup"><img src="../images/360.jpg">
45:                 <h3>360 手机  N5S</h3>
46:                 <p>全网通  6GB+64GB  幻影黑</p>
47:                 <p class="ui-li-aside"><strong>&yen;1699.00</strong></p></a>
48:                 <a href="#popup05-12-b" data-rel="popup">加入购物车</a>
49:             </li>
50:             <li><a href="#popup05-12-a" data-rel="popup"><img src="../images/hw.jpg">
51:                 <h3>华为  荣耀  畅玩 6A</h3>
52:                 <p>全网通  2GB+16GB  金色</p>
53:                 <p class="ui-li-aside"><strong>&yen;799.00</strong></p></a>
54:                 <a href="#popup05-12-b" data-rel="popup">加入购物车</a>
55:             </li>
56:             <li><a href="#popup05-12-a" data-rel="popup"><img src="../images/mi.jpg">
57:                 <h3>小米  红米 Note4X</h3>
58:                 <p>全网通  3GB+16GB  香槟金</p>
59:                 <p class="ui-li-aside"><strong>&yen;799.00</strong></p></a>
60:                 <a href="#popup05-12-b" data-rel="popup">加入购物车</a>
61:             </li>
62:             <li><a href="#popup05-12-a" data-rel="popup"><img src="../images/le.jpg">
63:                 <h3>乐视  乐 Pro3 </h3>
64:                 <p>移动联通电信 4G 4GB+32GB  原力金</p>
65:                 <p class="ui-li-aside"><strong>&yen;1499.00</strong></p></a>
66:                 <a href="#popup05-12-b" data-rel="popup">加入购物车</a>
67:             </li>
68:         </ul>
69:     </div>
70:     <div data-role="popup" id="popup05-12-a" class="ui-content">
71:         <h3>手机详情</h3>
```

```
72:         <p></p><p></p>
73:       </div>
74:       <div data-role="popup" id="popup05-12-b" class="ui-content">
75:         <h3>加入购物车成功</h3>
76:         <p></p>
77:       </div>
78:       <div data-role="footer" data-position="fixed">
79:         <h4>页脚区域</h4>
80:       </div>
81: </div>
82: </body>
83: </html>
```

源代码分析

第 19～第 32 行：将事件侦测器绑定到页面的 pagecreate 事件，设置当创建页面并增强所有小部件之后执行操作。

第 20～第 27 行：设置列表项第一链接的 click 事件处理程序。当单击第一链接时，将相应的手机信息添加到弹出窗口 popup05-12-a 内并打开该窗口。

第 28～第 31 行：设置列表项第二链接的 click 事件处理程序。当单击第二链接时，将相应的手机信息添加弹出窗口 popup05-12-b 内并打开该窗口。

第 43～第 68 行：在页面中添加一个列表视图，用于列出一些新手机的品牌、型号、图片以及价格等信息。在列表中添加 data-split-icon="plus"属性，对拆分按钮使用的图标进行统一设置。

在移动设备模拟器中打开网页，单击列表项中的第一链接以打开手机详情弹出窗口，单击列表项中的第二链接以打开加入购物车弹出窗口，结果如图 5.12 所示。

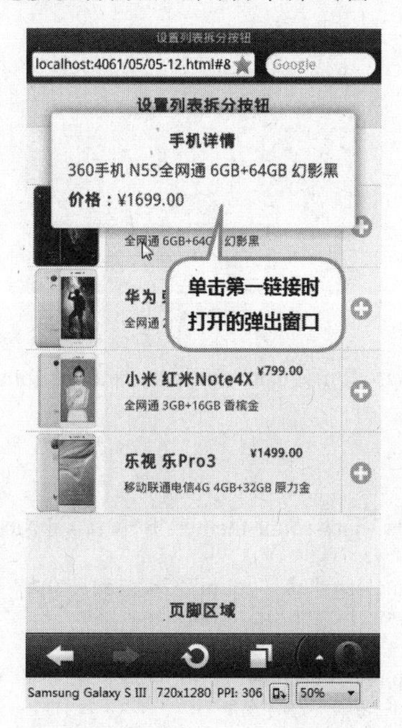

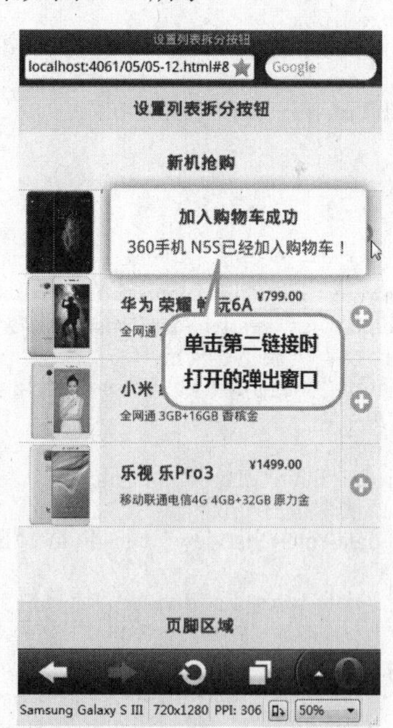

图 5.12　设置列表拆分按钮

5.3.9 设置列表主题

设置列表视图的主题可以分为列表项、分隔条、计数气泡以及拆分按钮几个方面，具体设置方法如下。

- 统一设置所有列表项的主题：在列表中添加 data-theme 属性，或者在脚本中设置相应的选项 theme。
- 设置单个列表项的主题：在列表项中添加 data-theme 属性。
- 设置列表分隔条的主题：在列表元素中添加 data-divider-theme 属性，或者在脚本中设置相应的选项 dividerTheme。
- 设置计数气泡的主题：在列表元素中添加 data-count-theme 属性，或者在脚本中设置相应的选项 countTheme。
- 统一设置拆分按钮的主题：在列表元素中添加 data-split-theme 属性，或者在脚本中设置相应的选项为 splitTheme。
- 设置单个拆分按钮的主题：在特定链接中添加 data-theme 属性。

拆分按钮的图标可以通过在列表级别添加 data-split-icon 属性进行设置。在主题中默认使用白色图标，如果要切换到黑色图标，可以在列表中添加 ui-alt-icon 类。

例 5.13　设置列表视图各部分的主题。源文件为/05/05-13.html，源代码如下。

```
 1: <!doctype html>
 2: <html>
 3: <head>
 4: <meta charset="utf-8">
 5: <meta name="viewport" content="width=device-width, initial-scale=1">
 6: <title>设置列表主题</title>
 7: <link rel="stylesheet" href="http://code.jquery.com/mobile/1.4.5/jquery.mobile-1.4.5.min.css">
 8: <script src="http://code.jquery.com/jquery-2.1.3.min.js"></script>
 9: <script src="http://code.jquery.com/mobile/1.4.5/jquery.mobile-1.4.5.min.js"></script>
10: <style>
11: [role='main'] h2 {
12:     font-size: 16px;
13:     text-align: center;
14:     margin-top: 3px;
15:     margin-bottom: 2em;
16: }
17: </style>
18: </head>
19:
20: <body>
21: <div data-role="page" id="page05-13-a">
22:     <div data-role="header" data-position="fixed">
23:         <h1>设置列表主题</h1>
24:         <a href="#page05-13-b" class="ui-btn ui-corner-all ui-shadow ui-icon-carat-r ui-btn-icon-right
ui-btn-right">下一页</a>
25:     </div>
26:     <div role="main" class="ui-content">
27:         <h2>秋季教材</h2>
28:         <ul data-role="listview" data-divider-theme="a" data-count-theme="b" data-split-icon="plus"
data-split-theme="a">
29:             <li data-role="list-divider">计算机类<span class="ui-li-count">2</span></li>
30:             <li><a href="#">Android 实用教程</a><a href="#">购买</a></li>
31:             <li><a href="#">Visual C++实用教程</a><a href="#">购买</a></li>
32:             <li data-role="list-divider">电子信息类<span class="ui-li-count">2</span></li>
33:             <li><a href="#">模拟电子技术</a><a href="#">购买</a></li>
34:             <li><a href="#">物联网＆云平台高级应用开发</a><a href="#">购买</a></li>
35:             <li data-role="list-divider">工商管理类<span class="ui-li-count">2</span></li>
36:             <li><a href="#">经济学基础</a><a href="#">购买</a></li>
37:             <li><a href="#">物流市场营销</a><a href="#" data-theme="b">购买</a></li>
38:         </ul>
39:     </div>
40:     <div data-role="footer" data-position="fixed">
41:         <h4>页脚区域</h4>
```

```
42:     </div>
43: </div>
44: <div data-role="page" id="page05-13-b">
45:     <div data-role="header"    data-add-back-btn="true" data-back-btn-text="返回" data-position="fixed">
46:         <h1>设置列表主题</h1>
47:     </div>
48:     <div role="main" class="ui-content" data-position="fixed">
49:         <h2>秋季教材</h2>
50:         <ul data-role="listview" data-divider-theme="b" data-count-theme="a" data-split-icon="shop"
class="ui-alt-icon">
51:             <li data-role="list-divider">计算机类<span class="ui-li-count">2</span></li>
52:             <li><a href="#">Android 实用教程</a><a href="#">购买</a></li>
53:             <li><a href="#">Visual C++实用教程</a><a href="#">购买</a></li>
54:             <li data-role="list-divider">电子信息类<span class="ui-li-count">2</span></li>
55:             <li><a href="#">模拟电子技术</a><a href="#">购买</a></li>
56:             <li><a href="#">物联网＆云平台高级应用开发</a><a href="#">购买</a></li>
57:             <li data-role="list-divider">工商管理类<span class="ui-li-count">2</span></li>
58:             <li><a href="#">经济学基础</a><a href="#">购买</a></li>
59:             <li><a href="#">物流市场营销</a><a href="#">购买</a></li>
60:         </ul>
61:     </div>
62:     <div data-role="footer" data-position="fixed">
63:         <h4>页脚区域</h4>
64:     </div>
65: </div>
66: </body>
67: </html>
```

源代码分析

第 28～第 38 行：在第一个页面中添加一个列表视图，设置分隔条的主题为 A，计数气泡的主题为 B，所有拆分按钮使用加号图标，所有拆分按钮的主题为 A。在每个列表项中添加第二个链接以生成拆分按钮，在最后一个拆分按钮中设置使用主题 B。

第 50～第 60 行：在第二个页面中添加一个列表视图，设置分隔条的主题为 B，计数气泡的主题为 A，所有拆分按钮使用商店图标并切换到黑色。在每个列表项中添加第二个链接以生成拆分按钮。

在模拟器中打开网页，分别在两个页面中查看列表视图的主题效果，如图 5.13 所示。

5.3.10 动态创建列表视图

前面所讲述的列表视图都是通过在页面中对列表添加 data-role="listview"属性创建的。除此之外，也可以在 JavaScript 脚本中动态地创建列表视图，为此可对任何选择器调用列表视图插件函数 listview()：

```
$("#mylist").listview( [options] );
```

其中，参数 options 是可选的，其值为对象类型，用于在列表视图初始化时设置相关的选项。例如，使用 inset 选项设置插页列表样式，使用 theme 设置列表主题等等。

创建列表视图后，可以向列表视图中添加列表项，添加成功时必须调用 refresh()方法对其视觉样式进行更新：

```
$("#mylist").listview("refresh");
```

refresh 方法仅影响添加到列表的新节点。之前已经增强的任何列表项将被刷新过程忽略。如果更改已增强列表项上的内容或属性，则不会反映这些内容或属性。如果要更新列表项，可在刷新之前将其替换为新的标记。

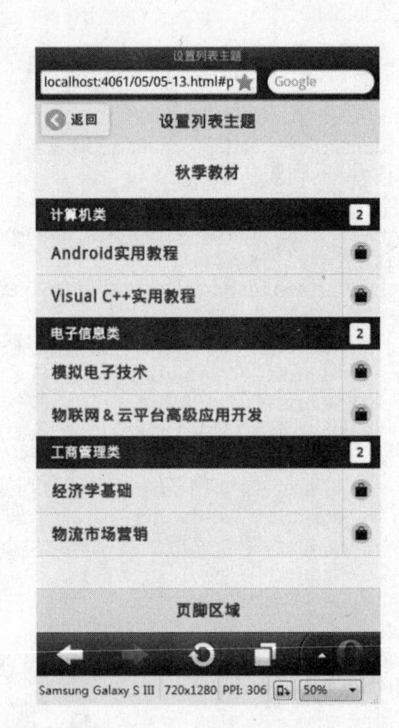

图 5.13　设置列表主题

例 5.14　动态创建列表视图。源文件为/05/05-14.html，源代码如下。

```
 1: <!doctype html>
 2: <html>
 3: <head>
 4: <meta charset="utf-8">
 5: <meta name="viewport" content="width=device-width, initial-scale=1">
 6: <title>动态创建列表视图</title>
 7: <link rel="stylesheet" href="http://code.jquery.com/mobile/1.4.5/jquery.mobile-1.4.5.min.css">
 8: <script src="http://code.jquery.com/jquery-2.1.3.min.js"></script>
 9: <script src="http://code.jquery.com/mobile/1.4.5/jquery.mobile-1.4.5.min.js"></script>
10: <style>
11: [role='main'] h2 {
12:     font-size: 16px;
13:     text-align: center;
14:     margin-top: 3px;
15: }
16: </style>
17: <script>
18: $(document).on("pagecreate", function() {
19:     $("<ul></ul>").listview({inset: true})
20:     .appendTo("[role='main']");
21: });
22: function addListItem() {
23:     var brand=$("#brand").val();
24:     var li="<li><a href='#'>"+brand+"</a></li>";
25:     $("#brand").val("").focus();
26:     $("ul:last").append(li).listview("refresh");
27: }
28: </script>
29: </head>
30:
31: <body>
32: <div data-role="page" id="page05-14-a">
33:     <div data-role="header" data-position="fixed">
34:         <h1>动态创建列表视图</h1>
35:     </div>
```

```
36:     <div role="main" class="ui-content">
37:         <h2>添加汽车品牌</h2>
38:         <form action="javascript:addListItem()">
39:             <ul data-role="listview" data-inset="true">
40:                 <li class="ui-field-contain">
41:                     <label for="brand">汽车品牌：</label>
42:                     <input type="text" name="brand" id="brand" required placeholder="请输入汽车品牌..."
data-clear-btn="true">
43:                 </li>
44:                 <li class="ui-body ui-body-a">
45:                     <fieldset class="ui-grid-a">
46:                         <div class="ui-block-a"><input type="submit" value="添加"></div>
47:                         <div class="ui-block-b"><input type="reset" value="重置"></div>
48:                     </fieldset>
49:                 </li>
50:             </ul>
51:         </form>
52:     </div>
53:     <div data-role="footer" data-position="fixed">
54:         <h4>页脚区域</h4>
55:     </div>
56: </div>
57: </body>
58: </html>
```

源代码分析

第 18～第 21 行：设置页面的 pagecreate 事件处理程序。当页面创建完成并增强所有小部件时，在页面内容区域添加一个无序列表增强为列表视图，此时不包含任何列表项。

第 22～第 27 行：定义表单提交成功时执行的函数。获取通过表单提交的汽车品牌，据此创建一个链接列表项并将其添加到列表视图中，然后调用 refresh()方法对新添加的列表项的样式进行刷新。

第 38～第 51 行：创建一个表单并将其 action 属性设置为 JavaScript 函数 addListItem()，然后将一些表单控件放置在列表视图中。

在模拟器中打开网页，通过表单录入一些汽车品牌并添加到列表中，结果如图 5.14 所示。

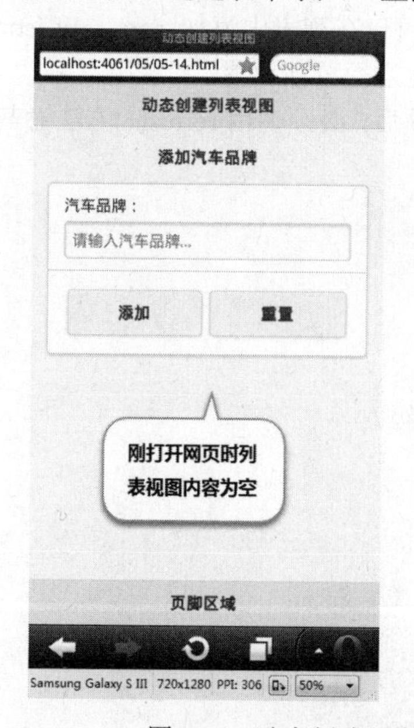

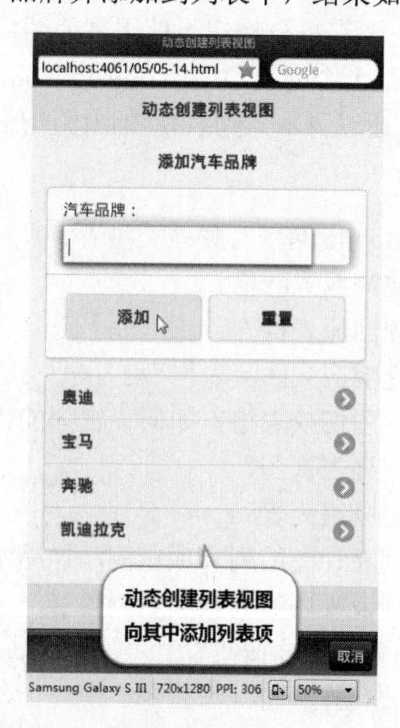

图 5.14 动态创建列表视图并向其中添加列表项

习题 5

一、选择题

1．在五列网格（父容器应用 ui-grid-d 类）中，不能对子容器元素应用（　　）类。

A．ui-block-c　　B．ui-block-d　　C．ui-block-e　　D．ui-block-f

2．在列切换表格中，要使某列持久显示，可将该列标题的 data-priority 属性设置为（　　）。

A．1　　B．2　　C．3　　D．不设置该属性

3．要在列表视图中指定某个列表项的主题，可以在该列表项中添加（　　）属性。

A．data-theme　　B．data-divider-theme

C．data-count-theme　　D．data-split-theme

二、判断题

1．（　　）要为表格设置阴影效果，可在表格中添加 ui-shadow 类。

2．（　　）要对表格设置交替行条纹样式，可在表格中应用 table-stroke 类。

3．（　　）要对表格添加行边框，可在表格中应用 table-stripe 类。

4．（　　）创建列切换表格时，会生成一个用于打开列选择器弹出窗口的按钮，该按钮的文本可以通过在表格中添加 data-column-btn-text 属性来设置。

5．（　　）列表视图是基于无序列表（ul）或有序列表（ol）创建的。

6．（　　）要创建插页式列表视图，可在列表中添加 data-inline="true"属性。

7．（　　）要为列表视图添加筛选功能，可以在列表中添加 data-filter="true"属性。

8．（　　）要设置单个分隔条的主题，可以通过在列表项中添加 data-divider-theme 属性。

9．（　　）要设置列表视图自动为列表项生成分隔符，可在列表中添加 data-autodividers = "true"属性。

10．（　　）列表视图中列表项使用的图标，必须在列级别设置 data-icon 属性。

11．（　　）要在拆分按钮上使用其他图标，可以在列表中添加 data-split-icon 属性进行统一设置，也可以在某个个列表项中添加 data-icon 属性进行单独设置。

12．（　　）通过脚本向列表视图中添加列表项后，必须调用 refresh()方法对其样式进行更新。

三、简答题

1．jQuery Mobile 网格有哪些类型？

2．如何创建响应式网格？

3．如何创建回流表格？

4．如何创建响应式回流表格？

5．如何创建列切换表格？如何设置列的优先级？

6．如何创建列表视图？

7．如何创建分组列表？

8．如何在列表视图的列表项左侧添加缩略图？

9．如何在列表视图的列表项右侧添加一个计数气泡？

10．什么是列表拆分按钮？

11．如何动态创建列表视图？

上机操作 5

1．编写一个 jQuery Mobile 移动网页，要求在文档中创建两个页面，并在第一页中创建一行单列网格、一行两列网格、一行三列网格、一行四列网格和一行五列网格，在该页面中添加一个链接按钮，用于切换到第二页；在第二页中创建三行三列网格、四行四列网格和五行五列网格，在第二网页页眉工具栏中添加“返回”按钮。

2．编写一个 jQuery Mobile 移动网页，要求在文档中创建一个页面，在其内容区域添加四个响应式网格，包括两列网格、三列网格、四列网格和五列网格，并使它们变成响应式网络。

3．编写一个 jQuery Mobile 移动网页，要求在文档中创建一个页面，然后在页面内容区域创建一个响应式回流表格并设置其样式。

4．编写一个 jQuery Mobile 移动网页，要求在文档中创建一个页面，然后在页面内容区域创建一个列切换模式表格。

5．编写一个 jQuery Mobile 移动网页，要求在文档中创建两个页面，并在第一个页面中基于无序列表创建一个只读列表视图，在该页面中添加一个链接按钮，用于切换到第二页；在第二个页面中基于有序列表创建一个只读列表视图，在该页页眉工具栏中添加“返回”按钮。

6．编写一个 jQuery Mobile 移动网页，要求在文档中创建一个页面，并在页面内容区域创建一个链接列表视图。

7．编写一个 jQuery Mobile 移动网页，要求在文档中创建一个页面，并在页面内容区域创建一个插页式链接列表视图。

8．编写一个 jQuery Mobile 移动网页，要求在文档中创建一个页面，并在页面内容区域创建一个插页式链接列表视图，为其添加筛选功能。

9．编写一个 jQuery Mobile 移动网页，要求在文档中创建一个页面，并在页面内容区域创建一个插页式链接列表视图，在该列表视图中添加一些分隔条使之成为分组列表。

10．编写一个 jQuery Mobile 移动网页，要求在文档中创建一个页面，并在页面内容区域创建一个插页式链接列表视图，为各个列表项设置不同的图标。

11．编写一个 jQuery Mobile 移动网页，要求在文档中创建一个页面，并在页面内容区域创建一个插页式链接列表视图，在每个列表项中添加缩略图和拆分按钮。

12．编写一个 jQuery Mobile 移动网页，要求在文档中创建一个页面，通过脚本动态创建列表视图，并向列表视图中添加列表项。

面板、可折叠块和筛选器

上一章讨论了网格、表格和列表视图的应用，通过网格和表格可以创建页面布局，通过列表视图则可以对页面内容进行排列和管理。本章将介绍另外三个 jQuery Mobile 小部件在移动网页设计中的应用，首先讲述如何创建和使用面板，然后讨论如何创建和使用可折叠块，最后介绍如何使用筛选器对页面内容进行过滤。

6.1 面　板

jQuery Mobile 面板默认时处于隐藏状态，当单击打开面板的按钮时会从屏幕的一侧向另一侧划出。面板小部件的设计比较灵活，可以用来创建菜单、折叠列、抽屉以及检查窗格等。

6.1.1 创建内部面板

如果要创建面板，可以添加一个 div 元素作为容器，并在该容器中添加 data-role="panel"属性，同时还要为其设置一个唯一的 id 值，用于打开和关闭面板的链接或按钮将要引用此 id 值。最基本的面板标记如下：

```
<div data-role="panel" id="mypanel">
  <!-- 面板内容在此 -->
</div>
```

如果面板位于 jQuery Mobile 页面的内部，则称为内部面板。内部面板是页面的页眉、内容和页脚的同级元素，可以将内部面板标记添加在这些元素之前或之后，但不能添加在这些元素的内部。内部面板只能在其所在的页面中使用。

例如，可以在页面的页眉、内容和页脚之前添加内部面板：

```
<div data-role="page">
  <div data-role="panel" id="mypanel">
    <!-- 面板内容在此 -->
  </div><!-- 面板结束 -->
  <!-- 页眉 -->
  <!-- 内容 -->
  <!-- 页脚 -->
```

```
</div><!-- 页面结束 -->
```

在源代码中，也可以将内部面板标记添加在页面的页眉、内容或页脚之后，但该标记必须位于在页面容器结尾之前。

默认情况下，当单击打开面板的链接时，面板将以动画方式从屏幕左侧出现。如果希望面板从屏幕右侧出现，则应在面板容器中添加 data-position="right"属性，或者在脚本中对 position 选项进行设置。

也可以通过在脚本中调用面板小部件的 open()方法来打开面板：

```
$(".selector").panel("open");
```

例 6.1　创建内部面板并设置其位置。源文件为/06/06-01.html，源代码如下。

```
1: <!doctype html>
2: <html>
3: <head>
4: <meta charset="utf-8">
5: <meta name="viewport" content="width=device-width, initial-scale=1">
6: <title>创建面板</title>
7: <link rel="stylesheet" href="http://code.jquery.com/mobile/1.4.5/jquery.mobile-1.4.5.min.css">
8: <script src="http://code.jquery.com/jquery-2.1.3.min.js"></script>
9: <script src="http://code.jquery.com/mobile/1.4.5/jquery.mobile-1.4.5.min.js"></script>
10: <style>
11: [data-role='panel'] h2 {
12:     font-size: 16px;
13:     text-align: center;
14: }
15: </style>
16: </head>
17:
18: <body>
19: <div data-role="page" id="page06-01">
20:     <div id="panel06-01-a" data-role="panel" data-position="left">
21:         <h2>左侧面板</h2>
22:         <p>这是左侧面板内容。单击按钮时，这个面板将从屏幕左侧出现。</p>
23:         <p>要关闭面板，请单击面板之外的页面内容。</p>
24:     </div>
25:     <div data-role="header" data-position="fixed">
26:         <h1>创建和打开面板</h1>
27:     </div>
28:     <div role="main" class="ui-content">
29:         <p>要创建面板，可添加一个 div 元素作为容器，并在该容器中添加 data-role="panel"属性，同
时还要为其指定一个唯一的 id 值。</p>
30:         <p>面板在屏幕上的位置可以通过 data-position 属性来指定。若设置为 left，则面板从屏幕左侧
划出；若设置为 right，则面板从屏幕右侧划出。</p>
31:         <ul data-role="listview" data-inset="true" data-icon="bars">
32:             <li><a href="#panel06-01-a">打开左侧面板</a></li>
33:             <li><a href="#panel06-01-b">打开右侧面板</a></li>
34:         </ul>
35:         <p></p>
36:     </div>
37:     <div data-role="footer" data-position="fixed">
38:         <h4>页脚区域</h4>
39:     </div>
40:     <div id="panel06-01-b" data-role="panel" data-position="right">
41:         <h2>右侧面板</h2>
42:         <p>这是右侧面板内容。单击按钮时，这个面板将从屏幕右侧出现。</p>
43:         <p>要关闭面板，请单击面板之外的页面内容。</p>
44:     </div>
45: </div>
46: </body>
47: </html>
```

源代码分析

第 19～第 45 行：在文档中创建一个页面，该页面由页眉、内容、页脚和两个面板组成，其中一个面板位于页眉之前，另一个面板位于页脚之前。

第 20～第 24 行：在页面页眉之前创建一个面板，其 id 为 panel06-01-a，并在面板容器中添加 data-position="left"属性，指定面板从屏幕左侧划出。

第 31～第 34 行：在页面内容区域中创建一个列表视图，并在其中添加两个链接按钮，分别用于打开本页面内的两个面板。

第 40～第 44 行：在页面页眉之前添加另一个面板，其 id 为 panel06-01-b，并在面板容器中添加 data-position="right"属性，指定面板从屏幕右侧划出。

在移动设备模拟器中打开网页，通过单击列表视图中的按钮分别打开左侧面板和右侧面板，结果如图 6.1 所示。

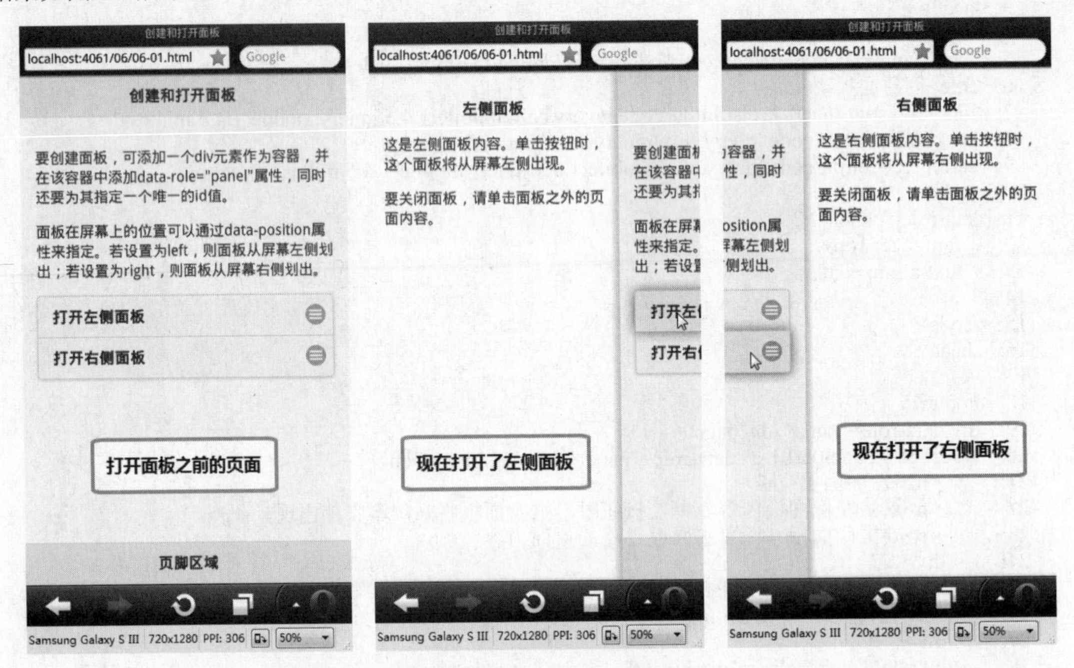

图 6.1　创建和打开内部面板

6.1.2　创建外部面板

如果要在多个页面上使用相同的面板，则应将面板标记放置在所有页面之外，这种面板称为外部面板。由于外部面板未包含在页面中，它不会自动进行初始化，因此必须在文档加载就绪时通过调用面板插件函数 panel()来实现初始化。脚本代码如下：

```
$( function() {
   $("#mypanel").panel( [optioins] );
});
```

其中，参数 options 是可选的，该参数为对象类型，用于设置面板的各种选项，例如 position、theme 等。

当使用 Ajax 导航时，外部面板将保留在 DOM 中（除非手动删除），从而可以在任何页面上打开或关闭面板。

例 6.2　创建和使用外部面板。源文件为/06/06-02.html，源代码如下。

```
1: <!doctype html>
2: <html>
```

```
3: <head>
4: <meta charset="utf-8">
5: <meta name="viewport" content="width=device-width, initial-scale=1">
6: <title>创建外部面板</title>
7: <link rel="stylesheet" href="http://code.jquery.com/mobile/1.4.5/jquery.mobile-1.4.5.min.css">
8: <script src="http://code.jquery.com/jquery-2.1.3.min.js"></script>
9: <script src="http://code.jquery.com/mobile/1.4.5/jquery.mobile-1.4.5.min.js"></script>
10: <style>
11: [data-role='panel'] h1, [role='main'] h2 {
12:     font-size: 16px;
13:     text-align: center;
14: }
15: </style>
16: <script>
17: $( function () {
18:     $("#panel06-02-a").panel({position:"left", theme: "a"});
19:     $("#panel06-02-b").panel({position:"right", theme:"b"});
20:     $(document).on("click", "p a", function() {
21:         var pageId = $("body").pagecontainer("getActivePage").get(0).id;
22:         var title = $("div#" + pageId + " [role='main'] h2").html();
23:         $("#panel06-02-a p:nth(2), #panel06-02-b p:nth(2)").html("<strong>当前页面</strong>：" + title);
24:         $("#panel06-02-a p:last, #panel06-02-b p:last").html("<strong>当前日期</strong>："+new
Date().toLocaleDateString());
25:     })
26: });
27: </script>
28: </head>
29:
30: <body>
31: <div data-role="panel" id="panel06-02-a">
32:     <h1>外部面板</h1>
33:     <p>这个面板从屏幕划出，面板使用主题 A。</p>
34:     <p>要关闭面板，请单击面板之外的页面内容。</p>
35:     <p></p><p></p>
36: </div>
37: <div data-role="page" id="page06-02-a">
38:     <div data-role="header" data-position="fixed">
39:         <h1>创建外部面板</h1>
40:         <a href="#page06-02-b" class="ui-btn ui-corner-all ui-shadow ui-icon-carat-r ui-btn-icon-right
ui-btn-right">下一页</a>
41:     </div>
42:     <div role="main" class="ui-content">
43:         <h2>第一页</h2>
44:         <p>请单击下面的按钮，以打开外部面板。</p>
45:         <p style="text-align: center;">
46:             <a href="#panel06-02-a" data-role="button" data-icon="bars" data-inline="true">打开左侧面板
（主题 A）</a>
47:             <a href="#panel06-02-b" data-role="button" data-icon="bars" data-inline="true">打开右侧面板
（主题 B）</a>
48:         </p>
49:     </div>
50:     <div data-role="footer" data-position="fixed">
51:         <h4>页脚区域</h4>
52:     </div>
53: </div>
54: <div data-role="page" id="page06-02-b">
55:     <div data-role="header" data-add-back-btn="true" data-back-btn-text="返回" data-position="fixed">
56:         <h1>创建外部面板</h1>
57:     </div>
58:     <div role="main" class="ui-content">
59:         <h2>第二页</h2>
60:         <p>请单击下面的按钮，以打开外部面板。</p>
```

```
61:         <p style="text-align: center;">
62:             <a href="#panel06-02-a" data-role="button" data-icon="bars" data-inline="true">打开左侧面板
（主题 A）</a>
63:             <a href="#panel06-02-b" data-role="button" data-icon="bars" data-inline="true">打开右侧面板
（主题 B）</a>
64:         </p>
65:     </div>
66:     <div data-role="footer" data-position="fixed">
67:         <h4>页脚区域</h4>
68:     </div>
69: </div>
70: <div data-role="panel" id="panel06-02-b">
71:     <h1>外部面板</h1>
72:     <p>这个面板从屏幕右侧划出，面板使用主题 B。</p>
73:     <p>要关闭面板，请单击面板之外的页面内容。</p>
74:     <p></p><p></p>
75: </div>
76: </body>
77: </html>
```

源代码分析

第 17～第 26 行：设置文档加载就绪时执行的操作。

第 18～第 19 行：通过调用面板插件函数 panel()对位于页面之外的两个面板进行初始化，通过传递参数设置一个面板从屏幕左侧划出并使用主题 A，设置另一个面板从屏幕右侧划出并使用主题 B。

第 20～第 25 行：设置页面内容中各个按钮的 click 事件处理程序。当单击这些按钮时，将按钮所在页面信息和当前日期信息写入面板中。

第 31～第 36 行：在第一个页面之前添加第一个面板标记。

第 37～第 69 行：分别创建两个页面，在这些页面中使用链接打开外部面板。

第 70～第 75 行：在第二个页面之后添加第二个面板标记。

在移动设备模拟器中打开网页，分别在两个页面上对左侧面板和右侧面板进行测试，结果如图 6.2 所示。

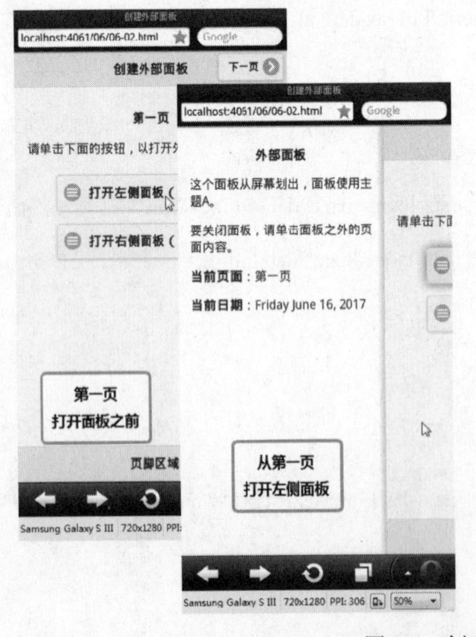

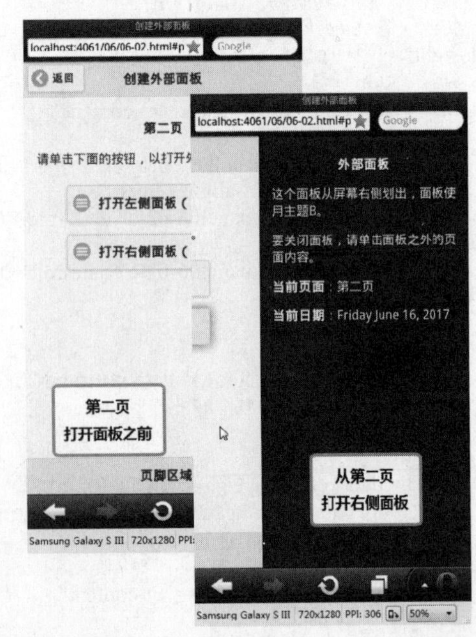

图 6.2　创建和使用外部面板

6.1.3 设置面板显示方式

默认情况下，当打开面板时页面内容会像幻灯片一样从屏幕划出，同时将面板显示出来。如果想以其他方式显示面板，则需要在面板容器中设置 data-display 属性，或者在脚本中设置 display 选项。data-display 属性或 display 选项的取值如下。

- reveal：面板位于页面内容的下方并在页面滑动时显示。
- push：同时推动面板和页面并进行动画处理。
- overlay：面板显示在页面内容的上方，覆盖部分页面内容。

例 6.3 设置面板的显示方式。源文件为/06/06-03.html，源代码如下。

```
1: <!doctype html>
2: <html>
3: <head>
4: <meta charset="utf-8">
5: <meta name="viewport" content="width=device-width, initial-scale=1">
6: <title>设置面板显示方式</title>
7: <link rel="stylesheet" href="http://code.jquery.com/mobile/1.4.5/jquery.mobile-1.4.5.min.css">
8: <script src="http://code.jquery.com/jquery-2.1.3.min.js"></script>
9: <script src="http://code.jquery.com/mobile/1.4.5/jquery.mobile-1.4.5.min.js"></script>
10: <style>
11: [data-role='panel'] h2 {
12:     font-size: 16px; text-align: center;
13: }
14: [data-role='panel'] p {
15:     padding-left: 1em; padding-right: 1em;
16: }
17: </style>
18: <script>
19: $(document).on("pagecreate", function() {
20:     var content1="<h2>左侧面板</h2><p>这个面板位于页面左侧，面板标记位于页面之前。</p><p>
要关闭面板，可以单击面板之外的页面内容、向左或向右滑动或按 Esc 键。</p>";
21:     var content2="<h2>右侧面板</h2><p>这个面板位于页面右侧,面板标记位于页面之后前。</p><p>
要关闭面板，可以单击面板之外的页面内容、向左或向右滑动或按 Esc 键。</p>";
22:     $(".l-p").html(content1);
23:     $(".r-p").html(content2);
24:     $("li a").click(function() {
25:         var url=this.href;
26:         var panelId=url.split("#")[1];
27:         var display=$(this).text().substring(0,2);
28:         var title=$("#"+panelId+" h2").text();
29:         $("#"+panelId+" h2").html(title+"："+display+"显示");
30:     });
31: });
32: </script>
33: </head>
34:
35: <body>
36: <div data-role="page" id="page06-03-a">
37:     <div data-role="panel" data-position="left" data-display="reveal" class="l-p" id="panel06-03-a"></div>
38:     <div data-role="panel" data-position="left" data-display="push" class="l-p" id="panel06-03-b"></div>
39:     <div data-role="panel" data-position="left" data-display="overlay" class="l-p" id="panel06-03-c"></div>
40:     <div data-role="header" data-position="fixed">
41:         <h1>设置面板显示方式</h1>
42:     </div>
43:     <div role="main" class="ui-content">
44:         <p>如果要以不同方式显示左侧面板，请单击下面的按钮。</p>
```

```
45:         <ul data-role="listview" data-inset="true" data-icon="bars">
46:             <li><a href="#panel06-03-a">滑出面板（reveal）</a></li>
47:             <li><a href="#panel06-03-b">推动面板（push）</a></li>
48:             <li><a href="#panel06-03-c">覆盖面板（overlay）</a></li>
49:             </li>
50:         </ul>
51:         <p>如果要以不同方式显示右侧面板，请单击下面的按钮。</p>
52:         <ul data-role="listview" data-inset="true" data-icon="bars">
53:             <li><a href="#panel06-03-d">滑出面板（reveal）</a></li>
54:             <li><a href="#panel06-03-e">推动面板（push）</a></li>
55:             <li><a href="#panel06-03-f">覆盖面板（overlay）</a></li>
56:             </li>
57:         </ul>
58:     </div>
59:     <div data-role="footer" data-position="fixed">
60:         <h4>页脚区域</h4>
61:     </div>
62:     <div data-role="panel" data-position="right" data-display="reveal" class="r-p" id="panel06-03-d"></div>
63:     <div data-role="panel" data-position="right" data-display="push" class="r-p" id="panel06-03-e"></div>
64:     <div data-role="panel" data-position="right" data-display="overlay" class="r-p" id="panel06-03-f"></div>
65: </div>
66: </body>
67: </html>
```

源代码分析

第 19～第 31 行：设置页面创建成功之后执行的操作，为左侧面板和右侧面板分别添加不同的内容，设置各个按钮的 click 事件处理程序，将显示方式添加到面板标题中。

第 40～第 42 行：在页眉之前添加三个面板（内容为空），应用 data-position="left"属性，并将 data-display 属性设置为不同的值，使这些面板以不同方式从屏幕左侧显示。

第 65～第 67 行：在页脚之后添加三个面板（内容为空），应用 data-position="right"属性，并将 data-display 属性设置为不同的值，使这些面板以不同方式从屏幕右侧显示。

在移动设备模拟器中打开网页，对面板的不同显示方式进行测试，结果如图 6.3 所示。

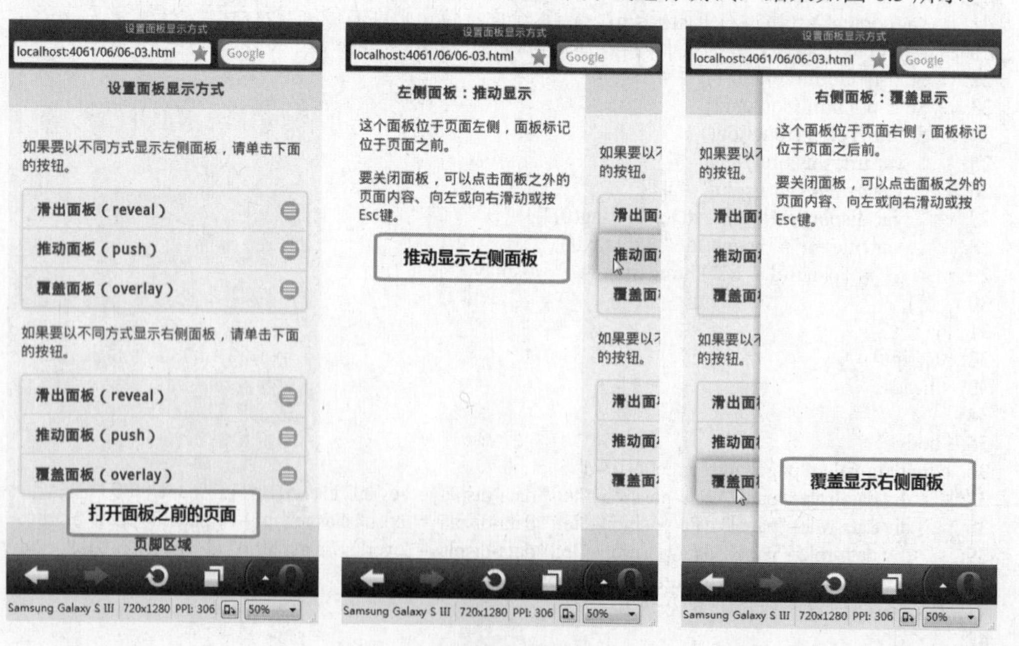

图 6.3　设置面板的显示方式

6.1.4 设置面板关闭方式

当通过单击链接打开面板后，可以通过向左或向右滑动或者按 Esc 键来关闭面板。如果要禁用滑动关闭面板的功能，可以在面板容器中添加 data-swipe-close="false"属性，或者在脚本中对 swipeClose 选项进行设置。

默认情况下，面板也可以通过单击面板外的页面内容来关闭。要禁用这个功能，可以在面板容器中添加 data-dismissible="false"属性，或者在脚本中对 dismissible 选项进行设置。

如果禁用了滑动关闭面板的功能，同时也禁用了单击面板外部关闭面板的功能，则可以通过按 Esc 键来关闭面板，此外还可以通过以下两种方式来关闭面板。

（1）通过在脚本中调用面板的 close()方法来关闭面板。例如：

```
$("#mypanel").panel("close");
```

（2）在面板中添加一个关闭按钮。例如：

```
<a href="#mypage" data-rel="close">关闭面板</a>
```

在链接中添加 data-rel="close"属性，以便通知框架在单击时关闭该面板。如果 JavaScript 不可用，则关闭面板时将跳转到 id 为 mypage 的页面。

例 6.4 设置面板的关闭方式。源文件为/06/06-04.html，源代码如下。

```
 1: <!doctype html>
 2: <html>
 3: <head>
 4: <meta charset="utf-8">
 5: <meta name="viewport" content="width=device-width, initial-scale=1">
 6: <title>设置面板关闭方式</title>
 7: <link rel="stylesheet" href="http://code.jquery.com/mobile/1.4.5/jquery.mobile-1.4.5.min.css">
 8: <script src="http://code.jquery.com/jquery-2.1.3.min.js"></script>
 9: <script src="http://code.jquery.com/mobile/1.4.5/jquery.mobile-1.4.5.min.js"></script>
10: <style>
11: [data-role='panel'] h2 {
12:     font-size: 16px;
13:     text-align: center;
14: }
15: </style>
16: </head>
17:
18: <body>
19: <div data-role="page" id="page06-04">
20:     <div data-role="header" data-position="fixed">
21:         <h1>设置面板关闭方式</h1>
22:     </div>
23:     <div role="main" class="ui-content">
24:         <p>单击下面的按钮打开面板，然后对面板的关闭方式进行测试。</p>
25:         <p style="text-align: center">
26:             <a href="#panel06-04-a" data-role="button" data-inline="true" data-icon="bars">打开左侧面板</a>
27:             <a href="#panel06-04-b" data-role="button" data-inline="true" data-icon="bars">打开右侧面板</a>
28:         </p>
29:     </div>
30:     <div data-role="footer" data-position="fixed">
31:         <h4>页脚区域</h4>
32:     </div>
33:     <div data-role="panel" data-position="left" id="panel06-04-a">
34:         <h2>左侧面板</h2>
35:         <p>要关闭这个面板，请执行下列操作之一：</p>
```

```
36:         <ul>
37:            <li>向左滑动页面内容</li>
38:            <li>单击面板之外的页面内容</li>
39:            <li>按下 Esc 键</li>
40:            <li>单击关闭按钮</li>
41:         </ul>
42:         <p style="text-align: center;"><a href="#page06-04" data-role="button" data-rel="close" data-icon=
"delete" data-inline="true">关闭面板</a></p>
43:      </div>
44:      <div data-role="panel" data-position="right" data-swipe-close="false" data-dismissible="false"id=
"panel06-04-b">
45:         <h2>右侧面板</h2>
46:         <p>由于在这个面板中添加了 data-swipe-close="false"和 data-dismissible="false"属性，因此不能
通过滑动或单击面板之外的页面内容来关闭面板。要关闭这个面板，请执行下列操作之一：</p>
47:         <ul>
48:            <li>按下 Esc 键</li>
49:            <li>单击关闭按钮</li>
50:         </ul>
51:         <p style="text-align: center;"><a href="#page06-04" data-role="button" data-rel="close" data-icon=
"delete" data-inline="true">关闭面板</a></p>
52:      </div>
53: </div>
54: </body>
55: </html>
```

源代码分析

第 19～第 52 行：在文档中创建一个页面，该页面由页眉、内容和页脚三部分组成，在页脚之后、页面容器结尾之前添加了两个面板。

第 33～第 43 行：添加左侧面板。该面板采用默认设置，有四种关闭方式。

第 44～第 52 行：添加右侧面板。在该面板容器中添加了 data-swipe-close="false"和 data-dismissible="false"属性，因此不能通过滑动或单击面板之外来关闭面板。

在模拟器中打开网页，打开面板并对其关闭方式进行测试，结果如图 6.4 所示。

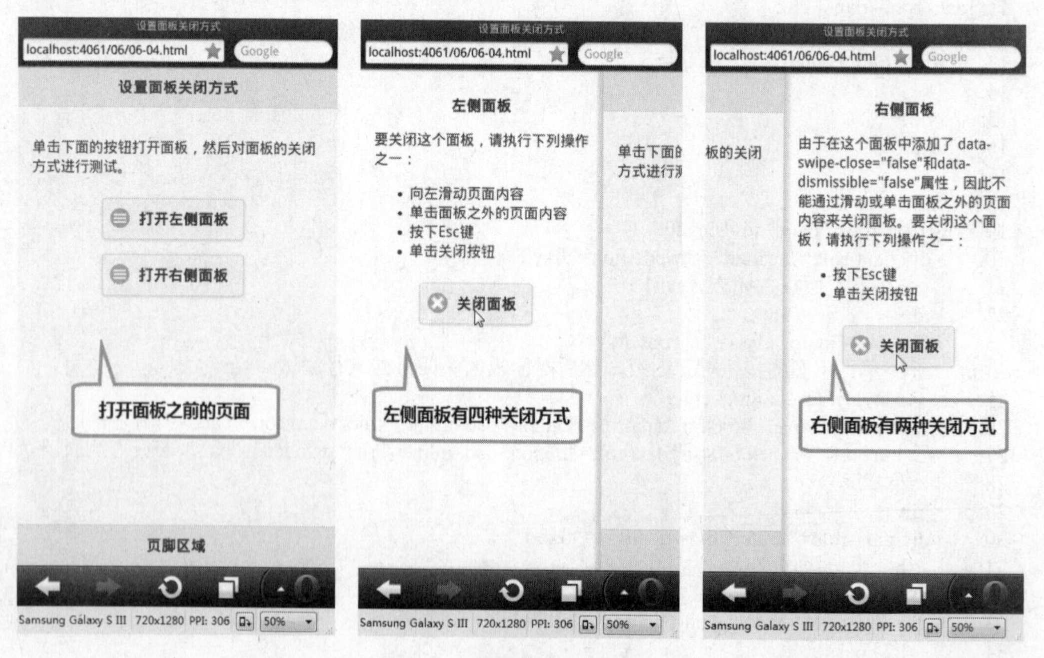

图 6.4　设置面板的关闭方式

6.2 可折叠块

jQuery Mobile 框架提供了一个可折叠块小部件，用于在移动网页中以紧凑形式呈现内容，当在用户轻按标题时可以扩展或折叠其内容。

6.2.1 创建可折叠块

要创建可折叠内容块，可以创建一个容器并添加 data-role="collapsible"属性，然后在这个容器内添加标题（h1～h6）或 legend 元素。jQuery Mobile 框架将设置标题的样式，使之看起来像一个可单击的按钮，并且在其左侧添加一个加号图标，表明它是可展开的。在标题之后，可以添加任何 HTML 标签作为要折叠的内容。框架将这个 HTML 标签包装在一个容器内，当单击标题时将隐藏或者显示内容。

默认情况下，可折叠块将从父级继承主题。要设置可折叠块的主题，可以在容器中添加 data-theme 和 data-content-theme 属性，前者用于指定标题部分的主题，后者用于指定内容部分的主题。如果将 data-content-theme 属性设置为 false，则不应用任何主题。

页面加载后通常仅看到可折叠块的标题，其内容则处于折叠状态。如果要在页面加载后自动展开内容，可以在容器中添加 data-collapsed="false"属性。

例 6.5 创建可折叠块。源文件为/06/06-05.html，源代码如下。

```
1: <!doctype html>
2: <html>
3: <head>
4: <meta charset="utf-8">
5: <meta name="viewport" content="width=device-width, initial-scale=1">
6: <title>创建可折叠块</title>
7: <link rel="stylesheet" href="http://code.jquery.com/mobile/1.4.5/jquery.mobile-1.4.5.min.css">
8: <script src="http://code.jquery.com/jquery-2.1.3.min.js"></script>
9: <script src="http://code.jquery.com/mobile/1.4.5/jquery.mobile-1.4.5.min.js"></script>
10: </head>
11:
12: <body>
13: <div data-role="page" id="page06-05">
14:     <div data-role="header" data-position="fixed">
15:         <h1>创建可折叠块</h1>
16:     </div>
17:     <div role="main" class="ui-content">
18:         <p>基本可折叠块</p>
19:         <div data-role="collapsible">
20:             <h4>单击标题以查看内容（默认主题）</h4>
21:             <p>这是可折叠的内容。默认情况下，内容处于折叠状态，不过可以通过单击标题来打开内
容。</p>
22:         </div>
23:         <p>设置折叠块的主题</p>
24:         <div data-role="collapsible" data-theme="b" data-content-theme="b">
25:             <h4>单击标题以查看内容（应用主题 B）</h4>
26:             <p>这是可折叠的内容。标题和内容都应用了主题 B。</p>
27:         </div>
28:         <p>自动展开内容</p>
29:         <div data-role="collapsible" data-collapsed="false">
30:             <h4>单击标题以展开/折叠内容</h4>
31:             <ul data-role="listview">
32:                 <li><a href="#">列表项一</a></li>
33:                 <li><a href="#">列表项二</a></li>
34:                 <li><a href="#">列表项三</a></li>
```

```
35:             </ul>
36:         </div>
37:     </div>
38:     <div data-role="footer" data-position="fixed">
39:         <h4>页脚区域</h4>
40:     </div>
41: </div>
42: </body>
43: </html>
```

源代码分析

第 19～第 22 行：创建一个基本的可折叠块，在容器中添加 h4 元素作为标题，添加 p 元素作为内容，标题和内容均从父级继承主题。

第 24～第 27 行：创建一个可折叠块，在容器中添加 data-theme="b"属性，指定标题使用主题 B，添加 data-content-theme="b"属性，指定内容也使用主题 B；然后在容器中添加 h4 元素作为标题，添加 p 元素作为内容。

第 29～第 36 行：创建一个可折叠块，在容器中添加 data-collapsed="false"属性，指定内容在加载页面后自动展开；在容器中添加一个列表视图作为内容。

在移动设备模拟器中打开网页，通过单击标题展开或折叠内容，结果如图 6.5 所示。

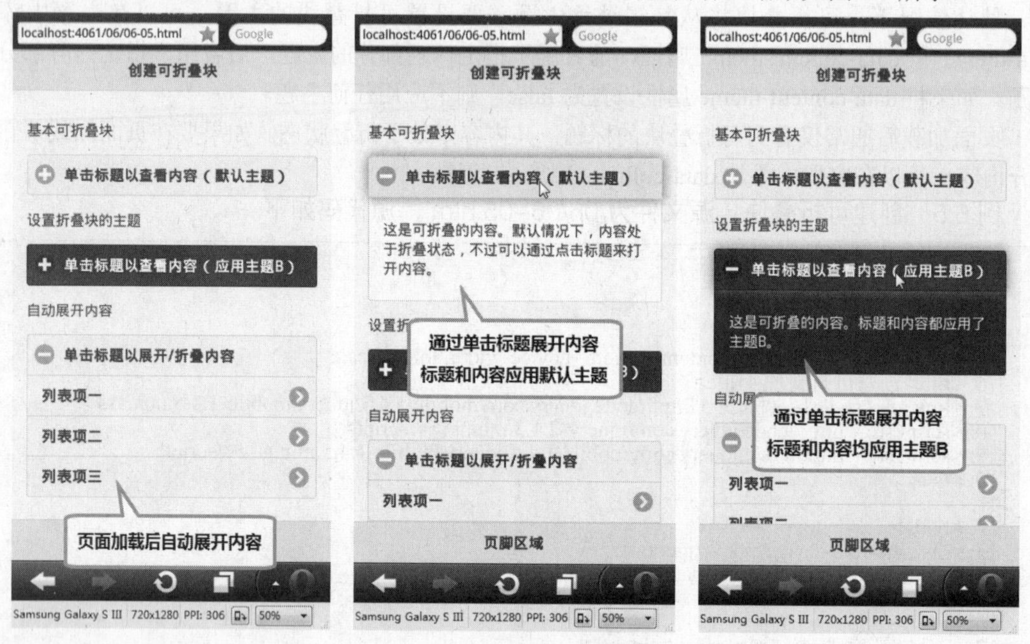

图 6.5　创建可折叠块

6.2.2 设置可折叠块外观

默认情况下，可折叠块将应用插页式外观样式。如果要使可折叠块具有全宽度而且没有圆角样式，可以在容器中添加 data-inset="false"属性，从而创建非插页式可折叠块。

在某些情况下，出于节省页面空间的考虑，可能需要使用微型可折叠块。为此，可以在容器中添加 data-mini="true"属性，或者在脚本中对 mini 选项进行设置。

例 6.6　创建非插页式可折叠块和微型可折叠块。源文件为/06/06-06.html，源代码如下。

```
1: <!doctype html>
2: <html>
3: <head>
4: <meta charset="utf-8">
```

```
 5: <meta name="viewport" content="width=device-width, initial-scale=1">
 6: <title>设置可折叠块外观</title>
 7: <link rel="stylesheet" href="http://code.jquery.com/mobile/1.4.5/jquery.mobile-1.4.5.min.css">
 8: <script src="http://code.jquery.com/jquery-2.1.3.min.js"></script>
 9: <script src="http://code.jquery.com/mobile/1.4.5/jquery.mobile-1.4.5.min.js"></script>
10: </head>
11:
12: <body>
13: <div data-role="page" id="page06-06">
14:     <div data-role="header" data-position="fixed">
15:         <h1>设置可折叠块外观</h1>
16:     </div>
17:     <div role="main" class="ui-content">
18:         <p>插页式可折叠块</p>
19:         <div data-role="collapsible">
20:             <h4>单击标题以查看内容</h4>
21:             <p>这是可折叠内容。默认情况下，这个可折叠块应用插页式外观。</p>
22:         </div>
23:         <p>非插页式可折叠块</p>
24:         <div data-role="collapsible" data-inset="false">
25:             <h4>单击标题以查看内容</h4>
26:             <p>这是可折叠内容。通过在容器中添加 data-inset="false"属性，对这个可折叠块应用了插页
式样式。</p>
27:         </div>
28:         <p>微型可折叠块</p>
29:         <div data-role="collapsible" data-mini="true">
30:             <h4>单击标题以查看内容</h4>
31:             <ul data-role="listview">
32:                 <li><a href="#">列表项一</a></li>
33:                 <li><a href="#">列表项一</a></li>
34:                 <li><a href="#">列表项一</a></li>
35:             </ul>
36:         </div>
37:     </div>
38:     <div data-role="footer" data-position="fixed">
39:         <h4>页脚区域</h4>
40:     </div>
41: </div>
42: </body>
43: </html>
```

源代码分析

第 19～第 22 行：在页面内容中创建一个可折叠块，在容器中添加 h4 元素作为标题，添加 p 元素作为内容。这个可折叠块默认使用插页式样式。

第 24～第 27 行：创建第二个可折叠块，在容器中添加 data-inset="false"属性，指定这个可折叠块使用非插页式样式（具有全宽度，没有圆角）；在容器中添加 h4 元素作为标题，添加 p 元素作为内容。

第 29～第 36 行：创建第三个可折叠块，在容器中添加 data-mini="true"属性，指定这个可折叠块使用微型样式；在容器中添加 h4 元素作为内容，添加列表视图作为内容。

在移动设备模拟器中打开网页，通过单击标题展开或折叠内容，结果如图 6.6 所示。

6.2.3 设置可折叠块图标

默认情况下，可折叠块标题在折叠状态下使用加号图标，在展开状态则变成减号图标。若要在可折叠块中使用其他图标，可在容器中添加 data-collapsed-icon 和 data-expanded-icon 属性，或者在脚本中对 collapsedIcon 和 expandedIcon 选项进行设置。

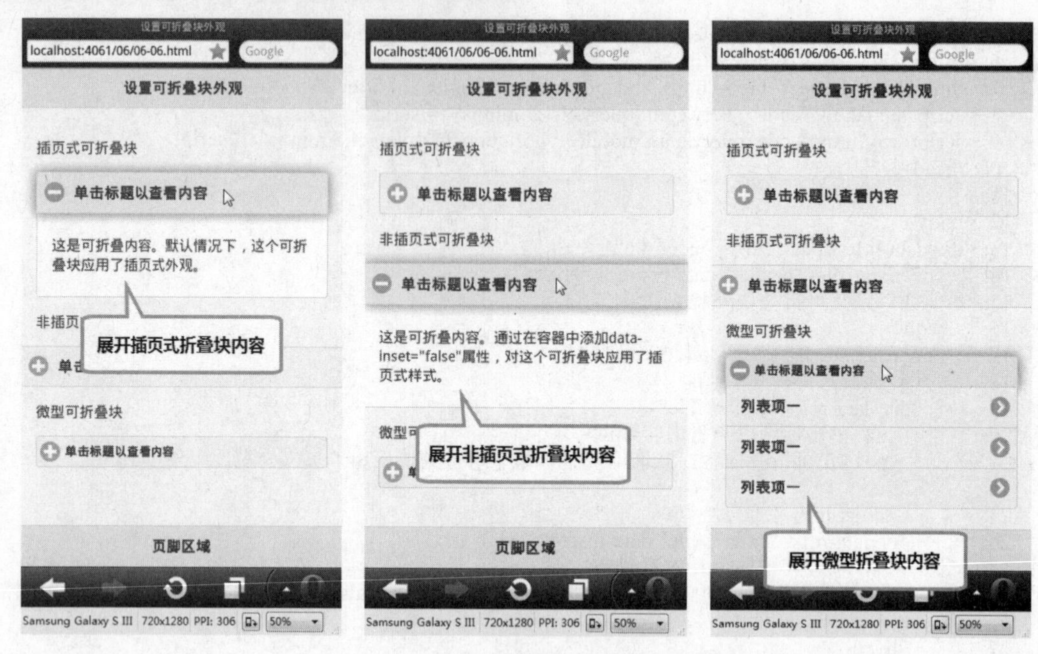

图 6.6 设置可折叠块外观

可折叠块标题中图标默认位于标题文字的左侧。如果希望图标定位于标题文字的右侧，则应在容器中添加 data-iconpos="right"属性。

例 6.7 设置可折叠块图标。源文件为/06/06-07.html，源代码如下。

```
 1: <!doctype html>
 2: <html>
 3: <head>
 4: <meta charset="utf-8">
 5: <meta name="viewport" content="width=device-width, initial-scale=1">
 6: <title>设置可折叠块图标</title>
 7: <link rel="stylesheet" href="http://code.jquery.com/mobile/1.4.5/jquery.mobile-1.4.5.min.css">
 8: <script src="http://code.jquery.com/jquery-2.1.3.min.js"></script>
 9: <script src="http://code.jquery.com/mobile/1.4.5/jquery.mobile-1.4.5.min.js"></script>
10: </head>
11:
12: <body>
13: <div data-role="page" id="page06-07">
14:     <div data-role="header" data-position="fixed">
15:         <h1>设置可折叠块图标</h1>
16:     </div>
17:     <div role="main" class="ui-content">
18:         <p>默认图标</p>
19:         <div data-role="collapsible">
20:             <h4>单击标题以展开/折叠内容</h4>
21:             <p>这是可折叠的内容。默认情况下，当内容处于折叠状态时标题中使用加号图标，当内容
展开则变成减号图标。</p>
22:         </div>
23:         <p>设置图标及其位置</p>
24:         <div data-role="collapsible" data-collapsed-icon="carat-d" data-expanded-icon="carat-u" data-
iconpos="right">
25:         <h4>单击标题以展开/折叠内容</h4>
26:         <p>这是可折叠的内容。通过在容器中添加相应属性，指定折叠时使用向下图标，展开时使用
向上图标，并设置图标位于标题文字的右侧。</p>
27:     </div>
28: </div>
29: <div data-role="footer" data-position="fixed">
```

```
30:     <h4>页脚区域</h4>
31: </div>
32: </div>
33: </body>
34: </html>
```

源代码分析

第19～第22行：在页面内容中创建第一个可折叠块，在容器中添加h4元素作为标题，添加p元素作为内容。这个可折叠块的图标使用默认设置，即内容折叠时使用加号图标，内容展开时使用减号图标，图标位于标题文字的左侧。

第24～第27行：创建第二个可折叠块，在容器中添加data-collapsed-icon="carat-d"和data-expanded-icon="carat-u"属性，指定内容折叠使用向下图标，内容展开时使用向上图标；还添加了data-iconpos="right"属性，指定图标位于标题文字的右侧。

在移动设备模拟器中打开网页，通过单击标题展开/折叠内容，注意观察标题中的图标及其位置，结果如图6.7所示。

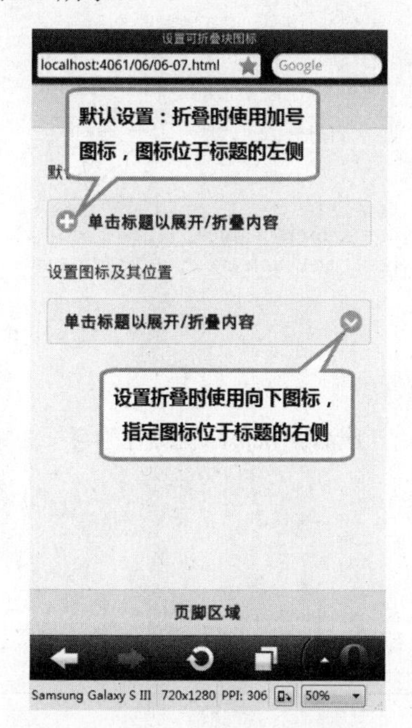

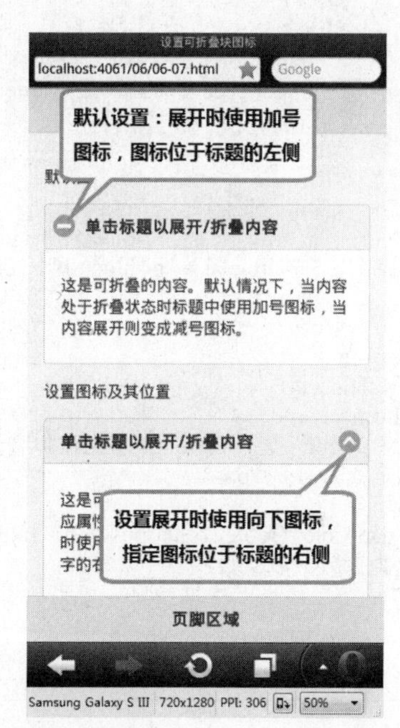

图6.7 设置可折叠块的图标及其位置

6.2.4 创建可折叠表单

前面在创建可折叠块时均使用div元素作为容器，使用h4元素作为可单击的标题。如果以表单作为可折叠的内容，则应使用fieldset元素作为包装容器，而使用legend元素提供标题。

例6.8 创建可折叠表单。源文件为/06/06-08.html，源代码如下

```
1: <!doctype html>
2: <html>
3: <head>
4: <meta charset="utf-8">
5: <meta name="viewport" content="width=device-width, initial-scale=1">
6: <title>创建可折叠表单</title>
7: <link rel="stylesheet" href="http://code.jquery.com/mobile/1.4.5/jquery.mobile-1.4.5.min.css">
8: <script src="http://code.jquery.com/jquery-2.1.3.min.js"></script>
9: <script src="http://code.jquery.com/mobile/1.4.5/jquery.mobile-1.4.5.min.js"></script>
```

```
10: </head>
11:
12: <body>
13: <div data-role="page" id="page06-08">
14:     <div data-role="header" data-position="fixed">
15:         <h1>创建可折叠表单</h1>
16:     </div>
17:     <div role="main" class="ui-content">
18:         <p>要登录到网站，请单击下面的“网站登录”。</p>
19:         <form>
20:             <fieldset data-role="collapsible" data-collapsed-icon="carat-d" data-expanded-icon="carat-u"
data-iconpos="right">
21:                 <legend>网站登录</legend>
22:                 <ul data-role="listview">
23:                     <li>
24:                         <label for="username">用户名：</label>
25:                         <input type="text" name="username" id="username" data-clear-btn="true" required
placeholder="请输入用户名...">
26:                     </li>
27:                     <li>
28:                         <label for="password">密码：</label>
29:                         <input type="password" name="password" id="password" data-clear-btn="true" required
placeholder="请输入密码...">
30:                     </li>
31:                     <li>
32:                         <div class="ui-grid-a">
33:                             <div class="ui-block-a"><input type="submit" value="登录"></div>
34:                             <div class="ui-block-b"><input type="reset" value="重置"></div>
35:                         </div>
36:                     </li>
37:                 </ul>
38:             </fieldset>
39:         </form>
40:         <p><strong>提示</strong>：创建折叠表单时，应添加 fieldset 元素作为可折叠块的容器，并使
用 lenged 元素来提供标题。</p>
41:     </div>
42:     <div data-role="footer" data-position="fixed">
43:         <h4>页脚区域</h4>
44:     </div>
45: </div>
46: </body>
47: </html>
```

源代码分析

第 20～第 38 行：在表单（form）内添加一个字段集（fieldset）元素，在该元素中添加 data-role="collapsible"属性，使之作为可折叠块的容器，并对可单击标题中的图标及其位置进行设置。

第 21 行：在字段集中添加 legent 元素作为可点击的标题。

第 22～第 37 行：在字段集中添加一个列表视图作为可折叠内容。在第一个列表项中分别添加一个标签和一个文本框；在第二个列表项中添加一个标题和密码框；在第三个列表项中通过网格布局添加一个提交按钮和一个重置按钮。

在移动设备模拟器中打开网页，对可折叠表单进行测试，结果如图 6.8 所示。

6.2.5 创建可折叠块系列

当依次创建一组非插页式可折叠块时，jQuery Mobile 框架会移除紧挨在另一个可折叠块之前的顶部边框，以避免形成双重边框，由此形成了一个可折叠块系列。这个系列中的各个可折叠块

无缝对接，看起来好像是一个统一的整体，不过其中包含的每个可折叠块都是相互独立的，允许同时展开任意多个可折叠块。

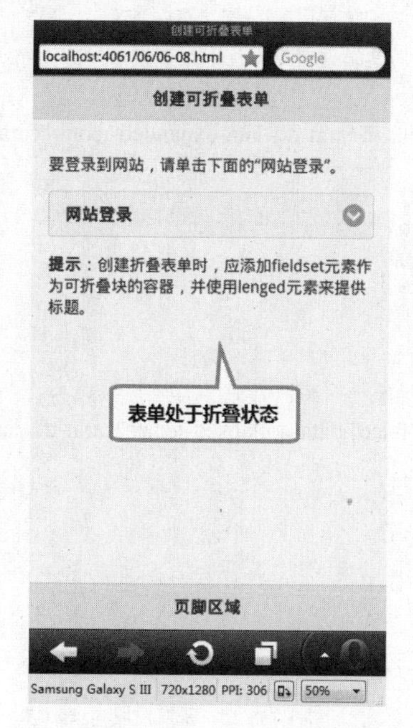

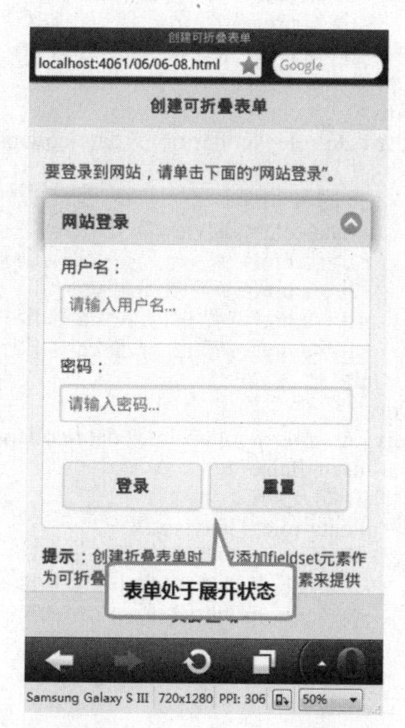

图 6.8　创建可折叠表单

要创建一个可折叠块系列，依次创建一些可折叠块并在每个容器添加 data-inset="false"属性即可。如果不添加 data-inset="false"属性，则每个可折叠块将应用插页式外观样式，不同可折叠块之间会保持一定的间距。

例 6.9　创建由三个可折叠块组成的系列。源文件为/06/06-09.html，源代码如下。

```
 1: <!doctype html>
 2: <html>
 3: <head>
 4: <meta charset="utf-8">
 5: <meta name="viewport" content="width=device-width, initial-scale=1">
 6: <title>创建可折叠块系列</title>
 7: <link rel="stylesheet" href="http://code.jquery.com/mobile/1.4.5/jquery.mobile-1.4.5.min.css">
 8: <script src="http://code.jquery.com/jquery-2.1.3.min.js"></script>
 9: <script src="http://code.jquery.com/mobile/1.4.5/jquery.mobile-1.4.5.min.js"></script>
10: <style>
11: [role='main'] h2 {
12:     font-size: 16px;
13:     text-align: center;
14: }
15: </style>
16: </head>
17:
18: <body>
19: <div data-role="page" id="page06-09">
20:     <div data-role="header" data-position="fixed">
21:         <h1>创建可折叠块系列</h1>
22:     </div>
23:     <div role="main" class="ui-content">
24:         <h2>我的联系人</h2>
25:         <div data-role="collapsible" data-collapsed-icon="carat-d" data-expanded-icon="carat-u" data-inset
="false">
26:             <h3>同学</h3>
```

```
27:            <ul data-role="listview">
28:                <li><a href="#">何晓明</a></li>
29:                <li><a href="#">赵丽娟</a></li>
30:                <li><a href="#">苏建伟</a></li>
31:                <li><a href="#">张绍敏</a></li>
32:            </ul>
33:        </div>
34:        <div data-role="collapsible" data-collapsed-icon="carat-d" data-expanded-icon="carat-u" data-inset=
"false">
35:            <h3>同事</h3>
36:            <ul data-role="listview">
37:                <li><a href="#">马金亮</a></li>
38:                <li><a href="#">张绵川</a></li>
39:                <li><a href="#">高云飞</a></li>
40:                <li><a href="#">于得水</a></li>
41:            </ul>
42:        </div>
43:        <div data-role="collapsible" data-collapsed="false" data-collapsed-icon="carat-d" data-expanded-
icon="carat-u" data-inset="false">
44:            <h3>朋友</h3>
45:            <ul data-role="listview">
46:                <li><a href="#">刘佳莉</a></li>
47:                <li><a href="#">张三丰</a></li>
48:                <li><a href="#">李逍遥</a></li>
49:                <li><a href="#">吴天昊</a></li>
50:            </ul>
51:        </div>
52:    </div>
53:    <div data-role="footer" data-position="fixed">
54:        <h4>页脚区域</h4>
55:    </div>
56: </div>
57: </body>
58: </html>
```

源代码分析

第 25～第 33 行：创建第一个可折叠块，在容器中添加 data-collapsed-icon="carat-d"和 data-expanded-icon="carat-u"属性，以指定标题中的图标；添加 data-inset="false"属性，以应用非插页式外观样式。

第 34～第 42 行：创建第二个非插页式可折叠块，其属性设置与第一个可折叠块相同。

第 43～第 51 行：创建第三个非插页式可折叠块，其属性设置与前两个可折叠块基本相同，所不同的是，在容器中添加了 data-collapsed="false"属性，指定页面加载后展开内容。

在移动设备模拟器中打开网页，对可折叠块系列进行测试，结果如图 6.9 所示。

6.2.6 创建可折叠集合

可折叠集合由一系列可折叠块组合而成。要创建可折叠集合，首先需要创建一组可折叠块，然后通过一个父容器来包装这些可折叠块，并在该容器中添加 data-role="collapsibleset"属性。这样一来，这些可折叠块将以可视方式进行分组，它们的行为犹如一架手风琴，一次只能打开一个部分。这种行为不同于可折叠块系列，后者允许同时打开多个可折叠块。

创建可折叠集合时，可以在集合中使用以下数据属性。

- data-inset="false"：创建不带圆角效果的全宽可折叠集合。
- data-corners="false"：创建不带圆角效果的插页式可折叠集合。
- data-mini="true"：创建微型可折叠集合。

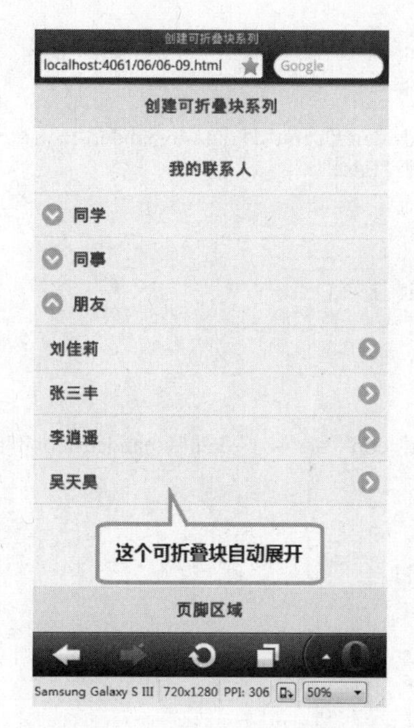

图 6.9 创建可折叠块系列

- data-collapsed-icon 和 data-expanded-icon：设置标题中的图标。
- data-iconpos：设置标题中图标的位置。
- data-theme：设置可单击标题部分的主题。
- data-content-theme：设置可折叠内容的主题。

注意

在上述属性中，data-collapsed-icon、data-expanded-icon、data-iconpos、data-iconpos、data-theme 以及 data-content-theme 属性，既可以在可折叠集合级别上使用，也可以在单个可折叠块中使用。

例 6.10 创建可折叠集合。源文件为/06/06-10.html，源代码如下。

```
 1: <!doctype html>
 2: <html>
 3: <head>
 4: <meta charset="utf-8">
 5: <meta name="viewport" content="width=device-width, initial-scale=1">
 6: <title>创建折叠集合</title>
 7: <link rel="stylesheet" href="http://code.jquery.com/mobile/1.4.5/jquery.mobile-1.4.5.min.css">
 8: <script src="http://code.jquery.com/jquery-2.1.3.min.js"></script>
 9: <script src="http://code.jquery.com/mobile/1.4.5/jquery.mobile-1.4.5.min.js"></script>
10: <style>
11: [role='main'] h2 {
12:     font-size: 16px;
13:     text-align: center;
14: }
15: </style>
16: </head>
17:
18: <body>
19: <div data-role="page" id="page06-10">
20:     <div data-role="header" data-position="fixed">
21:         <h1>创建折叠集合</h1>
```

```
22:     </div>
23:     <div role="main" class="ui-content">
24:         <h2>经典电影</h2>
25:         <div data-role="collapsibleset" data-collapsed-icon="carat-d" data-expanded-icon="carat-u">
26:             <div data-role="collapsible" data-collapsed="false">
27:                 <h3>中国电影</h3>
28:                 <ul data-role="listview">
29:                     <li><a href="#">英雄儿女</a></li>
30:                     <li><a href="#">红色娘子军</a></li>
31:                     <li><a href="#">哪吒闹海</a></li>
32:                     <li><a href="#">神笔马良</a></li>
33:                 </ul>
34:             </div>
35:             <div data-role="collapsible" data-collapsed-icon="arrow-r" data-expanded-icon="arrow-d" data-
theme="b">
36:                 <h3>美国电影</h3>
37:                 <ul data-role="listview">
38:                     <li><a href="#">罗马假日  </a></li>
39:                     <li><a href="#">乱世佳人</a></li>
40:                     <li><a href="#">音乐之声</a></li>
41:                     <li><a href="#">魂断蓝桥</a></li>
42:                 </ul>
43:             </div>
44:             <div data-role="collapsible" data-collapsed-icon="gear" data-expanded-icon="delete" data-theme
="b" data-content-theme="b">
45:                 <h3>日本电影</h3>
46:                 <ul data-role="listview">
47:                     <li><a href="#">且听风吟  </a></li>
48:                     <li><a href="#">幸福的黄手帕</a></li>
49:                     <li><a href="#">伊豆舞女</a></li>
50:                     <li><a href="#">远山的呼唤</a></li>
51:                 </ul>
52:             </div>
53:         </div>
54:     </div>
55:     <div data-role="footer" data-position="fixed">
56:         <h4>页脚</h4>
57:     </div>
58: </div>
59: </body>
60: </html>
```

源代码分析

第 25～第 53 行：创建一个可折叠集合，在集合中添加 data-collapsed-icon="carat-d"和 data-expanded-icon="carat-u"属性，在集合级别指定标题中的图标；然后在集合中添加三个可折叠块。这些可折叠块的内容均为列表视图。

第 26～第 34 行：在可折叠集合中添加第一个可折叠块，标题中使用集合的默认图标，在容器中添加 data-collapsed="false"属性，指定页面加载后自动展开内容。

第 35～第 43 行：添加第二个可折叠块，在容器中设置 data-collapsed-icon"arrow-r"和 data-expanded-icon="arrow-d"属性，覆盖了集合中设置的图标；添加 data-theme="b"属性，指定可单击标题应用主题 B。

第 44～第 52 行：添加第三个可折叠块，在容器中设置 data-collapsed-icon="gear"和 data-expanded-icon="delete"属性，覆盖了集合中设置的图标；在容器中添加 data-theme="b"和 data-content-theme="b"属性，指定标题和内容均应用标题 B。

在移动设备模拟器中打开网页，对可折叠集合进行测试，结果如图 6.10 所示。

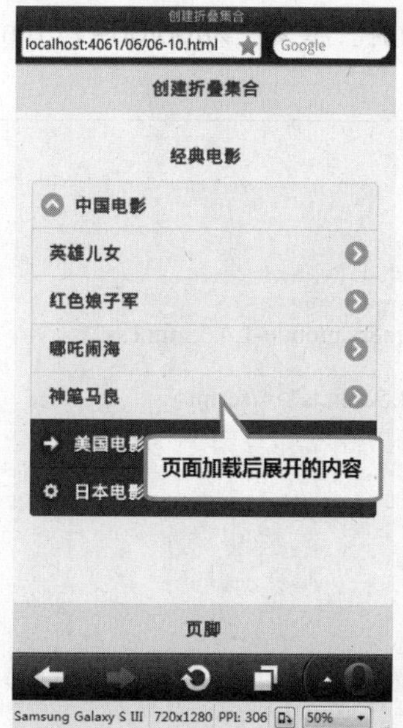

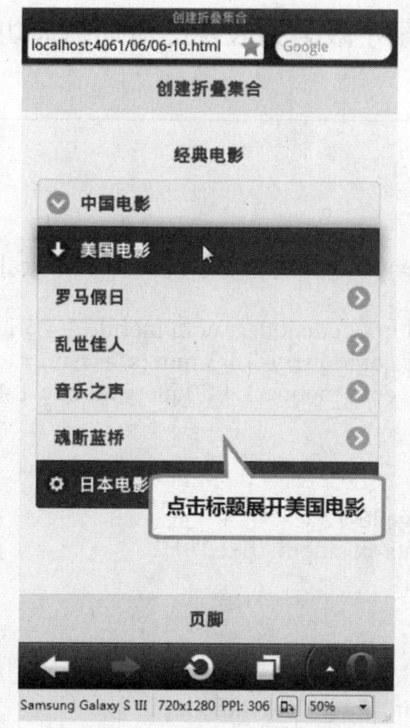

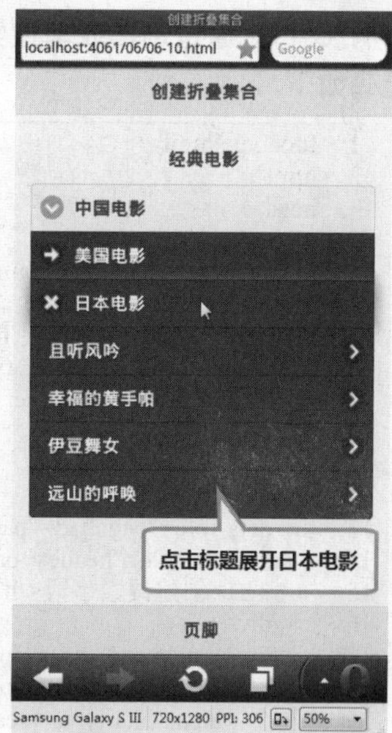

图 6.10　创建折叠集合

6.3 筛选器

在 5.3.4 节中讨论过列表视图的筛选问题，已经知道通过在列表中添加 data-filter="true"属性，就可以为列表视图添加筛选功能。实际上，筛选器并不局限于在列表视图中使用。当浏览包含大量内容的页面时，往往需要从中筛选出感兴趣的特定内容。要达到这个目的，需要用到 jQuery Mobile 提供的筛选器小部件，通过它可以对任何元素的子元素进行筛选。

6.3.1 创建搜索字段

对于包含一个更多个子元素的任何元素（例如列表、表格等），都可以通过创建搜索字段而添加筛选功能。创建搜索字段的步骤如下。

（1）在页面中创建一个表单（form）并在其中添加 ui-filterable 类，以调整搜索框与筛选内容之间的外边距。

（2）在表单中添加 input 元素，在其中添加 data-type="search"属性，为其指定 id 值。

（3）在表单下方添加要筛选的元素及其子元素，在被筛选元素中添加 data-filter="true"和 data-input="#idofinput"属性，其中 idofinput 为 input 元素（搜索字段）的 id 值。

默认情况下，可筛选元素的每个子元素包含的文本都可以用于过滤，但是，也可以根据需要设置自定义筛选文本，即在每个子元素中添加 data-filtertext 属性，并且将用于过滤子元素的任何字符串作为该属性的值。

注意

如果在子元素中使用了 data-filtertext 属性，则该子元素所包含的源文本内容在进行筛选时将被忽略，除非同时也将这些内容添加到子元素 data-filtertext 属性值中。

例 6.11　通过创建表单搜索字段为列表视图添加筛选功能。源文件为/06/06-11.html，源代码如下。

```
 1: <!doctype html>
 2: <html>
 3: <head>
 4: <meta charset="utf-8">
 5: <meta name="viewport" content="width=device-width, initial-scale=1">
 6: <title>创建搜索字段</title>
 7: <link rel="stylesheet" href="http://code.jquery.com/mobile/1.4.5/jquery.mobile-1.4.5.min.css">
 8: <script src="http://code.jquery.com/jquery-2.1.3.min.js"></script>
 9: <script src="http://code.jquery.com/mobile/1.4.5/jquery.mobile-1.4.5.min.js"></script>
10: </head>
11:
12: <body>
13: <div data-role="page" id="page06-12">
14:     <div data-role="header" data-position="fixed">
15:         <h1>创建搜索字段</h1>
16:     </div>
17:     <div role="main" class="ui-content">
18:         <form class="ui-filterable">
19:             <input data-type="search" id="filterable-input">
20:         </form>
21:         <ul data-role="listview" data-filter="true" data-input="#filterable-input">
22:             <li data-filtertext="zsf 张三丰 13903718888">
23:                 <a href="#"><img src="../images/Head portrait.png">
24:                 <h3>张三丰</h3>
25:                 <p>13903718888</p>
26:                 </a></li>
27:             <li data-filtertext="lxy 李逍遥 13503716699">
28:                 <a href="#"><img src="../images/Head portrait.png">
29:                 <h3>李逍遥</h3>
30:                 <p>13503716699</p>
31:                 </a></li>
32:             <li data-filtertext="clf 陈龙飞 13603719999">
33:                 <a href="#"><img src="../images/Head portrait.png">
34:                 <h3>陈龙飞</h3>
35:                 <p>13603719999</p>
36:                 </a></li>
37:             <li data-filtertext="wth 吴天昊 15603716789">
38:                 <a href="#"><img src="../images/Head portrait.png">
39:                 <h3>吴天昊</h3>
40:                 <p>15603716789</p>
41:                 </a></li>
42:             <li data-filtertext="yzm 一枝梅 15603716666">
43:                 <a href="#"><img src="../images/Head portrait.png">
44:                 <h3>一枝梅</h3>
45:                 <p>15603716666</p>
46:                 </a></li>
47:             <li data-filtertext="lfx 龙凤祥 15603718888">
48:                 <a href="#"><img src="../images/Head portrait.png">
49:                 <h3>龙凤祥</h3>
50:                 <p>15603718888</p>
51:                 </a></li>
52:             <li data-filtertext="zzl 赵子龙 15603718888">
53:                 <a href="#"><img src="../images/Head portrait.png">
54:                 <h3>赵子龙</h3>
55:                 <p>15603718888</p>
56:                 </a></li>
57:         </ul>
58:     </div>
59:     <div data-role="footer" data-position="fixed">
```

```
60:        <h4>页脚区域</h4>
61:    </div>
62: </div>
63: </body>
64: </html>
```

源代码分析

第 18～第 20 行：在页面内容区域创建一个搜索表单，在 form 元素中添加 ui-filterable 类；在表单内部添加一个 input 元素，在该元素中 data-type="search"属性，并将其 id 设置为 filterable-input。

第 21～第 57 行：在搜索表单下方创建一个列表视图作为要筛选的元素。在列表元素中（ul）添加 data-filter="true"和 data-input="#filterable-input"属性，以实现列表项的筛选功能。每个列表项链接（a）中包含缩略图、标题和段落，默认情况下标题中的人名或段落中的手机号码都可以用于筛选。在每个列表项（li）中添加 data-filtertext 属性，其值由三部分组成，第一部分是姓名的简拼字母，第二部分和第三部分分别是姓名和手机号码。这样一来，既可以接姓名简拼字母筛选，同时也保留了原来的两种筛选方式，仍然可以按联系人姓名（汉字）或者手机号码进行搜索。

在移动设备模拟器中打开网页，对三种筛选方式进行测试，结果如图 6.11 所示。

图 6.11　创建搜索字段与自定义筛选文本

6.3.2 筛选可折叠集合

可折叠集合由一系列可折叠块组合而成，每一个可折叠块则由标题和内容两部分组成。对可折叠集合进行筛选时，可以按以下两种方式进行。

（1）仅对可折叠块的标题进行筛选。此时应在集合中添加 data-filter="true"属性，并且将 data-input 属性设置为#idofinput（idofinputo 为搜索字段的 id 值），在每个可折叠块包装器中设置 data-filtertext 属性为标题内容。

（2）同时对可折叠块的标题和内容进行筛选。此时应在集合中添加 data-filter="true"属性，并且将 data-input 属性设置为#idofinput，此外还要在集合中添加 data-children 属性，以指定要对哪些子元素进行筛选。对于要筛选的子元素，可以通过设置 data-filtertext 属性来指定自定义筛选文本。

例 6.12　对可折叠集合及其子项进行筛选。源文件为/06/06-12.html，源代码如下。

```
1: <!doctype html>
2: <html>
3: <head>
4: <meta charset="utf-8">
5: <meta name="viewport" content="width=device-width, initial-scale=1">
6: <title>自定义筛选文本</title>
7: <link rel="stylesheet" href="http://code.jquery.com/mobile/1.4.5/jquery.mobile-1.4.5.min.css">
8: <script src="http://code.jquery.com/jquery-2.1.3.min.js"></script>
9: <script src="http://code.jquery.com/mobile/1.4.5/jquery.mobile-1.4.5.min.js"></script>
10: <style>
11: [role='main'] h2 {
12:     font-size: 16px;
13:     text-align: center;
14: }
15: </style>
16: </head>
17:
18: <body>
19: <div data-role="page" id="page06-12">
20:     <div data-role="header" data-position="fixed">
21:         <h1>筛选可折叠集合</h1>
22:     </div>
23:     <div role="main" class="ui-content">
24:         <h2>筛选可折叠集合</h2>
25:         <form class="ui-filterable">
26:             <input data-type="search" id="searchForCollapsibleSet">
27:         </form>
28:         <div data-role="collapsibleset" data-filter="true" data-inset="true" id="collapsiblesetForFilter" data-
input="#searchForCollapsibleSet">
29:             <div data-role="collapsible" data-filtertext="水果">
30:                 <h3>水果</h3>
31:                 <ul data-role="listview" data-inset="false">
32:                     <li>香蕉</li>
33:                     <li>苹果</li>
34:                     <li>雪梨</li>
35:                     <li>火龙果</li>
36:                 </ul>
37:             </div>
38:             <div data-role="collapsible" data-filtertext="汽车">
39:                 <h3>汽车</h3>
40:                 <ul data-role="listview" data-inset="false">
41:                     <li>奔驰</li>
42:                     <li>奥迪</li>
43:                     <li>宝马</li>
44:                     <li>保时捷</li>
45:                 </ul>
46:             </div>
47:             <div data-role="collapsible" data-filtertext="行星">
48:                 <h3>行星</h3>
49:                 <ul data-role="listview" data-inset="false">
50:                     <li>地球</li>
51:                     <li>木星</li>
52:                     <li>火星</li>
53:                     <li>水星</li>
54:                 </ul>
55:             </div>
56:         </div>
57:         <h2>筛选可折叠集合和可折叠子项</h2>
58:         <form class="ui-filterable">
59:             <input data-type="search" id="searchForCollapsibleSetChildren">
```

```
60:         </form>
61:         <div data-role="collapsibleset" data-filter="true" data-children="&gt; div, &gt; div div ul li" data-
inset="true" id="collapsiblesetForFilterChildren" data-input="#searchForCollapsibleSetChildren">
62:             <div data-role="collapsible" data-filtertext="水果 香蕉 苹果 雪梨 火龙果">
63:                 <h3>水果</h3>
64:                 <ul data-role="listview" data-inset="false">
65:                     <li data-filtertext="水果 香蕉">香蕉</li>
66:                     <li data-filtertext="水果 苹果">苹果</li>
67:                     <li data-filtertext="水果 雪梨">雪梨</li>
68:                     <li data-filtertext="水果 火龙果">火龙果</li>
69:                 </ul>
70:             </div>
71:             <div data-role="collapsible" data-filtertext="汽车 奔驰 奥迪 宝马 保时捷">
72:                 <h3>汽车</h3>
73:                 <ul data-role="listview" data-inset="false">
74:                     <li data-filtertext="汽车 奔驰">奔驰</li>
75:                     <li data-filtertext="汽车 奥迪">奥迪</li>
76:                     <li data-filtertext="汽车 宝马">宝马</li>
77:                     <li data-filtertext="汽车 保时捷">保时捷</li>
78:                 </ul>
79:             </div>
80:             <div data-role="collapsible" data-filtertext="行星 地球 木星 火星 水果">
81:                 <h3>行星</h3>
82:                 <ul data-role="listview" data-inset="false">
83:                     <li data-filtertext="行星 地球">地球</li>
84:                     <li data-filtertext="行星 木星">木星</li>
85:                     <li data-filtertext="行星 火星">火星</li>
86:                     <li data-filtertext="行星 水星">水星</li>
87:                 </ul>
88:             </div>
89:         </div>
90:     </div>
91:     <div data-role="footer" data-position="fixed">
92:         <h4>页脚区域</h4>
93:     </div>
94: </div>
95: </body>
96: </html>
```

源代码分析

第25～第27行：创建搜索表单，添加一个搜索框，将其 id 设置为 searchForCollapsibleSet。

第28～第56行：创建一个可折叠集合并为其添加筛选功能，该集合由三个可折叠块组成，在每个容器中添加 data-filter="true"属性，将每个可折叠块标题内容作为相应 div 容器的 data-filtertext 属性值，仅对可折叠块标题进行筛选。这些可折叠块的内容均为列表视图。

第58～第60行：创建第二个搜索表单，在该表单中添加一个搜索框并将其 id 属性设置为 searchForCollapsibleSetChildren。

第61～第89行：创建一个可折叠集合并为其添加筛选功能，该集合由三个可折叠块组成，在集合中添加 data-filter="true"和 data-children="> div, > div div ul li"属性；在每个容器中设置 data-filtertext 属性值为可折叠标题（h3）和所有子项（li）文本，在列表视图的各个列表项中设置 data-filtertext 属性值为可折叠标题（h3）和相应列表项（li）文本。这样即可同时根据标题和内容进行筛选。

在移动设备模拟器中打开网页，对可折叠集合及其子项进行筛选，结果如图 6.12 所示。

图 6.12　对可折叠集合及其子项进行筛选

6.3.3 筛选表格

表格（table）是由一些行（tr）组成的，行可以视为表格的子元素。如果要对表格中的行进行筛选，可以在表格（table）元素上设置 data-filter="true"属性，以生成行筛选器。

例 6.13　筛选表格中的行。源文件为/06/06-13.html，源代码如下。

```
1: <!doctype html>
2: <html>
3: <head>
4: <meta charset="utf-8">
5: <meta name="viewport" content="width=device-width, initial-scale=1">
6: <title>表格筛选</title>
7: <link rel="stylesheet" href="http://code.jquery.com/mobile/1.4.5/jquery.mobile-1.4.5.min.css">
8: <script src="http://code.jquery.com/jquery-2.1.3.min.js"></script>
9: <script src="http://code.jquery.com/mobile/1.4.5/jquery.mobile-1.4.5.min.js"></script>
10: <style>
11: [role='main'] h2 {
12:     font-size: 16px;
13:     text-align: center;
14: }
15: </style>
16: </head>
17:
18: <body>
19: <div data-role="page" id="page06-13">
20:     <div data-role="header" data-position="fixed">
21:         <h1>筛选表格中的行</h1>
22:     </div>
23:     <div role="main" class="ui-content">
24:         <h2>表格筛选</h2>
25:         <form class="ui-filterable">
26:             <input id="filterTable-input" data-type="search" placeholder="请输入书名...">
27:         </form>
28:         <table data-role="table" id="book-table" data-filter="true" data-input="#filterTable-input" class=
"ui-responsive table-stroke">
```

```
29:         <thead>
30:             <tr>
31:                 <th data-priority="persist">书名</th>
32:                 <th data-priority="2">出版时间</th>
33:                 <th data-priority="3">定价</th>
34:                 <th data-priority="4">会员价</th>
35:             </tr>
36:         </thead>
37:         <tbody>
38:             <tr>
39:                 <td>Dart 编程语言</td>
40:                 <td>2017-06</td>
41:                 <td>&yen;69.00</td>
42:                 <td>&yen;52.00</td>
43:             </tr>
44:             <tr>
45:                 <td>计算机网络原理与技术</td>
46:                 <td>2017-05</td>
47:                 <td>&yen;69.80</td>
48:                 <td>&yen;55.80</td>
49:             </tr>
50:             <tr>
51:                 <td>网络空间信息安全</td>
52:                 <td>2017-03</td>
53:                 <td>&yen;55.00</td>
54:                 <td>&yen;44.00</td>
55:             </tr>
56:             <tr>
57:                 <td>计算机组成原理</td>
58:                 <td>2017-01</td>
59:                 <td>&yen;52.00</td>
60:                 <td>&yen;41.60</td>
61:             </tr>
62:         </tbody>
63:     </table>
64:   </div>
65:   <div data-role="footer" data-position="fixed">
66:       <h4>页脚区域</h4>
67:   </div>
68: </div>
69: </body>
70: </html>
```

源代码分析

第 25～第 27 行： 创建搜索表单，添加搜索字段，将其 id 设置为 filterTable-input，添加 placeholder="请输入书名..."属性以指定占位符。

第 28～第 63 行： 创建响应式表格，用于显示图书信息。在表格中添加 data-filter="true"和 data-input="#filterTable-input"属性，对表格应用 ui-responsive 和 table-stroke 类。

在移动设备模拟器中打开网页，对表格筛选功能进行测试，结果如图 6.13 所示。

6.3.4 筛选控件组

除了用于筛选列表视图、可折叠集合和表格之外，筛选器小部件也可以在其他小部件上使用。如果要筛选控件组，可以在创建控件组的容器元素上设置 data-filter="true"属性。根据需要，也可以使用 data-filtertext 属性来设置自定义筛选文本。

图 6.13　筛选表格中的行

例 6.14　筛选由一些复选框组成的控件组。源文件为/06/06-14.html，源代码如下。

```
 1: <!doctype html>
 2: <html>
 3: <head>
 4: <meta charset="utf-8">
 5: <meta name="viewport" content="width=device-width, initial-scale=1">
 6: <title>筛选控件组</title>
 7: <link rel="stylesheet" href="http://code.jquery.com/mobile/1.4.5/jquery.mobile-1.4.5.min.css">
 8: <script src="http://code.jquery.com/jquery-2.1.3.min.js"></script>
 9: <script src="http://code.jquery.com/mobile/1.4.5/jquery.mobile-1.4.5.min.js"></script>
10: </head>
11:
12: <body>
13: <div data-role="page" id="page06-14">
14:     <div data-role="header" data-position="fixed">
15:         <h1>筛选控件组</h1>
16:     </div>
17:     <div role="main" class="ui-content">
18:         <p>你选择网上购物，主要看重哪些因素？</p>
19:         <form class="ui-filterable">
20:             <input type="text" data-type="search" id="filterable-input" placeholder="请输入关键字...">
21:         </form>
22:         <form data-role="controlgroup" data-filter="true" data-input="#filterable-input">
23:             <label for="checkbox-1">商品种类丰富
24:                 <input type="checkbox" id="checkbox-1">
25:             </label>
26:             <label for="checkbox-2">网站页面设计
27:                 <input type="checkbox" id="checkbox-2">
28:             </label>
29:             <label for="checkbox-3">网站广告宣传和促销
30:                 <input type="checkbox" id="checkbox-3">
31:             </label>
32:             <label for="checkbox-4">销售商家信用度
33:                 <input type="checkbox" id="checkbox-4">
34:             </label>
35:             <label for="checkbox-5">商家服务态度和互动程度
36:                 <input type="checkbox" id="checkbox-5">
37:             </label>
38:             <label for="checkbox-6">网站/品牌知名度
39:                 <input type="checkbox" id="checkbox-6">
```

```
40:            </label>
41:            <label for="checkbox-7">退换货便利性
42:               <input type="checkbox" id="checkbox-7">
43:            </label>
44:            <label for="checkbox-8">商品价格
45:               <input type="checkbox" id="checkbox-8">
46:            </label>
47:            <label for="checkbox-9">商品质量描述
48:               <input type="checkbox" id="checkbox-9">
49:            </label>
50:            <label for="checkbox-10">发货及送货速度
51:               <input type="checkbox" id="checkbox-10">
52:            </label>
53:            <label for="checkbox-11">售后服务
54:               <input type="checkbox" id="checkbox-11">
55:            </label>
56:            <label for="checkbox-12">退换货便利性
57:               <input type="checkbox" id="checkbox-12">
58:            </label>
59:         </form>
60:      </div>
61:      <div data-role="footer" data-position="fixed">
62:         <h4>页脚区域</h4>
63:      </div>
64: </div>
65: </body>
66: </html>
```

源代码分析

第 19～第 21 行：在页面内容区域创建一个搜索表单，添加搜索字段，将其 id 属性设置为 filterable-input，通过设置 placeholder 属性为该字段指定占位符。

第 22～第 59 行：创建一个投票表单，该表单由一组复选框和说明性标签组成。在表单元素中添加 data-role="controlgroup"属性，以该表单作为控件组的容器；在表单元素中添加 data-filter="true"属性，赋予表单筛选功能；设置表单的 data-input 属性值为#filterable-input。在表单内部添加一组复选框和标签，标签文字可用于筛选过程。

在移动设备模拟器中打开网页，对控件组的筛选功能进行测试，如图 6.14 所示。

图 6.14　筛选控件组

6.3.5 筛选 div 元素

筛选器小部件可以用于对包含其他元素的任何元素进行过滤。例如，对于包含一些段落（p 元素）的 div 元素，就可以借助于段落中的文字对段落进行筛选。

例 6.15　对包含一些段落的 div 元素进行筛选。源文件为 06/06-15.html，源代码如下。

```
 1: <!doctype html>
 2: <html>
 3: <head>
 4: <meta charset="utf-8">
 5: <meta name="viewport" content="width=device-width, initial-scale=1">
 6: <title>筛选 div 元素</title>
 7: <link rel="stylesheet" href="http://code.jquery.com/mobile/1.4.5/jquery.mobile-1.4.5.min.css">
 8: <script src="http://code.jquery.com/jquery-2.1.3.min.js"></script>
 9: <script src="http://code.jquery.com/mobile/1.4.5/jquery.mobile-1.4.5.min.js"></script>
10: <style>
11: [data-filter='true'] p {
12:     text-align: center;
13: }
14: </style>
15: </head>
16:
17: <body>
18: <div data-role="page" id="page06-15">
19:     <div data-role="header" data-position="fixed">
20:         <h1>筛选 div 元素</h1>
21:     </div>
22:     <div role="main" class="ui-content">
23:         <form class="ui-filterable">
24:             <input data-type="search" id="divOfPs-input" placeholder="请输入关键字...">
25:         </form>
26:         <div data-filter="true" data-input="#divOfPs-input">
27:             <p><strong>王之涣《登鹳雀楼》</strong><br> 白日依山尽，黄河入海流。<br>
28:                 欲穷千里目，更上一层楼。</p>
29:             <p><strong>李白《静夜思》</strong><br> 床前明月光，疑是地上霜。<br>
30:                 举头望明月，低头思故乡。</p>
31:             <p><strong>王维《鹿柴》</strong><br> 空山不见人，但闻人语响。<br>
32:                 返景入深林，复照青苔上。 </p>
33:             <p><strong>柳宗元《江雪》</strong><br> 千山鸟飞绝，万径人踪灭。<br>
34:                 孤舟蓑笠翁，独钓寒江雪。</p>
35:             <p><strong>孟浩然《春晓》</strong><br> 春眠不觉晓，处处闻啼鸟。<br>
36:                 夜来风雨声，花落知多少。</p>
37:             <p><strong>贾岛《寻隐者不遇》</strong><br>松下问童子，言师采药去。<br>
38: 只在此山中，云深不知处。</p>
39:         </div>
40:     </div>
41:     <div data-role="footer" data-position="fixed">
42:         <h4>页脚区域</h4>
43:     </div>
44: </div>
45: </body>
46: </html>
```

源代码分析

第 23～第 25 行：在页面内容区域创建一个搜索表单，添加搜索字段，在 input 元素中添加 data-type="search"属性，并将其 id 属性设置为 divOfPs-input。

第 26～第 39 行：添加一个 div 容器元素，在该元素中添加 data-filter="true"属性，并将其 data-input 属性设置为#divOfPs-input；在容器中添加一些段落，在每个段落中录入一首五言绝句。

这样，段落（p 元素）就成了 div 容器元素的子元素，可以根据段落中的文字内容对段落进行筛选。

在移动设备模拟器中打开网页，在搜索框中输入不同的关键字，对 div 元素的筛选功能进行测试，如图 6.15 所示。

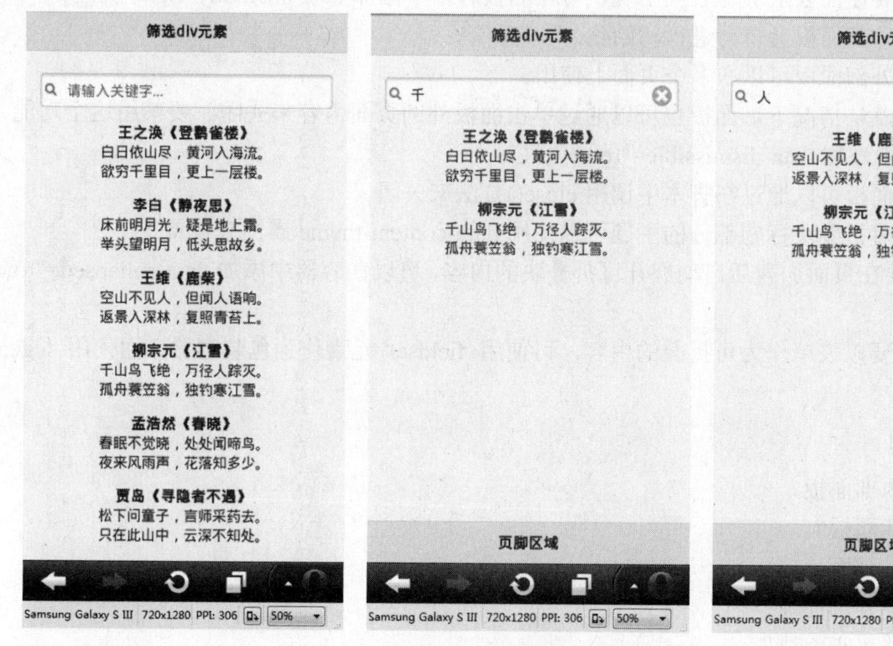

图 6.15 筛选 div 元素

习题 6

一、选择题

1．关于内部面板的描述，不正确的是（ ）。

A．可位于页眉之前 B．可位于页眉之后

C．可位于页脚之后 D．可位于页面内容区域

2．面板的 data-display 属性值不包括（ ）。

A．reveal B．push C．overlay D．popup

3．关于可折叠块的描述，错误是的（ ）。

A．要创建非插页式可折叠块 ，可在容器中添加 data-inset="false"属性

B．要创建微型可折叠块，可在容器中添加 data-minit="true"属性

C．要设置折叠块在折叠状态上使用的图标，可在容器中设置 data-expanded-icon 属性

D．要使可折叠块标题中的图标位于右侧，可在容器中添加 data-iconpos="right"属性

4．关于可折叠集合的描述，错误的是（ ）。

A．要创建不带圆角效果的全宽可折叠集合，可在容器中添加 data-inset="true"属性

B．要创建不带圆角效果的插页式可折叠集合，可在容器中添加 data-corners="false"属性

C．要设置展开状态标题中的图标，可在容器中设置 data-expanded-icon 属性

D．要设置可折叠内容的主题，可在容器中设置 data-content-theme 属性

二、判断题

1．（　　）内部面板只能在其所在的页面中使用。

2．（　　）要使面板从屏幕右侧出现，可在面板容器中添加 data-position="right"属性。

3．（　　）外部面板会自动进行初始化。

4．（　　）外部面板可以在多个页面上使用。

5．（　　）默认情况下，面板也可以通过单击面板外的页面内容来关闭。要禁用这个功能，可以在面板容器中添加 data-dismissible="true"属性。

6．（　　）面板可以通过在脚本中调用 close()方法来关闭。

7．（　　）可折叠块标题部分的主题可以使用 data-content-theme 属性来设置。

8．（　　）要在页面加载后自动展开可折叠块的内容，可以在容器中添加 data-collapsed="true"属性。

9．（　　）要以表单作为可折叠的内容，可使用 fieldset 元素作为包装容器，而使用 legend 元素提供标题。

三、简答题

1．什么是内部面板？

2．如何创建面板？

3．什么是外部面板？

4．如何创建外部面板？

5．如何创建可折叠块？

6．如何在 HTML 文档中链接外部 CSS 样式表？

7．如何在 HTML 文档中添加 JavaScript 脚本？

8．如何在 HTML 文档中导入外部脚本文件？

9．可折叠块系列与可折叠集合有什么不同？

10．创建搜索字段有哪些步骤？

11．对元素进行筛选时如何设置自定义筛选文本？

12．如何为表格添加筛选功能？

上机操作 6

1．编写一个 jQuery Mobile 移动网页，要求在文档在创建一个页面；在页面页眉之前创建一个面板，从屏幕左侧出现；在页面页脚之后创建一个面板，从屏幕右侧出现；在页面内容区域添加两个链接按钮，分别用于打开左侧面板和右侧面板。

2．编写一个 jQuery Mobile 移动网页，要求在文档中创建两个页面和两个外部面板（一个在左，一个在右），在第一个页面中添加两个链接按钮，分别用于打开两个外部面板；在第二个页面中添加两个链接按钮，分别用于打开两个外部面板。

3．编写一个 jQuery Mobile 移动网页，要求在文档中创建一个页面和三个面板（显示方式各不相同），在页面内容区域添加三个按钮，分别用于打开三个面板。

4．编写一个 jQuery Mobile 移动网页，要求在文档中创建一个页面和一个面板，对面板禁用滑动关闭和单击面板之外关闭的功能，在页面上添加一个链接按钮，用于打开面板；在面板上添加一个链接按钮，用于关闭面板。

5．编写一个 jQuery Mobile 移动网页，要求在文档中创建一个页面，在页面内容区域添加三个可折叠块，其中第一个是基本可折叠块，第二个的标题和内容均应用主题 B，第三个在页面加载后自动展开内容。

6．编写一个 jQuery Mobile 移动网页，要求在文档中创建一个页面，在页面内容区域添加一个插页式可折叠块和一个微型可折叠块。

7．编写一个 jQuery Mobile 移动网页，要求在文档中创建一个页面，在页面内容区域添加一个可折叠块，并在可折叠块中使用向下图标和向上图标，指定图标位于标题文字的右侧。

8．创建一个 jQuery Mobile 移动网页，要求在文档中创建一个页面，在页面内容区域添加一个可折叠块，其内容是一个网站登录表单。

9．创建一个 jQuery Mobile 移动网页，要求在文档中创建一个页面，在页面内容区域添加一个可折叠块系列，它包含三个可折叠块。

10．创建一个 jQuery Mobile 移动网页，要求在文档中创建一个页面，在页面内容区域添加一个可折叠块集合，它包含三个可折叠块。

11．创建一个 jQuery Mobile 移动网页，要求在文档中创建一个页面，在页面内容区域添加一个列表视图，并通过创建表单搜索字段为该列表视图添加筛选功能。

12．创建一个 jQuery Mobile 移动网页，要求在文档中创建一个页面，在页面内容区域添加一个表格，并通过创建表单搜索字段为该表格添加筛选功能。

jQuery Mobile 表单

表单是开发移动应用的重要基础。jQuery Mobile 框架会自动使用 CSS 为 HTML 表单自动添加样式，让它们看起来更具吸引力，触摸起来更易于使用，更具友好性。在本章中将介绍如何创建 jQuery Mobile 表单，主要内容包括创建和提交表单、文本框与文本区域、单选按钮与复选框、选择菜单，以及滑块、范围滑块和翻转开关等。

7.1 表单基础

移动网页中的表单由 form 元素和位于其中的一些表单控件（如 input、select、button 等）组成，form 元素指定使用何种方法发送数据以及将数据发送到何处去，各种表单控件则为用户提供输入和提交数据的手段。创建表单时，首先需要使用 form 元素定义表单并设置其属性，然后根据需要在表单中添加一些表单控件。

7.1.1 创建表单

如果要为用户输入创建 HTML 表单，首先要使用<form>标签定义一个表单元素，然后在表单中添加所需的表单控件，例如 input、textarea、select、button、fieldset、legend 以及 label 元素等，代码如下：

```
<form>
  <!-- 在此添加表单控件 -->
</form>
```

创建 HTML 表单时，通常需要对 form 元素的下列属性进行设置。

- action：指定当提交表单时向何处发送表单数据。
- autocomplete：指定是否启用表单的自动完成功能，其取值为 on 或 off，默认为 on。
- enctype：指定在发送表单数据之前如何对其进行编码。
- method：指定用于发送表单数据的 HTTP 方法，允许的取值可以是 get 或 post，默认值为 get。GET 请求用于安全交互，即同一请求可以发起任意多次而不会产生额外作用，可以用来获取只读信息；POST 请求用于不安全交互，提交数据的行为会导致一些状态的改变，可以用于会改变应用程序状态的各种操作。

- name：指定表单的名称。
- novalidate：如果使用此属性，则指定提交表单时不进行验证。
- target：指定在何处打开 action 的 URL，其取值可以是_blank、_self、_parent、_top 或者 iframe 元素的 name。

创建表单时，要求表单控件的 id 属性不仅在给定页面上是唯一的，而且在站点中的所有页面中也是唯一的。这是因为 jQuery Mobile 单页面导航模型允许在 DOM 中同时存在许多不同的“页面”。必须保证具有特定 id 的元素在 DOM 中只出现一次。

添加表单控件时，可以使用 label 元素为相关的表单控件添加说明性标签。标签元素的 for 属性规定 label 与哪个表单元素绑定，其值为要绑定表单元素的 id 属性值。当用户选择该标签时，浏览器就会将焦点转到与标签相关的表单控件上。通过对标签应用 ui-hidden-accessible 类可将标签隐藏起来，对于 input 或 textarea 元素可以添加 placeholder 属性为文本框或文本区域添加提示，该提示在输入字段为空时显示并在字段获得焦点时消失。

添加表单控件时，还可以使用 fieldset 元素对相关表单控件分组以形成字段集。在 fieldset 元素的开头位置可以添加一个 legend 元素，用来设置表单控件组的标题。

7.1.2 提交表单

在表单元素中可以使用 action 属性来指定当提交表单时向何处发送表单数据。通常应将该属性设置为位于服务器上的某个动态网页（例如 ASP 或 PHP 等）的 URL。如果还没有安装和配置应用程序服务器，也可以使用客户端 JavaScript 脚本来模拟服务器端应用程序，为此可将表单的 action 属性设置为“javascript:function_name()”，其中 function_name 指定提交表单后执行的函数名。如果未设置表单的 action 属性，则表单数据会提交到当前页面。

要提交表单，就必须在表单内使用 input 或 button 元素创建一个提交按钮。当单击提交按钮时，表单数据就会发送到由 action 属性指定的 URL 处。

例 7.1　创建个人信息填写表单。源文件为 07/07-01.html，源代码如下。

```
 1: <!doctype html>
 2: <html>
 3: <head>
 4: <meta charset="utf-8">
 5: <meta name="viewport" content="width=device-width, initial-scale=1">
 6: <title>创建基本表单</title>
 7: <link rel="stylesheet" href="http://code.jquery.com/mobile/1.4.5/jquery.mobile-1.4.5.min.css">
 8: <script src="http://code.jquery.com/jquery-2.1.3.min.js"></script>
 9: <script src="http://code.jquery.com/mobile/1.4.5/jquery.mobile-1.4.5.min.js"></script>
10: <script>
11: function handle() {
12:     var username=$("#username-07-01").val();
13:     var email=$("#email-07-01").val();
14:     str="<p>你好，"+username+"</p><p>你的电子信箱是："+email+"</p>";
15:     $("div[role='main']").append(str);
16: }
17: </script>
18: </head>
19:
20: <body>
21: <div data-role="page" id="page07-01-a">
22:     <div data-role="header" data-position="fixed">
23:         <h1>创建基本表单</h1>
24:     </div>
25:     <div role="main" class="ui-content">
26:         <form method="post" action="javascript: handle();" >
27:             <fieldset>
```

```
28:                <legend>填写个人信息</legend>
29:                <ul data-role="listview" data-inset="true">
30:                    <li>
31:                        <label for="username-07-01">用户名：</label>
32:                        <input type="text" id="username-07-01" name="username-07-01" required placeholder="
请输入用户名...">
33:                    </li>
34:                    <li>
35:                        <label for="email-07-01">电子信箱：</label>
36:                        <input type="text" id="email-07-01" name="email-07-01" required placeholder="请输入
电子信箱...">
37:                    </li>
38:                    <li>
39:                        <input type="submit" value="提交">
40:                    </li>
41:                </ul>
42:            </fieldset>
43:        </form>
44:    </div>
45:    <div data-role="footer" data-position="fixed">
46:        <h4>页脚区域</h4>
47:    </div>
48: </div>
49: </body>
50: </html>
```

源代码分析

第 11～第 16 行：定义一个名为 handle 的函数，它将在提交表单后执行。执行过程中首先获取用户提交的信息，然后在内容区域末尾显示这些信息。

第 26～第 43 行：创建一个用于填写个人信息的表单。将表单的 method 属性设置为"post"，action 属性设置为"javascript:handle();"，提交表单后将会调用 JavaScript 函数 handle()。在表单中添加两个文本框和一个提交按钮。对每个文本框添加一个说明性标签。所有表单控件都被放在一个字段集内，并且通过列表视图来安排表单控件的布局。

在模拟器中打开网页，在表单中输入内容并单击“提交”按钮，结果如图 7.1 所示。

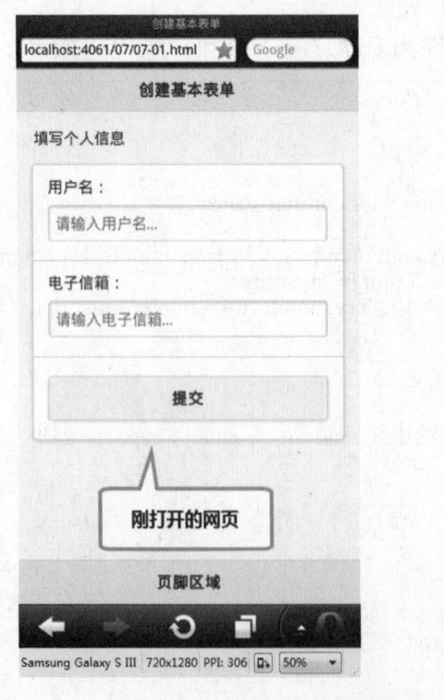

图 7.1　创建个人信息填写表单

7.2 文本输入框与文本区域

文本输入框和文本区域使用标准的 HTML 元素（input 和 textarea）进行编码，并由 jQuery Mobile 的 textinput 小部件来增强，使其在移动设备上更具吸引力和可用性。

7.2.1 创建文本输入框

文本输入框可以用于输入单行文字，例如用户名、电子邮件地址等。

1. 创建标准文本输入框

为了输入标准的字母、数字和汉字等文本内容，可以添加 input 元素并设置 type="text"属性，以创建文本输入框。同时还要添加一个标签（label 元素）并将其 for 属性设置为 input 元素的 id，使标签和文本输入框在语义上关联起来。代码如下：

```
<form>
  <label for="basic">文本输入：</label>
  <input type="text" name="name" id="basic" value="">
</form>
```

这将生成一个基本的文本输入框，其默认样式是将输入框的宽度设置为父容器的 100%，并将标签堆叠在一个单独的行上。

如果在页面布局中不需要标签，也可以将其隐藏起来，但是由于语义和辅助功能的原因，要求标签在 HTML 代码中存在。

2. 创建微型文本输入框

如果要创建微型文本输入框，可以在 input 元素中添加 data-mini="true"属性：

```
<form>
  <label for="basic">文本输入：</label>
  <input type="text" name="name" id="basic" value="" data-mini="true">
</form>
```

这将生成一个微型版本的输入框，输入文本时字体较小。

3. 在文本输入框中添加清除按钮

如果要在输入框的右侧添加一个清除按钮，可以在 input 元素中添加 data-clear-btn="true"属性，或者在脚本中将 clearBtn 选项设置为 true。代码如下：

```
<form>
  <label for="clear-demo">文本输入：</label>
  <input type="text" name="clear" id="clear-demo" value="" data-clear-btn="true">
</form>
```

这将创建一个带有清除按钮的文本输入框，一旦输入内容，便出现清除按钮。通过单击清除按钮，可以删除当前输入的内容。

清除按钮的文本可以通过 data-clear-btn-text 属性或 clearBtnText 选项进行自定义。默认情况下，搜索按钮带有清除按钮，而且不能用此属性或选项控制。

4. 对文本输入框分组

为了从视觉上对文本输入框分组，可以使用一个容器来包装文本输入框和标签并对该容器应用 ui-field-contain 类：

```
<form>
  <div class="ui-field-contain">
    <label for="name">文本输入：</label>
    <input type="text" name="name" id="name" value="">
  </div>
</form>
```

ui-field-contain 类基于页面宽度来设置标签和表单控件的样式。当页面宽度大于 480px 时，它会自动将标签与表单控件放置于同一行。当页面宽度小于 480px 时，标签则会被放置于所绑定表单控件的上方。

例 7.2　在页面中创建文本输入框。源文件为/07/07-02.html，源代码如下。

```
 1: <!doctype html>
 2: <html>
 3: <head>
 4: <meta charset="utf-8">
 5: <meta name="viewport" content="width=device-width, initial-scale=1">
 6: <title>创建文本输入框</title>
 7: <link rel="stylesheet" href="http://code.jquery.com/mobile/1.4.5/jquery.mobile-1.4.5.min.css">
 8: <script src="http://code.jquery.com/jquery-2.1.3.min.js"></script>
 9: <script src="http://code.jquery.com/mobile/1.4.5/jquery.mobile-1.4.5.min.js"></script>
10: <style>
11: [role='main'] h2 {
12:     font-size: 16px;
13: }
14: </style>
15: </head>
16:
17: <body>
18: <div data-role="page" id="page07-02-a">
19:     <div data-role="header" data-position="fixed">
20:         <h1>创建文本输入框</h1>
21:     </div>
22:     <div role="main" class="ui-content">
23:         <form>
24:             <h2>标准文本输入框</h2>
25:             <label for="text07-02-a">文本输入：</label>
26:             <input type="text" id="text07-02-a" name="text07-02-a">
27:             <h2>微型文本输入框</h2>
28:             <label for="text07-02-b">文本输入：</label>
29:             <input type="text" id="text07-02-b" name="text07-02-b" data-mini="true">
30:             <h2>在文本输入框中添加清除按钮</h2>
31:             <label for="text07-02-c">文本输入：</label>
32:             <input type="text" id="text07-02-c" name="text07-02-c" data-clear-btn="true">
33:             <h2>对文本输入框分组</h2>
34:             <div class="ui-field-contain">
35:                 <label for="text07-02-d">文本输入：</label>
36:                 <input type="text" id="text07-02-d" name="text07-02-d" data-clear-btn="true">
37:             </div>
38:         </form>
39:     </div>
40:     <div data-role="footer" data-position="fixed">
41:         <h4>页脚区域</h4>
42:     </div>
43: </div>
44: </body>
45: </html>
```

源代码分析

第 25～第 26 行：创建一个标准文本输入框和说明性标签，通过标签的 for 属性将两者关联起来。

第 28～第 29 行：创建一个微型文本输入框和说明标签性，通过在 input 元素中添加

data-mini="true"属性设置紧凑版本。

第 31～第 32 行：创建一个标准文本输入框和说明性标签，通过在 input 元素中应用 data-clear-btn="true"属性为文本输入框添加清除按钮。

第 34～第 37 行：使用一个 div 容器来包装文本输入框和说明性标签，并对该容器应用 ui-field-contain 类，对文本输入框进行分组。

在移动设备模拟器中打开网页，在竖屏和横屏情况下输入文字内容对文本框进行测试，结果如图 7.2 所示。

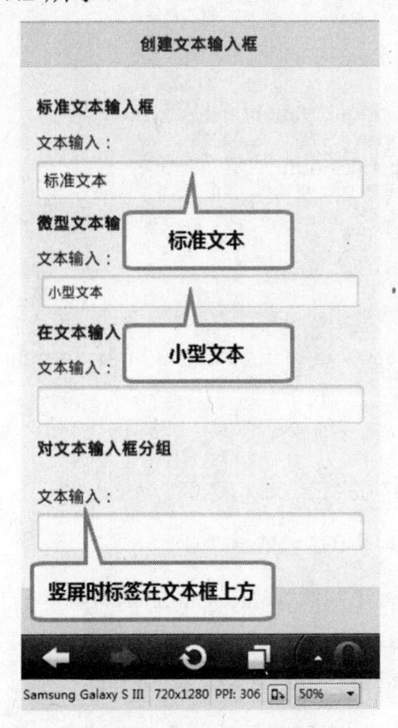

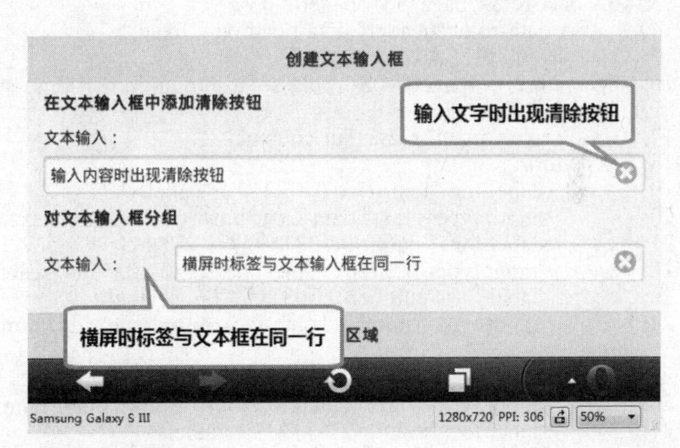

图 7.2　创建文本输入框

7.2.2 设置文本输入类型

在 jQuery Mobile 中使用 input 元素创建文本输入框时，不仅可以使用原有的输入类型（例如 text 和 password），也可以使用 HTML5 新增的下列输入类型。

- color：定义拾色器。
- date：定义 date 控件（包括年、月、日，不包括时间）。
- datetime：定义 date 和 time 控件（基于 UTC 时区，包括年、月、日、时、分、秒、几分之一秒）。
- datetime-local：定义 date 和 time 控件（不带时区，包括年、月、日、时、分、秒、几分之一秒）。
- email：定义用于电子邮件地址的字段。
- month：定义 month 和 year 控件（不带时区）。
- number：定义用于输入数字的字段。
- range：定义用于精确值不重要的输入数字的控件。
- search：定义用于输入搜索字符串的文本字段。
- tel：定义用于输入电话号码的字段。
- time：定义用于输入时间的控件（不带时区）。
- url：定义用于输入 URL 的字段。

- week：定义 week 和 year 控件（不带时区）。

某些类型的输入框在不同浏览器中的呈现方式有所不同。例如，Google Chrome 浏览器会将 range 类型的 input 元素渲染为滑块。当使用这些特定的输入类型时，在移动设备上可能会提供专用键盘来代替标准文本键盘，从而可以加速数据输入。

例 7.3　创建各种类型的输入框。源文件为/07/07-03.html，源代码如下。

```
1: <!doctype html>
2: <html>
3: <head>
4: <meta charset="utf-8">
5: <meta name="viewport" content="width=device-width, initial-scale=1">
6: <title>设置文本输入类型</title>
7: <link rel="stylesheet" href="http://code.jquery.com/mobile/1.4.5/jquery.mobile-1.4.5.min.css">
8: <script src="http://code.jquery.com/jquery-2.1.3.min.js"></script>
9: <script src="http://code.jquery.com/mobile/1.4.5/jquery.mobile-1.4.5.min.js"></script>
10: </head>
11:
12: <body>
13: <div data-role="page" id="page07-03-a">
14:     <div data-role="header" data-position="fixed">
15:         <h1>设置文本输入类型</h1>
16:         <a href="#page07-03-b" class="ui-btn ui-corner-all ui-shadow ui-icon-carat-r ui-btn-icon-right
ui-btn-right">下一页</a> </div>
17:     <div role="main" class="ui-content">
18:         <form>
19:             <label for="text-07-03">文本：</label>
20:             <input type="text" data-clear-btn="true" name="text-07-03" id="text-07-03" value="">
21:             <label for="search-07-03">搜索：</label>
22:             <input type="search" name="search-07-03" id="search-07-03" value="">
23:             <label for="number-07-03">数字：</label>
24:             <input type="number" data-clear-btn="true" id="number-07-03" name="number-07-03" pattern=
"[0-9]*" value="">
25:             <label for="date-07-03">日期：</label>
26:             <input type="date" data-clear-btn="true" name="date-07-03" id="date-07-03" value="">
27:             <label for="month-2">月份：</label>
28:             <input type="month" data-clear-btn="true" name="month-07-03" id="month-07-03" value="">
29:             <label for="week-07-03">星期：</label>
30:             <input type="week" data-clear-btn="true" name="week-07-03" id="week-07-03" value="">
31:         </form>
32:     </div>
33:     <div data-role="footer" data-position="fixed">
34:         <h4>页脚区域</h4>
35:     </div>
36: </div>
37: <div data-role="page" id="page07-03-b">
38:     <div data-role="header" data-position="fixed" data-add-back-btn="true" data-back-btn-text="返回">
39:         <h1>设置文本输入类型</h1>
40:         <a href="#page07-03-c" class="ui-btn ui-corner-all ui-shadow ui-icon-carat-r ui-btn-icon-right
ui-btn-right">下一页</a> </div>
41:     <div role="main" class="ui-content">
42:         <form>
43:             <label for="time-07-03">时间：</label>
44:             <input type="time" data-clear-btn="true" name="time-07-03" id="time-07-03" value="">
45:             <label for="datetime-07-03">日期时间：</label>
46:             <input type="datetime" data-clear-btn="true" name="datetime-07-03" id="datetime-07-03"
value="">
47:             <label for="datetime-07-03">本地日期时间：</label>
48:             <input type="datetime-local" data-clear-btn="true" name="datetime-07-03" id="datetime-07-03"
value="">
49:             <label for="tel-07-03">电话号码：</label>
50:             <input type="tel" data-clear-btn="true" name="tel-07-03" id="tel-07-03" value="">
51:             <label for="email-07-03">电子邮件地址：</label>
52:             <input type="email" data-clear-btn="true" name="email-07-03" id="email-07-03" value="">
53:             <label for="url-07-03">网址：</label>
54:             <input type="url" data-clear-btn="true" name="url-07-03" id="url-07-03" value="">
55:         </form>
```

```
56:     </div>
57:     <div data-role="footer" data-position="fixed">
58:         <h4>页脚区域</h4>
59:     </div>
60: </div>
61: <div data-role="page" id="page07-03-c">
62:     <div data-role="header" data-position="fixed" data-add-back-btn="true" data-back-btn-text="返回">
63:         <h1>设置文本输入类型</h1>
64:     </div>
65:     <div role="main" class="ui-content">
66:         <form>
67:             <label for="password-07-03">密码：</label>
68:             <input type="password" data-clear-btn="true" name="password-07-03" id="password-07-03"
value="" autocomplete="off">
69:             <label for="color-07-03">颜色：</label>
70:             <input type="color" data-clear-btn="true" name="color-07-03" id="color-07-03" value="">
71:             <label for="file-07-03">文件：</label>
72:             <input type="file" data-clear-btn="true" name="file-07-03" id="file-07-03" value="">
73:         </form>
74:     </div>
75:     <div data-role="footer" data-position="fixed">
76:         <h4>页脚区域</h4>
77:     </div>
78: </div>
79: </body>
80: </html>
```

源代码分析

第 13～第 36 行：创建第一个页面，在其页眉工具栏中添加一个“下一页”按钮。

第 18～第 31 行：在第一个页面中创建一个表单。

第 19～第 20 行：在表单中添加一个标签和一个带有清除按钮的文本输入框。

第 21～第 22 行：在表单中添加一个标签和一个带有清除按钮的搜索框。

第 23～第 24 行：在表单中添加一个标签和一个带有清除按钮的数字输入框。

第 25～第 26 行：在表单中添加一个标签和一个带有清除按钮的日期输入框。

第 27～第 28 行：在表单中添加一个标签和一个带有清除按钮的月份输入框。

第 29～第 30 行：在表单中添加一个标签和一个带有清除按钮的星期输入框。

第 37～第 60 行：创建第二个页面，在其页眉工具栏中添加一个“返回”按钮和一个“下一页”按钮。

第 42～第 55 行：在第二个页面中创建一个表单。

第 43～第 44 行：在表单中添加一个标签和一个带有清除按钮的时间输入框。

第 45～第 46 行：在表单中添加一个标签和一个带有清除按钮的日期时间输入框。

第 47～第 48 行：在表单中添加一个标签和一个带有清除按钮的本地日期时间输入框。

第 49～第 50 行：在表单中添加一个标签和一个带有清除按钮的电话号码输入框。

第 51～第 52 行：在表单中添加一个标签和一个带有清除按钮的电子邮件地址输入框。

第 53～第 54 行：在表单中添加一个标签和一个带有清除按钮的网址输入框。

第 61～第 78 行：创建第三个页面，在其页眉工具栏中添加一个“返回”按钮和一个“下一页”按钮。

第 66～第 73 行：在第三个页面中创建一个表单。

第 68～第 69 行：在表单中添加一个标签和一个带有清除按钮的密码输入框。

第 70～第 71 行：在表单中添加一个标签和一个带有清除按钮的颜色输入框。

第 72～第 73 行：在表单中添加一个标签和一个带有清除按钮的文件输入框。

在移动设备模拟器中打开网页，对各个输入框进行测试，结果如图 7.3 所示。

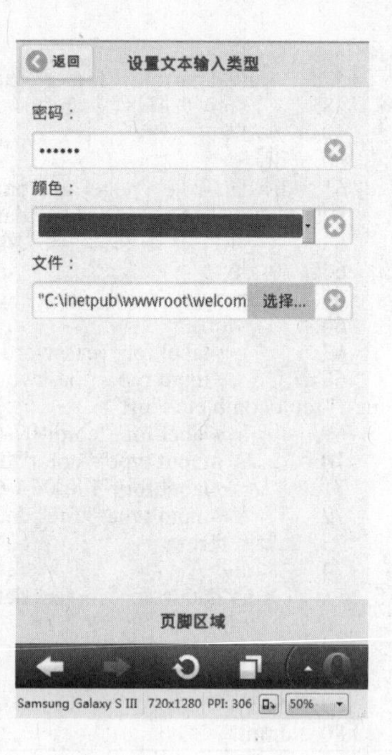

图 7.3　设置文本输入类型

7.2.3 创建文本区域

如果要在表单输入多行文本，则需要使用 textarea 元素创建一个文本区域。jQuery Mobile 提供了自动增长文本区域高度的功能，以避免在文本区域内部出现滚动条。

创建文本区域时，需要添加一个标签并将其 for 属性设置为文本区域的 id 属性值，使它们在语义上关联起来，然后通过一个应用 ui-field-contain 类的 div 元素将它们包装起来。HTML 代码如下：

```
<form>
  <div class="ui-field-contain">
    <label for="textarea-a">文本区域：</label>
    <textarea name="textarea" id="textarea-a">
    这是一个基本的文本区域。如果预先在其中填充内容，则高度将被自动调整，以适应容纳这些内容，而不需要滚动。这是一个非常方便的功能。
    </textarea>
  </div>
</form>
```

这将生成一个基本的文本区域，其宽度设置为父容器的 100%，标签堆叠在一个单独的行上。当在文本区域输入文字内容时，文本区域将会自动增长，以适合新行。

例 7.4　创建文本区域。源文件为/07/07-04.html，源代码如下。

```
 1: <!doctype html>
 2: <html>
 3: <head>
 4: <meta charset="utf-8">
 5: <meta name="viewport" content="width=device-width, initial-scale=1">
 6: <title>创建文本区域</title>
 7: <link rel="stylesheet" href="http://code.jquery.com/mobile/1.4.5/jquery.mobile-1.4.5.min.css">
 8: <script src="http://code.jquery.com/jquery-2.1.3.min.js"></script>
 9: <script src="http://code.jquery.com/mobile/1.4.5/jquery.mobile-1.4.5.min.js"></script>
10: <script>
11: function handle() {
12:     var username=$("#username07-04").val();
13:     var email=$("#email07-04").val();
```

```
14:     var resume=$("#resume07-04").val();
15:     $("[data-role='popup'] p:first").html("<strong>用户名：</strong>"+username);
16:     $("[data-role='popup'] p:nth(1)").html("<strong>电子信箱：</strong>"+email);
17:     $("[data-role='popup'] p:last").html("<strong>个人简历：</strong>"+resume);
18:     $("[data-role='popup']").popup({positionTo:"h1"}).popup("open");
19: }
20: </script>
21: </head>
22:
23: <body>
24: <div data-role="page" id="page07-04">
25:     <div data-role="header" data-position="fixed">
26:         <h1>创建文本区域</h1>
27:     </div>
28:     <div role="main" class="ui-content">
29:         <form method="post" action="javascript:handle();">
30:             <fieldset>
31:                 <legend>填写个人信息</legend>
32:                 <ul data-role="listview" data-inset="true">
33:                     <li>
34:                         <label for="username07-04" class="ui-hidden-accessible">用户名：</label>
35:                         <input type="text" name="username07-04" id="username07-04" value="" required
placeholder="输入用户名..." data-clear-btn="true">
36:                     </li>
37:                     <li>
38:                         <label for="email07-04" class="ui-hidden-accessible">电子信箱：</label>
39:                         <input type="email" name="email07-04" id="email07-04" data-clear-btn="true" value=""
required placeholder="输入电子邮件地址...">
40:                     </li>
41:                     <li>
42:                         <label for="resume07-04" class="ui-hidden-accessible">简历：</label>
43:                     <textarea name="resume07-04" id="resume07-04" required placeholder="填写个人简
历..."></textarea>
44:                     </li>
45:                     <li>
46:                         <input type="submit" value="提交">
47:                     </li>
48:                 </ul>
49:             </fieldset>
50:         </form>
51:         <div id="popup07-04" data-role="popup" data-dismissible="false" class="ui-content"> <a href="#"
data-rel="back" class="ui-btn ui-corner-all ui-shadow ui-btn ui-icon-delete ui-btn-icon-notext ui-btn-right">关闭
</a>
52:             <h4 class="ui-bar ui-bar-a">您提交的个人信息如下：</h4>
53:             <p></p>
54:             <p></p>
55:             <p></p>
56:         </div>
57:     </div>
58:     <div data-role="footer" data-position="fixed">
59:         <h4>页脚区域</h4>
60:     </div>
61: </div>
62: </body>
63: </html>
```

源代码分析

第 11～第 19 行：定义一个名为 handle 的 JavaScript 函数，其功能是获取通过表单提交的个人信息，并将这些信息填写到弹出窗口的段落中，然后打开弹出窗口。

第 29～第 50 行：创建一个表单，用于填写个人信息。在表单中添加文本输入框、电子邮件地址输入框、文本区域以及提交按钮，并对这些文本输入控件分别添加一个标签，通过应用 ui-hidden-accessible 类将标签隐藏起来，通过在文本输入控件中设置 placeholder 属性来指定提示信息。此外，还对三个文本输入控件添加了 required 属性，规定必须在提交表单之前填写输入字段。

第 51～第 57 行：创建一个弹出窗口，其中包含一个 h4 标题和三个空白段落。

在移动设备模拟器中打开网页，对文本区域的功能进行测试。当在文本区域中输入内容时，可以看到文本区域高度会自动增长而不会出现滚动条，结果如图 7.4 所示。

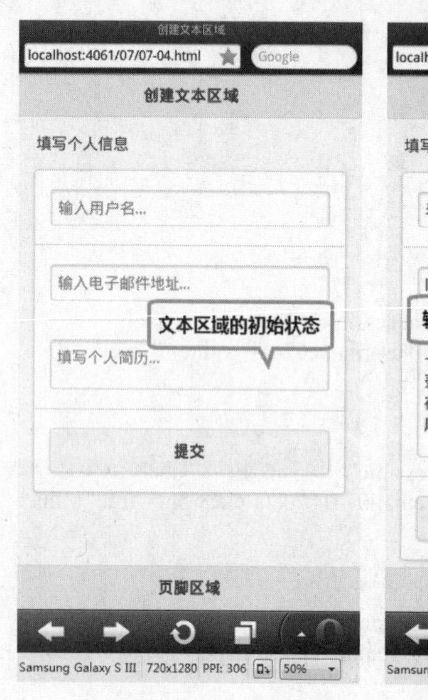

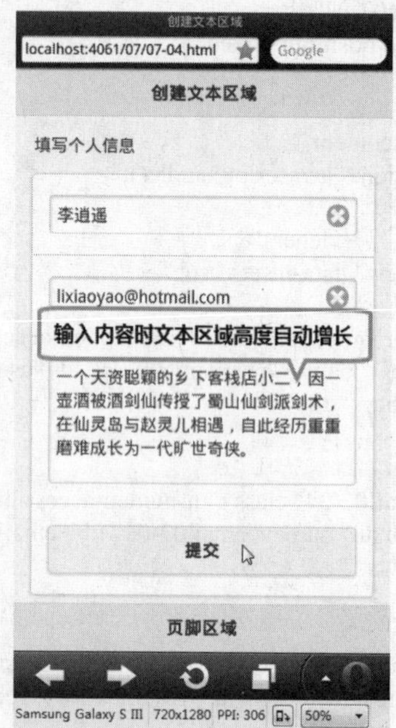

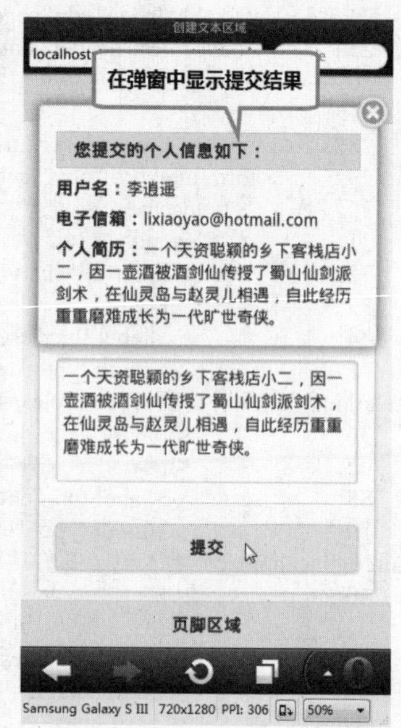

图 7.4　创建文本区域

7.3 单选按钮与复选框

单选按钮和复选框都是比较常用的表单控件，单选按钮用于提供只能选择单个选项的选项列表，复选框用于提供可以选择多个选项的选项列表。在 jQuery Mobile 中，单选按钮和复选框都将被 checkboxradio 小部件增强。

7.3.1 创建单选按钮组

单选按钮用于提供只能选择单个选项的选项列表。单选按钮使用 HTML input 元素编码，将被 jQuery Mobile 框架的 checkboxradio 小部件增强。

1．创建单选按钮组

要创建一个单选按钮，可以添加一个带有 type="radio"属性的 input 元素和相应的标签（label 元素）。如果 input 元素未包含在标签中，则应将标签的 for 属性设置为 input 元素的 id 值，使它们在语义上关联起来。为了使用多个单选按钮构成一个单选按钮组（其中各个选项相互排斥），必须将这些单选按钮的 name 属性设置为相同的值。

下面的示例代码用于创建单选按钮组：

```
<form>
  <label>
    <input type="radio" name="radio-choice-0" id="radio-choice-0a">One
  </label>
  <label for="radio-choice-0b">Two</label>
  <input type="radio" name="radio-choice-0" id="radio-choice-0b">
</form>
```

为了将多个单选按钮集成到一个垂直控件组中，可在容器中添加 data-role="controlgroup"属性，此时 jQuery Mobile 框架将自动删除按钮之间的边距，并且仅在整个集合的顶部和底部绘制圆角。代码如下：

```
<form>
  <fieldset data-role="controlgroup">
    <legend>垂直单选按钮组</legend>
    <input type="radio" name="radio-choice-v-2" id="radio-choice-v-2a" value="on" checked="checked">
    <label for="radio-choice-v-2a">One</label>
    <input type="radio" name="radio-choice-v-2" id="radio-choice-v-2b" value="off">
    <label for="radio-choice-v-2b">Two</label>
    <input type="radio" name="radio-choice-v-2" id="radio-choice-v-2c" value="other">
    <label for="radio-choice-v-2c">Three</label>
  </fieldset>
</form>
```

如果要设置水平单选按钮控件组，可在字段集容器（fieldset）中添加 data-type="horizontal"属性，或者在脚本中设置 controlgroup 小部件的 type 选项。

如果要创建微型单选按钮控件组，可在字段集容器中添加 data-mini="true"属性，或者在脚本中设置 controlgroup 小部件的 mini 选项。

2. 设置单选按钮图标位置

在默认情况下，单选按钮中的图标位于左侧。如果要使图标位于右侧，可在控件组中添加 data-iconpos="right"属性，或者在脚本中对 iconpos 选项进行设置。

3. 设置单选按钮的主题

如果要设置单选按钮控件组的主题，可在控件组中设置 data-theme 属性。如果要设置某个单选按钮的主题，可在 input 元素中设置 data-theme 属性。

4. 禁用单选按钮

如果要禁用某个单选按钮，在 input 元素中设置 disabled 属性即可。

例 7.5　创建单选按钮组。源文件为/07/07-05.html，源代码如下。

```
 1: <!doctype html>
 2: <html>
 3: <head>
 4: <meta charset="utf-8">
 5: <meta name="viewport" content="width=device-width, initial-scale=1">
 6: <title>创建单选按钮组</title>
 7: <link rel="stylesheet" href="http://code.jquery.com/mobile/1.4.5/jquery.mobile-1.4.5.min.css">
 8: <script src="http://code.jquery.com/jquery-2.1.3.min.js"></script>
 9: <script src="http://code.jquery.com/mobile/1.4.5/jquery.mobile-1.4.5.min.js"></script>
10: <script>
11: function handle() {
12:     var username=$("#username07-05").val();
13:     var gender=($("#male07-05").prop("checked")?"男":"女");
14:     var email=$("#email07-05").val();
15:     $("[data-role='popup'] p:first").html("<strong>用户名：</strong>"+username);
16:     $("[data-role='popup'] p:nth(1)").html("<strong>性别：</strong>"+gender);
17:     $("[data-role='popup'] p:last").html("<strong>电子邮件地址：</strong>"+email);
```

```
18:     $("[data-role='popup']").popup({positionTo:"h1"}).popup("open");
19: }
20: </script>
21: </head>
22:
23: <body>
24: <div data-role="page" id="page07-05">
25:     <div data-role="header" data-position="fixed">
26:         <h1>创建单选按钮组</h1>
27:     </div>
28:     <div role="main" class="ui-content">
29:         <form method="post" action="javascript:handle();">
30:             <fieldset>
31:                 <legend>填写个人信息</legend>
32:                 <ul data-role="listview" data-inset="true">
33:                     <li>
34:                         <label for="username07-05" class="ui-hidden-accessible">用户名：</label>
35:                         <input type="text" name="username07-05" id="username07-05" value="" data-clear-btn=
"true" required placeholder="输入用户名...">
36:                     </li>
37:                     <li>
38:                         <div data-role="controlgroup" data-type="horizontal">
39:                             <label>
40:                                 <input type="radio" name="gerder" id="male07-05" checked>
41:                                 男</label>
42:                             <label>
43:                                 <input type="radio" name="gerder" id="female07-05">
44:                                 女</label>
45:                         </div>
46:                     </li>
47:                     <li>
48:                         <label for="email07-05" class="ui-hidden-accessible">电子信箱:</label>
49:                         <input type="email" name="email07-05" id="email07-05" value="" data-clear-btn="true"
required placeholder="输入电子邮件地址...">
50:                     </li>
51:                     <li>
52:                         <input type="submit" value="提交">
53:                     </li>
54:                 </ul>
55:             </fieldset>
56:         </form>
57:         <div id="popup07-05" data-role="popup" data-dismissible="false" class="ui-content"> <a href="#"
data-rel="back" class="ui-btn ui-corner-all ui-shadow ui-btn ui-icon-delete ui-btn-icon-notext ui-btn-right">关闭
</a>
58:             <h4 class="ui-bar ui-bar-a">您提交的个人信息如下：</h4>
59:             <p></p>
60:             <p></p>
61:             <p></p>
62:         </div>
63:     </div>
64:     <div data-role="footer" data-position="fixed">
65:         <h4>页脚区域</h4>
66:     </div>
67: </div>
68: </body>
69: </html>
```

源代码分析

第 11～第 19 行：定义一个名为 handle 的 JavaScript 函数，其功能是获取通过表单提交的个人信息，并将这些信息填写到弹出窗口包含的段落中，然后打开弹出窗口。

第 29～第 56 行：创建一个表单，用于填写个人信息。该表单中包含两个文本框、一个水平单选按钮组和一个提交按钮，其中单选按钮组用于选择性别。

第 57～第 62 行：创建一个弹出窗口，其中包含一个 h4 标题和三个空白段落。

在移动设备模拟器中打开网页，对单选按钮组功能进行测试，结果如图 7.5 所示。

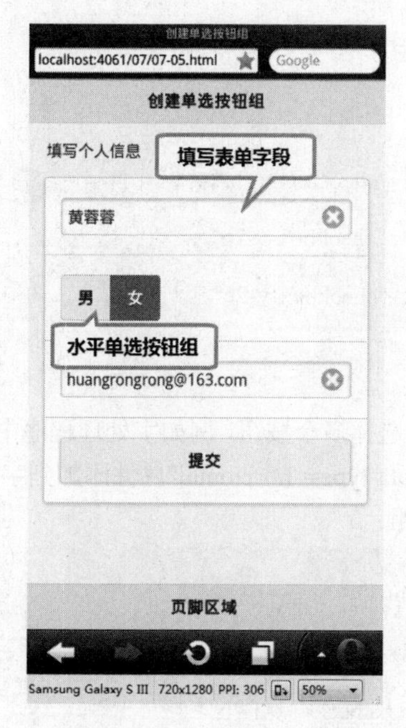

图 7.5　创建单选按钮组

7.3.2 创建复选框

复选框用于提供可以选择多个选项的选项列表。与单选按钮类似，复选框也是使用 HTML input 元素进行编码，将被 jQuery Mobile 框架的 checkboxradio 小部件增强。

1．创建复选框

要创建一个复选框，可以添加一个带有 type="checkbox"属性的 input 元素和相应的标签（label 元素）。如果 input 元素未包含在相应的标签中，则应确保将标签的 for 属性设置为 input 元素的 id 值，使其与语义关联起来。

下面的示例代码用于创建一个复选框，其中 input 元素包含在标签中。

```
<form>
  <label>
    <input type="checkbox" name="checkbox-0 ">同意
  </label>
</form>
```

上述复选框的显示效果如图 7.6 所示。

图 7.6　复选框外观

如果要创建微型复选框，可在 input 元素中添加 data-mini="true"属性，或者在脚本中设置 mini 选项。

如果要将多个复选框集成到一个的控件组中，可使用一个字段集（fieldset）来包装这些复选框，并且在字段集中添加 data-role="controlgroup"属性，jQuery Mobile 框架将自动删除按钮之间的所有边距，并且仅在整个集合的顶部和底部绘制圆角。

下面的示例代码用于创建一个垂直复选框控件组：

```
<form>
  <fieldset data-role="controlgroup">
    <legend>垂直复选框控件组</legend>
    <input type="checkbox" name="checkbox-v-2a" id="checkbox-v-2a">
    <label for="checkbox-v-2a">One</label>
    <input type="checkbox" name="checkbox-v-2b" id="checkbox-v-2b">
    <label for="checkbox-v-2b">Two</label>
    <input type="checkbox" name="checkbox-v-2c" id="checkbox-v-2c">
    <label for="checkbox-v-2c">Three</label>
    </fieldset>
</form>
```

复选框也可以用于分组按钮集合，可以从中一次选择多个按钮，例如字处理程序中显示的粗体，斜体和下划线按钮组。如果要设置水平按钮组，将 data-type="horizontal"属性添加到字段集中即可。

下面的示例代码用于创建一个水平复选框控件组：

```
<form>
  <fieldset data-role="controlgroup" data-type="horizontal">
    <legend>水平复选框控件组</legend>
    <input type="checkbox" name="checkbox-h-2a" id="checkbox-h-2a">
    <label for="checkbox-h-2a">粗体</label>
    <input type="checkbox" name="checkbox-h-2b" id="checkbox-h-2b">
    <label for="checkbox-h-2b">斜体</label>
    <input type="checkbox" name="checkbox-h-2c" id="checkbox-h-2c">
    <label for="checkbox-h-2c">下画线</label>
  </fieldset>
</form>
```

垂直复选框控件组和水平复选框控件组的外观效果如图 7.7 所示。

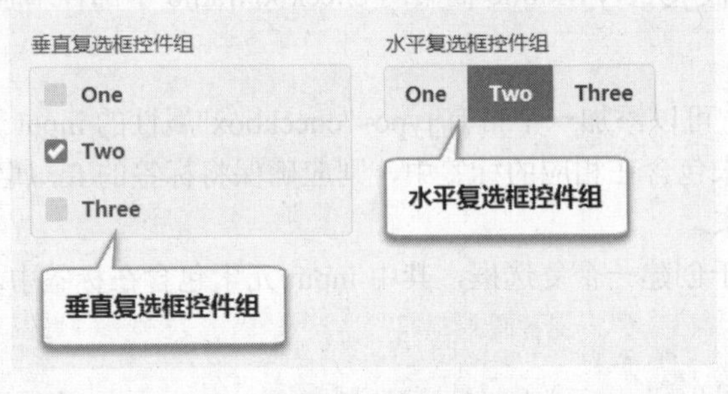

图 7.7　复选框控件组外观

2. 设置复选框图标位置

在默认情况下，复选框中的检验图标位于左侧。如果要使检验图标位于右侧，可以在字段集元素中添加 data-iconpos="right"属性，或者在脚本中对 iconpos 选项进行设置。

3. 设置复选框主题

如果要设置复选框控件组的主题，可在 fieldset 元素中设置 data-theme 属性。如果要设置某个复选框的主题，可在 input 元素中设置 data-theme 属性。

4. 禁用复选框

如果要禁用某个复选框，在 input 元素中添加 disabled 属性即可。

例 7.6　创建和应用复选框。源文件为/07/07-06.html，源代码如下。

```
1: <!doctype html>
2: <html>
3: <head>
```

```
 4: <meta charset="utf-8">
 5: <meta name="viewport" content="width=device-width, initial-scale=1">
 6: <title>创建复选框</title>
 7: <link rel="stylesheet" href="http://code.jquery.com/mobile/1.4.5/jquery.mobile-1.4.5.min.css">
 8: <script src="http://code.jquery.com/jquery-2.1.3.min.js"></script>
 9: <script src="http://code.jquery.com/mobile/1.4.5/jquery.mobile-1.4.5.min.js"></script>
10: <script>
11: function handle() {
12:     var username=$("#username07-06").val();                    //获取用户名
13:     var gender=($("#male07-06").prop("checked")?"男":"女");//获取性别
14:     var email=$("#email07-06").val();                          //获取电子信箱
15:     var hobby=new Array();                                     //创建空数组
16:     $(":checkbox").each(function(index, element) {             //遍历每个复选框
17:        if(this.checked)hobby.push(this.value);                 //若选中某复选框则将其值添加到数组末尾
18:     });
19:     $("[data-role='popup'] li:first").html("<strong>用户名：</strong>"+username);
20:     $("[data-role='popup'] li:nth(1)").html("<strong>性别：</strong>"+gender);
21:     $("[data-role='popup'] li:nth(2)").html("<strong>电子邮件地址：</strong>"+hobby);
22:     $("[data-role='popup'] li:last").html("<strong>业余爱好：</strong>"+email);
23:     $("[data-role='popup']").popup({positionTo:"h1", transition:"slidedown"}).popup("open");
24:
25: }
26: </script>
27: </head>
28:
29: <body>
30: <div data-role="page" id="page07-06">
31:     <div data-role="header">
32:        <h1>填写个人信息</h1>
33:     </div>
34:     <div role="main" class="ui-content">
35:        <form method="post" action="javascript:handle();">
36:           <fieldset>
37:              <legend>填写个人信息</legend>
38:              <ul data-role="listview" data-inset="true">
39:                 <li><label for="username07-06">用户名：</label>
40:                    <input type="text" name="username07-06" id="username07-06" required placeholder="输
入用户名..." value="">
41:                 </li>
42:                 <li><label>性别：</label>
43:                    <div data-role="controlgroup" data-type="horizontal">
44:                       <label><input type="radio" name="gerder" id="male07-06" checked>男</label>
45:                       <label><input type="radio" name="gerder" id="female07-06">女</label>
46:                    </div>
47:                 </li>
48:                 <li><label for="email07-06">电子信箱：</label>
49:                    <input type="email" name="email07-06" id="email07-06" value="" required
placeholder="输入电子信箱...">
50:                 </li>
51:                 <li><label>爱好：</label>
52:                    <div data-role="controlgroup" data-type="horizontal">
53:                       <input type="checkbox" name="hobby07-06-a" id="hobby07-06-a" value="阅读">
54:                       <label for="hobby07-06-a">阅读</label>
55:                       <input type="checkbox" name="hobby07-06-b" id="hobby07-06-b" value="运动">
56:                       <label for="hobby07-06-b">运动</label>
57:                       <input type="checkbox" name="hobby07-06-c" id="hobby07-06-c" value="音乐">
58:                       <label for="hobby07-06-c">音乐</label>
```

```
59:                      <input type="checkbox" name="hobby07-06-d" id="hobby07-06-d" value="电影">
60:                      <label for="hobby07-06-d">电影</label>
61:                    </div>
62:                  </li>
63:                  <li><input type="submit" value="提交"></li>
64:                </ul>
65:              </fieldset>
66:          </form>
67:          <div id="popup07-06" data-role="popup" data-dismissible="false" class="ui-content"> <a href="#"
data-rel="back" class="ui-btn ui-corner-all ui-shadow ui-btn ui-icon-delete ui-btn-icon-notext ui-btn-right">关闭
</a>
68:            <h4 class="ui-bar ui-bar-a">您提交的个人信息如下：</h4>
69:            <ul data-role="listview" data-inset="true">
70:              <li></li><li></li><li></li><li></li>
71:            </ul>
72:          </div>
73:      </div>
74:      <div data-role="footer">
75:          <h4>页脚区域</h4>
76:      </div>
77: </div>
78: </body>
79: </html>
```

源代码分析

第 11～第 25 行：定义一个名为 handle 的函数。该函数在提交表单后执行，其功能是获取通过表单提交的信息，并将这些信息填写到弹出窗口的列表视图中，然后打开弹出窗口。

第 35～第 66 行：在页面内容区域创建一个表单，在该表单中添加两个文本输入框、一个单选按钮控件组和一个复选框控件组。复选框控件组包含四个复选框，在容器 div 元素中添加 data-type="horizontal"属性，使这些复选框沿水平方向排列。

在移动设备模拟器中打开网页，对表单功能进行测试，结果如图 7.8 所示。

图 7.8　创建和应用复选框

7.4 选择菜单

jQuery Mobile 选择菜单通常呈现为一个选择按钮，当单击这个选择按钮时将会打开选择菜单，允许从中选择一个或多个选项。选择菜单可分为本机选择菜单和自定义选择菜单两种形式，下面分别加以讨论。

7.4.1 创建本机选择菜单

在默认情况下，jQuery Mobile 框架利用本机操作系统选项菜单与自定义按钮一起使用。当单击按钮时，将打开本机操作系统的选择菜单。当选择一个值并关闭菜单时，自定义按钮的文本将被更新，以匹配所选择的值。

1. 创建基本选择菜单

要向页面添加选择菜单，可以从标准 select 元素开始，并且在该元素中填充一组 option 元素，同时添加一个标签（label 元素），并且设置其 for 属性以匹配 select 元素的 id，使它们在语义上关联起来。如果在页面布局中不需要标签，也可以将其隐藏起来，但是由于语义和辅助功能的原因，要求在 HTML 代码中存在标签。

下面的示例代码用于在表单中创建一个本机选择菜单：

```
<form>
  <div class="ui-field-contain">
    <label for="select-demo-1">基本选择菜单</label>
    <select name="select-demo-1" id="select-demo-1">
      <option value="1">第一个选项</option>
      <option value="2">第二个选项</option>
      <option value="3">第三个选项</option>
      <option value="4">第四个选项</option>
    </select>
  </div>
</form>
```

jQuery Mobile 框架将找到所有的 select 元素并自动增强为选择菜单（如图 7.9 所示），不需要对其设置 data-rol 属性。如果要防止自动增强 select 元素，可将 data-role="none"属性添加到该元素中。

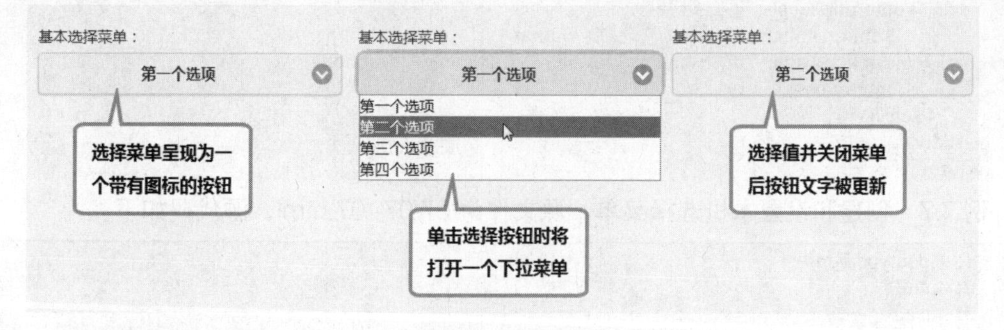

图 7.9　jQuery Mobile 选择菜单

2. 创建微型选择菜单

如果要创建微型选择菜单，将 data-mini="true"属性添加到 select 元素中即可。这样将使选择菜单的高度低于标准版本的高度，而且选择按钮和菜单选项都使用较小的字号。

3．设置选择按钮中的图标

在默认情况下，选择按钮中的右侧有一个向下（carat-d）图标。若要改用其他图标，可在 select 元素中设置 data-icon 属性。若要使图标位于左侧，在 select 元素中添加 data-iconpos="left"即可。

4．用字段容器包装选择菜单

根据需要，也可以使用一个容器来包装选择菜单和相应的说明性标签，并对该容器应用 ui-field-contain 类，以便使选择菜单和标签自动适应屏幕宽度。

5．设置预先选定的选项

在默认情况下，页面加载时自动选定菜单中的第一个选项，此时选择按钮上的文本对应于该选项。若要规定在页面加载时预先选定特定选项，可在 option 选项中添加 selected="selected"属性。

6．禁用选择菜单中的选项

在默认情况下，选择菜单包含的所有选项都可以被用户选定。若要禁用某个选项，可在相应的 option 元素中添加 disabled="disabled"属性。若要禁用整个选择菜单，可在 select 元素中添加 disabled="disabled"属性。

7．对选择菜单中的选项分组

选择菜单中的选项可以划分成不同的组。为此，需要将 option 选项组织到不同的 optgroup 元素中，并且通过 optgroup 元素的 label 属性设置组标题。

下面的示例代码用于在表单中创建一个选择菜单，其中总共包含六个选项，被分成三个组，规定页面加载时预先选定第二组中的第一个选项，并禁用第三组中的第二个选项：

```
<form>
  <div class="ui-field-contain">
    <label for="select-demo-2">菜单项分组：</label>
    <select name="select-demo-2" id="select-demoe-2">
      <option>请选择...</option>
      <optgroup label="第一组">
        <option value="1">第一个选项</option>
        <option value="2">第二个选项</option>
      </optgroup>
      <optgroup label="第二组">
        <option value="3" selected="selected">第三个选项</option>
        <option value="4">第四个选项</option>
      </optgroup>
      <optgroup label="第三组">
        <option value="5">第五个选项</option>
        <option value="6" disabled="disabled">第六个选项</option>
      </optgroup>
    </select>
  </div>
</form>
```

例 7.7　创建和设置本机选择菜单。源文件为/07/07-07.html，源代码如下。

```
1: <!doctype html>
2: <html>
3: <head>
4: <meta charset="utf-8">
5: <meta name="viewport" content="width=device-width, initial-scale=1">
6: <title>创建选择菜单</title>
7: <link rel="stylesheet" href="http://code.jquery.com/mobile/1.4.5/jquery.mobile-1.4.5.min.css">
8: <script src="http://code.jquery.com/jquery-2.1.3.min.js"></script>
```

```
 9: <script src="http://code.jquery.com/mobile/1.4.5/jquery.mobile-1.4.5.min.js"></script>
10: </head>
11:
12: <body>
13: <div data-role="page" id="page07-07-a">
14:     <div data-role="header" data-position="fixed">
15:        <h1>创建选择菜单</h1>
16:        <a href="#page07-07-b" class="ui-btn ui-corner-all ui-shadow ui-icon-carat-r ui-btn-icon-right
ui-btn-right">下一页</a> </div>
17:     <div role="main" class="ui-content">
18:        <form>
19:           <div class="ui-field-contain">
20:              <label for="select-native-07-07-a">标准选择菜单：</label>
21:              <select name="select-native-07-07-a" id="select-native-07-07-a">
22:                 <option value="奥迪">奥迪</option>
23:                 <option value="奔驰">奔驰</option>
24:                 <option value="保时捷">保时捷</option>
25:                 <option value="凯迪拉克">凯迪拉克</option>
26:              </select>
27:           </div>
28:           <div class="ui-field-contain">
29:              <label for="select-native-07-07-b">微型选择菜单：</label>
30:              <select name="select-native-07-07-b" id="select-native-07-07-b" data-mini="true">
31:                 <option value="奥迪">奥迪</option>
32:                 <option value="奔驰">奔驰</option>
33:                 <option value="保时捷">保时捷</option>
34:                 <option value="凯迪拉克">凯迪拉克</option>
35:              </select>
36:           </div>
37:           <div class="ui-field-contain">
38:              <label for="select-native-07-07-c">设置图标及其位置：</label>
39:              <select name="select-native-07-07-c" id="select-native-07-07-c" data-icon="gear" data-iconpos
="left">
40:                 <option value="奥迪">奥迪</option>
41:                 <option value="奔驰">奔驰</option>
42:                 <option value="保时捷">保时捷</option>
43:                 <option value="凯迪拉克">凯迪拉克</option>
44:              </select>
45:           </div>
46:        </form>
47:     </div>
48:     <div data-role="footer" data-position="fixed">
49:        <h4>页脚区域</h4>
50:     </div>
51: </div>
52: <div data-role="page" id="page07-07-b">
53:     <div data-role="header" data-position="fixed" data-add-back-btn="true" data-back-btn-text="返回">
54:        <h1>创建选择菜单</h1>
55:     </div>
56:     <div role="main" class="ui-content">
57:        <form>
58:           <div class="ui-field-contain">
59:              <label for="select-native-07-07-d">设置预先选定的选项：</label>
60:              <select name="select-native-07-07-d" id="select-native-07-07-d">
61:                 <option value="奥迪">奥迪</option>
62:                 <option value="奔驰">奔驰</option>
63:                 <option value="保时捷" selected="selected">保时捷</option>
64:                 <option value="凯迪拉克">凯迪拉克</option>
65:              </select>
66:           </div>
67:           <div class="ui-field-contain">
68:              <label for="select-native-07-07-e">禁用特定的菜单选项：</label>
```

```
69:             <select name="select-native-07-07-e" id="select-native-07-07-e">
70:                <option value="奥迪">奥迪</option>
71:                <option value="奔驰">奔驰</option>
72:                <option value="保时捷" disabled="disabled">保时捷</option>
73:                <option value="凯迪拉克">凯迪拉克</option>
74:             </select>
75:          </div>
76:          <div class="ui-field-contain">
77:             <label for="select-native-07-07-f">对选择菜单中的选项分组：</label>
78:             <select name="select-native-07-07-f" id="select-native-07-07-f">
79:                <optgroup label="瑞典车系">
80:                   <option value="萨博">萨博</option>
81:                   <option value="沃尔沃">沃尔沃</option>
82:                </optgroup>
83:                <optgroup label="德国车系">
84:                   <option value="奥迪">奥迪</option>
85:                   <option value="奔驰">奔驰</option>
86:                </optgroup>
87:                <optgroup label="美国车系">
88:                   <option value="凯迪拉克">凯迪拉克</option>
89:                   <option value="克莱斯勒">克莱斯勒</option>
90:                </optgroup>
91:             </select>
92:          </div>
93:       </form>
94:    </div>
95:    <div data-role="footer" data-position="fixed">
96:       <h4>页脚区域</h4>
97:    </div>
98: </div>
99: </body>
100: </html>
```

源代码分析

第 13～第 51 行：在文档中创建第一个页面，其 id 为 page07-07-a；在其页眉工具栏中添加“下一页”链接按钮。

第 18～第 46 行：在第一页内容区域创建一个表单，在该表单中添加三个选择菜单，它们包含的选项完全相同，均为四个汽车品牌。

第 19～第 27 行：用字段容器包装一个标准的选择菜单。

第 28～第 36 行：用字段容器包装一个微型的选择菜单。

第 37～第 45 行：用字段容器包装一个标准的选择菜单，对选择按钮的图标及其位置进行设置，使用齿轮图标，而且图标显示在左侧。

第 52～第 98 行：在文档中创建第一个页面，其 id 为 page07-07-b；在其页眉工具栏中添加“返回”链接按钮。

第 57～第 93 行：在第一页内容区域创建一个表单，在该表单中添加三个选择菜单。

第 58～第 66 行：创建一个标准的选择菜单，在第三个选项中添加 selected= "selected"属性，设置加载页面后自动选定此选项。

第 67～第 75 行：创建一个标准的选择菜单，在第三个选项中添加 disabled="disabled"属性，禁止用户选择这个选项。

第 76～第 92 行：创建一个标准的选择菜单，在该菜单中添加六个选项，通过使用三个 optgroup 元素将这些选项分成三个组。

在移动设备模拟器中打开网页，首先对第一个页面中的各个选择菜单进行测试，然后单击“下一页”按钮进入第二个页面，并对此页面的各个选择菜单进行测试，如图 7.10 所示。

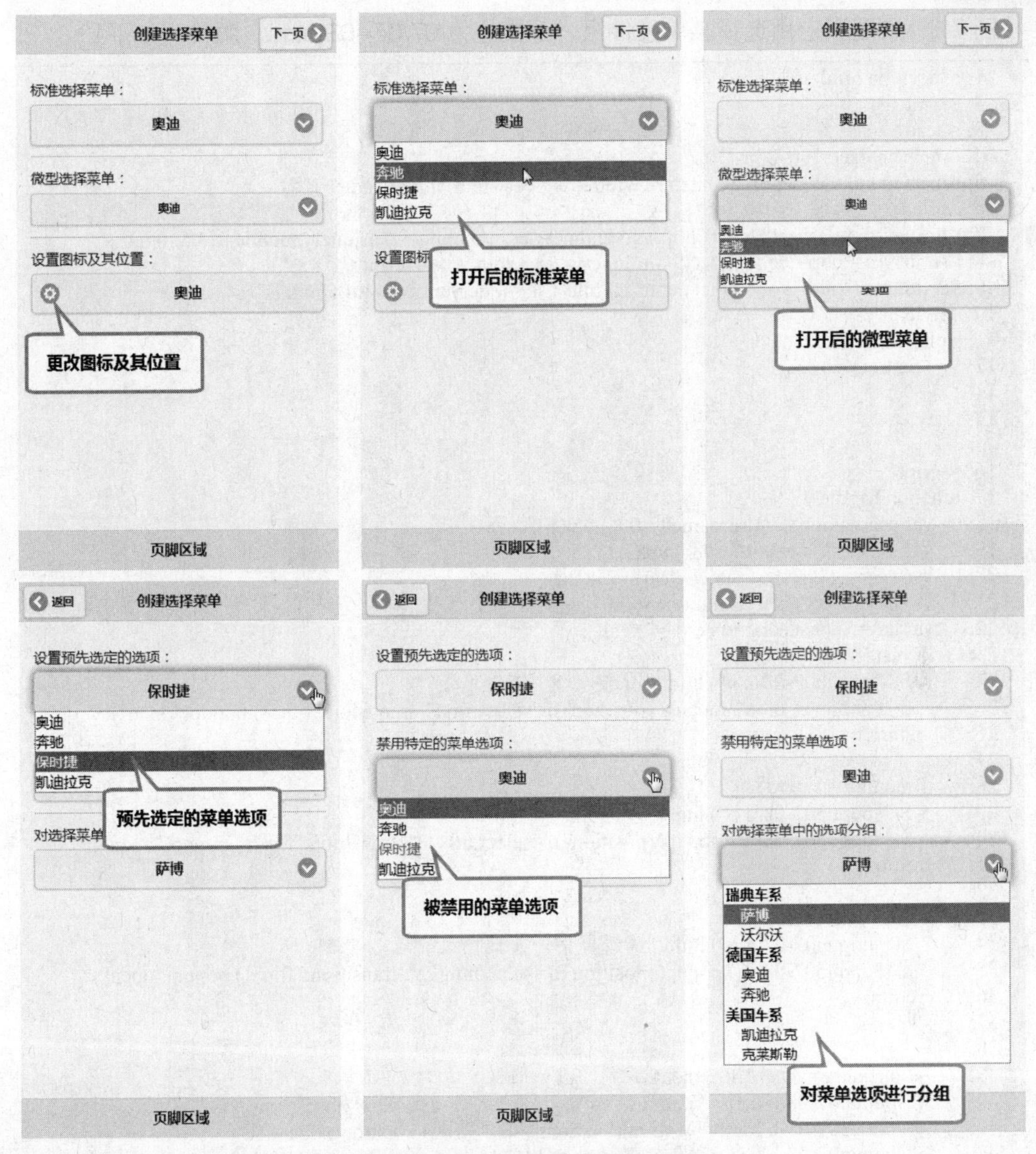

图 7.10 创建和设置本机选择菜单

7.4.2 创建选择菜单控件组

在移动开发中，也可以使用多个相互关联的选择菜单来构成一个控件组。在该控件组中，各个选择菜单可以沿垂直方向或水平方向排列。

要创建一个选择菜单控件组，需要以下几个步骤。

（1）添加 select 元素和相应的标签，并设置标签的 for 属性以匹配 select 元素的 id，使它们在语义上关联起来。出于样式设置的目的，标签将被隐藏起来。

（2）将 select 元素放置在字段集（fieldset）中，并在字段集中添加 data-role="controlgroup"属性；使用 legend 元素为该控件组的标题。

（3）将字段集 fieldset 包含在 div 元素中，并对 div 元素应用 ui-field-contain 类。

在默认情况下，控件组内的各个选择菜单沿垂直方向排列。若要使控件组内的各个选择菜单沿水平方向排列，将 data-type="horizontal"属性添加到字段集中即可。

例 7.8　创建和应用选择菜单控件组。源文件为/07/07-08.html，源代码如下。

```
 1: <!doctype html>
 2: <html>
 3: <head>
 4: <meta charset="utf-8">
 5: <meta name="viewport" content="width=device-width, initial-scale=1">
 6: <title>页面标题</title>
 7: <link rel="stylesheet" href="http://code.jquery.com/mobile/1.4.5/jquery.mobile-1.4.5.min.css">
 8: <script src="http://code.jquery.com/jquery-2.1.3.min.js"></script>
 9: <script src="http://code.jquery.com/mobile/1.4.5/jquery.mobile-1.4.5.min.js"></script>
10: <style>
11: [role='main'] h2 {
12:        font-size: 16px;
13: }
14: </style>
15:
16: <script>
17: function handle() {
18:     var username=$("#username07-08").val();
19:     var email=$("#email07-08").val();
20:     var year=$("#select-choice-year").val();
21:     var month=$("#select-choice-month").val();
22:     var day=$("#select-choice-day").val();
23:     if(year=="选择年") {
24:        $("#popup07-08-a p").html("请选择一个年份！");
25:        $("#popup07-08-a").popup({positionTo:"select:first", transition:"flip"}).popup("open");
26:       return;
27:     }
28:     if(month=="选择月") {
29:        $("#popup07-08-a p").html("请选择一个月份！");
30:        $("#popup07-08-a").popup({positionTo:"select:nth(1)", transition:"flip"}).popup("open");
31:       return;
32:     }
33:     if(day=="选择日") {
34:        $("#popup07-08-a p").html("请选择某一天！");
35:        $("#popup07-08-a").popup({positionTo:"select:nth(2)", transition:"flip"}).popup("open");
36:       return;
37:     }
38:
39:     var birthdate=year+"年"+month+"月"+day+"日";
40:     $("#popup07-08-b li:first").html("<strong>用户名：</strong>"+username);
41:     $("#popup07-08-b li:nth(1)").html("<strong>电子信箱：</strong>"+email);
42:     $("#popup07-08-b li:last").html("<strong>出生日期：</strong>"+birthdate);
43:     $("#popup07-08-b").popup({positionTo:"h1", transition:"slidedown"}).popup("open");
44: }
45: </script>
46: </head>
47:
48: <body>
49: <div data-role="page" id="page07-08">
50:     <div data-role="header" data-position="fixed">
51:         <h1>创建选择菜单组</h1>
52:     </div>
53:     <div role="main" class="ui-content">
54:         <h2>填写个人信息</h2>
55:         <form method="post" action="javascript:handle();">
56:             <div class="ui-field-contain">
57:                 <label for="username07-08">用户名：</label>
58:                 <input type="text" name="username07-08" id="username07-08" value="" required>
59:             </div>
60:             <div class="ui-field-contain">
```

```
61:                <label for="email07-08">电子信箱：</label>
62:                <input type="email" name="email07-08" id="email07-08" value="" required>
63:            </div>
64:            <div class="ui-field-contain">
65:                <fieldset data-role="controlgroup" data-type="horizontal">
66:                    <legend>出生日期：</legend>
67:                    <label for="select-choice-year">年</label>
68:                    <select name="select-choice-year" id="select-choice-year">
69:                        <option>选择年</option>
70:                        <option value="2000">2000</option>
71:                        <option value="2001">2001</option>
72:                        <option value="2002">2002</option>
73:                        <option value="2003">2003</option>
74:                        <option value="2004">2004</option>
75:                        <option value="2005">2005</option>
76:                        <!-- etc. -->
77:                </select>
78:                    <label for="select-choice-month">月</label>
79:                    <select name="select-choice-month" id="select-choice-month">
80:                        <option>选择月</option>
81:                        <option value="01">01</option>
82:                        <option value="02">02</option>
83:                        <option value="03">03</option>
84:                        <option value="04">04</option>
85:                        <option value="05">05</option>
86:                        <option value="06">06</option>
87:                        <!-- etc. -->
88:                    </select>
89:                    <label for="select-choice-day">日</label>
90:                    <select name="select-choice-day" id="select-choice-day">
91:                        <option>选择日</option>
92:                        <option value="01">01</option>
93:                        <option value="02">02</option>
94:                        <option value="03">03</option>
95:                        <option value="04">04</option>
96:                        <option value="05">05</option>
97:                        <option value="06">06</option>
98:                        <!-- etc. -->
99:                    </select>
100:                </fieldset>
101:            </div>
102:            <input type="submit" value="提交">
103:        </form>
104:        <div data-role="popup" id="popup07-08-a">
105:            <p></p>
106:        </div>
107:        <div id="popup07-08-b" data-role="popup" data-dismissible="false" class="ui-content"> <a href="#"
data-rel="back" class="ui-btn ui-corner-all ui-shadow ui-btn ui-icon-delete ui-btn-icon-notext ui-btn-right">关闭</a>
108:            <h4 class="ui-bar ui-bar-a">您提交的个人信息如下：</h4>
109:            <ul data-role="listview" data-inset="true">
110:                <li></li>
111:                <li></li>
112:                <li></li>
113:            </ul>
114:        </div>
115:    </div>
116:    <div data-role="footer" data-position="fixed">
117:        <h4>页脚区域</h4>
118:    </div>
119: </div>
120: </body>
121: </html>
```

源代码分析

第 17～第 44 行：定义一个名为 handle 的函数。该函数在提交表单后执行，其功能是获取通过表单提交的信息，并将这些信息填写到弹出窗口的列表视图中，然后打开弹出窗口。在这个函数中，检查是否从选择菜单中选择了有效年份、月份和日期，如果未选择，则打开弹出窗口显示提示信息并结束函数执行。如果选择了有效年份、月份和日期，则会合成一个完整的出生日期。

第 55～第 103 行：创建一个用于填写个人信息的表单，并在该表单中添加两个文本输入框和一个选择菜单控件组，后者包含三个选择菜单，分别用于选择年份、月份和日期。通过在 fieldset 元素中添加 data-type="horizontal"属性，使所包含的选择菜单沿水平方向排列。

在移动设备模拟器中打开网页，对表单功能进行测试，结果如图 7.11 所示。

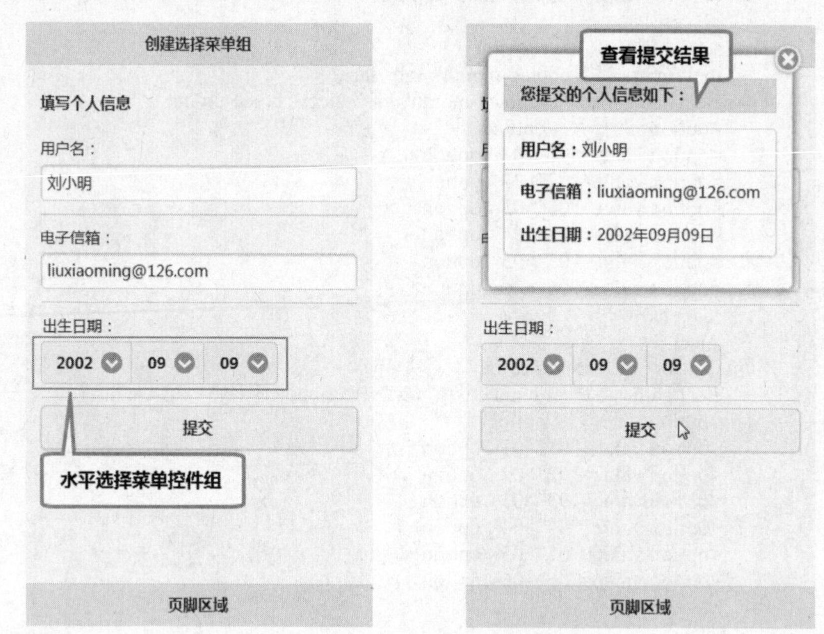

图 7.11　创建和应用选择菜单控件组

7.4.3 创建自定义菜单

使用 jQuery Mobile 框架可以基于 select 元素的选项列表构建自定义菜单。当需要进行多项选择或必须使用 CSS 设置菜单本身的样式时，建议使用自定义菜单。

1. 创建基本自定义菜单

要在特定的 select 元素上使用自定义菜单，只需要将 data-native-menu="false"属性添加在该元素中即可。要在全局级别上设置所有 select 元素默认使用自定义菜单，则可以绑定到 mobileinit 事件来实现相同的效果，即通过编程方式将选择菜单的 nativeMenu 配置选项设置为 false。为此，应在 jQuery 加载之后、jQuery Mobile 加载之前执行以下脚本：

```
$(document).on("mobileinit", function() {
  $.mobile.selectmenu.prototype.options.nativeMenu=false;
});
```

根据所包含选项的多少，自定义菜单有以下两种呈现形式。

（1）短列表菜单：当 select 元素包含适合设备屏幕的少量选项（例如 15 项以下）时，菜单将通过弹出过渡效果显示为小型叠加层，如图 7.12 所示。

（2）长列表菜单：当选择菜单包含的选项较多（例如 15 项以上）时，jQuery Mobile 框架将自动创建一个新的对话框样式的“页面”，其中包含由这些选项构成的的标准列表视图，label 标签内的文字将用作此页面的标题，页面左上角包含一个关闭按钮，如图 7.13 所示。

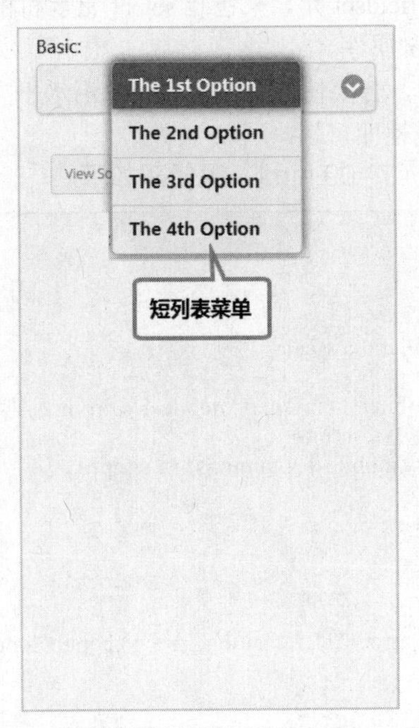

图 7.12　短列表自定义菜单

图 7.13　长列表自定义菜单

2．设置自定义菜单

与本机选择菜单一样，也可以使用各种数据属性对自定义菜单进行设置。

- 微型自定义菜单：在 select 元素中添加 data-mini="true"属性。
- 更改选择按钮中的图标：在 select 元素中设置 data-icon 属性。
- 在选择按钮左侧显示图标：在 select 元素中添加 data-iconpos="left"属性。

3．设置占位符选项

开发人员通常在其 select 元素中添加一个空选项来强制用户从菜单中选择一个选项。如果标记中存在占位符选项，则 jQuery Mobile 会将其隐藏在叠加层菜单中，仅对用户显示有效的选项，并将菜单中的占位符文本显示为标题。

对于以下几种形式的 option 选项，jQuery Mobile 框架将自动添加占位符选项。

- 没有 value 属性的 option 元素；
- 带有空值属性（value=""）的 option 元素；
- 没有文本节点的 option 元素；
- 具有 data-placeholder="true"属性的 option 元素。

如果需要，也可以通过设置 selectmenu 插件的 hidePlaceholderMenuItems 选项来禁用占位符功能，脚本代码如下：

```
$.mobile.selectmenu.prototype.options.hidePlaceholderMenuItems=false;
```

4．对自定义菜单中的选项进行分组

如果在自定义选择菜单中添加一些 optgroup 元素并设置其 label 属性，然后在每个 optgroup 中添加一些 option 选项元素，则 jQuery Mobile 框架将根据 label 属性的文本对每个 optgroup 创建

一个分隔符和选项组。

5. 创建自定义菜单控件组

要使几个自定义菜单构成一个控件组，可以使用 fieldset 元素来包装 select 元素和相应的 label 元素，并且对 fieldset 元素添加 data-role="controlgroup"属性。

在默认情况下，各个自定义菜单沿垂直方向排列。若要使各个自定义菜单沿水平方向排列，只需要在 fieldset 元素中添加 data-type="horizontal" 属性即可。

例 7.9　创建和应用自定义菜单。源文件为/07/07-09.html，源代码如下。

```
 1: <!doctype html>
 2: <html>
 3: <head>
 4: <meta charset="utf-8">
 5: <meta name="viewport" content="width=device-width, initial-scale=1">
 6: <title>创建自定义菜单</title>
 7: <link rel="stylesheet" href="http://code.jquery.com/mobile/1.4.5/jquery.mobile-1.4.5.min.css">
 8: <script src="http://code.jquery.com/jquery-2.1.3.min.js"></script>
 9: <script src="http://code.jquery.com/mobile/1.4.5/jquery.mobile-1.4.5.min.js"></script>
10: <script>
11: function handle() {
12:     var brand=$("#select-custom07-09").val();
13:     if (brand.match("选择")) {
14:         $("#popup07-09-a p").html("请选择一个汽车品牌！");
15:         $("#popup07-09-a").popup({positionTo:"select", arrow:"t", transition:"flip"}).popup("open");
16:         return;
17:     }
18:     $("#popup07-09-b p").html("你喜欢的汽车品牌是：<strong>"+brand+"</strong>");
19:     $("#popup07-09-b").popup({positionTo:"h1", transition:"slidedown"}).popup("open");
20: }
21: </script>
22: </head>
23:
24: <body>
25: <div data-role="page" id="page07-09">
26:     <div data-role="header" data-position="fixed">
27:         <h1>创建自定义菜单</h1>
28:     </div>
29:     <div role="main" class="ui-content">
30:         <form method="post" action="javascript:handle();">
31:             <div class="ui-field-contain">
32:                 <label for="select-custom07-09">选择你喜欢的汽车品牌：</label>
33:                 <select name="select-custom07-09" id="select-custom07-09"data-native-menu="false">
34:                     <option data-placeholder="true">请选择...</option>
35:                     <optgroup label="英国车系">
36:                     <option value="路虎">LAND ROVER</option>
37:                     <option value="阿斯顿马丁">AstonMartin</option>
38:                     </optgroup>
39:                     <optgroup label="德国车系">
40:                     <option value="宝马">BMW</option>
41:                     <option value="奔驰">Mercedes-Benz</option>
42:                     </optgroup>
43:                     <optgroup label="意大利">
44:                     <option value="法拉利">Ferrari</option>
45:                     <option value="兰博基尼">Lamborghini</option>
46:                     </optgroup>
47:                     <optgroup label="美国车系">
48:                     <option value="林肯">Lincoln</option>
49:                     <option value="凯迪拉克">Cadillac</option>
50:                     </optgroup>
51:                 </select>
```

```
52:         </div>
53:         <input type="submit" value="提交">
54:     </form>
55:     <div data-role="popup" id="popup07-09-a">
56:         <p></p>
57:     </div>
58:     <div id="popup07-09-b" data-role="popup" data-dismissible="false" class="ui-content"> <a
href="#" data-rel="back" class="ui-btn ui-corner-all ui-shadow ui-btn ui-icon-delete ui-btn-icon-notext
ui-btn-right">关闭</a>
59:         <h4 class="ui-bar ui-bar-a">选择结果如下：</h4>
60:         <p></p>
61:     </div>
62:   </div>
63:   <div data-role="footer" data-position="fixed">
64:       <h4>页脚区域</h4>
65:   </div>
66: </div>
67: </body>
68: </html>
```

源代码分析

第 12～第 20 行：定义一个名为 handle 的 JavaScript 函数。该函数会在提交表单后被调用，其功能是检查用户是否选择了一个汽车品牌，若未选择，则通过一个弹出窗口显示提示信息并结束执行；若已经选择，则通过打开另一个弹出窗口显示所选汽车品牌。

第 30～第 54 行：在页面内容区域创建一个表单，在该表单中添加一个自定义菜单和一个提交按钮。自定义菜单中包含一些汽车品牌，被分成四个选项组。

第 55～第 57 行、第 58～第 61 行：分别创建一个弹出窗口。

在移动设备模拟器中打开网页，对自定义菜单功能进行测试，结果如图 7.14 所示。

图 7.14 创建和应用自定义菜单

7.4.4 创建多项选择菜单

在默认情况下，从本机选择菜单或自定义菜单中都只能选择一个选项。如果要创建多项选择菜单，则需要在 select 元素中同时添加 data-native-menu="false"属性和 multiple 属性。目前，jQuery Mobile 框架只支持在自定义菜单中设置 multiple 属性。

如果在 select 元素中添加了 multiple 属性，则 jQuery Mobile 框架会增强 select 元素，从而生成多项选择菜单，其外观如图 7.15 所示。

图 7.15　多项选择菜单的外观

多项选择菜单具有以下特征。

- 弹出菜单时会创建一个标题元素，其中包含占位符文本和关闭按钮。
- 选择菜单中每个选项的外观与复选框相同，检查标记图标位于右侧。
- 单击菜单中的选项时不会关闭选择菜单小部件。
- 一旦选择了两个或更多项目，按钮内将出现一个计数器元素，显示所选项目总数。
- 每个选定项目的文本将作为列表显示在按钮内。如果按钮不够宽，无法显示整个列表，则会以省略号截断。
- 如果没有选择任何项目，则按钮的文本将默认为占位符文本。
- 如果没有占位符元素，则默认按钮文本将为空白，此时菜单标题中只显示一个关闭按钮。这不是友好的用户体验，建议在使用多项选择菜单时始终指定占位符元素。

例 7.10　使用多项选择菜单创建简易选课系统。源文件为/07/07-10.html，源代码如下。

```
 1: <!doctype html>
 2: <html>
 3: <head>
 4: <meta charset="utf-8">
 5: <meta name="viewport" content="width=device-width, initial-scale=1">
 6: <title>创建多项选择菜单</title>
 7: <link rel="stylesheet" href="http://code.jquery.com/mobile/1.4.5/jquery.mobile-1.4.5.min.css">
 8: <script src="http://code.jquery.com/jquery-2.1.3.min.js"></script>
 9: <script src="http://code.jquery.com/mobile/1.4.5/jquery.mobile-1.4.5.min.js"></script>
10: <script>
11: $( function() {
12:     $("form").submit(function(e) {
13:         var courses=$("#select-custom07-10").val();
14:         if (courses==null) {
15:             $("#popup07-10-a").find("p").html("请选择一门或多门课程！")
16:             .end().popup("open", {positionTo: "select", transition: "flip"});
17:             return false;
18:         }
19:     });
20: });
21: function handle() {
22:     var username=$("#username07-10").val();
23:     $("#popup07-10-b h4").html(username+"的选课结果如下：");
24:     $("#popup07-10-b ul li").remove();
```

```
    25:     var courses=$("#select-custom07-10").val();
    26:     for(var i=0; i<courses.length; i++) {
    27:         $("#popup07-10-b ul").append("<li>"+courses[i]+"</li>")
    28:         .listview("refresh");
    29:     }
    30:     $("#popup07-10-b").popup("open", {positionTo: "h1", transition: "slidedown"});
    31: }
    32: </script>
    33: </head>
    34:
    35: <body>
    36: <div data-role="page" id="page07-10">
    37:     <div data-role="header" data-position="fixed">
    38:         <h1>简易选课系统</h1>
    39:     </div>
    40:     <div role="main" class="ui-content">
    41:         <form method="post" action="javascript:handle();">
    42:             <div class="ui-field-contain">
    43:                 <label for="username07-10">用户名：</label>
    44:                 <input type="text" name="username07-10" id="username07-10" value="" required placeholder
="输入用户名..." data-clear-btn="true">
    45:             </div>
    46:             <div class="ui-field-contain">
    47:                 <label for="select-custom07-10">课程（可以多选）：</label>
    48:                 <select name="select-custom07-10" id="select-custom07-10" data-native-menu="false" multiple>
    49:                     <option value="" data-placeholder="true">选择课程...</option>
    50:                     <option value="PS 图像处理">PS 图像处理</option>
    51:                     <option value="Flash 动画制作">Flash 动画制作</option>
    52:                     <option value="DW 网页设计">DW 网页设计</option>
    53:                     <option value="单片机原理与应用">单片机原理与应用</option>
    54:                     <option value="物联网技术与应用">物联网技术与应用</option>
    55:                 </select>
    56:             </div>
    57:             <p><input type="submit" value="提交"></p>
    58:         </form>
    59:         <div data-role="popup" id="popup07-10-a">
    60:             <p></p>
    61:         </div>
    62:         <div id="popup07-10-b" data-role="popup" data-dismissible="false" class="ui-content">
    63:             <a href="#" data-rel="back" class="ui-btn ui-corner-all ui-shadow ui-btn ui-icon-deleteui-btn-
icon-notext ui-btn-right">关闭</a>
    64:             <h4 class="ui-bar ui-bar-a"></h4>
    65:             <ul data-role="listview" data-inset="true">
    66:             </ul>
    67:         </div>
    68:     </div>
    69:     <div data-role="footer" data-position="fixed">
    70:         <h4>页脚区域</h4>
    71:     </div>
    72: </div>
    73: </body>
    74: </html>
```

源代码分析

第 11～第 20 行：设置文档加载就绪时执行的操作，将一个匿名函数绑定到表单的 submit 事件。当提交表单时，检查是否已经选择了课程，如果尚未选择，则打开弹出窗口，显示提示信息并阻止提交表单。

第 21～第 31 行：定义一个名为 handle 的 JavaScript 函数，当表单提交成功时会执行这个函数，其功能是获取提交的用户名和课程信息，并将课程信息添加到弹出窗口的列表视图中，最终打开这个弹出窗口，展示选课结果。

第 41～第 58 行：在页面内容区域创建一个表单，用于实现简易的选课系统。在这个表单中添加一个文本输入框、一个具有多项选择功能的自定义菜单和一个提交按钮。

第 59～第 61 行：创建一个弹出窗口，用于显示提示信息。

第 62～第 67 行：创建另一个弹出窗口，用于显示选课结果。

在移动设备模拟器中打开网页，对简易选课系统的功能进行测试，结果如图 7.16 所示。

图 7.16　多项选择菜单创建的简易选课系统

7.5 滑块、范围滑块和翻转开关

除了前面介绍的表单控件之外，jQuery Mobile 还提供了另外三个表单控件，即滑块、范围滑块和翻转开关。下面就来介绍这些表单控件的应用。

7.5.1 创建滑块

滑块可以用于沿连续体输入数值，输入过程可以通过拖动手柄来实现，也可以直接在文本框中输入数值。

1．创建基本滑块

如果要在页面中创建滑块小部件，只需要在标准的 input 元素中添加 type="range"属性即可。input 元素的 value 属性值用于配置手柄的起始位置，亦即滑块的初始值，该值同时填充在文本输入框中。滑块的范围可以通过指定 min 和 max 属性值来设置。如果要以特定增量来限制输入，可以设置 step 属性。jQuery Mobile 框架通过解析这些属性来配置滑块小部件。

当拖动滑块的手柄时，框架将更新本机 input 元素的值（反之亦然），以使它们始终保持同步，这样将确保该值与表单一起提交。

添加滑块时，还应当添加标签并设置其 for 属性以匹配 input 元素的 id，使它们在语义上关联起来。如果在页面布局中不需要标签，可以将其隐藏起来，但是由于语义和辅助功能的原因，要求标签存在于源代码中。

在下面的示例中，滑块可接受的变化范围是 100～1000，初始值是 600。

```
<form>
  <div class="ui-field-contain">
    <label for="slider-1">输入滑块：</ label>
    <input type="range" name="slider-1" id="slider-1" value="600" min="100" max="1000">
  </div>
</form>
```

框架将找到所有具有 type="range"的 input 元素，并自动将其增强为带有输入框和手柄的滑块，而不需要设置 data-role 属性。通过上述代码生成的滑块小部件如图 7.17 所示。

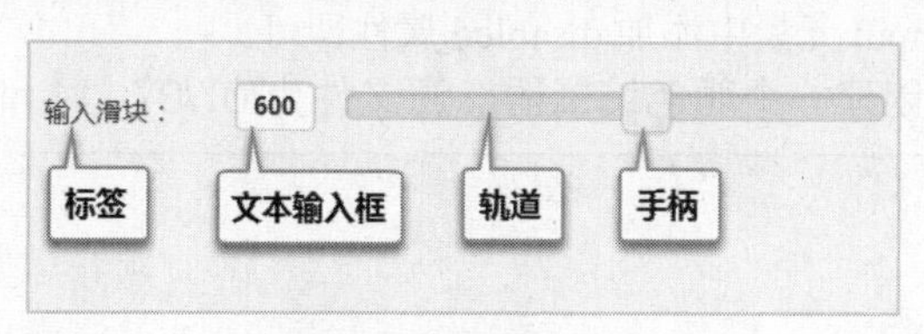

图 7.17　滑块的组成

若要防止将 input 元素自动增强为滑块，可在 input 元素中添加 data-role="none"属性。

2．设置滑块步长

要强制滑块捕捉到特定的增量，可以在 input 元素中添加 step 属性，以设置步长。在默认情况下，步长为 1。

在下面的示例中，滑块输入可接受的范围是 100～1000，初始值是 300，步长是 20。

```
<form>
  <div class="ui-field-contain">
    <label for="slider-2">输入滑块：</ label>
    <input type="range" name="slider-2"id="slider-1" value="300" min="100" max="1000"step="20">
  </div>
</form>
```

这将产生一个以 20 为步长的输入。如果在文本框中输入一个值将使滑块步进到无效的输入（如 123），则该值将被重置为最接近的步长（如 120）。

3．设置滑块高亮填充

要在滑块轨道上手柄位置之前进行高亮填充，可在 input 元素中添加 data-highlight="true"属性。填充将使用活动状态样本。

```
<form>
  <div class="ui-field-contain">
    <label for="slider-fill">输入滑块：</label>
    <input type="range" name="slider-fill" id="slider-fill" value="60" min="0" max="100" data-highlight=
"true">
  </div>
</form>
```

在轨道上进行高亮填充的效果如图 7.18 所示。

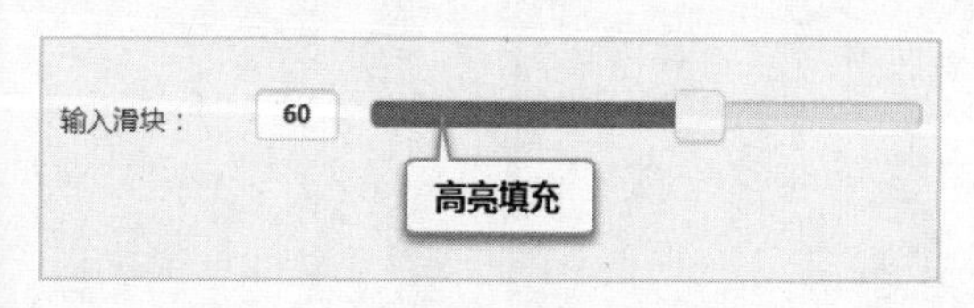

图 7.18　在轨道上进行高亮填充

4．设置显示当前值

除了通过附带的文本框显示当前值之外，还可以通过以下两种方式显示当前值。

- 在手柄内显示当前值：在 input 元素中添加 data-show-value="true"属性。
- 手柄上方显示当前值：在 input 元素中添加 data-popup-enabled="true"属性。

5. 创建微型滑块

要创建微型滑块，可在 input 元素中添加 data-mini="true"属性。

6. 设置滑块主题

要为滑块设置主题样本，可在 input 元素中添加 data-theme 属性，将主题应用于输入框、手柄和轨道。通过在 input 元素中添加 data-track-theme 属性，可以单独设置轨道的样本。

7. 禁用滑块

若要禁用滑块，在 input 元素中添加 disabled 属性即可。

例 7.11　使用滑块创建一个颜色编辑器。源文件为/07/07-11.html，源代码如下。

```
 1: <!doctype html>
 2: <html>
 3: <head>
 4: <meta charset="utf-8">
 5: <meta name="viewport" content="width=device-width, initial-scale=1">
 6: <title>创建滑块</title>
 7: <link rel="stylesheet" href="http://code.jquery.com/mobile/1.4.5/jquery.mobile-1.4.5.min.css">
 8: <script src="http://code.jquery.com/jquery-2.1.3.min.js"></script>
 9: <script src="http://code.jquery.com/mobile/1.4.5/jquery.mobile-1.4.5.min.js"></script>
10: <style>
11: #demo {
12:     width: 60%;
13:     height: 100px;
14:     margin: 0 auto;
15:     background-color: skyblue;
16:     border-radius: 6px;
17:     box-shadow: 6px 6px 6px grey;
18:     font-family: Arial;
19:     font-size: 16px;
20:     text-align: center;
21:     line-height: 100px;
22: }
23: </style>
24: <script>
25: $(function() {
26:     $("input").bind("input propertychange change", function(e) {
27:         var red=$("#slider07-11-a").val();
28:         var green=$("#slider07-11-b").val();
29:         var blue=$("#slider07-11-c").val();
30:         var color="rgb("+red+", "+green+", "+blue+")";
31:         $("#demo").css("background-color", color).text(color);
32:     });
33: });
34: </script>
35: </head>
36:
37: <body>
38: <div data-role="page" id="page07-11">
39:     <div data-role="header" data-position="fixed">
40:         <h1>颜色编辑器</h1>
41:     </div>
42:     <div role="main" class="ui-content">
43:         <div id="demo">
44:         rgb(255, 255, 255)
45:         </div>
```

```
46:         <form>
47:            <div class="ui-field-contain">
48:               <label for="slider07-11-a">红：</label>
49:               <input type="range" name="slider07-11-a" id="slider07-11-a" min="0" max="255" value="255">
50:            </div>
51:            <div class="ui-field-contain">
52:               <label for="slider07-11-b">绿：</label>
53:               <input type="range" name="slider07-11-b" id="slider07-11-b" min="0" max="255" value="255">
54:            </div>
55:            <div class="ui-field-contain">
56:               <label for="slider07-11-c">蓝：</label>
57:               <input type="range" name="slider07-11-c" id="slider07-11-c" min="0" max="255" value="255">
58:            </div>
59:         </form>
60:      </div>
61:      <div data-role="footer" data-position="fixed">
62:         <h4>页脚区域</h4>
63:      </div>
64: </div>
65: </body>
66: </html>
```

源代码分析

第 11～第 22 行：创建一个 CSS 规则，用于设置 id 为 demo 的 div 元素的样式属性。

第 25～第 33 行：设置文档加载就绪时执行的操作，将事件侦测器同时绑定到 input、propertychange 和 change 事件，获取三个滑块设定的颜色分量，用于设置 div 元素的背景色。

第 46～第 59 行：在表单中添加三个滑块，分别用于设置红、绿、蓝三种颜色分量。

在移动设备模拟器中打开网页，对颜色编辑器的功能进行测试，结果如图 7.19 所示。

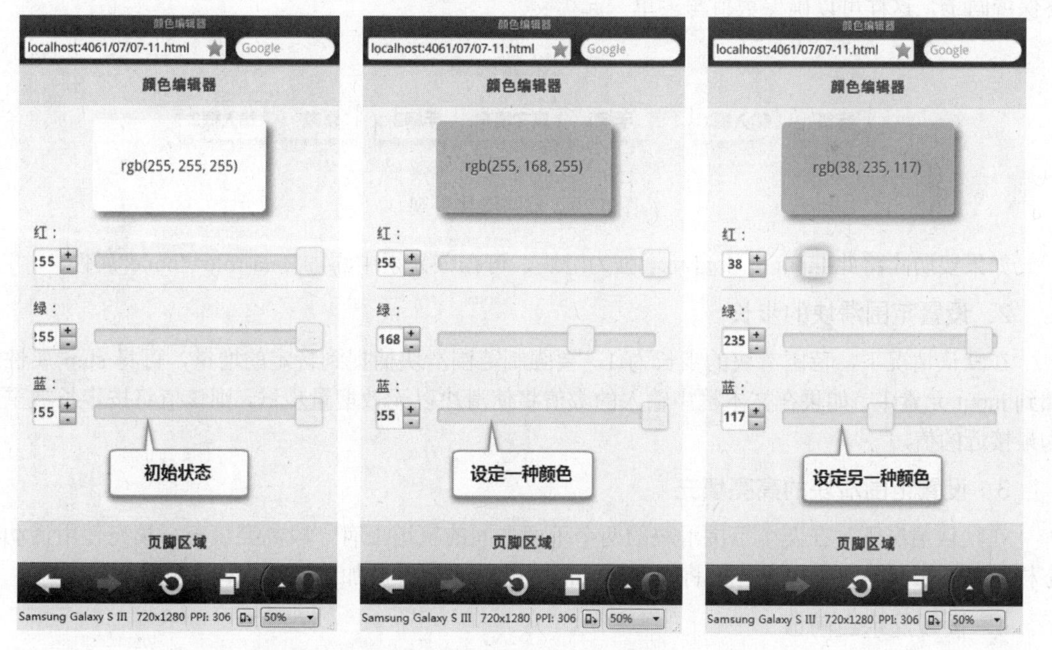

图 7.19　使用滑块创建颜色编辑器

7.5.2　创建范围滑块

范围滑块小部件可以视为是一个带有双手柄的滑块，通过这两个手柄可以沿着轨道设置最小值和最大值，从而确定一个数值范围。

1．创建基本范围滑块

要在页面中创建一个范围滑块小部件，需要添加两个具有 type="range"属性的 input 元素，并且将它们放在具有 data-role="rangeslider"属性的容器中。input 元素的 value 属性值用于定义其初始值，并确定手柄的起始位置，这些值将被填充在相应的文本输入框中，其中第一个值填充在前面的文本框中，第二个值填充在后面的文本框中。范围滑块的取值范围通过 min 和 max 属性值来设置。如果要限制输入到特定增量，可以添加 step 属性。jQuery Mobile 框架将通过解析这些属性来配置范围滑块小部件。

创建范围滑块时，需要添加两个标签并设置其 for 属性，以匹配两个 input 元素的 id，使它们在语义上关联起来。如果在页面布局中不需要标签，则可以将其隐藏起来，但是由于语义和辅助功能的原因，要求标签存在于源代码中。

下面的示例代码用于创建一个范围滑块，其取值范围为 10～100。

```
<form>
  <div data-role="rangeslider">
    <label for="range-1a">范围滑块：</label>
    <input name="range-1a" id="range-1a" min="10" max="600" value="200" type="range">
    <label for="range-1b">范围滑块：</label>
    <input name="range-1b" id="range-1b" min="10" max="600" value="400" type="range">
  </div>
</form>
```

框架将查找所有具有 type="range"属性的 input 元素，并自动将其增强为带有输入框的滑块，而不需要应用 data-role 属性。范围滑块由标签、两个输入框、两个手柄等部分组成，其外观如图 7.20 所示。当拖动范围滑块的手柄时，框架将更新输入框中的数值（反之亦然），以使它们始终保持同步，这样可以确保数值与表单一起提交。

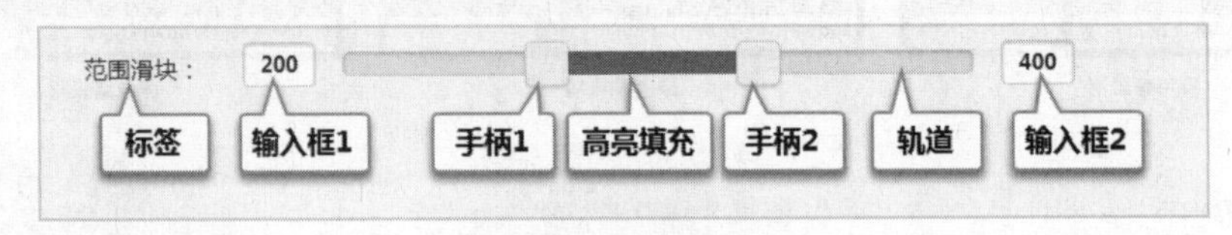

图 7.20　范围滑块外观

如果要防止将此 input 元素自动增强为滑块，可在该元素中添加 data-role="none"属性。

2．设置范围滑块的步长

在默认情况下，范围滑块的步长为 1。要强制范围滑块捕捉到特定的增量，可将 step 属性添加到 input 元素中。如果在文本框中输入的数值将使滑块以无效增量步进，则该值将按步长被重置为最接近的值。

3．设置范围滑块的高亮填充

在默认情况下，在两个范围滑块的两个手柄之间的轨道上有一段高亮填充。填充使用活动状态样本。若要删除高亮填充，可将 data-highlight="false"属性添加到容器 div 元素中。

4．设置显示当前值

除了通过附带的文本框显示当前值之外，还可以通过以下两种方式显示当前值。

- 在手柄内显示当前值：在 input 元素中添加 data-show-value="true"属性。
- 在手柄上方显示当前值：在 input 元素中添加 data-popup-enabled="true"属性。

5．创建微型范围滑块

若要创建微型范围滑块，可将 data-mini="true"属性添加到容器 div 元素中。

6．设置范围滑块的主题

要为范围滑块设置主题样本，可将 data-theme 属性添加到容器 div 元素中。主题将应用于输入框、手柄和滑块。通过添加 data-track-theme 属性可以单独设置轨道的样本。

7．禁用范围滑块

若要禁用范围滑块，则应将 disabled 属性同时添加到两个 input 元素中。

例 7.12　创建和设置范围滑块。源文件为/07/07-12.html，源代码如下。

```
1: <!doctype html>
2: <html>
3: <head>
4: <meta charset="utf-8">
5: <meta name="viewport" content="width=device-width, initial-scale=1">
6: <title>创建范围滑块</title>
7: <link rel="stylesheet" href="http://code.jquery.com/mobile/1.4.5/jquery.mobile-1.4.5.min.css">
8: <script src="http://code.jquery.com/jquery-2.1.3.min.js"></script>
9: <script src="http://code.jquery.com/mobile/1.4.5/jquery.mobile-1.4.5.min.js"></script>
10: </head>
11:
12: <body>
13: <div data-role="page" id="page07-12-a">
14:     <div data-role="header" data-position="fixed">
15:         <h1>创建范围滑块</h1>
16:         <a href="#page07-12-b" class="ui-btn ui-corner-all ui-shadow ui-icon-carat-r ui-btn-icon-right
ui-btn-right">下一页</a> </div>
17:     <div role="main" class="ui-content">
18:         <form>
19:             <div class="ui-field-contain">
20:                 <div data-role="rangeslider">
21:                     <label for="range07-12-a">基本范围滑块：</label>
22:                     <input type="range" name="range07-12-a" id="range07-12-a" min="10" max="600"value=
"200">
23:                     <label for="range07-12-b">范围滑块：</label>
24:                     <input type="range" name="range07-12-b" id="range07-12-b" min="10" max="600"value=
"400">
25:                 </div>
26:             </div>
27:             <div class="ui-field-contain">
28:                 <div data-role="rangeslider" data-highlight="false">
29:                     <label for="range07-12-c">删除高亮填充：</label>
30:                     <input type="range" name="range07-12-c" id="range07-12-c" min="10" max="600"value=
"150">
31:                     <label for="range07-12-d">范围滑块：</label>
32:                     <input type="range" name="range07-12-d" id="range07-12-d" min="10" max="600" value=
"450">
33:                 </div>
34:             </div>
35:             <div class="ui-field-contain">
36:                 <div data-role="rangeslider" data-mini="true">
37:                     <label for="range07-12-e">微型范围滑块：</label>
38:                     <input type="range" name="range07-12-e" id="range07-12-e" min="10" max="600" value=
"200">
39:                     <label for="range07-12-f">范围滑块：</label>
40:                     <input type="range" name="range07-12-f" id="range07-12-f" min="10" max="600" value=
"400">
41:                 </div>
42:             </div>
43:             <div class="ui-field-contain">
44:                 <div data-role="rangeslider">
```

```
45:                  <label for="range07-12-g">禁用范围滑块：</label>
46:                  <input type="range" name="range07-12-g" id="range07-12-g" min="10" max="600" value=
"100" disabled="disabled">
47:                  <label for="range07-12-h">范围滑块：</label>
48:                  <input type="range" name="range07-12-h" id="range07-12-h" min="10" max="600" value=
"500" disabled="disabled">
49:              </div>
50:          </div>
51:      </form>
52:  </div>
53:  <div data-role="footer" data-position="fixed">
54:      <h4>页脚区域</h4>
55:  </div>
56: </div>
57: <div data-role="page" id="page07-12-b">
58:  <div data-role="header" data-add-back-btn="true" data-back-btn-text="返回" data-position="fixed">
59:      <h1>创建范围滑块</h1>
60:  </div>
61:  <div role="main" class="ui-content">
62:      <form>
63:          <div class="ui-field-contain">
64:              <div data-role="rangeslider" data-theme="a" data-track-theme="b">
65:                  <label for="range07-12-i">设置范围滑块主题：</label>
66:                  <input type="range" name="range07-12-i" id="range07-12-i" min="10" max="600"value=
"200">
67:                  <label for="range07-12-j">范围滑块：</label>
68:                  <input type="range" name="range07-12-j" id="range07-12-j" min="10" max="600"value=
"400">
69:              </div>
70:          </div>
71:          <div class="ui-field-contain">
72:              <div data-role="rangeslider" data-highlight="false">
73:                  <label for="range07-12-k">在手柄内显示当前值：</label>
74:                  <input type="range" name="range07-12-k" id="range07-12-k" min="10" max="600"value=
"150" data-show-value="true">
75:                  <label for="range07-12-l">范围滑块：</label>
76:                  <input type="range" name="range07-12-l" id="range07-12-m" min="10" max="600"value=
"450" data-show-value="true">
77:              </div>
78:          </div>
79:          <div class="ui-field-contain">
80:              <div data-role="rangeslider">
81:                  <label for="range07-12-m">在手柄上方显示当前值：</label>
82:                  <input type="range" name="range07-12-m" id="range07-12-m" min="10" max="600"value=
"200" data-popup-enabled="true">
83:                  <label for="range07-12-n">范围滑块：</label>
84:                  <input type="range" name="range07-12-n" id="range07-12-n" min="10" max="600"value=
"400" data-popup-enabled="true">
85:              </div>
86:          </div>
87:          <div class="ui-field-contain">
88:              <div data-role="rangeslider" data-mini="true">
89:                  <label for="range07-12-g">禁用微型范围滑块：</label>
90:                  <input type="range" name="range07-12-g" id="range07-12-g" min="10" max="600"value=
"100" disabled="disabled">
91:                  <label for="range07-12-h">范围滑块：</label>
92:                  <input type="range" name="range07-12-h" id="range07-12-h" min="10" max="600"value=
"500" disabled="disabled">
93:              </div>
```

```
94:            </div>
95:        </form>
96:    </div>
97:    <div data-role="footer" data-position="fixed">
98:        <h4>页脚区域</h4>
99:    </div>
100: </div>
101: </body>
102: </html>
```

源代码分析

第 13～第 56 行：在文档中创建第一个页面，在该页内容区域创建基本范围滑块、删除高亮填充的范围滑块、微型范围滑块和被禁用的范围滑块。

第 57～第 100 行：创建第二个页面，在该页内容区域创建设置主题的范围滑块、在手柄内显示当前值的范围滑块、在手柄上方显示当前值的范围滑块和被禁用的微型范围滑块。

在移动设备模拟器中打开网页，对两个页面上的范围滑块进行测试，结果如图 7.21 所示。

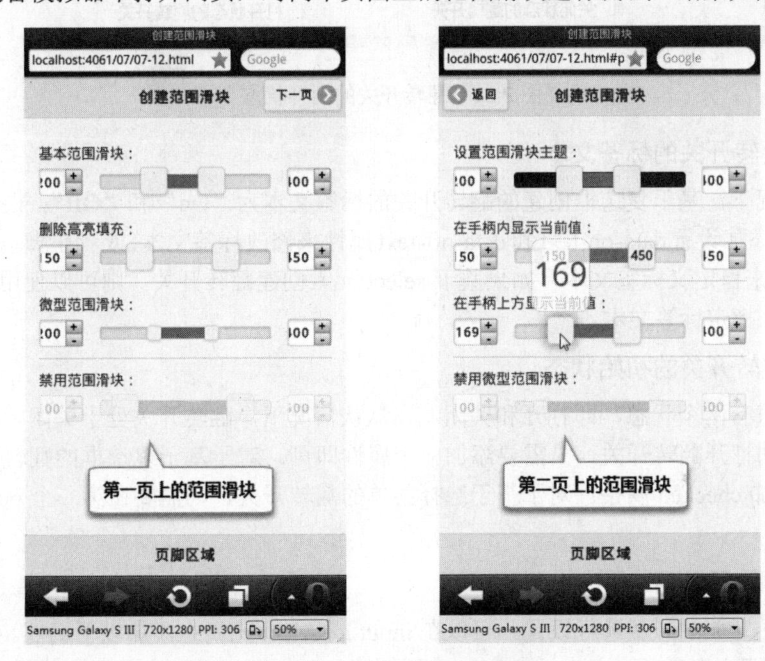

图 7.21　创建和设置范围滑块

7.5.3 创建翻转开关

翻转开关是复选框或双选项选择菜单的替代选择。翻转开关有两种状态，可以通过单击或滑动来切换。

1. 创建翻转开关

要创建一个翻转开关，可在复选框类型的 input 元素或具有两个选项值的 select 元素中添加 data-role="flipswitch"属性。

在下面的示例中，分别基于复选框和双选项选择菜单创建了一个翻转开关。

```
<form>
  <div class="ui-field-contain">
    <label for="flip-checkbox-1">翻转开关复选框：</label>
    <input type="checkbox" data-role="flipswitch" name="flip-checkbox-1" id="flip-checkbox-1">
  </div>
```

```
    <div data-role="fieldcontain">
      <label for="select-flipswitch-1">翻转开关选择：</label>
      <select id="select-flipswitch-1" data-role="flipswitch">
        <option value="leave">Bye</option>
        <option value="arrive">Hi</option>
      </select>
    </div>
</form>
```

使用复选框和双选项选择菜单创建的翻转开关在外观上并没有什么区别，它们的显示效果如图 7.21 所示。

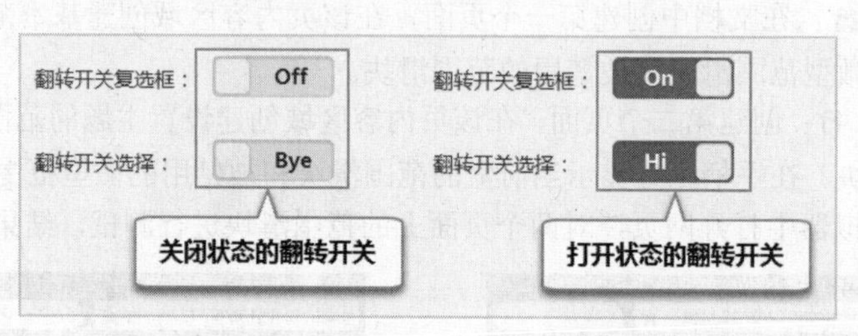

图 7.21　翻转开关的两种状态

2. 设置翻转开关的标签文本

在默认情况下，基于复选框创建的翻转开关的标签文本为"On"和"Off"。根据需要，可以在 input 元素中添加设置 data-on-text 和 data-off-text 属性来修改标签文本，或者在脚本中使用 onText 和 offText 选项来自定义标签文本，如果基于 select 元素创建翻转开关，则可以使用前两个 option 元素内的文本来指定标签文本。

3. 设置翻转开关的初始状态

翻转开关只有两个状态，即打开和关闭。在默认情况下，翻转开关处于关闭状态。如果希望页面加载后自动打开翻转开关，只需要添加一个属性即可。对于基于复选框的翻转开关，可以在 input 元素中添加 checked 属性；对于基于选择菜单的翻转开关，则需要在第二个 option 元素中添加 selected 属性。

4. 设置翻转开关的外观

若要对翻转开关的外观进行设置，可以在 input 或 select 元素中添加以下属性。

- 设置翻转开关的主题：添加 data-theme 属性。
- 创建微型翻转开关：添加 data-mini="true"属性。
- 移除圆角效果：添加 data-corners="false"属性。

5. 禁用翻转开关

若要禁用翻转开关，在 input 或 select 元素中添加 disabled="disabled"属性即可。

例 7.13　基于复选框或选择菜单创建翻转开关。源文件为/07/07-13.html，源代码如下。

```
1: <!doctype html>
2: <html>
3: <head>
4: <meta charset="utf-8">
5: <meta name="viewport" content="width=device-width, initial-scale=1">
6: <title>创建翻转开关</title>
7: <link rel="stylesheet" href="http://code.jquery.com/mobile/1.4.5/jquery.mobile-1.4.5.min.css">
8: <script src="http://code.jquery.com/jquery-2.1.3.min.js"></script>
9: <script src="http://code.jquery.com/mobile/1.4.5/jquery.mobile-1.4.5.min.js"></script>
```

```
10: </head>
11:
12: <body>
13: <div data-role="page" id="page07-13-a">
14:     <div data-role="header" data-position="fixed">
15:         <h1>复选框翻转开关</h1>
16:         <a href="#page07-13-b" class="ui-btn ui-corner-all ui-shadow ui-icon-carat-r ui-btn-icon-rightui-btn
-right">下一页</a>
17:     </div>
18:     <div role="main" class="ui-content">
19:         <form>
20:             <div class="ui-field-contain">
21:                 <label for="flipswitch07-13-a">基本翻转开关：</label>
22:                 <input type="checkbox" data-role="flipswitch" name="flipswitch07-13-a"id="flipswitch07
-13-a">
23:             </div>
24:             <div class="ui-field-contain">
25:                 <label for="flipswitch07-13-b">设置翻转开关的标签：</label>
26:                 <input type="checkbox" data-role="flipswitch" name="flipswitch07-13-b" id="flipswitch
07-13-b" data-on-text="打开" data-off-text="关闭">
27:             </div>
28:             <div class="ui-field-contain">
29:                 <label for="flipswitch07-13-c">设置翻转开关的初始状态：</label>
30:                 <input type="checkbox" data-role="flipswitch" name="flipswitch07-13-c"id="flipswitch07-
13-c" data-on-text="打开" data-off-text="关闭" checked="checked">
31:             </div>
32:             <div class="ui-field-contain">
33:                 <label for="flipswitch07-13-d">设置翻转开关的主题：</label>
34:                 <input type="checkbox" data-role="flipswitch" name="flipswitch07-13-d"id="flipswitch07-
13-d" data-on-text="打开" data-off-text="关闭" data-theme="b">
35:             </div>
36:             <div class="ui-field-contain">
37:                 <label for="flipswitch07-13-e">禁用翻转开关：</label>
38:                 <input type="checkbox" data-role="flipswitch" name="flipswitch07-13-e"id=" flipswitch07-13-
e" data-on-text="打开" data-off-text="关闭" disabled="disabled">
39:             </div>
40:             <div class="ui-field-contain">
41:                 <label for="flipswitch07-13-e">微型翻转开关：</label>
42:                 <input type="checkbox" data-role="flipswitch" name="flipswitch07-13-c"id="flipswitch07-13-
e" data-on-text="打开" data-off-text="关闭" data-mini="true">
43:             </div>
44:         </form>
45:     </div>
46:     <div data-role="footer" data-position="fixed">
47:         <h4>页脚区域</h4>
48:     </div>
49: </div>
50: <div data-role="page" id="page07-13-b">
51:     <div data-role="header" data-add-back-btn="true" data-back-btn-text="返回" data-position="fixed">
52:         <h1>选择菜单翻转开关</h1>
53:     </div>
54:     <div role="main" class="ui-content">
55:         <form>
56:             <div class="ui-field-contain">
57:                 <label for="flipswitch07-13-f">基本翻转开关：</label>
58:                 <select name=="flipswitch07-13-f" id="flipswitch07-13-f" data-role="flipswitch">
59:                     <option value="Off">Off</option>
60:                     <option value="On">On</option>
61:                 </select>
62:             </div>
```

```
63:            <div class="ui-field-contain">
64:              <label for="flipswitch07-13-g">设置翻转开关的标签：</label>
65:              <select name="flipswitch07-13-g" id="flipswitch07-13-g" data-role="flipswitch">
66:                <option value="Off">关闭</option>
67:                <option value="On">打开</option>
68:              </select>
69:            </div>
70:            <div class="ui-field-contain">
71:              <label for="flipswitch07-13-h">设置翻转开关的初始状态：</label>
72:              <select name="flipswitch07-13-h" id="flipswitch07-13-h" data-role="flipswitch">
73:                <option value="Off">关闭</option>
74:                <option value="On" selected="selected">打开</option>
75:              </select>
76:            </div>
77:            <div class="ui-field-contain">
78:              <label for="flipswitch07-13-i">设置翻转开关的主题：</label>
79:              <select name="flipswitch07-13-i" id="flipswitch07-13-i" data-role="flipswitch"data-theme=
"b">
80:                <option value="Off">关闭</option>
81:                <option value="On">打开</option>
82:              </select>
83:            </div>
84:            <div class="ui-field-contain">
85:              <label for="flipswitch07-13-i">禁用翻转开关：</label>
86:              <select name="flipswitch07-13-j" id="flipswitch07-13-j" data-role="flipswitch"disabled=
"disabled">
87:                <option value="Off">关闭</option>
88:                <option value="On">打开</option>
89:              </select>
90:            </div>
91:            <div class="ui-field-contain">
92:              <label for="flipswitch07-13-k">微型翻转开关：</label>
93:              <select name="flipswitch07-13-k" id="flipswitch07-13-k" data-role="flipswitch"data-mini=
"true">
94:                <option value="Off">关闭</option>
95:                <option value="On">打开</option>
96:              </select>
97:            </div>
98:          </form>
99:        </div>
100:     <div data-role="footer" data-position="fixed">
101:       <h4>页脚区域</h4>
102:     </div>
103: </div>
104: </body>
105: </html>
```

源代码分析

第 13～第 49 行：在文档中创建第一个页面，在该页内容区域基于复选框创建六个翻转开关，包括基本翻转开关、自定义标签的翻转开关、设置初始状态的翻转开关、设置主题的翻转开关、被禁用的翻转开关以及微型翻转开关。

第 50～第 103 行：在文档中创建第二个页面，在该页内容区域基于选择菜单创建六个翻转开关，包括基本翻转开关、自定义标签的翻转开关、设置初始状态的翻转开关、设置主题的翻转开关、被禁用的翻转开关以及微型翻转开关。

在移动设备模拟器中打开网页，在第一页测试基于复选框创建的翻转开关，然后进入第二页，在此页测试基于选择菜单创建的翻转开关，结果如图 7.22 所示。

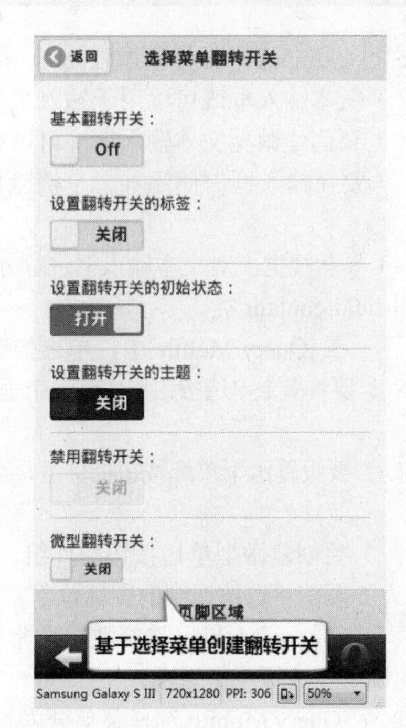

图 7.22 基于复选框或选择菜单创建翻转菜单

习题 7

一、选择题

1．要指定提交表单时向何处发送表单数据，可对 form 元素设置（ ）属性。

A．enctype B．method C．target D．action

2．在以下输入类型中，（ ）不是 HTML5 新增的。

A．text B．color C．date D．email

3．要规定必须在提交表单之前填写输入字段，则应在 input 元素中添加（ ）属性。

A．accept B．autofocus C．checked D．required

4．要规定帮助用户填写输入字段的提示信息，可在 input 元素中设置（ ）属性。

A．pattern B．title C．placeholder D．value

二、判断题

1．（ ）构建 jQuery Mobile 表单时，要求表单控件的 id 属性在给定页面上是唯一的，在站点中的所有页面中不必是唯一的。

2．（ ）创建表单时，可以使用 label 元素为相关的表单控件添加说明性标签，并且标签元素的 for 属性设置为要绑定表单元素的 id 属性值。

3．（ ）建表单时，可以使用 fieldset 元素对相关表单控件分组以形成字段集，在 fieldset 元素的开头位置可以添加一个 legend 元素，用来设置表单控件组的标题。

4．（ ）表单的 action 属性指定当提交表单时向何处发送表单数据。action 属性可以设置为位于服务器上的某个动态网页（例如 ASP 或 PHP 等）的 URL，也可以直接设置为一个 JavaScript 函数名。

5．（ ）文本输入框和文本区域使用标准的 HTML input 和 textarea 元素进行编码，并由

jQuery Mobile 的 textinput 小部件来增强。

6.（　　）文本输入框既可以用于输入单行文字，也可以用于输入多行文字。

7.（　　）要创建微型文本输入框，可以在 input 元素中添加 data-mini="true"属性。

8.（　　）要在输入框右侧添加一个清除按钮，可在 input 元素中添加 data-clear-btn="false"属性。

9.（　　）要从视觉上对文本输入框进行分组，可使用一个容器来包装文本输入框和标签并对该容器应用 ui-field-contain 类。

10.（　　）在 jQuery Mobile 中，单选按钮和复选框都被 checkboxradio 小部件增强。

11.（　　）要将多个单选按钮集成到一个垂直控件组中，可在容器中添加 data-role="controlgroup"属性。

12.（　　）要设置水平单选按钮控件组，可在字段集容器（fieldset）中添加 data-type="vertical"属性。

13.（　　）要创建微型单选按钮控件组，可在字段集容器中添加 data-mini="true"属性。

14.（　　）要使单选按钮中的图标位于右侧，可在控件组中添加 data-iconpos="right"属性。

15.（　　）jQuery Mobile 选择菜单通常呈现为一个选择按钮，当单击选择按钮时将打开选择菜单，只允许从中选择一个选项。

16.（　　）jQuery Mobile 选择菜单分为本机选择菜单和自定义选择菜单两种形式。

17.（　　）如果要规定在页面加载时预先选定选择菜单中的特定选项，可以在相应的 option 选项中添加 selected="selected"属性。

三、简答题

1. 如何创建标准文本框？

2. 如何创建密码输入框？

3. 如何创建电子邮件地址输入框？

4. 如何创建文本区域？

5. 如何创建单选按钮组？

6. 如何创建复选框？

7. 如何创建提交按钮？

8. 如何创建本机选择菜单？

9. 如何创建自定义菜单？

10. 如何创建多项选择菜单？

11. 如何创建滑块？

12. 如何创建范围滑块？

13. 如何创建翻转开关？

上机操作 7

1. 编写一个 jQuery Mobile 移动网页，要求在文档中创建一个页面，在页面内容区域创建一个表单，用于填写个人信息；通过 JavaScript 函数将提交的信息显示在页面上。

2. 编写一个 jQuery Mobile 移动网页，要求在文档中创建一个页面，在页面内容区域中创建一个表单，在该表单中创建标准文本输入框、微型文本输入框、在文本输入框中添加清除按钮、对文本输入分组。

3．编写一个 jQuery Mobile 移动网页，要求在文档中创建一个页面，在页面内容区域添加一个表单，在表单中添加各种类型的输入框，包括标准文本输入框、搜索框、数字输入框、日期输入框、月份输入框、星期输入框、时间输入框、日期时间输入框、本地日期时间输入框、电话号码输入框、电子邮件地址输入框、密码输入框、颜色输入框以及文件输入框。

4．编写一个 jQuery Mobile 移动网页，要求在文档中创建一个页面，在页面内容区域中创建一个表单，在该表单中添加各种表单控件，用于输入用户名（标准文本框）、电子邮件地址（电子邮件地址输入框）和简历（文本区域）；添加一个提交按钮，用于提交表单数据。通过 JavaScript 函数接受表单数据，并打开一个弹出窗口来显示提交的数据。

5．编写一个 jQuery Mobile 移动网页，要求在文档中创建一个页面，在页面内容区域中创建一个表单，在该表单中添加各种表单控件，用于输入用户名（标准文本框）、性别（单选按钮组）电子邮件地址（电子邮件地址输入框）；添加一个提交按钮，用于提交表单数据。通过 JavaScript 函数接受表单数据，并打开一个弹出窗口来显示提交的数据。

6．编写一个 jQuery Mobile 移动网页，要求在文档中创建一个页面，在页面内容区域中创建一个表单，在该表单中添加各种表单控件，用于输入用户名（标准文本框）、性别（单选按钮组）电子邮件地址（电子邮件地址输入框）、业余爱好（水平复选框控件组）；添加一个提交按钮，用于提交表单数据。通过 JavaScript 函数接受表单数据，并打开一个弹出窗口来显示提交的数据。

7．编写一个 jQuery Mobile 移动网页，要求在文档中创建一个页面，在页面内容区域中创建一个表单，在该表单中添加各种表单控件，用于输入用户名（标准文本输入框）、选择课程（多项选择自定义菜单）；添加一个提交按钮，用于提交表单数据；通过 JavaScript 函数接受表单数据，并打开一个弹出窗口来显示提交的用户名和课程信息。

jQuery Mobile 事件

jQuery Mobile 移动网页上会发生各种各样的事件，例如与浏览器或表单相关的事件，这些事件可以像常规网页一样进行处理。为了方便移动开发，jQuery Mobile 在 JavaScript 内建事件的基础上设计了更多的事件类型，例如与页面创建、加载、显示和切换相关的事件，与各种小部件相关的事件等。通过移动页面构建用户界面，然后利用 jQuery Mobile 事件处理程序来实现移动应用的各种功能，这正是移动开发中的关键所在。本章讨论如何处理各种 jQuery Mobile 事件，主要内容包括页面事件、触摸事件、用户操作事件以及虚拟鼠标事件等。

8.1 页面事件

页面是 jQuery Mobile 移动网页架构中的基本单元。一个移动网页包含的多个页面可以使用页面容器（pagecontainer）来管理。页面和页面容器拥有一些类似的事件，可以分为初始化、页面加载、页面切换以及页面改变等类型，在这里一并加以讨论。

8.1.1 初始化事件

初始化事件是指加载 jQuery Mobile 库、创建页面容器和页面时发生的事件。这些事件通常可以用于完成一些准备工作，例如设置全局配置选项、打开数据库、动态创建小部件或者设置小部件的选项等。

1. mobileinit 事件

mobileinit 事件指示 jQuery Mobile 已经完成加载。该事件在 jQuery Mobile 加载完毕之后，起始页面开始增强之前被触发。因此，通过该事件的处理程序可以修改 jQuery Mobile 的全局配置选项和所有小部件的默认选项值。

mobileinit 事件是作为库加载过程的一部分触发的，因此必须在加载 jQuery Mobile 之前将处理程序绑定到 mobileinit 事件上。为此，应在加载 jQuery 的 script 标签之后、加载 jQuery Mobile 的 script 标签之前放置一个 script 标签并在其中绑定 mobileinit 事件，脚本代码如下：

```
<script src="http://code.jquery.com/jquery-2.1.3.min.js"></script>
```

```
<script>
$(document).on("mobileinit", function() {
  //在此添加要执行的初化代码.
});
</script>
<script src="http://code.jquery.com/mobile/1.4.5/jquery.mobile-1.4.5.min.js"></script>
```

2．pagebeforecreate 事件

pagebeforecreate 是页面小部件的一个事件，该事件在大多数插件自动初始化发生之前、正在初始化的页面上触发。如果通过处理程序返回 false 值，则不会创建页面。

使用指定的 beforecreate 回调函数初始化页面：

```
$(".selector").page({
  beforecreate: function( event, ui ) {. . .}
});
```

将事件侦测器绑定到 pagebeforecreate 事件上：

```
$(document).on("pagebeforecreate", function(event, ui) {
  . . .
});
```

其中，参数 event 为 Event 类型；参数 ui 为对象类型，该对象虽然为空，但包含与其他事件的一致性。

4．pagecontainercreate 事件

页面容器小部件用于管理同一个文档中包含的多个页面组成的集合。当创建页面容器时会触发 pagecontainercreate 事件。

使用指定的 create 回调函数初始化页面容器：

```
$(".selector").pagecontainer( {
  create: function(event, ui) { . . . }
});
```

将事件侦测器绑定到 pagecontainercreate 事件上：

```
$(document).on("pagecontainercreate", function(event, ui) {
  . . .
});
```

其中，参数 event 为 Event 类型；参数 ui 为对象类型，该对象虽然为空，但包含与其他事件的一致性。

4．pagecreate 事件

pagecreate 也是页面小部件的一个事件。当在 DOM 中创建页面（通过 ajax 或其他方式）并在所有小部件都有机会增强所包含的标记之后触发该事件。

将事件侦测器绑定到 pagecreate 事件上：

```
$(document).on("pagecreate", function(event, ui){
  . . .
});
```

5．pageinit 事件

pageinit 事件在页面初始化之后触发。建议在移动网页中绑定到 pageinit 事件上而不是 DOM ready()，因为无论页面是直接加载还是将内容作为 Ajax 导航系统的一部分拉入另一个页面，使用 DOM ready()都是无效的。

将事件侦测器绑定到 pageinit 事件上：

```
$(document).on("pageinit", function(event, ui) {
```

```
    ...
});
```

注意

在一个 jQuery Mobile 移动网页中，pagecontainercreate 事件由页面容器触发，只会发生一次；pagebeforecreate、pagecreate 和 pageinit 事件则会针对每个页面发生一次。

例 8.1　初始化事件应用。源文件为/08/08-01.html，源代码如下。

```
 1: <!doctype html>
 2: <html>
 3: <head>
 4: <meta charset="utf-8">
 5: <meta name="viewport" content="width=device-width, initial-scale=1">
 6: <title>页面初始化事件</title>
 7: <link rel="stylesheet" href="http://code.jquery.com/mobile/1.4.5/jquery.mobile-1.4.5.min.css">
 8: <script src="http://code.jquery.com/jquery-2.1.3.min.js"></script>
 9: <script>
10: $( document ).on( "mobileinit", function() {
11:     $.mobile.toolbar.prototype.options.addBackBtn=true;
12:     $.mobile.toolbar.prototype.options.backBtnText="返回";
13: });
14: </script>
15: <script src="http://code.jquery.com/mobile/1.4.5/jquery.mobile-1.4.5.min.js"></script>
16: <style>
17: [role='main'] h2 {
18:     font-size: 16px;
19:     margin-bottom: 2em;
20: }
21: </style>
22: <script>
23: function timeStamp2String(timeStamp) {
24:     var datetime = new Date();
25:     datetime.setTime(timeStamp);
26:     var year=datetime.getFullYear();
27:     var month=datetime.getMonth()+1;
28:     var date=datetime.getDate();
29:     var hour=datetime.getHours();
30:     var minute=(datetime.getMinutes()<10 ? "0"+datetime.getMinutes() : datetime.getMinutes());
31:     var second=(datetime.getSeconds()<10 ? "0"+datetime.getSeconds() : datetime.getSeconds());
32:     var mseconds=datetime.getMilliseconds();
33:     return year+"年"+month+"月"+date+"日 "+hour+":"+minute+":"+second+"."+mseconds;
34: };
35: $(document).on("pageinit pagecreate pagebeforecreate pagecontainercreate", function(e, ui) {
36:     if(!$(".ui-listview").length) {
37:         $("div[role='main'] p").after("<h2>触发了以下页面事件：</h2>");
38:         $("ol").listview();
39:     }
40:     var li="<li><h4>事件："+e.type+"</h4><p>目标元素："
41:     +e.target.tagName.toLowerCase()+"#"+e.target.id+"</p><p>触发时间："
42:     +timeStamp2String(e.timeStamp)+"</p></li>";
43:     $("#"+e.target.id+" ol").append(li)
44:     .listview("refresh");
45: });
46: </script>
47: </head>
48:
49: <body id="body1">
50: <div data-role="page" id="page08-01-a">
51:     <div data-role="header" data-position="fixed">
```

```
52:         <h1>页面初始化事件</h1>
53:         <a href="#page08-01-b" class="ui-btn ui-corner-all ui-shadow ui-icon-carat-r ui-btn-icon-right
ui-btn-right">下一页</a> </div>
54:     <div role="main" class="ui-content">
55:         <p>第一页</p>
56:         <ol data-role="listview">
57:         </ol>
58:     </div>
59:     <div data-role="footer" data-position="fixed">
60:         <h4>页脚区域</h4>
61:     </div>
62: </div>
63: <div data-role="page" id="page08-01-b">
64:     <div data-role="header" data-position="fixed">
65:         <h1>页面初始化事件</h1>
66:     </div>
67:     <div role="main" class="ui-content">
68:         <p>第二页</p>
69:         <ol data-role="listview">
70:         </ol>
71:     </div>
72:     <div data-role="footer" data-position="fixed">
73:         <h4>页脚区域</h4>
74:     </div>
75: </div>
76: </body>
77: </html>
```

源代码分析

第 10～第 13 行：在加载 jQuery 之后、加载 jQuery Mobile 之前，将事件侦测器绑定到 mobileinit 事件上，设置了两个全局配置选项，指定在页眉工具栏中显示“返回”按钮。

第 23～第 34 行：定义了一个名为 timeStamp2String 的 JavaScript 函数，其功能是将时间戳转换为相应的日期时间值。

第 35～第 45 行：将事件侦测器同时绑定到 pageinit、pagecreate、pagebeforecreate 和 pagecontainercreate 事件上，通过处理函数的第一个参数 e 获取引发事件的目标元素的标签名称和 id 属性值，以及事件类型和事件的发生时间，并将这些信息填写到动态创建的列表视图中。pagecontainercreate 事件的信息将同时写入两个页面，其他事件的信息则仅仅写入触发事件的那个页面。

在移动设备模拟器中打开网页，可看到在第一页上发生的事件依次为 pagecontainercreate、pagebeforecreate、pagecreate 和 pageinit 事件，在第二页上发生的事件依然是这些事件，其中 pagecontainercreate 事件发生的时间与第一页上同名事件发生的时间完全相同，这说明完全是同一个事件，其他事件发生的时间则不同于第一页上的同名事件，结果如图 8.1 所示。

8.1.2 页面加载事件

此类事件发生在外部页面加载时、卸载时或遭遇失败时。无论将外部页面何时载入 DOM 都将触发以下事件：加载之前触发 pagebeforeload 和 pagecontainerbeforeload 事件，加载成功时触发 pageload 和 pagecontainerload 事件，加载失败时触发 pageloadfailed 和 pagecontainerloadfailed 事件。

1. pagebeforeload 和 pagecontainerbeforeload 事件

这两个事件在进行任何加载请求之前触发。绑定这些事件的代码如下：

```
$(document).on("pagebeforeload", function(event, ui) {...});
$(document).on("pagecontainerbeforeload", function(event, ui) {...});
```

其中，参数 event 为事件对象类型；参数 ui 为对象类型，其中包含以下属性。

图 8.1　初始化事件应用

- url：字符串类型，由调用者传递给 load()的绝对网址或相对网址。
- absUrl：字符串类型，表示绝对网址。如果 url 是相对的，则会针对用于加载当前活动页面的 URL 进行解析。
- dataUrl：字符串类型，当识别页面并在页面激活时更新浏览器位置时使用的过滤版本的 absUrl。
- toPage：字符串类型，包含正在加载的 URL 的字符串。
- prevPage：jQuery 类型，包含来源页面 DOM 元素的 jQuery 集合对象。
- deferred：Deferred 类型，在内容加载完成后被推迟解决或拒绝。
- options：对象类型，此对象包含传递给 load()的选项。

在绑定到 pagecontainerbeforeload 事件的回调函数中，可以调用事件对象的 preventDefault()方法来处理加载请求，用于取消事件的默认动作。

注意

在 jQuery Mobile 1.4.0 中，pagebeforeload 事件和 pagecontainerbeforeload 事件是相同的，它们除了名称不同之外，触发目标元素和触发时间也有所不同，前者在页面上触发（时间在前），而后者在页面容器上触发（时间在后）。

2．pageload 和 pagecontainerload 事件

这两个事件在页面成功加载并插入 DOM 后触发。绑定这些事件的代码如下：

```
$(document).on("pageload", function(event, ui) {...});
$(document).on("pagecontainerload", function(event, ui) {...});
```

其中，参数 event 为 Event 类型；参数 ui 为对象类型，该对象包含以下属性。

- url：字符串类型，由调用者传递给 load()的绝对网址或相对网址。
- absUrl：字符串类型，表示绝对网址。如果 url 是相对的，则会针对用于加载当前活动页面的 URL 进行解析。
- dataUrl：字符串类型，当识别页面并在页面激活时更新浏览器位置时使用的过滤版本的 absUrl。
- options：对象类型，此对象包含传递给 load()的选项。
- xhr：表示尝试加载页面时使用的 jQuery XMLHttpRequest 对象，它是作为框架的$.ajax()成功回调函数的第三个参数传递的。
- textStatus：字符串类型，这是描述状态的字符串，它是作为框架的$.ajax()错误回调函数的第二个参数传递的，它也可能是 null。
- toPage：jQuery 类型，包含目标页面 DOM 元素的 jQuery 集合对象。
- prevPage：jQuery 类型，包含处于分离状态的来源页面 DOM 元素的 jQuery 集合对象。

注意

在 jQuery Mobile 1.4.0 中，pageload 事件和 pagecontainerload 事件是相同的，它们除了名称不同之外，触发目标元素和触发时间也有所不同，前者在页面上触发（时间在前），而后者在页面容器上触发（时间在后）。

3．pageloadfailed 和 pagecontainerloadfailed 事件

如果外部页面加载请求失败，则触发这两个事件。绑定这些事件的代码如下：

```
$(document).on("pageloadfailed", function(event, ui) {...})
$(document).on("pagecontainerloadfailed", function(event, ui) {...})
```

其中，参数 event 为 Event 类型；参数 ui 为对象类型，该对象包含以下属性。

- url：字符串类型，由调用者传递给 load()的绝对网址或相对网址。
- absUrl：字符串类型，表示绝对网址。如果 url 是相对的，则会针对用于加载当前活动页面的 URL 进行解析。
- dataUrl：字符串类型，当识别页面并在页面激活时更新浏览器位置时使用的过滤版本的 absUrl。
- toPage：字符串类型，包含尝试加载的 URL 的字符串。
- prevPage：jQuery 类型，包含来源页面 DOM 元素的 jQuery 集合对象。
- deferred：Deferred 类型，对 event 调用 preventDefault()的回调函数必须在此对象上调用 resolve()或 reject()，以使 change()请求恢复处理。
- options：对象类型，此对象包含传递给 load()的选项。
- xhr：表示尝试加载页面时使用的 jQuery XMLHttpRequest 对象，它是作为框架的$.ajax()错误回调函数的第一个参数传递的。
- textStatus：字符串类型，其可能值为“timeout”、“error”、“abort”和“parsererror”，也可能是 null。它是作为框架的$.ajax()错误回调函数的第二个参数传递的。
- errorThrown：字符串或对象类型。如果页面加载请求失败，则该属性是一个异常对象；如果发生了 HTTP 错误，则其值被设置为 HTTP 状态的文本部分；否则将为 null。它是作为框架的$.ajax()错误回调函数的第三个参数传递的。

在默认情况下，在分派 pagecontainerloadfailed 事件后，框架将会显示页面失败的消息，并在事件的 ui 参数中包含的 deferred 对象上调用 reject()。回调函数可通过在事件对象上调用

preventDefault()来阻止默认动作的执行。

注意

在 jQuery Mobile 1.4.0 中，pageloadfailed 事件和 pagecontainerloadfailed 事件是相同的，它们除了名称不同之外，触发目标元素和触发时间也有所不同，前者在页面上触发（时间上在前），而后者在页面容器上触发（时间上在后）。

例 8.2　页面加载事件测试。源文件为/08/08-02.html，源代码如下。

```
 1: <!doctype html>
 2: <html>
 3: <head>
 4: <meta charset="utf-8">
 5: <meta name="viewport" content="width=device-width, initial-scale=1">
 6: <title>加载外部页面</title>
 7: <link rel="stylesheet" href="http://code.jquery.com/mobile/1.4.5/jquery.mobile-1.4.5.min.css">
 8: <script src="http://code.jquery.com/jquery-2.1.3.min.js"></script>
 9: <script src="http://code.jquery.com/mobile/1.4.5/jquery.mobile-1.4.5.min.js"></script>
10: <style>
11: [role='main'] p {
12:     text-align: center;
13: }
14: </style>
15: <script>
16: function timeStamp2String (timeStamp){
17:     var datetime = new Date();
18:     datetime.setTime(timeStamp);
19:     var year=datetime.getFullYear();
20:     var month=datetime.getMonth()+1;
21:     var date=datetime.getDate();
22:     var hour=datetime.getHours();
23:     var minute=(datetime.getMinutes()<10?"0"+datetime.getMinutes():datetime.getMinutes());
24:     var second=(datetime.getSeconds()<10?"0"+datetime.getSeconds():datetime.getSeconds());
25:     var mseconds=datetime.getMilliseconds();
26:     return year+"年"+month+"月"+date+"日 "+hour+":"+minute+":"+second+"."+mseconds;
27: }
28:
29: function getDocumentBase(url) {
30:     url=url.split("/");
31:     return url[url.length-1];
32: }
33: $(document).on("pagecontainerbeforeload pagecontainerload pagecontainerloadfailed", function(e, ui) {
34:     var type=e.type;
35:     var toPage=type=="pagecontainerload" ? ui.toPage[0].id : getDocumentBase(ui.toPage);
36:     var prevPage=ui.prevPage[0].id;
37:     var time=timeStamp2String(e.timeStamp);
38:
39:     if(type=="pagecontainerbeforeload") {
40:         $("ul[data-role='listview'] li").remove();
41:     }
42:
43:     li="<li data-role='list-divider'>事件类型："+type+"</li>";
44:     $("ul[data-role='listview']").append(li).listview("refresh");
45:
46:     li="<li>"+(type=="pagecontainerload" ? "目标页面：" : "目标网址：")+toPage+"</li>";
47:     $("ul[data-role='listview']").append(li).listview("refresh");
48:
49:     li="<li>来源页面："+prevPage+"</li>";
50:     $("ul[data-role='listview']").append(li).listview("refresh");
```

```
51:
52:     if(type=="pagecontainerloadfailed") {
53:         li="<li>状态文本："+ui.textStatus+"</li>";
54:         $("ul[data-role='listview']").append(li).listview("refresh");
55:     }
56:
57:     li="<li>触发时间："+time+"</li>";
58:     $("ul[data-role='listview']").append(li).listview("refresh");
59: });
60: </script>
61: </head>
62:
63: <body>
64: <div data-role="page" id="page08-02">
65:     <div data-role="header" data-position="fixed">
66:         <h1>加载外部页面事件跟踪</h1>
67:     </div>
68:     <div role="main" class="ui-content">
69:         <p><a href="08-01.html" data-role="button" data-inline="true" data-mini="true">打开一个外部网
页</a>
70:         <a href="nothing.html" data-role="button" data-inline="true" data-mini="true">打开不存在的网页
</a></p>
71:         <ul data-role="listview" data-inset="true">
72:         </ul>
73:     </div>
74:     <div data-role="footer" data-position="fixed">
75:         <h4>页脚区域</h4>
76:     </div>
77: </div>
78: </body>
79: </html>
```

源代码分析

第16～第27行：定义一个名为timeStamp2String的JavaScript函数，其功能是将时间戳转换为日期时间值。

第29～第32行：定义一个名为getDocumentBase的JavaScript函数，其功能是从一个网址中取出文件名。

第33～第59行：将事件侦测器同时绑定到pagecontainerbeforeload pagecontainerload pagecontainerloadfailed三个事件上，在处理函数中利用参数获取事件的相关信息，包括事件类型、目标网址或目标页面DOM元素、来源页面DOM元素，触发时间以及状态文本等，将这些信息填充到视图列表中，并在分隔条中填写事件类型。

第68～第73行：在页面内容区域创建两个链接按钮，分别用于打开一个外部网页和一个不存在的外部网页；在这些按钮下方创建一个空的视图列表，用于填写事件信息。

在Google Chrome浏览器中打开网页，通过单击链接按钮对页面加载事件进行测试，结果如图8.2所示。

8.1.3 页面切换事件

在从一个页面切换到另一个页面时会依次触发以下事件：pagecontainerbeforetransition、pagebeforehide和pagecontainerbeforehide、pagebeforeshow和pagecontainerbeforeshow、pagehide和pagecontainerhide、pagehow和pagecontainershow以及pagecontainertransition事件。了解这些事件的触发时机和事件处理函数的参数，对于移动开发是十分必要的。

1．pagecontainerbeforetransition 事件

pagecontainerbeforetransition 事件在两个页面之间的转换开始之前触发。绑定该事件的代码如下：

```
$(document).on("pagecontainerbeforetransition", function(event, ui) {
    ...
});
```

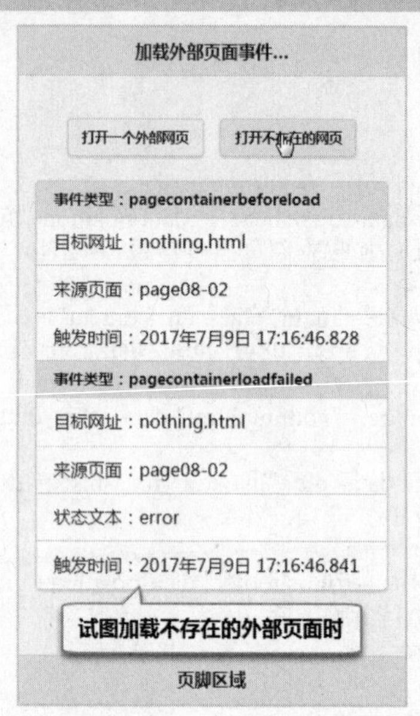

图 8.2　页面加载事件测试

其中，参数 event 为 Event 类型；参数 ui 为对象类型，该对象包含以下属性。

- absUrl：字符串类型，表示绝对网址。如果网址是相对的，则会针对用于加载当前活动页面的网址进行解析。
- options：对象类型，用于当前 change()调用的配置选项。
- toPage：jQuery 类型，包含目标页面 DOM 元素的 jQuery 集合对象。
- prevPage：jQuery 类型，包含来源页面 DOM 元素的 jQuery 集合对象。

2．pagebeforehide 和 pagecontainerbeforehide 事件

这两个事件在实际的切换动画启动之前依次触发。绑定这些事件的代码如下：

```
$(document).on("pagebeforehide", function(event, ui) {...});
$(document).on("pagecontainerbeforehide", function(event, ui) {...});
```

其中，参数 event 为 Event 类型；参数 ui 为对象类型，该对象包含以下属性。

- nextPage：jQuery 类型，包含目标页面 DOM 元素的 jQuery 集合对象。
- toPage：jQuery 类型，包含目标页面 DOM 元素的 jQuery 集合对象。
- prevPage：jQuery 类型，包含来源页面 DOM 元素的 jQuery 集合对象。

上述事件均在切换动画启动之前触发，但触发事件的目标元素不同，pagebeforehide 事件是由正要离开的来源页面（prevPage）触发，pagecontainerbeforehide 事件则是在页面容器触发的。

3．pagebeforeshow 和 pagecontainerbeforeshow 事件

这两个事件在实际的切换动画启动之前依次触发。绑定这些事件的代码如下：

```
$(document).on("pagebeforeshow", function(event, ui) {...});
$(document).on("pagecontainerbeforeshow", function(event, ui) {...});
```

其中，参数 event 为 Event 类型；参数 ui 为对象类型，该对象包含以下属性。

- prevPage：jQuery 类型，包含来源页面 DOM 元素的 jQuery 集合对象。
- toPage：jQuery 类型，包含目标页面 DOM 元素的 jQuery 集合对象。

上述事件均在切换动画启动之前触发，但触发事件的目标元素有所不同，pagebeforeshow 事件是由正在切换的目标页面（toPage）触发的，pagecontainerbeforeshow 事件则是由页面容器触发的。

4．pagehide 和 pagecontainerhide 事件

这两个事件在切换动画完成之后依次触发。绑定这些事件的代码如下：

```
$(document).on("pagehide", function(event, ui) {...});
$(document).on("pagecontainerhide", function(event, ui) {...});
```

其中，参数 event 为 Event 类型；参数 ui 为对象类型，该对象包含以下属性。

- nextPage：jQuery 类型，包含刚刚转换到的页面 DOM 元素的 jQuery 集合对象。
- toPage：jQuery 类型，包含目标页面 DOM 元素的 jQuery 集合对象。
- prevPage：jQuery 类型，包含来源页面 DOM 元素的 jQuery 集合对象。

上述事件均在切换动画完成之后触发，但触发事件的目标元素有所不同，pagehide 事件是由来源页面（prevPage）触发的，pagecontainerhide 事件则是页面容器触发的。此外，启动应用程序时，在第一个页面的切换期间是不会调用这些事件的，因为在此之前并不存在任何活动页面。

5．pagehow 和 pagecontainershow 事件

这两个事件在切换动画完成后之触发。绑定这些事件的代码如下：

```
$(document).on("pagehow", function(event, ui) {...});
$(document).on("pagecontainershow", function(event, ui) {...});
```

其中，参数 event 为 Event 类型；参数 ui 为对象类型，该对象包含以下属性。

- toPage：jQuery 类型，包含目标页面 DOM 元素的 jQuery 集合对象。
- prevPage：jQuery 类型，包含刚刚转换的页面 DOM 元素的 jQuery 集合对象。在应用程序启动期间第一个页面被转换时，这个集合为空。

上述事件均在切换动画完成之后触发，但触发事件的目标元素有所不同，pagehow 事件是由目标页面（toPage）触发的，pagecontainershow 事件则是由页面容器触发的。

6．pagecontainertransition 事件

pagecontainertransition 事件在页面切换完成后触发。绑定该事件的代码如下：

```
$(document).on("pagecontainertransition", function(event, ui) {
  ...
});
```

其中，参数 event 为 Event 类型；参数 ui 为对象类型，该对象包含以下属性。

- absUrl：字符串类型，目标页面的绝对网址。如果网址是相对的，则会针对用于加载当前活动页面的 URL 进行解析。
- options：对象类型，此对象包含传递给 load()的选项。
- toPage：jQuery 类型，该属性表示调用者转换到的页面。它是一个包含页面 DOM 元素的 jQuery 集合对象。
- prevPage：jQuery 类型，包含从页面 DOM 元素的 jQuery 集合对象。

例 8.3　页面切换事件测试。源文件为 08/08-03.html，源代码如下。

```
1: <!doctype html>
2: <html>
3: <head>
```

```
    4: <meta charset="utf-8">
    5: <meta name="viewport" content="width=device-width, initial-scale=1">
    6: <title>页面切换事件测试</title>
    7: <link rel="stylesheet" type="text/css" href="../css/jquery.mobile.icons.min.css">
    8: <link rel="stylesheet" type="text/css" href="../css/skyd.min.css">
    9: <link rel="stylesheet" href="http://code.jquery.com/mobile/1.4.5/jquery.mobile-1.4.5.min.css">
   10: <script src="http://code.jquery.com/jquery-2.1.3.min.js"></script>
   11: <script src="http://code.jquery.com/mobile/1.4.5/jquery.mobile-1.4.5.min.js"></script>
   12: <style>
   13: [role='main'] h3 {
   14:     font-size: 16px;
   15:     margin-bottom: 1.5em;
   16: }
   17: </style>
   18: <script>
   19: function timeStamp2String(timeStamp) {
   20:     var datetime = new Date();
   21:     datetime.setTime(timeStamp);
   22:     var year=datetime.getFullYear();
   23:     var month=datetime.getMonth()+1;
   24:     var date=datetime.getDate();
   25:     var hour=datetime.getHours();
   26:     var minute=(datetime.getMinutes()<10?"0"+datetime.getMinutes():datetime.getMinutes());
   27:     var second=(datetime.getSeconds()<10?"0"+datetime.getSeconds():datetime.getSeconds());
   28:     var mseconds=datetime.getMilliseconds();
   29:     return year+"年"+month+"月"+date+"日  "+hour+":"+minute+":"+second+"."+mseconds;
   30: }
   31:
   32: $(document).on("pagecontainerbeforetransition pagebeforehide pagecontainerbeforehide pagebeforeshow
pagecontainerbeforeshow pagehide pagecontainerhide pageshow pagecontainershow pagecontainertransition",
function(e, ui) {
   33:     var prev=ui.prevPage ? ui.prevPage[0] : "undefined";
   34:     if(prev!=undefined)prev=prev.id;
   35:     var to=ui.toPage ? ui.toPage[0].id : "undefined";
   36:     if(typeof(prev)=="undefined") {
   37:         $("h3").html("首次打开网页时触发了以下事件");
   38:     } else {
   39:         $("h3").html("切换页面时触发了以下事件");
   40:     }
   41:     if(!$(".ui-listview").length)$("ol").listview();
   42:     if(e.type=="pagecontainerbeforetransition")$("ol li").remove();
   43:     var li="<li><h4>"+e.type+"事件</h4><p>来源页面：<u>"
   44:     +prev+"</u>；目标页面：<u>"+to+"</u></p><p>触发时间："
   45:     +timeStamp2String(e.timeStamp)+"</p></li>";
   46:     $("#"+to+" ol").append(li).listview("refresh");
   47: });
   48: </script>
   49: </head>
   50:
   51: <body>
   52: <div data-role="page" id="page08-03-a">
   53:     <div data-role="header" data-position="fixed">
   54:         <h1>页面切换事件测试</h1>
   55:     </div>
   56:     <div role="main" class="ui-content">
   57:         <p style="text-align: center;"><a href="#page08-03-b" data-role="button" data-inline="true"
data-transition="flip">进入第二页</a></p>
   58:         <h3></h3>
   59:         <ol data-role="listview">
   60:         </ol>
   61:     </div>
   62:     <div data-role="footer" data-position="fixed">
```

```
63:          <h4>页脚区域</h4>
64:      </div>
65: </div>
66: <div data-role="page" id="page08-03-b">
67:      <div data-role="header" data-position="fixed">
68:          <h1>页面切换事件测试</h1>
69:      </div>
70:      <div role="main" class="ui-content">
71:          <p style="text-align: center;"><a href="#page08-03-a" data-role="button" data-inline="true"
data-transition="flip">返回第一页</a></p>
72:          <h3></h3>
73:          <ol data-role="listview">
74:          </ol>
75:      </div>
76:      <div data-role="footer" data-position="fixed">
77:          <h4>页脚区域</h4>
78:      </div>
79: </div>
80: </body>
81: </html>
```

源代码分析

第 19～第 30 行：定义一个名为 timeStamp2String 的 JavaScript 函数，其功能是将时间戳转换为日期时间值。

第 32～第 37 行：将事件侦测器同时绑定到 pagecontainerbeforetransition、pagebeforehide、pagecontainerbeforehide、pagebeforeshow、pagecontainerbeforeshow、pagehide、pagecontainerhide、pageshow、pagecontainershow 以及 pagecontainertransition 事件，通过事件处理函数的参数获取事件类型、来源页面、目标页面以及触发时间等信息，并将这些信息写入列表视图中。

第 52～第 65 行、第 66～第 79 行：创建两个页面并添加用于切换的链接按钮。

在 Chrome 浏览器中打开网页，可以看到刚打开第一页时触发了六个事件；通过单击“进入第二页”按钮进入第二页，此时可以看到触发了十个事件；通过单击“返回第一页”按钮返回第一页，此时同样看到触发了十个事件，结果如图 8.3 所示。

图 8.3　页面切换事件测试

8.1.4 页面改变事件

当通过调用页面容器 pagecontainer 小部件的 change()方法以编程方式从一个页面更改为另一个页面时，将触发以下事件：pagebeforechange 和 pagecontainerbeforechange、pagechange 和 pagecontainerchange 事件。假如所请求的页面加载失败的话，则会触发 pagechangefailed 和 pagecontainerchangefailed 事件。

1．pagebeforechange 和 pagecontainerbeforechange 事件

这两个事件在页面变化周期内触发两次，即在页面加载或切换之前触发一次，然后在页面成功完成加载、而浏览器历史记录被导航进程修改之前触发。绑定这些事件的代码如下：

```
$(document).on("pagebeforechange", function(event, ui) {...});
$(document).on("pagecontainerbeforechange", function(event, ui) {...});
```

其中，参数 event 为 Event 类型；参数 ui 为对象类型，该对象包含以下属性。

- prevPage：jQuery 类型，包含从页面 DOM 元素的 jQuery 集合对象。
- toPage：字符串或 jQuery 类型，该属性表示调用者希望激活的页面，它可以是包含页面 DOM 元素的 jQuery 集合对象，也可以是内部页面或外部页面的绝对/相对 URL。该属性值与触发事件的 change()调用的第一个参数相同。
- absUrl：字符串类型，表示绝对网址。如果 url 是相对的，则会针对用于加载当前活动页面的 URL 进行解析。
- options：jQuery 类型，用于当前 change()调用的配置选项。

2．pagechange 和 pagecontainerchange 事件

这两个事件在 changePage()请求已经将页面加载到 DOM 中，并且所有页面切换动画已经完成之后触发。绑定这些事件的代码如下：

```
$(document).on("pagechange", function(event, ui) {...});
$(document).on("pagecontainerchange", function(event, ui) {...});
```

其中，参数 event 为 Event 类型；参数 ui 为对象类型，该对象包含以下属性。

- prevPage：jQuery 类型，包含源页面 DOM 元素的 jQuery 集合对象。
- toPage：jQuery 类型，包含目标页面 DOM 元素的 jQuery 集合对象。
- absUrl：字符串类型，表示绝对网址。如果 url 是相对的，则会针对用于加载当前活动页面的 URL 进行解析。

3．pagechangefailed 和 pagecontainerchangefailed 事件

这两个事件在 change()请求对页面的加载失败时触发。绑定这些事件的代码如下：

```
$(document).on("pagechangefailed", function(event, ui) {...});
$(document).on("pagecontainerchangefailed", function(event, ui) {...});
```

其中，参数 event 为 Event 类型；参数 ui 为对象类型，该对象包含以下属性。

- prevPage：jQuery 类型，包含来源页面 DOM 元素的 jQuery 集合对象。
- toPage：字符串或 jQuery 类型，该属性表示调用者希望激活的页面，它可以是包含页面 DOM 元素的 jQuery 集合对象，也可以是内部页面或外部页面的绝对/相对 URL。该属性值与触发事件的 change()调用的第一个参数相同。
- absUrl：字符串类型，表示绝对网址。如果 url 是相对的，则会针对用于加载当前活动页面的 URL 进行解析。
- options：对象类型，用于当前 change()调用的配置选项。

例 8.4　页面更改事件测试。源文件为/08/08-04.htm，源代码如下。

```
1: <!doctype html>
2: <html>
3: <head>
4: <meta charset="utf-8">
5: <meta name="viewport" content="width=device-width, initial-scale=1">
6: <title>页面改变事件测试</title>
7: <link rel="stylesheet" type="text/css" href="../css/jquery.mobile.icons.min.css">
8: <link rel="stylesheet" type="text/css" href="../css/skyd.min.css">
9: <link rel="stylesheet" href="http://code.jquery.com/mobile/1.4.5/jquery.mobile-1.4.5.min.css">
10: <script src="http://code.jquery.com/jquery-2.1.3.min.js"></script>
11: <script src="http://code.jquery.com/mobile/1.4.5/jquery.mobile-1.4.5.min.js"></script>
12: <style>
13: [role='main'] h3 {
14:     font-size: 16px;
15:     margin-bottom: 1.5em;
16: }
17: </style>
18: <script>
19: function timeStamp2String(timeStamp) {
20:     var datetime = new Date();
21:     datetime.setTime(timeStamp);
22:     var year=datetime.getFullYear();
23:     var month=datetime.getMonth()+1;
24:     var date=datetime.getDate();
25:     var hour=datetime.getHours();
26:     var minute=(datetime.getMinutes()<10?"0"+datetime.getMinutes():datetime.getMinutes());
27:     var second=(datetime.getSeconds()<10?"0"+datetime.getSeconds():datetime.getSeconds());
28:     var mseconds=datetime.getMilliseconds();
29:
30:     return year+"年"+month+"月"+date+"日 "+hour+":"+minute+":"+second+"."+mseconds;
31: }
32:
33: $(function() {
34:     $(document).on("click", "#page08-04-a a:first", function() {
35:         $(":mobile-pagecontainer").pagecontainer("change", "#page08-04-b", {transition: "slide"});
36:         //$.mobile.changePage("#page08-04-b", {transition: "slide"});
37:     });
38:     $(document).on("click", "#page08-04-a a:last", function() {
39:         $(":mobile-pagecontainer").pagecontainer("change", "#nothing", {transition: "slide"});
40:         //$.mobile.changePage("#page08-04-c", {transition: "slide"});
41:     });
42: });
43:
44: $(document).on("pagebeforechange pagecontainerbeforechange pagechange pagecontainerchange
pagechangefailed pagecontainerchangefailed", function(e, ui) {
45:     var type=e.type;
46:     var prev=ui.prevPage ? ui.prevPage[0] : "undefined";
47:     if(prev!=undefined)prev=prev.id;
48:     var to=ui.toPage ? ui.toPage[0].id : "undefined";
49:     var absUrl=ui.absUrl;
50:     if(absUrl==undefined) absUrl=="undefined";
51:
52:    if(typeof(prev)=="undefined") {
53:         $("h3").html("首次打开网页时触发了以下事件");
54:     } else {
55:         $("h3").html("切换页面时触发了以下事件");
56:     }
57:
58:     if(!$(".ui-listview").length) $("ol").listview();
59:
60:     if($("li:contains('pagebeforechange')").length==2 && to==undefined) {
```

```
61:         $("ol li").remove();
62:     }
63:     var li="<li><h4>"+e.type+"事件</h4><p>来源页面：<u>"
64:     +prev+"</u>；目标页面：<u>"+to+"</u></p><p>绝对网址："
65:     +absUrl+"</p><p>触发时间："
66:     +timeStamp2String(e.timeStamp)+"</p></li>";
67:     if(to==undefined)to=prev;
68:     $("#"+to+" ol").append(li).listview("refresh");
69: });
70: </script>
71: </head>
72:
73: <body>
74: <div data-role="page" id="page08-04-a">
75:     <div data-role="header" data-position="fixed">
76:         <h1>页面改变事件测试</h1>
77:     </div>
78:     <div role="main" class="ui-content">
79:         <p style="text-align: center;">
80:             <a href="#" data-role="button" data-inline="true">进入第二个页面</a>
81:             <a href="#" data-role="button" data-inline="true">进入不存在页面</a>
82:         </p>
83:         <h3></h3>
84:         <ol data-role="listview">
85:         </ol>
86:     </div>
87:     <div data-role="footer" data-position="fixed">
88:         <h4>页脚区域</h4>
89:     </div>
90: </div>
91: <div data-role="page" id="page08-04-b">
92:     <div data-role="header" data-position="fixed">
93:         <h1>页面改变事件测试</h1>
94:     </div>
95:     <div role="main" class="ui-content">
96:         <p style="text-align: center;">
97:             <a href="#page08-04-a" data-role="button" data-inline="true">返回第一页</a>
98:         </p>
99:         <h3></h3>
100:         <ol data-role="listview">
101:         </ol>
102:     </div>
103:     <div data-role="footer" data-position="fixed">
104:         <h4>页脚区域</h4>
105:     </div>
106: </div>
107: </body>
108: </html>
```

源代码分析

第 19～第 31 行：定义一个名为 timeStamp2String 的 JavaScript 函数，其功能是将时间戳转换为日期时间值。

第 33～第 42 行：设置文档加载就绪时执行的操作，将事件侦测器绑定到页面中的链接元素，当单击第一个链接按钮时通过调用 change()方法更改为第二个页面，当单击第二个链接时通过调用 change()方法时更改为一个不存在的页面。

第 44～第 69 行：将事件侦测器同时绑定到 pagebeforechange、pagecontainerbeforechange、pagechange、pagecontainerchange、pagechangefailed 以及 pagecontainerchangefailed 事件，通过事件处理函数的参数获取事件类型、来源页面、目标页面、绝对网址以及触发时间等信息，并将这些信息写入列表视图中。

第 74～第 90 行、第 91～第 106 行：在文档内容区域创建两个页面，在第一个页面中创建两个链接按钮，其中一个指向第二个页面，另一个指向不存在的页面；在第二个页面中创建一个链接按钮，指向第一个页面。

在 Chrome 浏览器中打开网页，可以看到刚打开网页时触发了六个事件（其中有两个事件分别触发了两次）；当单击“进入不存在页面”按钮时，可以看到更改页面失败时触发了四个事件；当单击“进入第二个页面”按钮时，可以看到更改为另一页时触发了四个事件，结果如图 4.8 所示。

图 8.4　页面更改事件测试

8.2 触摸事件

触摸事件是在用户触摸设备屏幕时触发的，触摸事件可以分为敲击事件和滑动事件两种类型。下面分别加以介绍。

8.2.1 敲击事件

敲击事件包括 tap 事件和 taphold 事件。这两个事件都是在某个目标元素被敲击的情况下发生的，两者都属于触摸事件，所不同的是，前者要求快速敲击，后者要求持续触摸。

1. tap 事件

tap 事件在某个目标对象被快速敲击时触发。绑定该事件的代码如下：

```
$(".selector").on("tap", function (event) {
    ...
});
```

在单个目标对象发生快速、完整的触摸事件（也称为短按）之后，jQuery Mobile tap 事件将触发。这是与触摸手势的释放状态上触发的标准 click 事件等效的手势。

2. taphold 事件

taphold 事件在某个目标对象被持续触摸时触发。绑定该事件的代码如下：

```
$(".selector").on("taphold", function (event) {
    ...
});
```

在单个目标对象发生持续、完整的触摸事件（也称为长按）之后，jQuery Mobile taphold 事件将触发。

默认情况下，taphold 事件的触发条件是持续接触时间达到 750ms。如果要设置在目标元素触发 taphold 事件之前用户必须持续单击多长时间，可以对全局配置选项 tapholdThreshold（默认值为 750）进行设置。例如：

```
$.event.special.tap.tapholdThreshold=1000;
```

默认情况下，tap 事件随着 taphold 事件一起发生。如果要禁止 tap 事件随着 taphold 事件一起发生，可以对全局配置选项 emitTapOnTaphold（默认值为 true）进行设置。代码如下：

```
$.event.special.tap.emitTapOnTaphold=false;
```

例 8.5　敲击事件测试。源文件为/08/08-05.html，源代码如下。

```
 1: <!doctype html>
 2: <html>
 3: <head>
 4: <meta charset="utf-8">
 5: <meta name="viewport" content="width=device-width, initial-scale=1">
 6: <title>敲击事件测试</title>
 7: <link rel="stylesheet" href="http://code.jquery.com/mobile/1.4.5/jquery.mobile-1.4.5.min.css">
 8: <script src="http://code.jquery.com/jquery-2.1.3.min.js"></script>
 9: </script>
10: <script src="http://code.jquery.com/mobile/1.4.5/jquery.mobile-1.4.5.min.js"></script>
11: <style>
12: div.box {
13:     width: 8em; height: 4em;
14:     margin: 0 auto; text-align: center;
15:     line-height: 4em; border-radius: 6px;
16:     box-shadow: 3px 3px 3px grey; background-color: skyblue;
17: }
18: </style>
19: <script>
20: $(document).on("tap taphold", ".box", function(e) {
21:     if(e.type=="tap") {
22:         $("#popup08-05-a p").html("短按事件发生!");
23:         $("#popup08-05-a").popup("open", {transition: "slidedown"});
24:     } else if(e.type=="taphold") {
25:         $("#popup08-05-b").popup("open", {transition: "slidedown"});
26:     }
27: });
28: </script>
29: </head>
30:
31: <body>
32: <div data-role="page" id="page08-05">
33:     <div data-role="header" data-position="fixed">
34:         <h1>敲击事件测试</h1>
35:     </div>
36:     <div role="main" class="ui-content">
37:         <h3>请短按或长按下面的绿色方块，看看会有什么现象发生。</h3>
38:         <div class="box"></div>
```

```
39:     </div>
40:     <div data-role="footer" data-position="fixed">
41:         <h4>页脚区域</h4>
42:     </div>
43:     <div data-role="popup" id="popup08-05-a" data-position-to=".box" data-arrow="t">
44:     <p></p>
45:     </div>
46:     <div data-role="popup" data-position-to="h1" id="popup08-05-b">
47:         <ul data-role="listview" data-icon="false">
48:             <li><a href="#">系统首页</a></li>
49:             <li><a href="#">选项设置</a></li>
50:             <li><a href="#">关于系统</a></li>
51:         </ul>
52:     </div>
53: </div>
54: </body>
55: </html>
```

源代码分析

第 20～第 27 行：将事件侦测器绑定到应用 box 类的 div 元素的 tap 和 taphold 事件上，当短按或长按该元素时打开相应的弹出窗口。

第 32～第 53 行：在页面中添加一个方块（div 元素）和两个弹出窗口。

在移动设备模拟器中打开网页，对短按和长按事件进行测试，结果如图 8.5 所示。

图 8.5　敲击事件测试

8.2.2 滑动事件

滑动事件当用户沿水平方向拖动某个目标元素时触发。滑动事件包括 swipe（水平）、swipeleft（水平向左）和 swiperight（水平向右）事件，下面分别加以介绍。

1．swipe 事件

swipe 事件在持续 1 秒时间内沿水平方向拖动 30px 或以上（垂直拖动小于 30px）时触发。绑定该事件的代码如下：

```
$(window).on("swipe", function (event) {
   ...
});
```

默认情况下，swipe 事件在持续 1 秒时间内发生水平拖动 30 像素或以上并且垂直拖动小于 30 像素时触发。不过，根据需要也可以进行以下配置。

- 超过这个水平位移（默认值为 10px）将禁止滚动：

```
$.event.special.swipe.scrollSupressionThreshold
```

- 超过这个时间间隔（默认值为 1000ms）则不是一个滑动：

```
$.event.special.swipe.durationThreshold
```

- 滑动水平位移必须大于此值（默认值为 30px）：

```
$.event.special.swipe.horizontalDistanceThreshold
```

- 滑动垂直位移必须小于此值（默认值为 30px）：

```
$ .event.special.swipe.verticalDistanceThreshold
```

2. swipeleft 事件

swipeleft 在持续 1 秒时间内沿水平方向向左拖动 30px 以上并且垂直拖动小于 30px 时触发。绑定该事件的代码如下：

```
$(window).on("swipeleft", function (event) {
   ...
});
```

3. swiperight 事件

swipeleft 在持续 1 秒时间内沿水平方向向右拖动 30px 以上并且垂直拖动小于 30px 时触发。绑定该事件的代码如下：

```
$(window).on("swiperight", function (event) {
   ...
});
```

注意

当用户沿水平方向拖动持续时间达到 1 秒并且拖动距离达到 30px 时，将会依次触发两个事件，即首先触发 swipe 事件（不区分左右），然后触发 swipeleft（向左拖动时）或 swiperight（向右拖动时）事件。

例 8.6　滑动事件测试。源文件为/08/08-06.html，源代码如下。

```
 1: <!doctype html>
 2: <html>
 3: <head>
 4: <meta charset="utf-8">
 5: <meta name="viewport" content="width=device-width, initial-scale=1">
 6: <title>滑动事件测试</title>
 7: <link rel="stylesheet" href="http://code.jquery.com/mobile/1.4.5/jquery.mobile-1.4.5.min.css">
 8: <script src="http://code.jquery.com/jquery-2.1.3.min.js"></script>
 9: <script src="http://code.jquery.com/mobile/1.4.5/jquery.mobile-1.4.5.min.js"></script>
10: <style>
11: div.box {
12:     width: 18em;
13:     height: 3em;
14:     margin: 0 auto;
15:     border-radius: 6px;
16:     box-shadow: 3px 3px 3px grey;
```

```
17:     background-color: skyblue;
18: }
19: div#green {
20:     background-color: green;
21: }
22: </style>
23: <script>
24: $(function() {
25:     $("div.box").on("swipe swipeleft swiperight", function(e) {
26:         if(this.id=="blue" && e.type=="swipe") {
27:             $("#popup08-06 p").html("触发 swipe 事件！ ");
28:             $("#popup08-06").popup("open", {positionTo: "#blue", transition: "slidedown"});
29:         }
30: 
31:         if(this.id=="green") {
32:             if(e.type=="swipeleft") {
33:                 $("#popup08-06 p").html("触发 swipeleft 事件！ ");
34:                 $("#popup08-06").popup("open", {positionTo: "#green", transition: "slidedown"});
35:             }
36:             if(e.type=="swiperight") {
37:                 $("#popup08-06 p").html("触发 swiperight 事件！ ");
38:                 $("#popup08-06").popup("open", {positionTo: "#green", transition: "slidedown"});
39:             }
40:         }
41:     });
42: });
43: </script>
44: </head>
45: 
46: <body>
47: <div data-role="page" id="page08-06">
48:     <div data-role="header" data-position="fixed">
49:         <h1>滑动事件测试</h1>
50:     </div>
51:     <div role="main" class="ui-content">
52:         <h3>请沿水平方向拖动下面的方块，看看会有什么现象发生。</h3>
53:         <div id="blue" class="box"></div>
54:         <br><br>
55:         <div id="green" class="box"></div>
56:     </div>
57:     <div data-role="popup" id="popup08-06" data-arrow="t">
58:         <p></p>
59:     </div>
60:     <div data-role="footer" data-position="fixed">
61:         <h4>页脚区域</h4>
62:     </div>
63: </div>
64: </body>
65: </html>
```

源代码分析

第 24～第 42 行：设置文档加载就绪时执行的操作，将事件侦测器绑定到应用 box 类的 div 元素的 swipe、swipeleft 以及 swiperight 事件。当蓝色方块被拖动时，只捕获 swipe 事件，在这个方块下方显示弹出窗口；当绿色方块被拖动时，捕获 swipeleft 和 swiperight 事件，在这个方块下方显示弹出容器。

第 47～第 63 行：在页面内容区域添加一个 h3 标题、一个蓝色方块（div 元素）和一个绿色方块（div 元素），在内容区域下方创建一个弹出窗口。

在移动设备模拟器中打开网页，通过水平拖动蓝色方块或绿色方块对滑动事件进行测试，结果如图 8.6 所示。

图 8.6 滑动事件测试

8.3 用户操作事件

用户操作事件包括方向改变事件和滚屏事件，前者在设备水平或垂直翻转时触发，后者在屏幕开始滚动或结束滚动时触发。

8.3.1 方向改变事件

orientationchange 事件在通过垂直或水平方向转动设备使设备改变方向时触发。绑定该事件的代码如下：

```
$(window).on("orientationchange", function (event) {
    ...
});
```

对于 orientationchange 事件，event 对象具有一个附加属性 orientation，该属性为字符串类型，表示设备的新方向，可能的值为“portrait”（纵向）或“landscape”（横向）。

注意

当 orientationchange 事件不是本地支持或$.mobile.orientationChangeEnabled 设置为 false 时，将绑定到浏览器的 resize 事件。

orientationchange 事件与客户端高度和宽度的变化相关，该事件的触发时间在浏览器中是不同的，尽管当前的实现提供了从 window.orientation 派生的 event.orientation 的正确值。如果事件绑定取决于高度和宽度值，则需要通过设置 $.mobile.orientationChangeEnabled=false 来禁用 orientationChange，以使回退调整大小的代码触发绑定。

也可以用手动方式强制触发 orientationchange 事件，代码如下：

```
$(window).orientationchange();
```

例 8.7 方向改变事件测试。源文件为 08/08-07.html，源代码如下。

```
 1: <!doctype html>
 2: <html>
 3: <head>
 4: <meta charset="utf-8">
 5: <meta name="viewport" content="width=device-width, initial-scale=1">
 6: <title>方向改变事件测试</title>
 7: <link rel="stylesheet" href="http://code.jquery.com/mobile/1.4.5/jquery.mobile-1.4.5.min.css">
 8: <script src="http://code.jquery.com/jquery-2.1.3.min.js"></script>
 9: <script src="http://code.jquery.com/mobile/1.4.5/jquery.mobile-1.4.5.min.js"></script>
10: <script>
11: $(window).on("orientationchange", function(e) {
12:     var mode;
13:     if(e.orientation=="portrait") {
14:        mode="portrait（纵向）";
15:     } else if(e.orientation=="landscape") {
16:        mode="landscape（横向）";
17:     }
18:
19:     $("[role='main'] p").html("此设备当前处于<strong>"+mode+"模式！ </strong>");
20: });
21: </script>
22: </head>
23:
24: <body>
25: <div data-role="page" id="page08-07">
26:     <div data-role="header" data-position="fixed">
27:        <h1>方向改变事件测试</h1>
28:     </div>
29:     <div role="main" class="ui-content">
30:        <h4>请转动设备，看看会发生什么现象。</h4>
31:        <p></p>
32:     </div>
33:     <div data-role="footer" data-position="fixed">
34:        <h4>页脚区域</h4>
35:     </div>
36: </div>
37: </body>
38: </html>
```

源代码分析

第 11～第 20 行：将事件侦测器绑定到 window 对象的 orientationchange 事件，当发生此事件时，根据事件对象的 orientation 属性判断设备当前处于什么模式，并将相关信息填写到页面的段落中。

第 25～第 36 行：在文档中创建一个页面，在页面内容区域添加一个 h4 标题和一个空白段落，后者用于显示设备屏幕方向信息。

在移动设备模拟器中打开网页，通过屏幕底部的旋转屏幕按钮来模拟设备转动，以测试方向改变事件，结果如图 8.7 所示。

8.3.2 滚屏事件

滚屏事件包括 scrollstart 事件和 scrollstop 事件，两者都是在用户滚动屏幕时触发。scrollstart 事件在滚动开始时触发，scrollstop 事件在滚动完成时触发。绑定这些事件的代码如下：

```
$(".selector").on("scrollstart", function (event) {...});
$(".selector").on("scrollstop", function (event) {...});
```

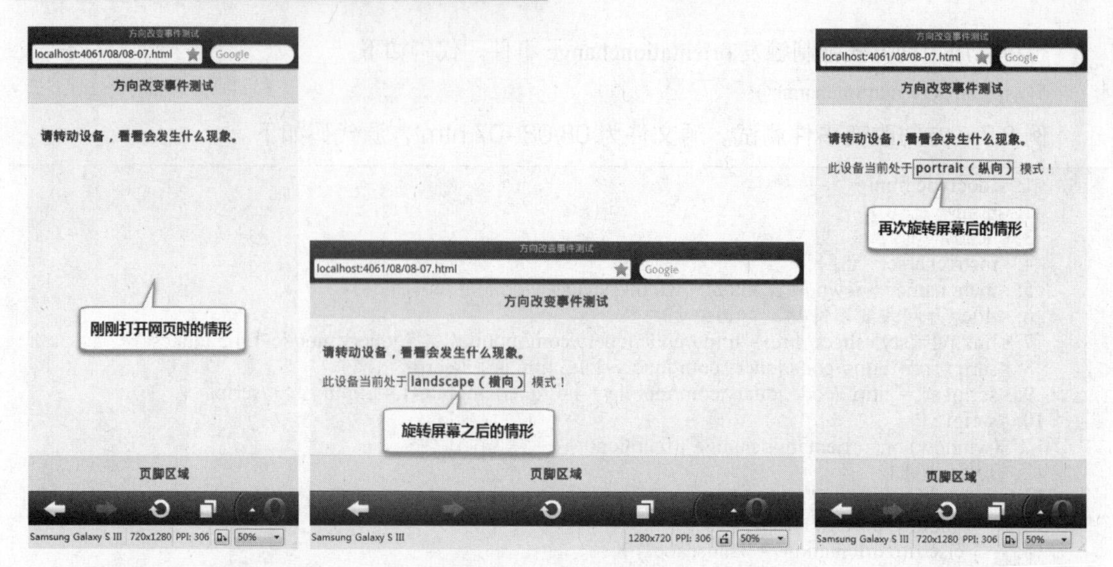

图 8.7　方向改变事件测试

例 8.8　滚屏事件测试。源文件为/08/08-08.html，源代码如下。

```
1: <!doctype html>
2: <html>
3: <head>
4: <meta charset="utf-8">
5: <meta name="viewport" content="width=device-width, initial-scale=1">
6: <title>滚屏事件测试</title>
7: <link rel="stylesheet" href="http://code.jquery.com/mobile/1.4.5/jquery.mobile-1.4.5.min.css">
8: <script src="http://code.jquery.com/jquery-2.1.3.min.js"></script>
9: <script src="http://code.jquery.com/mobile/1.4.5/jquery.mobile-1.4.5.min.js"></script>
10: <style>
11: div#demo {
12:     border: 1px solid black;
13:     width: 300px; height: 320px;
14:     margin: 0 auto; overflow: scroll;
15: }
16: </style>
17: <script>
18: var n=1;
19: $(document).on("pagecreate", function() {
20:     $("div#demo").on("scrollstart", function(e) {
21:       $("p span").html("当前滚动了 <strong>"+(n++)+"</strong> 次。");
22:     });
23: });
24: </script>
25: </head>
26: 
27: <body>
28: <div data-role="page" id="page08=08">
29:     <div data-role="header" data-position="fixed">
30:       <h1>滚屏事件测试</h1>
31:     </div>
32:     <div role="main" class="ui-content">
33:       <p>请在打开这个网页后滚动下面的文本，看看会发生什么现象。</p>
34:       <p><span>目前文本尚未滚动。</span></p>
35:       <div id="demo"> jQuery Mobile is a HTML5-based user interface system designed to make
responsive web sites and apps that are accessible on all smartphone, tablet and desktop devices.<br><br>
36:       jQuery Mobile framework takes the "write less, do more" mantra to the next level: Instead of writing
unique applications for each mobile device or OS, the jQuery mobile framework allows you to design a single
highly-branded responsive web site or application that will work on all popular smartphone, tablet, and desktop
platforms.<br><br>
37:       We believe that your web site or app should feel like your brand, not any particular OS. To make
building highly customized themes easy, we've created ThemeRoller for Mobile to make it easy to drag and drop
```

```
colors and download a custom theme. For polished visuals without the bloat, we leverage CSS3 properties like text-shadow and box-shadow. </div>
38:     </div>
39:     <div data-role="footer" data-position="fixed">
40:        <h4>页脚区域</h4>
41:     </div>
42: </div>
43: </body>
44: </html>
```

源代码分析

第 18～22 行：声明全局变量 n，将事件侦测器绑定到页面的 pagecreate 事件；当创建页面成功后设置 id 为 demo 的 div 元素的 scrollstart 处理程序，将滚动次数填写到 span 元素中。

第 32～第 38 行：在页面内容区域添加一个 div 元素并将其 id 设置为 demo，在该元素中输入一些文本内容并使其出现滚动条。

在 Google Chrome 浏览器中打开网页，对滚屏事件进行测试，结果如图 8.8 所示。

图 8.8　滚动事件测试

8.4 虚拟鼠标事件

虚拟鼠标事件是为了在移动设备触摸屏上像鼠标事件那样响应触摸事件而设计的一组事件，这些事件的名称均以小写字母 v 开头，包括 vclick、vmousecancel、vmousedown、vmousemove、vmouseout、vmouseover 以及 vmouseup。

8.4.1 vclick 和 vmousecancel 事件

vclick 事件用于在移动设备上模拟 click（鼠标单击）事件。绑定 vclick 事件的代码如下：

```
$(document).on("vclick", ".selector", function (event) {
   ...
});
```

在触摸设备上使用vclick事件要谨慎。基于Webkit的浏览器在发送touchend事件后大约300ms合成 mousedown，mouseup 和 click 事件。合成的鼠标事件的目标是在分派事件时基于触摸事件的位置进行计算的，在某些情况下原始触摸事件中的目标元素可能与合成鼠标事件内的目标元素不同。如果触发事件的动作有可能改变在屏幕上触摸点下方的内容，则建议使用 click 而不使用 vclick。

如果要取消元素的默认单击行为，可以在 vclick 事件中可以调用 preventDefault()方法。

根据需要，还可以使用以下全局选项对虚拟鼠标事件进行配置。

- 如果大于这个距离（默认值为 10px），则是滚动事件：

```
$.vmouse.moveDistanceThreshold
```

- 如果已捕获 vclick 事件且在块列表中，则忽略小于该距离的（默认值为 10px）vclick：

```
$.vmouse.clickDistanceThreshold
```

- 如果比这个时间（默认值为 1500ms）更长，则不是触摸事件：

```
$.vmouse.resetTimerDuration
```

每当系统取消虚拟鼠标事件时，将调用 vmousecancel 事件处理程序。当触发滚动事件时，会触发一个 vmousecancel 事件。

例 8.9　vclick 事件测试。源文件为/08/08-09.html，源代码如下。

```
 1: <!doctype html>
 2: <html>
 3: <head>
 4: <meta charset="utf-8">
 5: <meta name="viewport" content="width=device-width, initial-scale=1">
 6: <title>vclick 事件测试</title>
 7: <link rel="stylesheet" href="http://code.jquery.com/mobile/1.4.5/jquery.mobile-1.4.5.min.css">
 8: <script src="http://code.jquery.com/jquery-2.1.3.min.js"></script>
 9: <script src="http://code.jquery.com/mobile/1.4.5/jquery.mobile-1.4.5.min.js"></script>
10: <style>
11: div#demo {
12:     width: 18em;
13:     height: 3em;
14:     line-height: 3em;
15     text-align: center;
16     margin: 0 auto;
17     border-radius: 6px;
18:     box-shadow: 3px 3px 3px grey;
19:     background-color: skyblue;
20: }
21: </style>
22: <script>
23: $(function() {
24:     $(document).on("vclick", "#demo", function(e) {
25:         $(this).after("<p style='text-align: center;'>发生 vclick 事件！ </p>");
26:     });
27: });
28: </script>
29: </head>
30:
31: <body>
32: <div data-role="page" id="page08-09">
33:     <div data-role="header" data-position="fixed">
34:         <h1>vclick 事件测试</h1>
35:     </div>
36:     <div role="main" class="ui-content">
```

```
37:         <div id="demo">请触摸这里，看看会发生什么现象。</div>
38:     </div>
39:     <div data-role="footer" data-position="fixed">
40:         <h4>页脚区域</h4>
41:     </div>
42: </div>
43: </body>
44: </html>
```

源代码分析

第 23～第 27 行：设置文档加载就绪时执行的操作，将事件侦测器绑定到 id 为 demo 的元素的 vclick 事件，当触发或单击该元素时在其后面添加文字信息。

第 32～第 42 行：在文档中创建一个页面，在该页面内容区域添加一个 div 元素，将其 id 设置为 demo。

在移动设备模拟器中打开网页，对 vclick 事件进行测试，结果如图 8.9 所示。

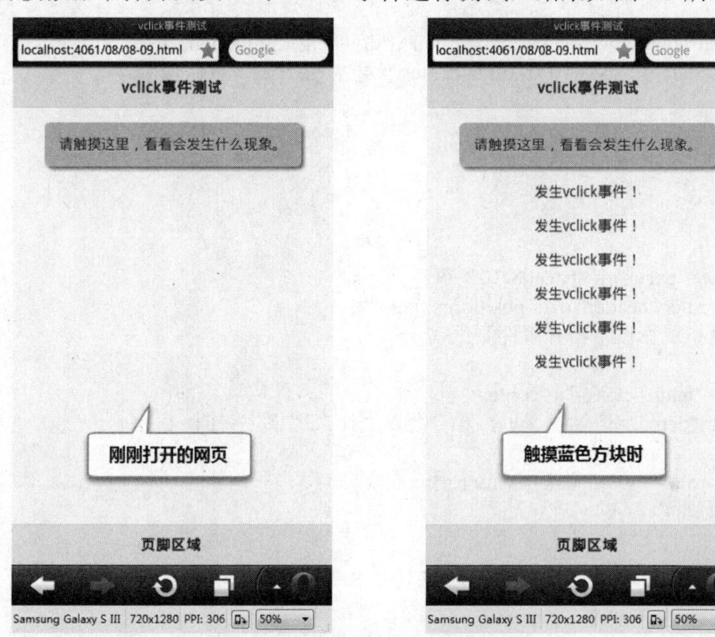

图 8.9　vclick 事件测试

8.4.2 vmousedown 和 vmouseup 事件

vmousedown 和 vmouseup 是相伴而生的两个事件，前者用于在移动设备上模拟 mousedown（鼠标按钮按下）事件，后者则用于在移动设备上模拟 mouseup（鼠标按钮松开）事件，按下在前，松开在后，有按下必有松开，没有按下也就没有松开。绑定这些事件的代码如下：

```
$(document).on("vmousedown", ".selector", function (event) {...});
$(document).on("vmouseup", ".selector", function (event) {...});
```

例 8.10　vmousedown 和 vmouseup 事件测试。源文件为/08/08-10.html，源代码如下。

```
1: <!doctype html>
2: <html>
3: <head>
4: <meta charset="utf-8">
5: <meta name="viewport" content="width=device-width, initial-scale=1">
6: <title>虚拟鼠标按下松开事件测试</title>
```

```
 7: <link rel="stylesheet" href="http://code.jquery.com/mobile/1.4.5/jquery.mobile-1.4.5.min.css">
 8: <script src="http://code.jquery.com/jquery-2.1.3.min.js"></script>
 9: <script src="http://code.jquery.com/mobile/1.4.5/jquery.mobile-1.4.5.min.js"></script>
10: <style>
11: div#demo {
12:     width: 18em;
13:     height: 3em;
14:     line-height: 3em;
15:     text-align: center;
16:     margin: 0 auto;
17:     border-radius: 6px;
18:     box-shadow: 3px 3px 3px grey;
19:     background-color: #FFCC00;
20: }
21: </style>
22: <script>
23: $(function() {
24:     $(document).on("vmousedown vmouseup", "div#demo", function(e) {
25:         $(this).after("<p style='text-align: center;'>发生"+e.type+"事件！</p>");
26:     });
27: });
28: </script>
29: </head>
30:
31: <body>
32: <div data-role="page" id="page08-10">
33:     <div data-role="header" data-position="fixed">
34:         <h1>虚拟鼠标按下松开事件测试</h1>
35:     </div>
36:     <div role="main" class="ui-content">
37:         <div id="demo">请触摸这里，看看会发生什么现象。</div>
38:     </div>
39:     <div data-role="footer" data-position="fixed">
40:         <h4>页脚区域</h4>
41:     </div>
42: </div>
43: </body>
44: </html>
```

源代码分析

第 23～第 27 行：设置文档加载就绪时执行的操作，将事件侦测器绑定到 id 为 demo 的 div 元素的 vmousedown 和 vmouseup 事件，当发生这些事件时在其下面显示反馈信息。

第 37 行：在页面内容区域添加一个 div 元素并将其 id 设置为 demo。

在移动设备模拟器中打开网页，对虚拟鼠标事件进行测试，结果如图 8.10 所示。

8.4.3 vmouseover 和 vmouseout 事件

vmouseover 和 vmouseout 事件通常一起使用，前者用于在移动设备上模拟 mouseover 事件（当鼠标指针位于元素上方触发该事件），vmouseout 事件用于在移动设备上模拟 mouseout 事件（当鼠标指针从元素上移开时触发该事件）。绑定这些事件的代码如下：

```
$(document).on("vmouseover", ".selector", function (event) {...});
$(document).on("vmouseout", ".selector", function (event) {...});
```

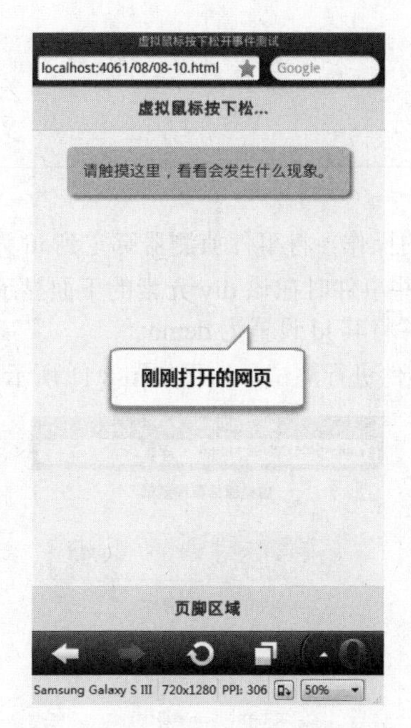

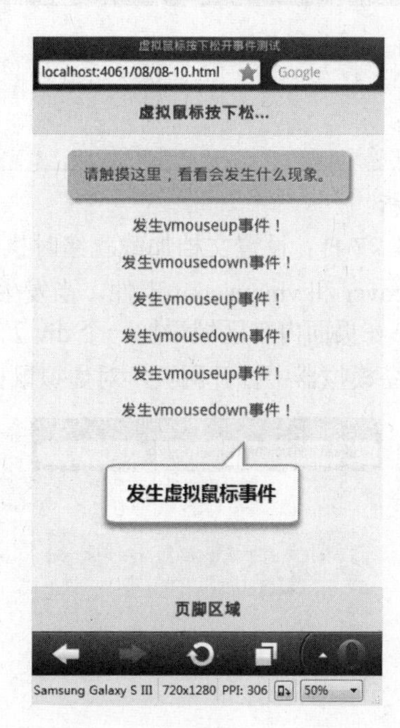

图 8.10　vmousedown 和 vmouseup 事件测试

例 8.11　vmouseover 和 vmouseout 事件测试。源文件为/08/08-11.html，源代码如下。

```
 1: <!doctype html>
 2: <html>
 3: <head>
 4: <meta charset="utf-8">
 5: <meta name="viewport" content="width=device-width, initial-scale=1">
 6: <title>虚拟鼠标事件测试</title>
 7: <link rel="stylesheet" href="http://code.jquery.com/mobile/1.4.5/jquery.mobile-1.4.5.min.css">
 8: <script src="http://code.jquery.com/jquery-2.1.3.min.js"></script>
 9: <script src="http://code.jquery.com/mobile/1.4.5/jquery.mobile-1.4.5.min.js"></script>
10: <style>
11: div#demo {
12:     width: 20em;
13:     height: 3em;
14:     line-height: 3em;
15:     text-align: center;
16:     margin: 0 auto;
17:     border-radius: 6px;
18:     box-shadow: 3px 3px 3px grey;
19:     background-color: #66CCFF;
20: }
21: </style>
22: <script>
23: $(function() {
24:     $(document).on("vmouseover vmouseout", "div#demo", function(e) {
25:         $(this).after("<p style='text-align: center;'>发生"+e.type+"事件！ </p>");
26:     });
27: });
28: </script>
29: </head>
30:
31: <body>
32: <div data-role="page" id="page08-11">
33:     <div data-role="header" data-position="fixed">
34:         <h1>虚拟鼠标事件测试</h1>
35:     </div>
36:     <div role="main" class="ui-content">
37:         <div id="demo">请触摸这个方块，看看会发生什么现象。</div>
38:     </div>
39:     <div data-role="footer" data-position="fixed">
```

```
40:         <h4>页脚区域</h4>
41:     </div>
42: </div>
43: </body>
44: </html>
```

源代码分析

第 23～第 27 行：设置文档加载就绪时执行的操作，将事件侦测器绑定到 id 为 demo 的 div 元素的 vmouseover 和 vmouseout 事件，当发生这些事件时在该 div 元素的下面显示反馈信息。

第 37 行：在页面内容区域添加一个 div 元素并将其 id 设置为 demo。

在移动设备模拟器中打开网页，对虚拟鼠标事件进行测试，结果如图 8.11 所示。

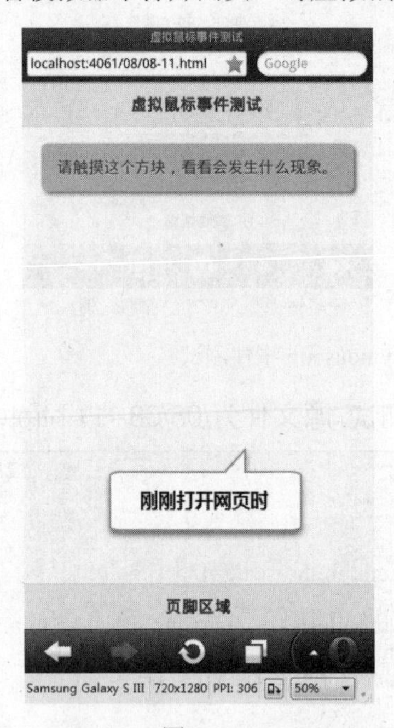

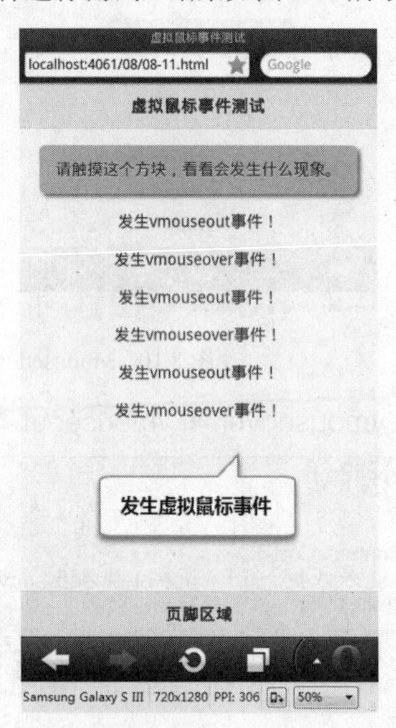

图 8.11　vmouseover 和 vmouseout 事件测试

8.4.4 vmousemove 事件

vmousemove 事件处理程序用于在移动设备上模拟 mousemove 事件处理程序。绑定该事件的代码如下：

```
$(document).on("vmousemove", ".selector", function (event) {
   ...
});
```

例 8.12　vmousemove 事件测试。源文件为/08/08-12.html，源代码如下。

```
 1: <!doctype html>
 2: <html>
 3: <head>
 4: <meta charset="utf-8">
 5: <meta name="viewport" content="width=device-width, initial-scale=1">
 6: <title>虚拟鼠标移动事件测试</title>
 7: <link rel="stylesheet" href="http://code.jquery.com/mobile/1.4.5/jquery.mobile-1.4.5.min.css">
 8: <script src="http://code.jquery.com/jquery-2.1.3.min.js"></script>
 9: <script src="http://code.jquery.com/mobile/1.4.5/jquery.mobile-1.4.5.min.js"></script>
10: <style>
11: div#target {
12:     width: 18em;
13:     height: 16em;
14:     border: medium solid gray;
```

```
15:     line-height: 16em;
16:     text-align: center;
17:     margin: 0 auto;
18:     background-color: #FFCC00;
19: }
20: </style>
21: <script>
22: $(function() {
23:     $(document).on("vmousemove", "div#target", function(e) {
24:         var msg="vmousemove 事件在 ("+e.pageX+", "+e.pageY+") 处发生";
25:         $(this).html(msg);
26:     });
27: });
28: </script>
29: </head>
30:
31: <body>
32: <div data-role="page" id="page08-11">
33:     <div data-role="header" data-position="fixed">
34:         <h1>虚拟鼠标移动事件测试</h1>
35:     </div>
36:     <div role="main" class="ui-content">
37:         <h4>请在下面方块中移动鼠标，看看会发生什么现象。</h4>
38:         <div id="target"></div>
39:     </div>
40:     <div data-role="footer" data-position="fixed">
41:         <h4>页脚区域</h4>
42:     </div>
43: </div>
44: </body>
45: </html>
```

源代码分析

第 22～第 27 行：设置文档加载就绪时执行的操作，将事件侦测器绑定到 id 为 target 的 div 元素的 vmousemove 事件，当在该元素中移动鼠标时显示当前位置坐标。

第 38 行：在页面内容区域添加一个 div 元素并将其 id 设置为 target。

在移动设备模拟器中打开网页，对虚拟鼠标移动事件进行测试，结果如图 8.12 所示。

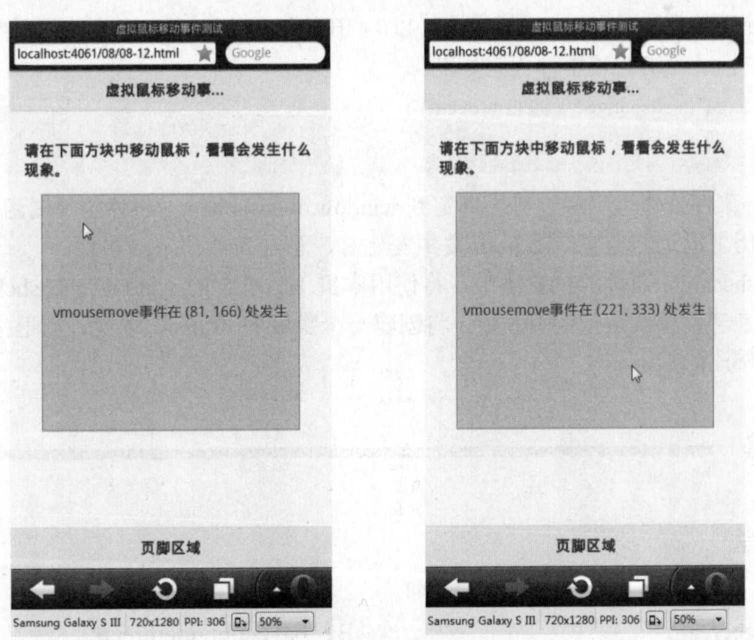

图 8.12　虚拟鼠标移动事件测试

8.5 其他事件

除了前面讨论过的页面事件、触摸事件、用户操作事件以及虚拟鼠标事件，jQuery Mobile 框架还提供了其他一些事件。下面介绍其中的两个事件。

8.5.1 updatelayout 事件

updatelayout 事件由框架内的动态显示/隐藏内容的组件触发。绑定 updatelayout 事件的代码如下：

```
$(".selector").on("updatelayout", function(event) {
    ...
});
```

jQuery Mobile 框架中的某些组件（如可折叠块和列表查找）可以根据用户事件动态地隐藏和显示内容，这样将会影响页面的大小，并有可能导致浏览器调整/滚动视口，以适应新的页面大小。在这种情况下，其他组件（例如固定页眉工具栏和页脚工具栏）可能受到影响，因此可折叠和列表等组件会触发自定义的 updatelayout 事件，以通知其他组件调整其布局。

当在页面中注入、隐藏或删除内容，或以其他影响页面大小的方式操作页面内容时，为了确保页面上的组件更新以响应变化，也可以用手动方式触发 updatelayout 事件。例如，下面的代码用于隐藏某个元素并触发 updatelayout 事件：

```
$("#target").hide().trigger("updatelayout");
```

8.5.2 hashchange 事件

hashchange 事件在当前 URL 的锚部分（以#号开始，称为 hash）发生改变时触发，该事件用于启用书签历史记录。绑定该事件代码如下：

```
$(".selector").on("hashchange", function(event) {
    ...
});
```

hashchange 事件处理程序通过提供绑定到 window.onhashchange 事件的回调函数，以实现最基本的书签 hash 历史记录。当窗口的 hash 发生变化时，触发 hashchange 事件。

在支持 hashchange 事件的浏览器中，将使用本机 HTML5 的 window.onhashchange 事件。在 IE6/7 和以 IE7 兼容性模式运行的 IE8 中，将创建一个隐藏的 iframe，以允许后退按钮和基于 hash 的历史记录能够正常使用。

习题 8

一、选择题

1．下列事件中只会发生一次的是（　　）。

A．pagecreate　　B．pagecontainercreate

C．pageinit　　D．pagebeforecreate

2．外部页面加载失败时会发生（　　）事件。

A．pagebeforeload　　B．pagecontainerbeforeload

C．pageloadfailed　　D．pageload

3．在从一个页面切换到另一个页面时，最后触发的事件是（　　）。

A．pagebeforeshow　　B．pagehide

C．pagecontainerhide　　D．pagecontainertransition

4．通过调用 change()方法以编程方式从一个页面更改为另一个页面时，首先触发（　　）事件。

A．pagecontainerbeforechange　　B．pagebeforechange

C．pagechange　　D．pagecontainerchange

5．在某个目标对象被持续触摸时将触发（　　）事件。

A．taphold　　B．tap

C．swipeleft　　D．swiperight

二、判断题

1.（　　）mobileinit 事件是作为库加载过程的一部分而触发的，因此必须在加载 jQuery Mobile 之前将处理程序绑定到 mobileinit 事件。

2.（　　）pagebeforecreate 是页面小部件的一个事件，该事件在大多数插件自动初始化发生之前、正在初始化的页面上触发。如果处理程序返回 true 值，则不会创建页面。

3.（　　）pagecreate 也是页面小部件的一个事件。当在 DOM 中创建页面（通过 ajax 或其他方式）并在所有小部件都有机会增强所包含的标记之后触发该事件。

4.（　　）在页面切换动画完成后，可以通过 pageshow 事件处理程序的第二个参数的 toPage 参数获取包含来源页面 DOM 元素的 jQuery 集合对象。

5.（　　）当通过调用 change()方法以编程方式从一个页面更改为另一个页面时，如果所请求的页面加载失败，则会触发 pagechangefailed 和 pagecontainerchangefailed 事件。

三、简答题

1．如何绑定 mobileinit 事件？

2．加载外部页面时会发生哪些事件？

3．从一个页面切换到另一个页面时会发生哪些事件？

4．通过调用 change()更改页面时会发生哪些事件？

5．tap 事件和 taphold 事件有什么不同？

6．swipe、swipeleft 和 swiperight 事件有什么不同？

7．orientationchange 事件在什么情况下触发？在事件处理程序中如何判断设备的方向？

上机操作 8

1．编写一个 jQuery Mobile 移动网页，在文档中添加两个页面；将事件侦测器绑定到页面的各个初始化事件，在事件处理程序中获取事件的相关信息（如目标元素、事件类型、触发时间），并将这些信息填写到视图列表中。

2．编写一个 jQuery Mobile 移动网页，在页面中添加两个链接按钮，其中一个按钮链接到另一个网页，另一个按钮链接到不存在的网页；将事件侦测器绑定到与页面加载相关的各个事件，在事件处理程序中获取事件的相关信息（如来源页面、目标页面等），并将这些信息填写到视图列表中。

3．编写一个 jQuery Mobile 移动网页，在文档中添加两个页面；在每个页面中分别添加一个链接按钮，以链接到另一个页面；将事件侦测器绑定到与页面切换相关的各个事件，在事件处理程序中获取事件的相关信息（如来源页面、目标页面等），将这些信息填写到视图列表中。

4．编写一个 jQuery Mobile 移动网页，在文档中添加一个页面，在该页面中分别添加两个链接按钮；将事件侦测器绑定到这两个链接按钮，当单击这些按钮通过调用 change()方法切换到另一个页面（存在或不存在）。将事件侦测器绑定到与页面改变相关的各个事件，在事件处理程序中获取事件的相关信息（如来源页面、目标页面等），将这些信息填写到视图列表中。

5．编写一个 jQuery Mobile 移动网页，在页面中添加一链接按钮，要求短按该按钮时打开一个包含提示信息的弹出窗口，长按另一个按钮时打开一个包含视图列表的弹出窗口。

6．编写一个 jQuery Mobile 移动网页，在文档中添加两个页面；将事件侦测器绑定到两个页面的 swipeleft 或 swiperight 事件，要求通过左右滑块实现两个页面之间的切换。

7．编写一个 jQuery Mobile 移动网页，要求将事件侦测器绑定到 orientationchange 事件，显示出设备当前所处的模式（横向或纵向）。

综合设计实例

随着移动互联网的发展和智能手机的普及，大众的通讯方式变得越来越多样化。与传统的语音通话相比，电子邮件、QQ 聊天以及微信视频等通讯方式更受到青睐。如何在手机上对多种通讯方式进行有效的管理是人们在日常生活中经常遇到的一个问题。作为前面各章所讲知识的综合应用，本章将基于HTML5和jQuery Mobile框架设计和制作一个通讯录，并发行为能够在基于Android和 iOS 系统的移动设备上运行的原生 App 软件。

9.1 系统功能设计

下面首先介绍通讯录管理系统的总体设计，内容包括系统功能分析、数据库设计与实现以及系统功能模块划分。

9.1.1 系统功能分析

在本章中将基于HTML5和jQuery Mobile框架制作一个能够在移动设备上运行的通讯录App，用户界面通过 jQuery Mobile 移动网页中的页面来实现，联系人信息通过 HTML5 提供的本地 Web SQL 数据库来存储。具体来说，这个通讯录 App 具有以下各项功能。

（1）浏览和查询联系人信息。在系统主页上按照音序列出联系人姓名和手机号，通过触摸所需列表项将进入电话拨号界面。如果录入的联系人数量比较多，可以在屏幕上方的搜索框中输入姓名、拼音首字母或电话号码进行快速查询。

（2）添加联系人信息。进入系统主页后，通过触摸屏幕左下角的“添加”按钮将进入联系人信息录入页面，在这里可以录入联系人的姓名、手机、固定电话、电子邮件地址、QQ 号、微信号以及住址等信息，触摸“保存”按钮即可将联系人信息保存到数据库中。

（3）查看联系人详细信息。在系统主页上，通过触摸联系人列表项中的拆分按钮将进入联系人详情页面，这里列出所选联系人的姓名、手机、固定电话、电子邮件地址、QQ 号、微信号以及住址等各项信息。通过触摸手机和固定电话列表项右侧的电话图标会进入电话拨号界面，从而向选定的联系人发起语音通话；通过触摸电子邮件地址列表项右侧的邮件图标则会打开电子邮件客户端软件，可以对选定的联系人撰写和发送电子邮件。

（4）修改和删除联系人信息。进入联系人详情页面后，通过触摸屏幕左下角的“修改”按钮将进入联系人信息修改页面，在这里可以对已经录入的联系人信息进行修改；通过触摸屏幕右下角的“删除”按钮，会弹出一个删除确认框，触摸击“确定”按钮即可删除当前选定的这个联系人，触摸“取消”则返回联系人详情页面。

（5）批量删除联系人信息。进入系统主页后，如果想一次删除多个联系人，可以触摸屏幕右下角的“删除”按钮，以进入批量删除页面。这里按音序列出所有联系人，每个联系人姓名右侧有一个复选框。要删除某个联系人，可以勾选相应的复选框。如果联系人比较多，也可以在屏幕上方的搜索框中输入姓名进行筛选。选定要删除的联系人后，可以触摸屏幕右下角的“删除”按钮，此时会弹出一个确认框，触摸“确定”按钮即可执行批量删除操作。

9.1.2 数据库设计与实现

为了便于数据处理，在设计和制作通讯录时可以考虑使用关系型数据库来存储所有联系人信息。由于通讯录是一款主要运行于移动设备上的 App 软件，常用的 Access、SQL Server 以及 MySQL 等数据库都不太合适。在移动 App 中使用的数据库必须是轻量级的嵌入式数据库，占用的系统资源要少，而且必须是存储在本地的文件型数据库，可以在客户端 JavaScript 脚本通过 SQL 语言进行访问。HTML5 支持的 SQLite 数据库刚好能够满足这些要求，因此制作通讯录时将选择使用 SQLite 数据库来存储联系人信息。

SQLite 是一款轻型级的数据库，是遵守 ACID 原则和事务处理的关系型数据库管理系统。SQLite 数据库的设计目标是嵌入式的，目前已经在很多嵌入式设备中得到了应用，它占用的资源非常小，可能只需要几百 KB 的内存就够了。

注意

ACID 是指数据库事务正确执行的四个基本原则的缩写：A（Atomicity）表示原子性，C（Consistency）表示一致性，I（Isolation）表示隔离性；D（Durability）表示持久性。一个支持事务（Transaction）的数据库，必须具有这四种特性，否则在事务过程中无法保证数据的正确性。

要使用 SQLlite 数据库来存储和管理联系人信息，首先要创建数据库对象，然后通过数据库事务处理来执行 SQL 查询语句，以完成创建表、添加记录、查询记录、修改记录以及删除记录等操作，所有这些操作都可以通过 HTML5 数据库规范中定义的核心方法来实现。

1. 创建数据库对象

要创建新的数据库或打开现有数据库，可以通过调用 window 对象的 openDatabase()方法来实现，用法如下：

```
var database=[window.]openDatabase( databaseName, version, displayName, estimatedSize
[,creationCallback] );
```

调用 openDatabase 方法时需要传入以下五个参数。

（1）databaseName：指定数据库名称，区分大小写并且唯一。

（2）version：指定数据库版本号。

（3）displayName：指定数据库描述信息，一般用于说明数据库的用途。

（4）estimatedSize：指定预估的数据库大小，以 byte 为单位，可以更改。

（5）creationCallback：指定数据库创建成功时调用的回调函数，该参数为可选项。

openDatabase()方法用于创建一个新的 SQLite 数据库并返回一个数据库（Database）对象，可以针对该数据库对象开始数据库事务处理，进行各种数据操作。如果指定名称的数据库当前不存在，则创建该数据库；如果该数据库当前已经存在，则打开数据库。

创建数据库之前应检测系统是否支持本地数据库，创建数据库之后则应通过调用回调函数来检测数据库对象是否创建成功。

2．控制事务处理

调用 window.openDatabase()将返回一个数据库对象，该对象提供了操作数据库的方法，包括 transaction()和 changeVersion()方法，前者用于运行一个数据库事务，后者用于校验数据库的版本号并更新版本号以完成架构更新。

创建数据库后，要在数据库创建表并在表中添加记录，或者进行查询、修改或删除等操作，应调用数据库对象的 transaction()方法运行一个数据库事务，用法如下：

```
database.transaction ( callback [, errorCallback [, sucessCallback ] ] ):
```

调用 transaction()方法时需要传入以下三个参数。

（1）callBack：定义事务操作要执行的回调函数，该函数内执行的 SQL 操作都是事务的，要么全部成功，要么全部失败。该回调函数的语法格式如下：

```
function callBack (trans) {
   //定义在事务中要执行的 SQL 操作
}
```

其中，参数 trans 为 SQLTransaction 类型事务对象，用于定义要执行的 SQL 操作。

（2）errorCallback：定义事务操作失败时调用的回调函数，为可选项。其语法格式如下：

```
function errorHandler (trans, error) {
   //事务操作失败时执行的代码
}
```

其中，trans 为 SQLTransaction 类型事务对象；error 参数为 SQLError 类型，表示数据库操作错误时抛出的错误对象，该对象具有以下两个属性。

- code：错误代码。
- message：关于此错误的说明性信息。

（3）sucessCallback：定义事务操作成功时调用的回调函数，为可选项。其语法格式如下：

```
function sucessCallback() {
   //事务操作成功时执行的代码
}
```

这个函数不接受任何参数。

3．执行查询语句

通过调用数据库对象的 transaction()方法运行数据库事务时，传入该方法的第一个回调函数会被调用，它将接收一个事务对象作为参数。此时，可以通过调用该事务对象的 executeSql()方法来执行各种 SQL 查询语句，用法如下：

```
trans.executeSql (sqlQuery, [value1,value2...], dataHandler, errorHandler );
```

调用 executeSql()方法需要传入以下 4 个参数。

（1）sqlQuery：指定要执行的 SQL 查询语句文本。常用的 SQL 语句如下：

- CREATE TABLE：在数据库中创建表。
- DROP TABLE：从数据库中删除表。
- INSERT：在表中添加记录。

- UPDATE：修改表中的一条或多条记录。
- DELETE：从表中删除一条或多条记录。
- SELECT：从表中查询符合指定条件的记录。

（2）[value1,value2, ...]：指定一个数组，执行 SQL 查询语句时将依次使用各个数组元素的值来替换查询语句中用问号（?）表示的参数占位符。像这样使用问号作为参数占位符的的查询称为参数化查询，它为数据库访问应用程序开发提供了一种封装性的安全方法，将输入交给数据库进行预处理。

（3）dataHandler：SQL 查询语句执行成功调用的回调函数，其语法格式如下：

```
function dataHandler (trans, results) {
  // SQL 语句执行成功时的代码
}
```

其中，trans 参数表示事务对象本身；results 参数为 SQLResultSet 类型，表示执行 SQL 语句时所返回的数据集对象。该数据集对象具有以下属性。

- insertId 属性：通过执行 SQL 语句插入到数据库的新记录的行 ID。如果插入了多行，则返回最后一个行的 ID。
- rowAffected 属性：通过执行 SQL 语句所改变的记录行数，执行 SQL 查询操作时此属性总是 0。
- rows：SQLResultSetRowList 类型，表示通过执行 SQL 查询语句返回的记录集，其中保存查询到的每条记录。记录的条数可以通过 rows.length 属性来获取，每条记录中的字段值可以通过 rows.item(index).fieldName 形式来访问。如果执行 SQL 查询语句没有返回任何记录，则 rows 对象为空，此时 rows.length 属性值为 0。

（4）errorHandler：SQL 查询语句执行失败调用的回调函数。其语法格式如下：

```
function errorHandler(trans, error) {
  //SQL 语句执行失败时的代码
}
```

其中，trans 参数表示事务对象本身；error 参数表示数据库操作错误时抛出的 SQLError 对象。该对象具有 code 和 message 两个属性，其含义参见前文。

4．创建通讯录数据库

制作通讯录时，所有联系人的姓名、手机号等信息可以存储在一个本地 SQLite 数据库中。为此，首先创建一个名为 contacts 的新数据库，代码如下：

```
var database=window.openDatabase("contacts", "1.0", "通讯录数据库", 2*1024*1024, function() {
  if (database) {
    alert("数据库创建成功！");
  } else {
    alert("数据库创建失败！");
  }
});
```

然后，在新建数据库中创建一个名为 contacts 的表，用于存储联系人信息，每个联系人的信息在表中保存为一条记录。contacts 表的结构在表 9.1 中列出。

创建表的操作可以通过执行 CREATE TABLE 语句来实现，这就需在数据库事务处理过程中调用 executeSql()方法，并将用于创建表的 SQL 语句文本作为第一个参数传递给该方法。

要在表中添加、查询、修改或删除联系人信息，首先需要通过表单获取用户提交的数据，用于替换参数化查询中的问号占位符，然后调用 executeSql()方法执行相应的 SQL 语句，具体实现代码详见本章后面的“系统功能实现”部分。

表 9.1 contacts 表的结构

列 名	数据类型	是否允许为空	备 注
id	INTEGER	否	联系人编号，主键，自动增加
name	TEXT	否	联系人姓名
pinyin	TEXT	否	姓名拼音首字母，如“张三”的拼音码为 ZS
mobile	TEXT	否	手机号
telephone	TEXT	是	固定电话
email	TEXT	是	电子邮件地址
qq	TEXT	是	QQ 号
weixin	TEXT	是	微信号
address	TEXT	是	地址

9.1.3 系统功能模块划分

通讯录 App 可以通过一个 jQuery Mobile 移动网站来实现。在该网站中创建一个 jQuery Mobile 多页面文档，通过各个页面构建显示、添加、修改和删除联系人的用户界面，系统提供的各项的功能通过 JavaScript 脚本来实现，所有脚本代码存储在一个外部脚本文件中。

根据系统功能分析，通讯录系统应由以下功能模块组成。

1. 初始化模块

初始化模块只需要运行一次，其功能是创建 SQLite 数据库和表。根据第 8 章中对 jQuery Mobile 事件的介绍和分析，初始化模块功能可以通过页面容器的 pagecontainercreate 事件处理函数来实现。

2. 系统主页

系统主页的 id 为“home”，这是整个移动网页中的第一个页面。在该页面中使用列表视图以姓氏分组列出所有联系人信息，在列表视图上提供一个搜索框，可以通过输入姓名、拼音首字母或电话号码进行模糊查询。每个联系人用列表视图中的一个列表项来表示，每个列表项包含两个链接，触摸左侧主链接按钮时将进入电话拨号界面，在此可进行语音通话；触摸右侧拆分按钮时会进入联系人详情查看页面。

在系统主页左下角和右下角分别是“添加”按钮和“删除”按钮，当触摸“添加”按钮会进入添加页面，当触摸“删除”按钮则会进入删除页面。

3. 信息添加页面

信息添加页面的 id 为“add”，其功能是录入联系人信息并保存到数据库中。在系统主页上触摸“添加”按钮时可进入该页面。该页面包含一个添加表单，可以录入联系人的姓名、手机号、固定电话、电子邮件地址、QQ 号、微信号以及地址等信息，通过触摸屏幕右上角的“保存”按钮可将提交的联系人信息保存到数据库中并返回主页；如果不想保存，则可以通过触摸屏幕左上角的“取消”按钮直接返回主页。

4. 信息详细页面

信息详细页面的 id 为“info”，其功能是列出选定的联系人的各项信息，并针对手机、固定电话、电子邮件以及 QQ 号创建了链接，触摸这些链接时会跳转到相应的应用程序中。例如，触摸“手机”或“固话”链接时会跳转到电话拨号界面，触摸“电邮”链接时则会跳转到电子邮件客户端界面。查看联系人详细信息时，可以通过触摸屏幕左上角的“返回”按钮返回系统主页。

如果要修改当前联系人信息，可以触摸屏幕左下角的“修改”按钮进入信息修改页面；如果要从通讯录中删除当前联系人，触摸屏幕右下角的“删除”按钮即可。

5. 信息修改页面

信息修改页面的 id 为“edit”，其功能是对选定的联系人信息进行修改并将更改保存到数据库中。当在信息详细页面中查看联系人信息时，通过触摸屏幕左下角的“修改”按钮可以进入信息修改页面。该页面通过表单字段列出选定联系人的各项信息，可以对字段值进行修改，然后触摸屏幕右上角的“保存”按钮将所做更改保存到数据库并返回信息详细页面；也可以触摸屏幕左上角的“取消”按钮放弃所做更改并返回信息详细页面。

6. 信息删除页面

信息删除页面的 id 为“del”，其功能是从通讯录中批量删除联系人。在系统主页上触摸屏幕右下角的“删除”按钮时，可进入信息删除页面。该页面以垂直排列的复选框控件组形式列出所有联系人信息，可以通过勾选复选框来选定要删除的联系人，然后触摸屏幕右下角的“删除”按钮，经过确认后即可执行批量删除操作，然后返回系统主页。也可以触摸屏幕左上角的“返回”按钮或屏幕左下角的“取消”按钮直接返回系统主页。

在上述系统功能模块中，初始化模块仅通过运行 JavaScript 脚本即可实现，其他各个功能模块则由用户界面和 JavaScript 代码两个部分组成，设计时需要注意这两个部分之间以及各个功能模块之间的协同。

9.2 系统功能实现

通讯录是在本地移动设备上运行的 App 软件。为了制作通讯录，首先要在 HBuilder 中创建一个移动 App 项目，该项目的主文件是一个 HTML5 网页，其文件名为 index.html。通过引入 jQuery Mobile 框架支持文件，可将这个 HTML5 网页变成一个 jQuery Mobile 移动网页，而完成了这个移动网页的制作也就实现了通讯录的各项系统功能。

9.2.1 创建移动 App 项目

要在 HBuilder 创建移动 App 项目，可以在 HBuilder 欢迎屏幕上单击“新建移动 App”图标图 9.1 所示），或者选择“文件→新建→移动 App”命令（如图 9.2 所示）。

图 9.1　单击“新建移动 App 图标

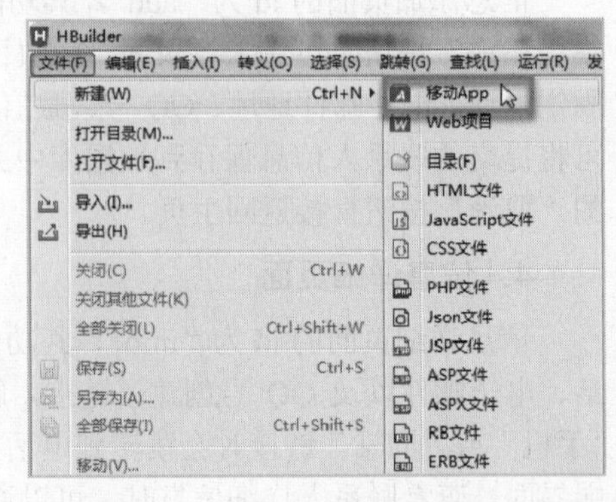

图 9.2　选择新建移动 App 命令

当打开如图9.3所示的“创建移动App”对话框时，输入应用名称（如“contacts”），选择存储App的位置（如“D:\”），选择“空模板”，然后单击“完成”按钮。

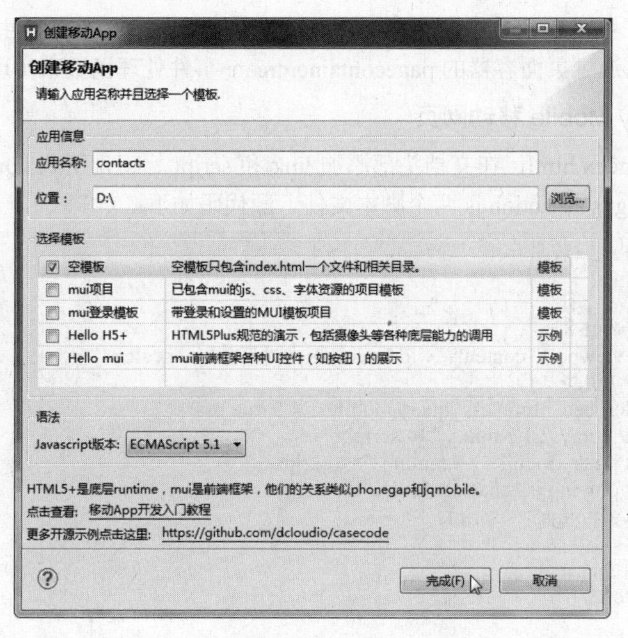

图9.3　创建“移动App”对话框

此时会创建一个新的移动App项目，其组成情况如图9.4所示。为了避免运行通讯录App时连接因特网，可以下载jQuery Mobile框架支持文件和一些图片文件并将其复制到项目文件夹中，然后在js文件夹中创建一个名为action.js的脚本文件，用于存储移动网页中需要用到JavaScript脚本代码，如图9.5所示。

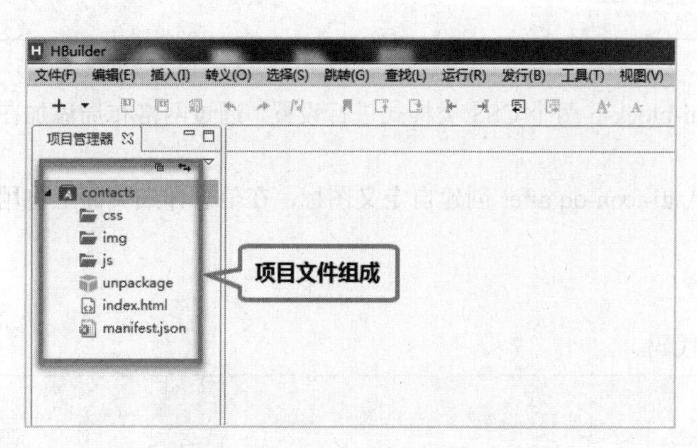

图9.4　新建移动App项目文件组成

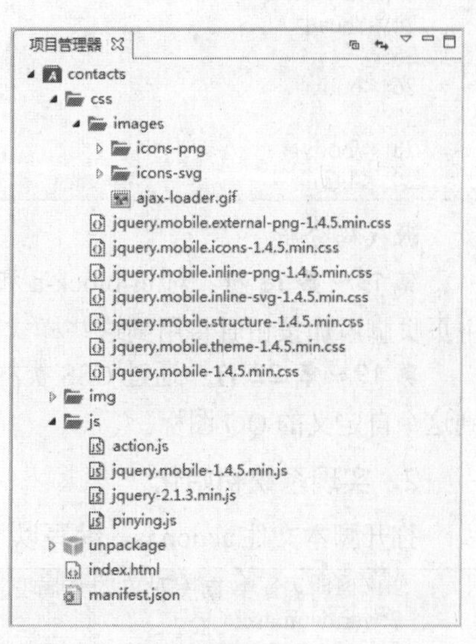

图9.5　复制jQuery Mobile支持文件

在如图9.5所示的js文件夹中，还包含一个pinyin.js的脚本文件，其中包含将汉字转换为拼音首字母的函数。

9.2.2 系统初始化

系统初始化的任务是创建数据库和表，为存储联系人信息做好准备。由于初始化操作只需要执行一次，因此可以通过页面容器的 pagecontainercreate 事件处理函数来实现。

1. 创建 jQuery Mobile 移动网页

首先打开网页 index.html，在文档头部添加 link 和 script 标记，引入 jQuery Mobile 框架支持文件，并引入 pinying.js 和 action.js 两个脚本文件。源代码如下：

```
 1: <!doctype html>
 2: <html>
 3: <head>
 4: <meta charset="utf-8">
 5: <meta name="viewport" content="width=device-width, initial-scale=1">
 6: <title>通讯录</title>
 7: <link rel="stylesheet" href="css/jquery.mobile-1.4.5.min.css">
 8: <script src="js/jquery-2.1.3.min.js"></script>
 9: <script src="js/jquery.mobile-1.4.5.min.js"></script>
10: <script src="js/pinying.js" charset="GBK"></script>
11: <script src="js/action.js"></script>
12: <style>
13: .ui-block-a {
14:     text-align: left;
15: }
16: .ui-block-b {
17:     text-align: right;
18: }
19: .ui-icon-qq:after {
20:     background-image: url(img/QQ.png);
21:     background-size: 18px 18px;
22: }
23: </style>
24: </head>
25:
26: <body>
27:
28: </body>
29: </html>
```

源代码分析

第 13～第 18 行：对.ui-block-a 和.ui-block-b 两个 CSS 类样式进行设置，通过网格布局添加在主页页脚添加按钮时将用到这些样式。

第 19～第 22 行：通过 CSS 类样式.ui-icon-qq:after 创建自定义图标，在信息详细页面上将用到这个自定义的 QQ 图标。

2. 实现系统初始化

打开脚本文件 action.js，编写以下代码。

```
1: //声明表示数据库对象的全局变量
2: var database;
3:
4: //==========系统初始化==========
5: //页面容器创建成功时执行的事件处理程序
6: //功能：创建或打开数据库并对全局变量 database 赋值
7: $(document).on("pagecontainercreate", function(e, ui) {
8:     if (!window.openDatabase) {
9:         alert("当前系统不支持本地数据库功能！");
```

```
10:         return;
11:     }
12:     database=window.openDatabase("contacts", "1.0", "contacts", 2 * 1024 * 1024, function() {
13:         if(database) {
14:             alert("打开数据库成功!");
15:         } else {
16:             alert("打开数据库失败!");
17:         }
18:     });
19:
20:     //运行一个数据库事务
21:     database.transaction ( function (trans) {                //参数 trans 代表事务对象
22:         var sql="CREATE TABLE IF NOT EXISTS contacts (id INTEGER PRIMARY KEY AUTOINCREMENT,
name TEXT NOT NULL, pinyin TEXT, mobile TEXT NOT NULL, telephone TEXT, email TEXT, qq TEXT, weixin TEXT,
address TEXT)";
23:         trans.executeSql(sql, [], function (trans, results) {
24:             alert("创建表成功！");
25:         }, function (trans, error) {
26:             alert("创建表失败：" + error.message);
27:         });
28:     });
29: });
```

源代码分析

第 2 行：声明一个全局变量 database，用于保存打开数据库时返回的数据库对象，该对话框在整个脚本文件中全局可用。

第 7～第 29 行：将事件侦测器绑定到页面容器的 pagecontainercreate 事件，以实现通讯录系统的初始化。

第 8～第 11 行：检测系统是否支持 window 对象的 openDatabase()方法。如果不支持，则弹出对话框显示提示信息，然后返回。

第 12～第 18 行：调用 window 对象的 openDatabase()方法创建一个名为 contacts 的本地 SQLite 数据库，通过回调函数检测数据库对象是否创建成功，并通过弹出对话框显示相应的提示信息。

第 21～第 28 行：调用数据库对象的 transaction()方法运行一个数据库事务。在数据库事务处理过程中，通过调用事务对象的 executeSql()方法执行一个 SQL CREATE TABLE 语句，用于在当前数据库中创建一个名为 contacts 的表，其中第一个字段 id 被设置为主键并且具有自动增长特性。当 SQL 语句执行成功时将调用作为第二个参数传入 executeSql()方法的回调函数，此时将弹出一个对话框，以显示创建表成功的信息；当 SQL 语句执行失败时则调用作为第三个参数传入 executeSql()方法的回调函数，此时将弹出另一个对话框，以显示创建表失败的信息。

注意

建议调试通过后将弹出对话框的代码变成注释文字，以免影响用户体验。

9.2.3 系统主页实现

系统初始化完成后将进入系统主页，该页面在手机上的运行结果如图 9.6 和图 9.7 所示。

系统主页通过列表视图列出所有联系人的信息，联系人按姓名拼音顺序升序排列，每个列表项中显示一个联系人及其手机号码，触摸左侧链接按钮可跳转到电话拨号界面，触摸右侧拆分按钮则进入信息详细页面。在列表视图上方有一个搜索框，可以在此输入姓名、拼音首字母或电话号码进行搜索。

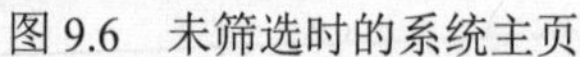
图 9.6　未筛选时的系统主页

图 9.7　对联系人进行筛选

在系统主页屏幕下方还提供了两个按钮：一个是位于屏幕左下角的“添加”按钮，触摸该按钮可进入信息添加页面；另一个是位于屏幕右下角的“删除”按钮，触摸该按钮可进入信息删除页面。

1．构建用户界面

在移动网页 index.html 中添加一个页面并命名为 home，添加所需界面元素，源代码如下。

```
 1: <!--主页开始-->
 2: <div data-role="page" id="home">
 3:     <div data-role="header" data-position="fixed">
 4:         <h1>通讯录</h1>
 5:     </div>
 6:     <div role="main" class="ui-content">
 7:         <form class="ui-filterable">
 8:             <input id="myFilter" data-type="search" autofocus placeholder="输入姓名、拼音或电话号码">
 9:         </form>
10:     </div>
11:     <div data-role="footer" data-position="fixed">
12:         <div class="ui-grid-a">
13:             <div class="ui-block-a">
14:                 <a href="#add" data-role="button" data-icon="plus" data-transition="slide">添加</a>
15:             </div>
16:             <div class="ui-block-b">
17:                 <a href="#del" data-role="button" data-icon="delete" data-transition="slide">删除</a>
18:             </div>
19:         </div>
20:     </div>
21: </div>
22: <!--主页结束-->
```

源代码分析

第 7～第 9 行：在页面内容区域创建一个搜索框，在 input 元素中添加 autofocus 属性，这将使这个搜索框自动获得焦点，还对该 input 元素设置了 placeholder 属性，以提供可描述输入字段预期值的提示信息。表单下方目前还没有要筛选的元素。要筛选的元素是一个列表视图，将在 JavaScript 脚本中动态创建。

第 11～第 20 行：在页面页脚区域添加了两个链接按钮，即“添加”按钮和“删除”按钮，它们分别链接到信息添加页面和信息删除页面，在这里通过两列网格对按钮进行布局。

2. 编写 JavaScript 脚本

打开脚本文件 action.js，在初始化代码下面继续编写以下代码。

```
 1: //===========系统主页功能实现===========
 2: //创建主页后执行的事件处理程序
 3: //设置单击列表视图拆分按钮时执行的操作
 4: $(document).on("pagecreate", "#home", function() {
 5:     $(document).on("click", "#home li a[href='#']", function(e) {
 6:         var id=e.target.id;
 7:         //将联系人编号保存到会话存储中
 8:         sessionStorage.setItem("id", id);
 9:         //单击列表视图中的拆分按钮时切换到查看联系人详情页面
10:         $(":mobile-pagecontainer").pagecontainer("change", "#info", {transition: "slide"});
11:     });
12: });
13:
14: //显示主页之前执行的事件处理程序
15: //功能：加载联系人信息，动态构建列表视图
16: $(document).on("pagebeforeshow", "#home", function(e, ui) {alert('load');
17:     loadData();
18: });
19:
20: //函数：loadData()
21: //功能：在主页上加载联系人信息
22: function loadData() {
23:     database.transaction(function (trans) {
24:         //从表中获取联系人记录，按姓名升序排列
25:         var sql="SELECT * FROM contacts ORDER BY pinyin";
26:         trans.executeSql(sql, [], function (trans, results) {
27:             var len=results.rows.length;
28:             if (len==0) {//如果数据库为空
29:                 if(!$("#home div[role='main'] p").length) {
30:                     $("#home div[role='main']").append("<p>目前暂无联系人信息！</p>");
31:                 }
32:                 $("#home div[role='main'] ul").remove();
33:                 return;
34:             }
35:             $("#home div[role='main'] p").remove();
36:             $("#home div[role='main'] ul").remove();
37:             $("#home div[role='main']").append('<ul data-input="#myFilter"></ul>');
38:             $("#home div[role='main'] ul").listview({inset: true, filter: true, autodividers: true});
39:             //遍历表中的的记录，动态创建列表视图
40:             for (var i=0; i<len; i++) {
41:                 var li="<li data-filtertext='"+results.rows.item(i).name
42:                 +results.rows.item(i).pinyin
43:                 +results.rows.item(i).mobile+"'><a href='tel:"
44:                 +results.rows.item(i).mobile+"'><img src='img/Head portrait.png'><h2>"
45:                 +results.rows.item(i).name+"</h2><p>"
46:                 +results.rows.item(i).mobile+"</p></a>"
47:                 +"<a href='#' id='"+results.rows.item(i).id
48:                 +"'>查看联系人</a></li>";
49:                 $("#home div[role='main'] ul").append(li).listview("refresh");
50:             }
51:         }, function(trans, error) {
52:             alert("读取联系人信息失败："+error.message);
```

```
53:         });
54:     });
55: });
```

源代码分析

第 4～第 12 行：将事件侦测器绑定到系统主页的 pagecreate 事件，设置列表项右侧拆分按钮的 click 事件处理程序，将联系人 id 保存到会话存储中，然后跳转到信息详细页面。

第 16～第 18 行：将事件侦测器绑定到系统主页的 pagebeforeshow 事件，在显示该页面之前调用 loadData()函数，从数据库中加载所有联系信息。

第 22～第 55 行：定义一个名为 loadData 的 JavaScript 函数，其功能是在主页上加载联系人信息，动态构建一个列表视图。

第 23～第 49 行：调用数据库对象的 transaction()运行一个数据库事务，在事务过程中通过调用 executeSql()方法来执行 SELECT 语句，从数据库中获取所有联系人信息并按拼音码进行排序。在此 SQL 语句执行成功时调用作为第三个参数传递给 executeSql()方法的回调函数，动态创建一个列表视图并在其中添加联系人信息。通过调用列表视图的插件函数 listview()对其进行初始化，并设置其 inset、filter 和 autodividers 选项。在列表项 li 中设置 data-filtertext 属性，将联系人的姓名、拼音码以及手机号串联起来作为该属性的值，以设置自定义筛选文本。每当添加一个列表项之后，通过调用列表视图的 refresh()方法对其视觉样式进行更新。

9.2.4 信息添加功能实现

在系统主页左下角触摸“添加”按钮即可进入信息添加页面，其运行结果如图 9.8 和图 9.9 所示。在信息添加页面上，依次在各个文本输入框中输入联系人的姓名、手机号、固定电话、电子邮件地址、QQ 号、微信号以及地址，然后触摸屏幕右上方的“保存”按钮，即可将联系人信息保存到数据库中并返回系统主页。如果想放弃已经录入的信息，则可以通过触摸屏幕左上方的“取消”按钮直接返回系统主页。

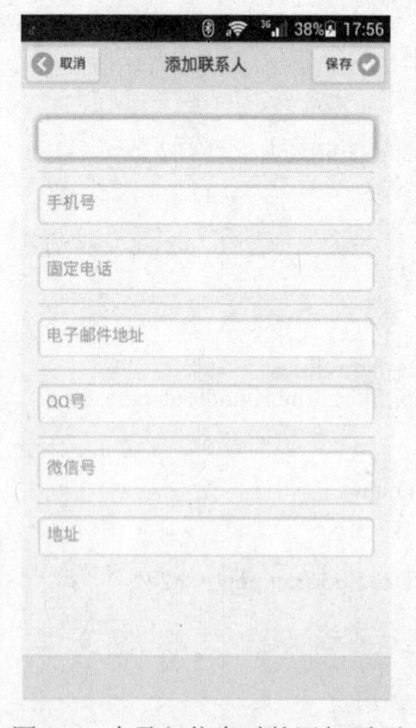

图 9.8　未录入信息时的添加页面

图 9.9　录入的联系人信息已保存

1．构建用户界面

打开移动网页 index.html，在系统主页下方添加一个新的页面并命名为 add，在该页面中创建一个联系人信息录入表单，其 HTML 源代码如下。

```
1: <!--信息添加页面开始-->
2: <div data-role="page" id="add">
3:     <div data-role="header" data-add-back-btn="true" data-back-btn-text="取消" data-position="fixed">
4:         <h1>添加联系人</h1>
5:         <button form="add-form" class="ui-btn ui-btn-a ui-corner-all ui-shadow ui-icon-check
ui-btn-icon-right ui-btn-right">保存</button>
6:     </div>
7:     <div role="main" class="ui-content">
8:         <form id="add-form" action="javascript:addNew()">
9:             <div class="ui-field-contain">
10:                 <label for="name" class="ui-hidden-accessible">姓名</label>
11:                 <input type="text" id="name" value="" autofocus    placeholder="姓名">
12:             </div>
13:             <div class="ui-field-contain">
14:                 <label for="mobile" class="ui-hidden-accessible">手机</label>
15:                 <input type="text" id="mobile" value="" placeholder="手机号">
16:             </div>
17:             <div class="ui-field-contain">
18:                 <label for="telephone" class="ui-hidden-accessible">固定电话</label>
19:                 <input type="text" id="telephone" value="" placeholder="固定电话">
20:             </div>
21:             <div class="ui-field-contain">
22:                 <label for="email" class="ui-hidden-accessible">电子邮件地址</label>
23:                 <input type="text" id="email" value="" placeholder="电子邮件地址">
24:             </div>
25:             <div class="ui-field-contain">
26:                 <label for="qq" class="ui-hidden-accessible">QQ</label>
27:                 <input type="text" id="qq" value="" placeholder="QQ 号">
28:             </div>
29:             <div class="ui-field-contain">
30:                 <label for="weixin" class="ui-hidden-accessible">微信</label>
31:                 <input type="text" id="weixin" value="" placeholder="微信号">
32:             </div>
33:             <div class="ui-field-contain">
34:                 <label for="address" class="ui-hidden-accessible">地址</label>
35:                 <input type="text" id="address" value="" placeholder="地址">
36:             </div>
37:         </form>
38:     </div>
39:     <div id="alert1" data-role="popup" data-arrow="t" data-theme="b" data-overlay-theme="a">
40:         <p></p>
41:     </div>
42:     <div id="prompt1" class="ui-content" data-role="popup" data-position-to="window" data-overlay-
theme="b">
43:         <h4>提示信息</h4>
44:         <p>联系人信息添加成功！</p>
45:         <p style="text-align: center;">
46:             <a href="#home" data-role="button" data-icon="check" data-inline="true" data-mini="true">确定
</a>
47:         </p>
48:     </div>
49:     <div data-role="footer" data-position="fixed"> <span class="ui-title"></span> </div>
50: </div>
51: <!--信息添加页面结束-->
```

源代码分析

第 3～第 5 行：在信息添加页面的页眉工具栏左侧添加一个“返回”按钮，并且将该按钮上的文本设置为“取消”；在该页眉工具栏右侧添加一个 button 按钮，由于它未包含在 form 元素中，因此设置其 form 属性为表单的 id 属性值，即“add-form”。

第 8～第 37 行：在内容区域中创建一个表单并命名为 add-form，将该表单的 action 属性设置为“javascript:addNew()”，即提交表单后将执行一个名为 addNew 的 JavaScript 函数。在该表单中添加一些文本输入框，并且将各个标签隐藏起来。

第 39～第 41 行、第 42～第 48 行：创建两个弹出窗口，分别命名为 alert1 和 prompt1，前者仅包含一个空的段落，内容待运行时填写。

第 49 行：创建信息添加页面的页脚工具栏。未在该工具栏中添加什么部件，仅放置了一个 span 元素并对其应用 ui-title 类，以撑起页脚工具栏的高度。

2．编写 JavaScript 脚本

打开脚本文件 action.JavaScript，在系统主页功能实现代码之后继续编写代码，用于实现向数据库中添加联系人信息的功能。源代码如下：

```
 1: //===========添加联系人功能实现===========
 2: //创建联系人添加页面时执行的事件处理程序
 3: $(document).on("pagecreate", "#add", function(e, ui) {
 4:     $("#add-form").submit(function(e) {
 5:         $("#add-form :text").each(function (i) {
 6:             if($(this).val()=="") {
 7:                 $("#alert1 p").html("请填写此字段!");
 8:                 $("#alert1").popup("open", {positionTo: "#add-form #"+this.id});
 9:                 $(this).focus();
10:                 e.preventDefault();
11:                 return false;
12:             }
13:         });
14:     });
15: });
16:
17: //显示联系人添加页面之前执行的事件处理程序
18: //清空所有文本框，将光标移到姓名输入框中
19: $(document).on("pagebeforeshow", "#add", function(e) {
20:     $("#add-form :text").val("");
21:     $("#add-form #name").focus();
22: });
23:
24: //函数：addNew()
25: //功能：获取提交的字段值并保存到数据库中
26: function addNew() {
27:     var name=$("#add-form #name").val();
28:     var pinyin=makePy(name)[0];
29:     var mobile=$("#add-form #mobile").val();
30:     var telephone=$("#add-form #telephone").val();
31:     var email=$("#add-form #email").val();
32:     var qq=$("#add-form #qq").val();
33:     var weixin=$("#add-form #weixin").val();
34:     var address=$("#add-form #address").val();
35:
36:     database.transaction(function(trans) {
37:         var sql="INSERT INTO contacts (name, pinyin, mobile, telephone, email, qq, weixin, address)
values(?, ?, ?, ?, ?, ?, ?, ?)";
38:         trans.executeSql(sql, [name, pinyin, mobile, telephone, email, qq, weixin, address], function (trans,
results) {
39:             $("#prompt1").popup("open");
```

```
40:         }, function(trans, error) {
41:             alert("添加联系人失败！原因是：" + error.message);
42:         });
43:     });
44: }
```

源代码分析

第3～第15行：将事件侦测器绑定到信息添加页面的pagebeforeshow事件，在该页面显示之前清空所有文本框，并且将光标移入“姓名”输入框内。

第19～第22行：将事件侦测器绑定到信息添加页面的pagecreate事件，当该页面创建成功时设置表单的submit事件处理程序。对每个输入字段的值进行检查，只要有一个字段值未输入，则打开弹出窗口显示提示信息，并且将光标移入输入框，阻止提交表单。

第26～第44行：定义一个名为addNew的JavaScript函数，它将在用户在信息添加页面上录入信息并触摸“保存”按钮时执行。该函数的功能是获取通过表单提交的各个字段值，然后在事务过程中调用executeSql()方法，使用各个字段值替换相应的查询参数并执行INSERT INTO语句。当此SQL语句执行成功时将打开弹出窗口，显示添加成功的提示信息。

9.2.5 详情查看功能实现

当在系统主页上触摸某个联系人所在列表项右侧的拆分按钮时将进入信息详细页面，如图9.10所示。在该页面上触摸手机或固话所在列表项，则会跳转到拨号程序界面，如图9.11所示。在该页面上触摸电邮所在列表项，则会跳转到电子邮件客户端，如图9.12所示。该页面底部还提供了“修改”和“删除”按钮，触摸这些按钮可修改或删除当前联系人。

图9.10 联系人信息详细页面　　图9.11 拨号程序用户界面　　图9.12 电子邮件客户端用户界面

1．构建用户界面

打开移动网页index.html，在信息添加页面之后创建一个页面并命名为info，在其页眉工具栏中添加一个“返回”按钮；在内容区域添加一个列表视图；在页脚工具栏中添加一个“修改”按钮和一个“删除”按钮；在页脚工具栏之后创建一个弹出容器。HTML源代码如下。

```
1: <!--信息详细页面开始-->
2: <div data-role="page" id="info">
3:     <div data-role="header" data-position="fixed">
4:         <h1>联系人详情</h1>
5:         <a href="#home" data-icon="carat-l">返回</a> </div>
6:     <div role="main" class="ui-content"><br>
7:         <ul data-role="listview">
8:             <li><img src="img/Head portrait.png" alt="头像"> <h1></h1></li>
9:             <li data-icon="phone"><a href="#"></a></li>
10:            <li data-icon="phone"><a href="#"></a></li>
11:            <li data-icon="mail"><a href="#"></a></li>
12:            <li data-icon="qq" id="qq"><a href="#"></a></li>
13:            <li data-icon="false"></li>
14:            <li data-icon="false"></li>
15:        </ul>
16:    </div>
17:    <div data-role="footer" data-position="fixed">
18:        <div class="ui-grid-a">
19:            <div class="ui-block-a">
20:                <a href="#edit" data-role="button" data-icon="edit" data-transition="slide">修改</a>
21:            </div>
22:            <div class="ui-block-b">
23:                <a href="#" data-role="button" data-icon="delete" data-transition="slide">删除</a>
24:            </div>
25:        </div>
26:    </div>
27:    <div data-role="popup" id="confirm" class="ui-content" data-position-to="window" data-overlay-
theme="b">
28:        <h4>删除联系人</h4>
29:        <p>确实要删除此联系人吗？</p>
30:        <p style="text-align: center;">
31:            <a data-role="button" data-icon="check" data-inline="true" data-mini="true">确定</a>
32:            <a data-role="button" data-icon="forbidden" data-inline="true" data-mini="true">取消</a>
33:        </p>
34:    </div>
35: </div>
36: <!--信息详细页面结束-->
```

源代码分析

第 5 行：在页眉工具栏中添加一个链接到系统主页的“返回”按钮。

第 7～第 15 行：在页面内容区域添加一个列表视图，其中包含七个列表项，列表项文本暂时为空，有待运行时从数据库中读取联系人信息并使用相应字段值来填充这些列表项。在这些列表项中有四项包含着链接，有三项使用标准图标，有一项使用自定义图标。其他列表项不包含链接，以只读文本形式出现。

第 18～第 24 行：在页脚工具栏中添加两个按钮，并通过两列网格进行布局。

第 27～第 34 行：在页脚工具栏之后创建一个弹出窗口。该弹出包含一个标题和两个段落，前面的段落中显示一行提示信息，即“确实要删除此联系人吗？”，后面的段落中放置了两个按钮，即“确定”和“取消”按钮。由于该弹出窗口包含在信息详细页面内部，因此只能在当前页面上使用它。

2. 编写 JavaScript 脚本

打开脚本文件 action.JavaScript，在用于实现联系人添加功能的代码之后继续编写代码，用于从数据库中读取所选定联系人的各项信息，并将这些信息填充到列表视图的相应列表项中。源代码如下：

```
1: //==========联系人详情查看功能实现==========
2: //显示查看联系人详情页面之前执行的事件处理程序
3: //从数据库中读取联系人信息，动态构建列表视图
4: $(document).on("pagebeforeshow", "#info", function(e, ui) {
5:     var id=sessionStorage.getItem("id");
6:     database.transaction( function (trans) {
7:         //从表中获取数据记录
8:         var sql="SELECT * FROM contacts WHERE id=?";
9:         trans.executeSql(sql, [id], function (trans, results) {
10:            var name=results.rows.item(0).name;
11:            var mobile=results.rows.item(0).mobile;
12:            var telephone=results.rows.item(0).telephone;
13:            var email=results.rows.item(0).email;
14:            var qq=results.rows.item(0).qq;
15:            var weixin=results.rows.item(0).weixin;
16:            var address=results.rows.item(0).address;
17:            $("#info ul li:first h1").html(name).css({fontSize: "22px"});
18:            $("#info ul li:nth(1) a").text("手机："+mobile)
19:                .prop("href", "tel:"+mobile);
20:            $("#info ul li:nth(2) a").text("固话："+telephone)
21:                .prop("href", "tel:"+telephone);
22:            $("#info ul li:nth(3) a").text("电邮："+email)
23:                .prop("href", "mailto:"+email);
24:            $("#info ul li:nth(4) a").text("QQ："+qq)
25:            .prop("href", "http://wpa.qq.com/msgrd?v=3&uin="+qq+"&site=qq&menu=yes");
26:            //$("#info ul li:nth(4)").html("<strong>QQ："+qq+"</strong>");
27:            $("#info ul li:nth(5)").html("<strong>微信："+weixin+"</strong>");
28:            $("#info ul li:nth(6)").html("<strong>地址："+address+"</strong>");
29:        }, null);
30:    });
31: });
32:
33: //在联系人详情页面单击"删除"按钮时执行的事件处理程序
34: //功能是打开确认删除对话框
35: $(document).on("click", "#info a:contains('删除')", function(e) {
36:     $("#confirm").popup("open");
37: });
38:
39: //创建弹出窗口时执行的事件处理程序
40: //设置在弹出窗口中单击"确定"和"取消"按钮时执行的操作
41: $(document).on("popupcreate", "#confirm", function(e, ui) {
42:     $(document).on("click", "#confirm a:contains('确定')", function(e) {
43:         $("#confirm").popup("close");
44:         //删除当前选定的这个联系人
45:         database.transaction(function (trans) {
46:             var id=sessionStorage.getItem("id");
47:             var sql="DELETE FROM contacts WHERE id=?";
48:             trans.executeSql(sql, [id],    function (trans, results) {
49:                 $(":mobile-pagecontainer").pagecontainer("change", "#home", {transition: "slide" });
50:             }, null);
51:         });
52:     });
53:     $(document).on("click", "#confirm a:contains('取消')", function(e) {
54:             $("#confirm").popup("close");
55:     });
56: });
```

源代码分析

第4～第31行：将事件侦测器绑定到详情页面的pagebeforeshow事件，在显示该页面之前从会话存储中获取联系人id，调用transaction()方法运行一个数据库事务，调用executeSql()方法执行SELECT语句，从数据库中读取具有指定id的联系人的信息，然后将各个字段值填写到列表视图

的相应列表项中。

第 35～第 37 行：设置在详情页面右下角单击“删除”按钮时执行的事件处理程序，当单击该按钮时将打开一个弹出对话框，确认删除操作。

第 41～第 55 行：将事件侦测器绑定到 id 为 confirm 的弹出窗口的 popupcreate 事件。当创建这个弹出窗口时，设置单击“确定”按钮和“取消”按钮时执行的操作。当单击“确定”按钮时，首先关闭这个弹出窗口，然后开始一个数据库事务，通过调用 executeSql()方法执行 DELETE FROM 语句，从数据库中删除具有指定 id 的联系人，接着跳转到系统主页。如果在这个弹出窗口单击了“取消”按钮，则不会删除联系人，而是直接关闭该弹出窗口。

9.2.6 信息修改功能实现

当在信息详细页面上查看联系人信息时，如果触摸屏幕左下角的“修改”按钮，将进入联系人信息修改页面，该页面通过表单列出当前选定的这个联系人的各项信息，如图 9.13。根据需要，可以对联系人信息进行修改，然后触摸屏幕右下角的“保存”按钮，此时将打开一个弹出窗口，提示联系人信息更新成功，如图 9.14 所示；触摸“确定”按钮将返回详情页面，此时可以看到最新的联系人信息。在信息修改页面上，也可以通过触摸屏幕左上角的“取消”按钮放弃所做的更改直接返回详情页面。

图 9.13　以表单列出联系人信息

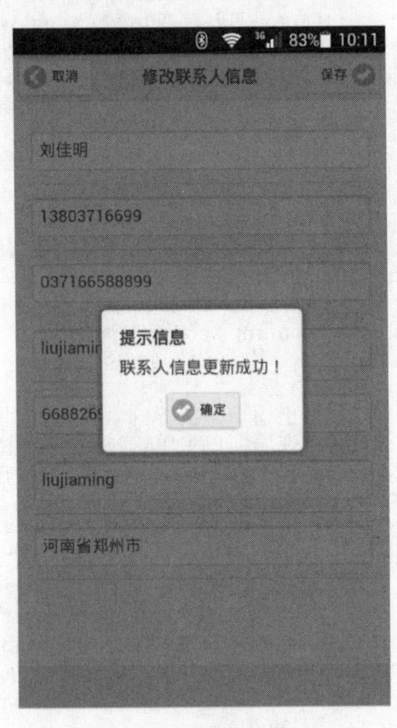

图 9.14　弹出窗口提示更新成功

1. 构建用户界面

打开移动网页 index.html，在信息详情查看页面之后创建一个页面并命名为 edit，在其页眉工具栏中添加一个“取消”按钮和“保存”按钮；在内容区域创建一个表单，用于修改联系人信息。HTML 源代码如下。

```
1: <!--信息修改页面开始-->
2: <div data-role="page" id="edit">
3:     <div data-role="header" data-add-back-btn="true" data-back-btn-text="取消" data-position="fixed">
4:         <h1>修改联系人信息</h1>
```

```
    5:      <button form="edit-form" class="ui-btn ui-btn-a ui-corner-all ui-shadow ui-icon-check ui-btn-icon-
right ui-btn-right">保存</button>
    6:   </div>
    7:   <div role="main" class="ui-content">
    8:      <form id="edit-form" action="javascript:update()">
    9:        <div class="ui-field-contain">
   10:          <label for="name" class="ui-hidden-accessible">姓名</label>
   11:          <input type="text" id="name" value="" autofocus placeholder="姓名">
   12:        </div>
   13:        <div class="ui-field-contain">
   14:          <label for="mobile" class="ui-hidden-accessible">手机</label>
   15:          <input type="text" id="mobile" value="" placeholder="手机号码">
   16:        </div>
   17:        <div class="ui-field-contain">
   18:          <label for="telephone" class="ui-hidden-accessible">固定电话</label>
   19:          <input type="text" id="telephone" value="" placeholder="固定电话">
   20:        </div>
   21:        <div class="ui-field-contain">
   22:          <label for="email" class="ui-hidden-accessible">电子邮件地：</label>
   23:          <input type="text" id="email" value="" placeholder="电子邮件地址">
   24:        </div>
   25:        <div class="ui-field-contain">
   26:          <label for="qq" class="ui-hidden-accessible">QQ</label>
   27:          <input type="text" id="qq" value="" placeholder="QQ 号">
   28:        </div>
   29:        <div class="ui-field-contain">
   30:          <label for="weixin" class="ui-hidden-accessible">微信</label>
   31:          <input type="text" id="weixin" value="" placeholder="微信号">
   32:        </div>
   33:        <div class="ui-field-contain">
   34:          <label for="address" class="ui-hidden-accessible">地址</label>
   35:          <input type="text" id="address" value="" placeholder="地址">
   36:        </div>
   37:        <div>
   38:          <input type="hidden" value="" id="id">
   39:          <input type="hidden" value="" id="pinyin">
   40:        </div>
   41:      </form>
   42:   </div>
   43:   <div id="alert2" data-role="popup" data-arrow="t" data-theme="b" data-overlay-theme="a">
   44:      <p></p>
   45:   </div>
   46:   <div id="prompt2" class="ui-content" data-role="popup" data-position-to="window" data-overlay-
theme="b">
   47:      <h4>提示信息</h4>
   48:      <p>联系人信息更新成功！</p>
   49:      <p style="text-align: center;">
   50:        <a href="#info" data-role="button" data-icon="check" data-inline="true" data-mini="true">确定
</a>
   51:      </p>
   52:   </div>
   53:   <div data-role="footer" data-position="fixed">
   54:      <span class="ui-title"></span>
   55:   </div>
   56: </div>
   57: <!--信息修改页面结束-->
```

源代码分析

第 3～第 6 行：在页眉工具栏中添加两个按钮，一个是“返回”按钮，将该按钮上显示的文本设置为“取消”；另一个是“保存”按钮，另一个是用 button 元素生成的“保存”按钮，它默认为提交按钮，由于它未包含在表单中，因此需要将其 form 属性设置为“edit-form”。

第 8～第 41 行：在页面内容区域创建一个表单，用于显示和修改联系人信息。将该表单的 action 属性设置为“javascript:update()”，当表单提交成功后将执行一个名为 update 的 JavaScript 函数。除了文本输入框之外，在表单中还两个了两个隐藏域，分别用于存储联系人 id 和姓名拼音码。

第 43～第 45 行、第 46～第 52 行：创建两个弹出窗口，分别用于表单字段检查或更新操作成功时显示提示信息。

第 53～第 55 行：在页脚工具栏中添加一个 span 元素并对其应用 ui-title 类，以撑起页脚工具栏的高度。

2．编写 JavaScript 脚本

打开脚本文件 action.JavaScript，在联系人详情查看功能实现代码之后继续编写代码，用于实现联系人信息的修改功能。源代码如下：

```
1: //===========联系人信息修改功能实现===========
2: //修改联系人页面创建时执行的事件处理程序
3: //设置表单的 submit 事件处理程序，提交表单前对各个表单字段进行检查
4: $(document).on("pagecreate", "#edit", function(e, ui) {
5:     $("#edit-form").submit ( function(e) {
6:         $("#edit-form :text").each(function (i) {
7:             if($(this).val()=="") {
8:                 $("#alert2 p").html("请填写此字段!");
9:                 $("#alert2").popup("open", {positionTo: "#edit #"+this.id});
10:                $(this).focus();
11:                e.preventDefault();
12:                return false;
13:            }
14:        });
15:    });
16: });
17:
18: //显示联系人修改页面之前时执行的事件处理程序
19: //从数据库中加载联系人信息，填写表单字段
20: $(document).on( "pagebeforeshow", "#edit", function(e) {
21:     var id=sessionStorage.getItem("id");
22:     database.transaction(function (trans) {
23:         trans.executeSql("SELECT * FROM contacts WHERE id=?", [id],    function(trans, results) {
24:             var name=results.rows.item(0).name;
25:             var pinyin=results.rows.item(0).pinyin;
26:             var mobile=results.rows.item(0).mobile;
27:             var telephone=results.rows.item(0).telephone;
28:             var email=results.rows.item(0).email;
29:             var qq=results.rows.item(0).qq;
30:             var weixin=results.rows.item(0).weixin;
31:             var address=results.rows.item(0).address;
32:             $("#edit-form #name").val(name);
33:             $("#edit-form #pinyin").val(pinyin);
34:             $("#edit-form #mobile").val(mobile);
35:             $("#edit-form #telephone").val(telephone);
36:             $("#edit-form #email").val(email);
37:             $("#edit-form #qq").val(qq);
38:             $("#edit-form #weixin").val(weixin);
39:             $("#edit-form #address").val(address);
40:             $("#edit-form #id").val(id);
41:         }, null);
42:     });
43: });
44:
45: //在修改联系人页面中单击“保存”按钮时执行的函数
46: //获取提交的字段值，用于更新联系人信息
```

```
47: function update() {
48:     var id=$("#edit-form #id").val();
49:     var name=$("#edit-form #name").val();
50:     var pinyin=$("#edit-form #pinyin").val();
51:     var mobile=$("#edit-form #mobile").val();
52:     var telephone=$("#edit-form #telephone").val();
53:     var email=$("#edit-form #email").val();
54:     var qq=$("#edit-form #qq").val();
55:     var weixin=$("#edit-form #weixin").val();
56:     var address=$("#edit-form #address").val();
57:     database.transaction ( function (trans) {
58:         var sql="UPDATE contacts SET name=?, pinyin=?, mobile=?, telephone=?, email=?, qq=?,
weixin=?, address=? WHERE id=?";
59:         trans.executeSql(sql, [name, pinyin, mobile, telephone, email, qq, weixin, address, id], function(trans,
results) {
60:             $("#prompt2").popup("open");
61:         }, function(trans, error) {
62:             //alert("更新记录失败："+error.message);
63:         });
64:     });
65: }
```

源代码分析

第 4～第 14 行：将事件侦测器绑定到信息修改页面的 pagecreate 事件，设置 HTML 表单的 submit 事件处理程序。当提交表单时对各个字段值进行检查，如果某个字段为空，则通过弹出窗口显示提示信息，并阻止提交表单。

第 20～第 43 行：将事件侦测器绑定到信息修改页面的 pagebeforeshow 事件，显示该页面之前从会话存储中获取所选定的这个联系人的 id，然后运行一个数据库事务，通过调用事务对象的 executeSql()方法执行一个 SELECT 语句，从数据库中选取具有指定 id 的联系人信息，当 SELECT 语句执行成功时将各个字段值填充到相应的表单字段中。

第 47～第 65 行：定义一个名为 update 的 JavaScript 函数。该函数将在表单提交成功之后被调用，首先获取提交的各个字段值，然后运行一个数据库事务，通过调用事务对象的 executeSql()方法执行一个 UPDATE 语句，使用提交的字段值来替换这个 UPDATE 语句中的问号占位符（查询参数）。当这个 UPDATE 语句执行成功时，作为第三个参数传入 executeSql()方法的回调函数将被调用，此时通过调用弹出窗口小部件的 open()方法来打开弹出窗口，以显示更新成功的提示信息。

9.2.7 批量删除功能实现

如前所述，在详情页面上触摸“删除”按钮时可以删除当前联系人的信息。如果要一次删除多位联系人的信息，则应在系统主页上触摸屏幕右下角的“删除”按钮，此时会进入信息删除页面，如图 9.15 所示。此时如果在未选择任何联系人的情况下触摸屏幕右下角的“删除”按钮，则会打开弹出窗口，提示选择要删除的联系人，如图 9.16 所示。如果通过勾选相应的复选框来选择要删除的联系人，然后触摸屏幕右下角的“删除”按钮，当出现弹出窗口时触摸“确定”按钮即可执行批量删除操作，如图 9.17 所示。如果要放弃删除操作，在弹出窗口中触摸“取消”按钮即可。如果要退出信息删除页面，触摸屏幕左上角的“返回”按钮或屏幕左下角的“取消”按钮均可。

1. 构建用户界面

打开移动网页 index.html，在信息修改页面之后创建一个页面并命名为 del，在其页眉工具栏中添加一个“返回”按钮；在内容区域创建一个表单，用于修改联系人信息。HTML 源代码如下。

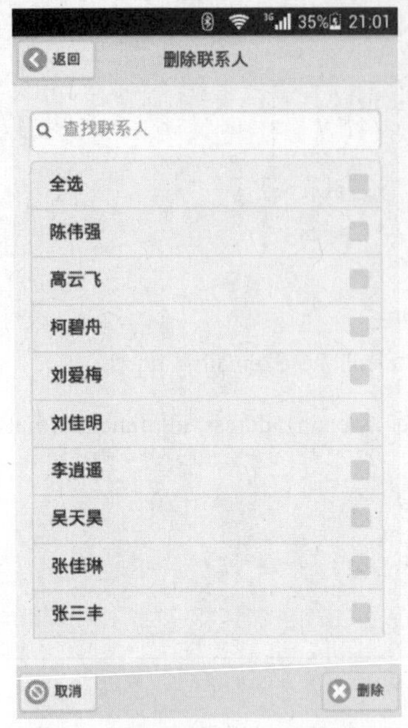

图 9.15　联系人信息批量删除页面

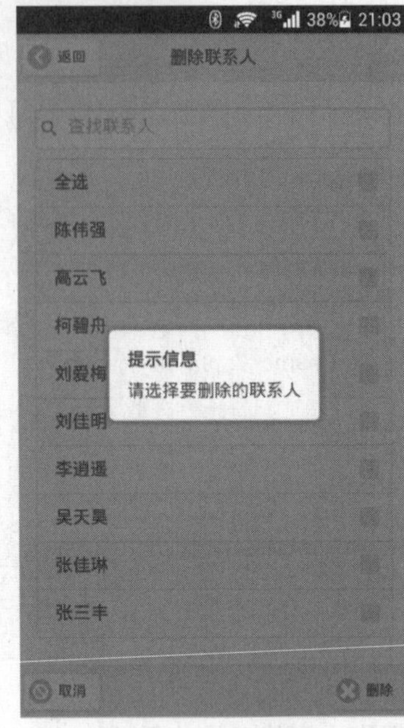

图 9.16　提示选择联系人

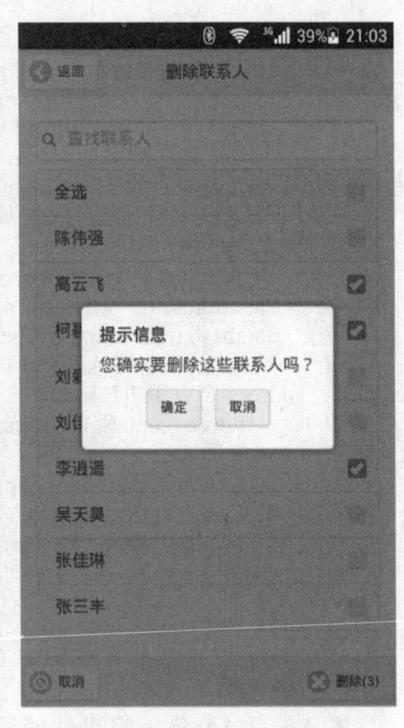

图 9.17　确认批量删除操作

```
 1: <!--信息删除页面开始-->
 2: <div data-role="page" id="del">
 3:     <div data-role="header" data-add-back-btn="true" data-back-btn-text="返回" data-position="fixed">
 4:        <h1>删除联系人</h1>
 5:     </div>
 6:     <div role="main" data-role="content">
 7:        <form id="del-form" data-role="controlgroup" action="javascript:deleteContacts()">
 8:           <input data-type="search" id="filterable-input" placeholder="查找联系人">
 9:           <label><input id="sel-all" type="checkbox" data-iconpos="right">全选</label>
10:           <fieldset data-filter="true" data-input="#filterable-input">
11:           </fieldset>
12:        </form>
13:     </div>
14:     <div data-role="footer" data-position="fixed">
15:        <div class="ui-grid-a">
16:           <div class="ui-block-a"> <a href="#home" data-role="button" data-rel="back" data-icon=
"forbidden" data-transition="slide">取消</a> </div>
17:           <div class="ui-block-b">
18:              <input type="submit" value="删除" form="del-form" data-icon="delete">
19:           </div>
20:        </div>
21:     </div>
22:     <div id="nosel" data-role="popup" class="ui-content" data-position-to="window" data-overlay-theme
="b">
23:        <h4>提示信息</h4>
24:        <p>请选择要删除的联系人</p>
25:     </div>
26:     <div id="confirm2" data-role="popup" class="ui-content" data-position-to="window" data-overlay-
theme="b">
27:        <h4>提示信息</h4>
28:        <p>您确实要删除这些联系人吗？</p>
29:        <p style="text-align: center">
30:           <a id="ok" href="#home" data-role="button" data-inline="true" data-mini="true">确定</a>
31:           <a href="#del" data-role="button" data-rel="back" data-inline="true" data-mini="true">取消</a>
32:          </p>
33:     </div>
34: </div>
35: <!--信息删除页面结束-->
```

源代码分析

第3～第5行：创建页眉工具栏，在该工具栏中添加一个“返回”按钮。

第7～第12行：在页面内容区域创建一个表单，在该表单内添加一个搜索框、一个复选框和一个字段集，该字段集内容为空，有待运行时通过脚本动态添加一些复选框。

第14～第21行：创建页脚工具栏，在该工具栏中添加“取消”按钮和“删除”按钮，将这些按钮放置在网格中。

第22～第25行、第26～第33行：创建两个弹出窗口，其中一个是在未选择任何联系人而触摸“删除”按钮时打开，以显示提示信息；另一个则是在选择一些联系人后触摸“删除”按钮时打开，用于确认批量删除。

2. 编写 JavaScript 脚本

打开脚本文件 action.JavaScript，在用于实现联系人信息修改功能的代码之后继续编写代码，用于从数据库中读取所有联系人信息，并将这些信息填充到控件组的相应复选框中；当选择一个或多联系人时执行批量删除操作，从数据库中删除将所选联系人。源代码如下：

```
 1: //===========批量删除修改联系人功能实现===========
 2: //进入批量删除页面之前执行的事件处理函数
 3: //在批量删除页面加载所有联系人信息
 4: $(document).on("pagebeforeshow", "#del", function (e, ui) {
 5:     loadData2();
 6: });
 7:
 8: //显示删除页面之前执行的事件处理函数
 9: //设置两个弹出窗口打开之后执行的操作
10: $(document).on("pageshow", "#del", function (e, ui) {
11:     //设置打开提示弹窗后执行的函数，3 秒钟后自动关闭该弹窗
12:     $("#nosel").on("popupafteropen", function(e, ui) {
13:         window.setInterval('$("#nosel").popup("close")', 3000);
14:     });
15:     //设置打开确认弹窗后执行的函数
16:     $("#confirm2").on("popupafteropen", function(e, ui) {
17:         $("#confirm2 #ok").click(function(e) {
18:             deleteContacts();
19:         });
20:     });
21:
22:     //单击复选框选择联系人时执行
23:     $("#del :checkbox").change(function(e) {
24:         var n=0, text;
25:         if (e.target.id=="sel-all") {                    //若为全选复选框
26:             var status=this.checked;
27:             $("#del-form :checkbox").each(function () {
28:                 $(this).prop("checked", status).checkboxradio("refresh");
29:             });
30:         } else {//若为其他复选框
31:             if(!this.checked) {
32:                 $("#sel-all").prop("checked", false).checkboxradio("refresh");
33:             }
34:         }
35:
36:         n=$("#del :checkbox:checked").length;     //获取当前已勾选的复选框数
37:         if($("#sel-all").prop("checked"))n--;
38:
39:         if(n==0) {
40:             text="删除";
41:         } else {
42:             text="删除"+"("+n+")";
```

```
43:         }
44:         $("#del :submit").val(text).button("refresh");
45:     });
46:
47:     //提交删除之前执行
48:     $("#del-form").submit ( function(e) {
49:         var n=0;
50:         //检查已选取的人数，若未选取则阻止提交
51:         if(!$("#del-form #sel-all").prop("checked")) {
52:             n=$(":checkbox:checked").length;
53:             if(n==0) {
54:                 $("#nosel").popup("open", {transition: "flip"});
55:                 return false;
56:             }
57:         }
58:         //弹出删除确认对话框
59:         $("#confirm2").popup("open", {transition: "flip"});
60:         return false;
61:     });
62: });
63:
64: //函数：loadData2()
65: //功能：在批量删除页面上加载数据
66: function loadData2() {
67:     $("#del fieldset *").remove();
68:     database.transaction(function (trans) {
69:         trans.executeSql("SELECT * FROM contacts ORDER BY pinyin", [], function (trans, results) {
70:             var len=results.rows.length;
71:
72:             for(var i=0; i<len; i++) {
73:                 var id = results.rows.item(i).id;
74:                 var name=results.rows.item(i).name;
75:                 var mobile=results.rows.item(i).mobile;
76:
77:                 var checkbox="<input type='checkbox' data-iconpos='right' value='"
78:                 +id+"' id='c"+id+"'><label for='c"+id+"'>"+name+"</label>";
79:                 $("#del fieldset").append(checkbox);
80:                 $("fieldset #c"+id).checkboxradio();
81:                 $("#del-form").controlgroup();
82:                 $("#del-form").controlgroup("refresh");
83:             }
84:         }, null);
85:     });
86: }
87:
88: //函数：deleteContacts()
89: //功能：单击“删除”按钮时执行，删除所选定的联系人
90: function deleteContacts() {
91:     var ids = new Array();
92:     var len = $("#del-form :checkbox").length;
93:
94:     $("#del-form :checkbox").each ( function (i) {
95:         if(this.id!="sel-all" && this.checked) {
96:             ids.push($(this).val());
97:         }
98:     });
99:
100:    var sql="DELETE FROM contacts WHERE id IN("+ids+")";
101:    database.transaction(function(trans) {
102:        trans.executeSql(sql, [], function(trans, results) {
103:            //alert("联系人删除成功！");
104:        }, null);
```

```
105:    });
106:
107:    $("#del :submit").val("删除").button("refresh");
108: }
```

源代码分析

第 4～第 6 行：将事件侦测器绑定到信息删除页面的 pagebeforeshow 事件，在显示该页面之前通过调用 loadData2()函数从数据库中加载所有联系人信息，动态创建一个复选框控件组。

第 11～第 63 行：将事件侦测器绑定到信息删除页面的 pageshow 事件，设置一些事件处理程序。

第 12～第 14 行：将事件侦测器绑定到 id 为 nosel 的弹出窗口的 popupafteropen 事件，设置打开该弹出窗口时执行的操作，在 3 秒钟之后自动关闭该弹出窗口。

第 15～第 21 行：将事件侦测器绑定到 id 为 confirm2 的弹出容器的 popupafteropen 事件，设置在该弹出窗口中触摸“确定”按钮时调用 deleteContacts()函数，执行批量删除操作。

第 22～第 45 行：将事件侦测器绑定到批量删除页面上所有复选框的 change 事件，如果勾选了“全选”复选框，则使所有联系人右侧的复选框处于选中状态；只要有一个联系人未选中，则取消对“全选”复选框的勾选。不论当前选择了几个联系人，都会将所选人数显示在“删除”按钮的括号内。

第 48～第 62 行：设置表单 del-form 的 submit 事件处理程序。当提交该表单时，检查当前选定的人数，如果人数为 0，则打开一个弹出窗口，提示选择联系人；如果人数不为 0，则打开另一个弹出窗口，在此进行批量删除操作的确认。无论选择了多少联系人，在这个事件处理程序中都会返回 false 值，以阻止提交表单，因为删除操作是在弹出窗口中进行确认后开始执行的。

第 66 行第至 86 行：定义一个名为 loadData2 的 JavaScript 函数，其功能是在批量删除页面上加载数据。首先运行一个数据库事务，通过调用 executeSql()方法执行 SELECT 语句，从数据库中获取所有联系人信息，动态创建复选框并将联系人的 id 设置为复选框的 value 属性值，将复选框添加到字段集并调用插件函数 checkboxradio()，然后对表单调用 controlgroup 小部件的 refresh()方法，对其视觉样式进行更新。

第 90～第 108 行：定义一个名为 deleteContacts 的 JavaScript 函数，当确认批量删除时将执行这个函数，以删除所选定的联系人。首先获取已经选定的联系人的 id，将这些 id 值存入一个数组，应用到 DELETE FROM 语句的 WHERE 子句中，构成删除操作的筛选条件；然后运行一个数据库事务，通过调用 executeSql()方法执行 DELETE FROM 语句；最后对“删除”按钮进行更新。

9.3 本地安装包制作

完成通讯录所有系统功能并通过测试之后，为了在移动设备上安装和运行这个通讯录，还需要对 jQuery Mobile 移动网站包含的所有文件（网页、脚本、样式表、图片等）进行打包，最终制作成一个本地安装包，从而可以在 Android 或 iOS 平台上使用。

9.3.1 App 参数配置

发行安装包之前，首先需要对 App 软件的各项参数进行配置。移动 App 项目的各种参数都保存在一个名为 manifest.json 的应用配置文件中，不过配置 App 参数时不要直接修改这个文件中的代码，而是借助于 HBuilder 软件提供的可视化操作界面来进行设置。

1．配置应用信息

应用信息包括应用的名称、入口页面地址以及版本信息等。要配置应用信息，可在项目管理器窗格中双击 manifest.json 文件图标，如图 9.18 所示。

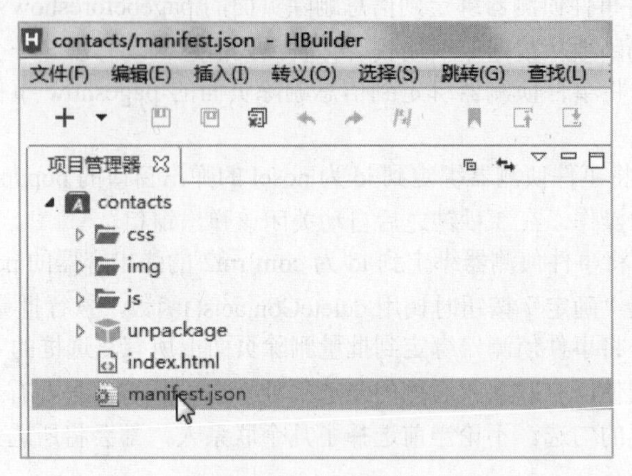

图 9.18　双击应用配置文件图标

此时将打开应用信息配置界面，如图 9.19 所示。在此可以对以下参数进行设置。

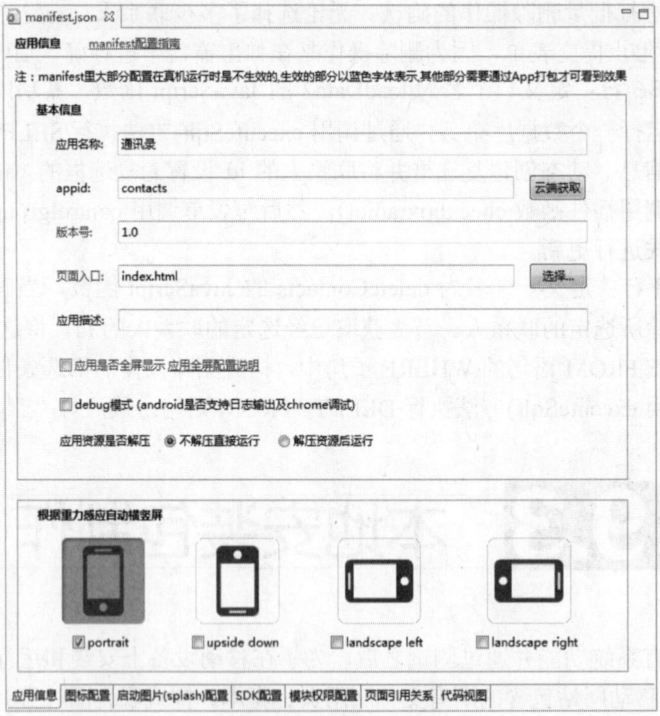

图 9.19　配置应用信息

（1）应用名称：App 打包后在手机桌面的快捷方式名称。例如，可以将应用名称设置为“通讯录”。

（2）appid：在创建时分配的、以后不可改的应用标识标识。如用户手动修改 ID 打包时会提示参数错误。

（3）版本号：应用的版本号，用户可以通过 plus API（plus.runtime.version）获取应用的版本号，需提交 App 云端打包后才能生效。

（4）入口页面：应用启动后自动打开的第一个 HTML 页面，可填写本地 html 文件地址（相对于应用根目录）或网络地址（以 http://或 https://开头）。对于通讯录软件，可将入口页面设置为 jQuery Mobile 移动网页 index.html。

（5）重力感应：配置应用运行时支持的显示方向。可通过单击表示设备方向的复选框来选择设备支持重力感应旋转方向。重力选择复选框可选择一个或多个，选择多个方向后，应用可以按照指定方向显示应用页面。如果只选中一个复选框，则表示终端只支持一个方向显示页面内容。对于通讯录软件，选中 portrait 复选框即可。

2. 设置应用图标

打包之前还要为 App 设置一个图标，如果不设置，则会使用 HBuilder 软件提供的默认图标。要设置应用图标，可在应用配置界面上选择“图标配置”选项卡，然后按照页面提示的分辨率选择对应的应用图标，如图 9.20 所示。

图 9.20　配置应用图标

注意

所有图片必须是 PNG 格式，并且必须严格符合分辨率要求。使用其他图片格式重命名为 PNG 会导致打包失败。

3. 设置启动图片

除了图标，还为 App 设置一个启动图片，如果不设置，则会使用 HBuilder 软件提供的默认图片。要设置启用图片，可在应用配置界面上选择“启动图片（splash）配置”选项卡，然后按照页面提示的分辨率选择对应的应用图标，如图 9.21 所示。

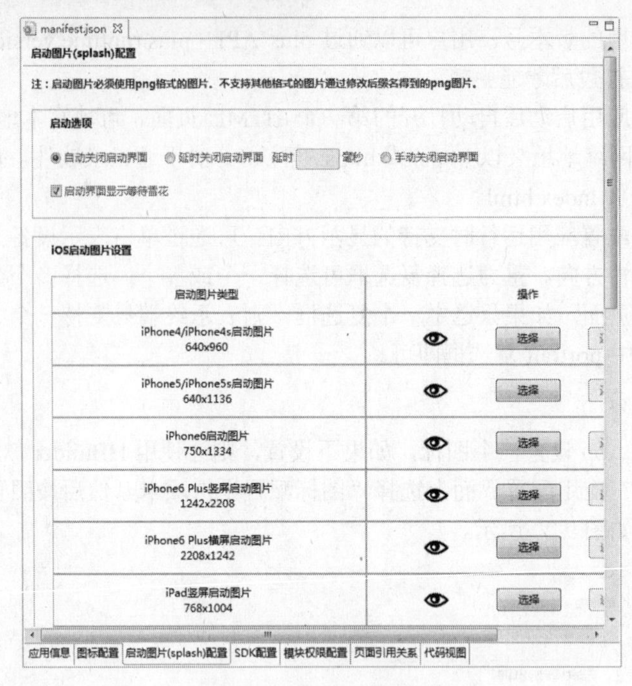

图 9.21　配置启动图片

4．配置应用权限

要配置应用权限，可在应用配置界面上选择“模块权限配置”选项卡，并按照需要选中所需的模块和权限，如图 9.22 所示。

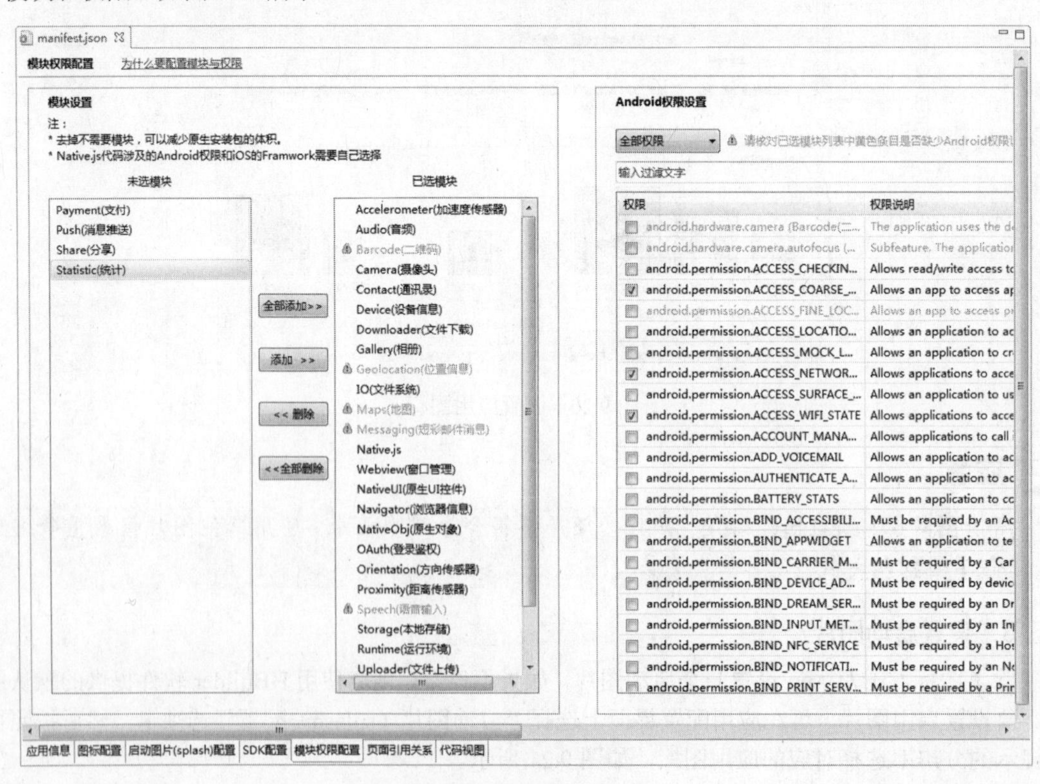

图 9.22　配置应用权限

完成所有应用参数配置后，按 Ctrl+S 快捷键保存所做的更改。此时，也可以在应用配置界面中选择“代码视图”选项卡，以查看应用配置文件的源代码，如图 9.23 所示。

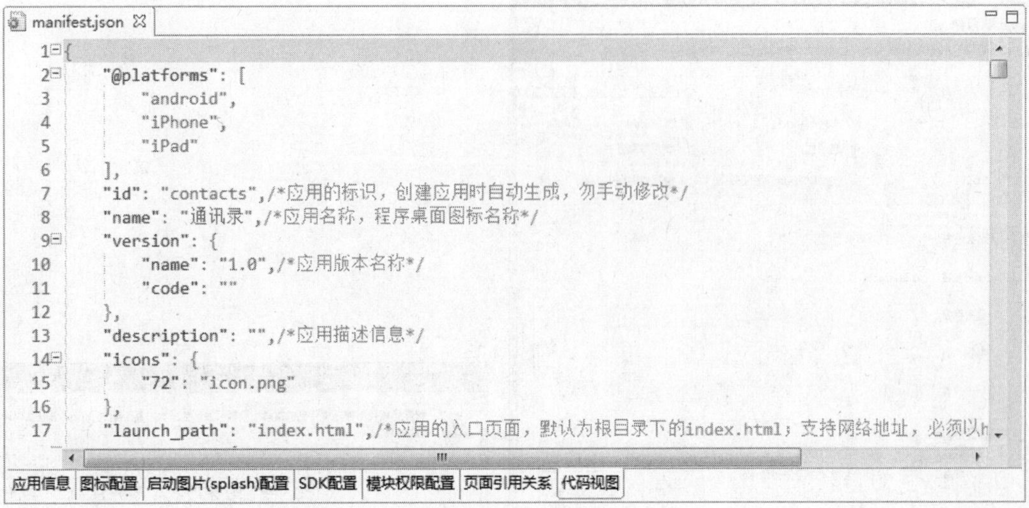

manifest.json

```
{
    "@platforms": [
        "android",
        "iPhone",
        "iPad"
    ],
    "id": "contacts",/*应用的标识，创建应用时自动生成，勿手动修改*/
    "name": "通讯录",/*应用名称，程序桌面图标名称*/
    "version": {
        "name": "1.0",/*应用版本名称*/
        "code": ""
    },
    "description": "",/*应用描述信息*/
    "icons": {
        "72": "icon.png"
    },
    "launch_path": "index.html",/*应用的入口页面，默认为根目录下的index.html；支持网络地址，必须以h
```

应用信息 | 图标配置 | 启动图片(splash)配置 | SDK配置 | 模块权限配置 | 页面引用关系 | 代码视图

图 9.23　在代码视图下查看应用配置文件

9.3.2 发行原生安装包

完成 App 参数配置之后，即可通过打包来制作软件安装包。为此，可在“发行”菜单中选择“发行为原生安装包”命令，如图 9.24 所示。

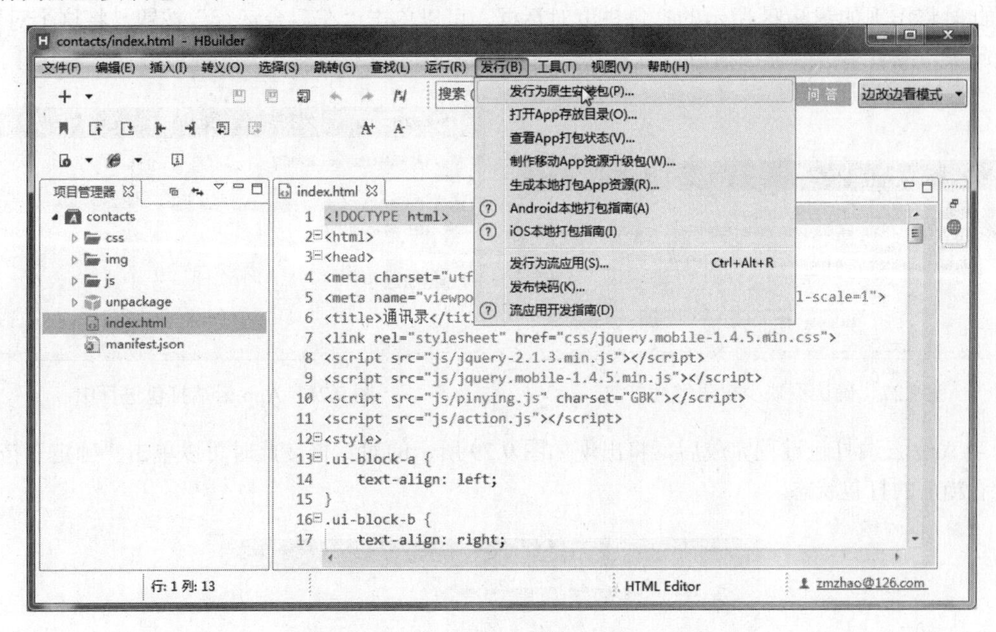

图 9.24　选择“发行为原生安装包”命令

此时会出现图 9.25 所示的“App 云端打包”对话框，选择支持 App 运行的平台，可以同时选中 iOS 和 Android，指定 Android 包名，然后单击“打包”按钮。

如果出现如图 9.26 所示的对话框，提示检测到项目中存在未用到的文件，可以对项目文件进行检查并删除不需要包含到安装包中的文件，然后继续打包，或者直接在该对话框中单击“忽略并继续打包”按钮。

图 9.25 “App 云端打包”对话框

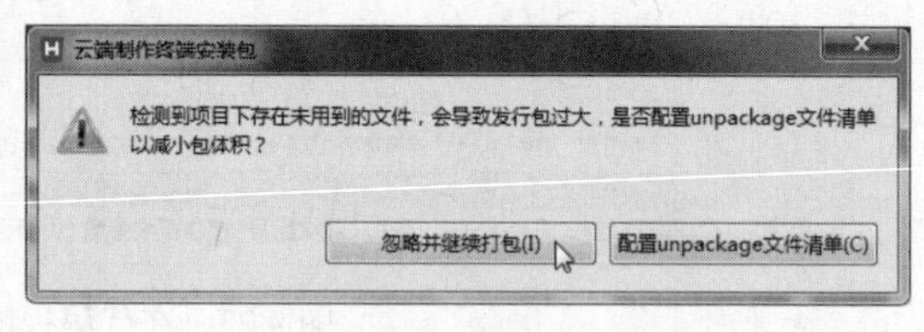

图 9.26 忽略提示并继续打包

如果出现如图 9.27 所示的对话框，提示可能缺少必要的 Android 权限，可以单击“立即添加缺少的权限”按钮并进行设置，也可以不理睬这个提示信息，直接单击“确认缺少权限，继续打包”按钮。

此时将出现如图 9.28 所示的打包进度对话框，可以单击“在后台运行”按钮，将这个对话框隐藏起来，或者单击“详细信息”查看具体的打包进度。

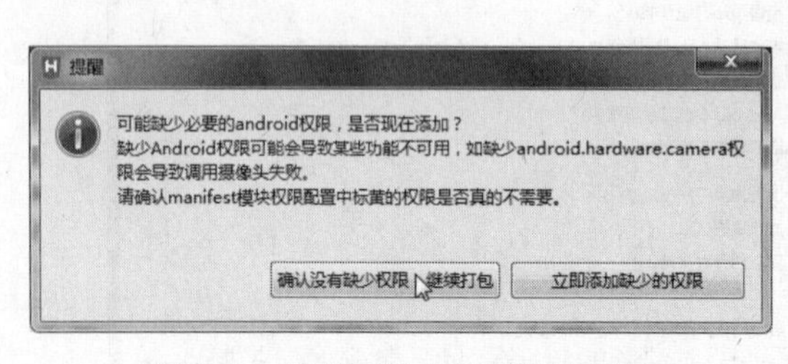

图 9.27 确认不缺少权限继续打包

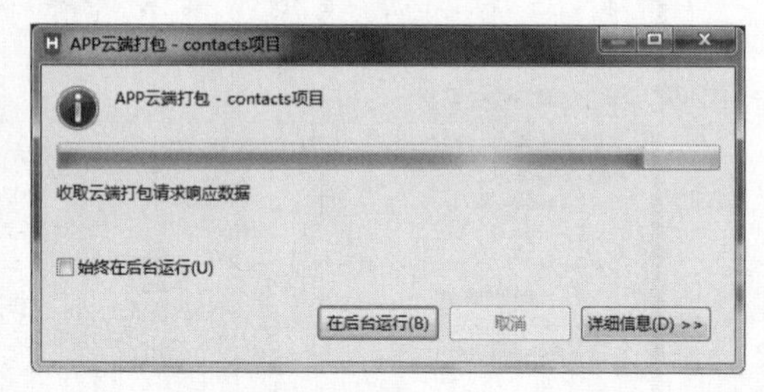

图 9.28 App 云端打包进行中

当 App 云端打包过程完成后，将出现如图 9.29 所示的对话框，此时可以单击“确定”按钮，去查看当前的打包状态。

图 9.29 App 云端打包成功

在如图 9.30 所示的对话框中可以查看 App 打包状态，当“制作状态”下方出现“打包成功，下载完成”字样时，可单击“打开下载目录”链接，以查看所生成的安装包。

图 9.30　查看 App 打包状态

所生成的安装包存放在本地 App 项目的 unpackage\release 文件夹中，如图 9.31 所示。将安装包发送到手机上，即可安装和运行通讯录 App 软件。

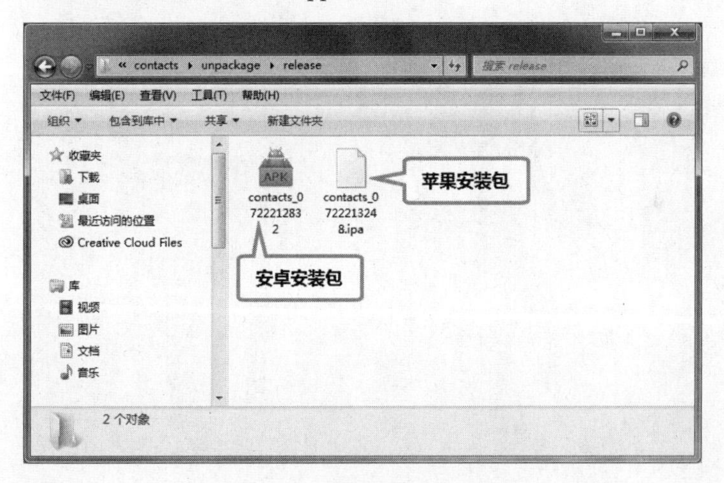

图 9.31　最终生成的安装包

习题 9

一、选择题

1．Window 对象的 openDatabase()方法有（　　）个参数。

A．2　　B．3　　C．4　　D．5

2．作为第一个参数传入 transaction()方法的回调函数接受一个（　　）类型的参数。

A．SQLResultSetRowList　　B．SQLTransaction

C．SQLError　　D．SQLResultSet

3．在制作通讯录时，系统初始化是通过（　　）事件处理程序完成的。

A．pagebeforecreate　　B．pagebeforecreate

C．pagecontainercreate　　D．pagebeforeshow

二、判断题

1．（　　）使用 openDatabase()方法可以创建 SQLite 数据库并返回一个数据库对象。

2．（　　）使用数据库对象的 transaction()方法可以执行各种 SQL 语句。

3．（　　）参数化查询就是使用问号作为参数占位符的的查询。

三、简答题

1．通讯录具有哪些主要功能？

2．为什么要把 jQuery Mobile 网站转换为本地安装包？

3．如何将一个 jQuery Mobile 网站转换为本地安装包？

上机操作 9

参照本章所讲内容，基于 jQuery Mobile 框架设计制作一个可在安卓手机和苹果手机上运行的通讯录 App。要求首先进行系统设计，然后实现各项系统功能，最后将 jQuery Mobile 网站转换为本地安装包。